高等学校教学用书

燃气输配工程

主　编　谭洪艳
副主编　周卫红　吕子强　唐初阳
王雪梅　吴醒龙

北　京
冶金工业出版社
2018

内 容 提 要

全书共分10章，内容包括燃气的分类、性质及质量要求，城镇燃气的需用量和供需平衡，燃气的长输系统，城镇燃气输配管网系统，燃气管网的水力计算，燃气管网的水力工况，燃气的调压与计量，燃气的压送，燃气的储存，液化石油气供应。

本书可作为建筑环境与设备工程、热能与动力工程等专业的教学用书，也可供从事燃气工程设计、科研、施工和运行管理的工程技术人员参考。

图书在版编目(CIP)数据

燃气输配工程/谭洪艳主编.—北京：冶金工业出版社，2009.8（2018.8重印）

高等学校教学用书

ISBN 978-7-5024-4947-6

Ⅰ.燃… Ⅱ.谭… Ⅲ.煤气输配—高等学校—教材 Ⅳ.TU996.6

中国版本图书馆CIP数据核字(2009)第115759号

出 版 人 谭学余

地　　址 北京市东城区嵩祝院北巷39号 邮编 100009 电话 (010)64027926

网　　址 www.cnmip.com.cn 电子信箱 yjcbs@cnmip.com.cn

责任编辑 谢冠伦 高 娜 王之光 美术编辑 李 新 版式设计 张 青

责任校对 王永欣 责任印制 李玉山

ISBN 978-7-5024-4947-6

冶金工业出版社出版发行；各地新华书店经销；三河市双峰印刷装订有限公司印刷

2009年8月第1版，2018年8月第5次印刷

787mm×1092mm 1/16；17.5印张；469千字；269页

36.00元

冶金工业出版社 投稿电话 (010)64027932 投稿信箱 tougao@cnmip.com.cn

冶金工业出版社营销中心 电话 (010)64044283 传真 (010)64027893

冶金书店 地址 北京市东四西大街46号(100010) 电话 (010)65289081(兼传真)

冶金工业出版社天猫旗舰店 yjgycbs.tmall.com

（本书如有印装质量问题，本社营销中心负责退换）

前　言

城镇燃气在提高人民生活质量、发展生产、节能减排、改善环境等方面起重要作用。近年来我国的燃气事业发展迅速，新设备、新技术不断出现，新规范、新标准陆续颁布实施。本书以培养具有创新精神的实用型人才为出发点，系统地介绍了城镇燃气的输送、储存、分配等方面的技术和理论，注重基础，突出应用，吸收了燃气输配领域的最新成果，引入了现行规范和技术标准。

谭洪艳任本书主编，并编写了第2~7章，参加编写工作的还有周卫红（第1章）、吕子强（第8章）、唐初阳（第9章）、王雪梅、吴醒龙（第10章）。全书由辽宁科技大学郭继平教授、港华燃气集团刘延智教授级高工和建设部沈阳煤气热力研究设计院王运阁教授级高工主审。

承沈阳市煤气总公司王宏伟教授级高工、鞍山市煤气总公司赵宇飞教授级高工、中冶焦耐工程技术有限公司陈瑜高工和中燃集团张延武高工为本书的编写提出了许多宝贵意见，在此表示衷心感谢。

由于编者水平所限，书中不妥之处，恳请读者及专家批评指正。

编　者

2009年3月

重印说明

《燃气输配工程》一书于2009年8月出版，出版后得到广大读者的肯定，于2011年1月即将重印。该书出版后，作者发现书中有疏漏之处，在这次重印时，将书中的疏漏都进行了改正。

此外，该书在2010年6月25日获得了学术著作类“辽宁省自然科学学术成果奖”一等奖，借此次重印之际，对支持我们工作的各位专家及同仁们表示感谢。

作　者

2010年12月

目　录

1 燃气的分类、性质及质量要求

1.1 燃气的分类

在确定城镇输配系统的压力级制、管径和管理措施时均应考虑燃气的种类和性质。另外，为了提高燃气的标准化水平，各地供应燃气的成分和热值应相对稳定，也就是要符合城镇燃气互换的要求。

燃气可以按气源分类，也可以按燃气的燃烧特性分类。

1.1.1 按气源分类

按燃气的来源，通常可以把燃气分为天然气、人工燃气、液化石油气和生物质气等。

1.1.1.1 天然气

天然气主要是由低分子的碳氢化合物组成的混合物。根据天然气来源一般可分为四种：气田气（或称纯天然气）、石油伴生气、凝析气田气和煤层气。

A 气田气

气田气是从气井直接开采出来的燃气。气田气的成分以甲烷为主，甲烷含量在90%以上，还含有少量的二氧化碳、硫化氢、氮和微量的氦、氖、氩等气体，其低热值约为$36MJ/m^3$。

B 石油伴生气

伴随石油一起开采出来的低烃类气体称为石油伴生气。石油伴生气的甲烷含量约为80%，乙烷、丙烷和丁烷等含量约为15%，低热值约为$45MJ/m^3$。

C 凝析气田气

凝析气田气是含石油轻质馏分的燃气。凝析气田气除含有大量甲烷外，还含有2%～5%的戊烷及其他碳氢化合物，低热值约为$48MJ/m^3$。

D 煤层气

煤层气是在成煤过程中生成，并以吸附和游离状态赋存于煤层及周围岩石上的一种可燃气体。煤层气的主要成分是甲烷（通常占90%以上），还有少量的二氧化碳、氮气、氢气以及烃类化合物，其低热值约为$35MJ/m^3$。在煤层开采过程中，井巷中的煤层气与空气混合形成的气体称为矿井气。矿井气主要成分为甲烷（30%～55%）、氮气（30%～55%）、氧气及二氧化碳等，低热值约为$18MJ/m^3$。

天然气是制取合成氨、炭黑、乙炔等化工产品的原料气，是优质燃料气和理想的城镇气源，也被用作汽车的燃料。我国天然气资源丰富，主要分布在我国中部、西部和近海三个大区。我国天然气勘探从20世纪60年代开始，40年来取得了突破性进展。截至2006年底，我国已累计探明天然气（含溶解气）地质储量$6.69\times10^{12}m^3$，累计探明天然气可采储量$3.78\times10^{12}m^3$，累计采出天然气7772.21亿m^3。2006年我国天然气产量为585.5亿m^3，列世界第11位。

另外，我国煤层气资源也十分丰富，主要分布在鄂尔多斯、沁水、准噶尔等9个含气盆地（群）。我国逐步加大了煤层气的开发力度，全国已钻成煤层气勘探和生产试验井多口，最高单井日产气量达10000m^3 以上。

随着“西气东输”和“川气东送”等长输管线的建设，部分地区城镇间输气管网的逐步展开，形成了以川渝气区环形运输管网、气田向周边放射形输送管网、“西气东输”长输管网为代表的供气格局，初步形成了连接东西、纵横南北的管输网络。我国的天然气管线已进入快速发展阶段，天然气管道里程接近30000km，大大提高了资源配置能力。天然气资源缺乏且长输管线暂不能通过的地区，可通过运输压缩天然气或液化天然气等方式来发展城镇燃气事业。

1.1.1.2　人工燃气

人工燃气是指以固体、液体（包括煤、重油、轻油等）为原料经转化制得，且符合现行国家标准《人工煤气》GB/T 13612质量要求的可燃气体。根据制气原料和加工方式的不同，可生产多种类型的人工燃气。

A　固体燃料干馏煤气

利用焦炉、连续式直立炭化炉等对煤进行干馏所获得的煤气称为干馏煤气。

用干馏方式生产煤气，每吨煤可产煤气300～400m^3。这类煤气中甲烷和氢的含量较高，低热值约为17MJ/m^3。干馏煤气的生产历史最长，目前仍是我国一些城镇燃气的重要气源。

B　固体燃料气化煤气

加压气化煤气、水煤气、发生炉煤气等均属此类。

（1）加压气化煤气是在2.0～3.0MPa的压力下，以煤为原料，采用纯氧和水蒸气为气化剂，可获得高压气化煤气。其主要成分为氢气和甲烷，低热值约为15MJ/m^3。若城镇附近有褐煤或长焰煤资源，可采用鲁奇炉生产压力气化煤气，这套装置可建设在煤矿附近（一般称为坑口气化），不需另外设置压送设备，可用管道直接将燃气输送至较远城镇作为城镇燃气使用。

（2）水煤气和发生炉煤气主要成分为一氧化碳和氢气。水煤气的低热值约为10MJ/m^3，发生炉煤气的低热值约为6MJ/m^3。由于这两种燃气的热值低，而且毒性大，不可单独作为城镇燃气的气源，但可用来加热焦炉和连续直立式炭化炉，以顶替出热值较高的干馏煤气，增加供应城镇的气量。这两种燃气也可以和干馏煤气、重油蓄热裂解气掺混，调节供气量和调整燃气发热值，作为城镇燃气的补充和调峰气源。

C　油制气

油制气是指利用重油（炼油厂提取汽油、煤油和柴油之后所剩的油品）制取城镇燃气。按制取方法不同，可分为重油蓄热热裂解气和重油蓄热催化裂解气两种。重油蓄热热裂解气以甲烷、乙烯和丙烯为主要成分，低热值约为41MJ/m^3。每吨重油的产气量约为500～550m^3。重油蓄热催化裂解气中氢气含量最多，也含有甲烷和一氧化碳，低热值约为17MJ/m^3，利用三筒炉催化裂解装置，每吨重油的产气量约为1200～1300m^3。

与其他制气方式相比，生产油制气的装置简单，投资省，占地少，建设速度快，管理人员少，启动、停炉灵活。油制气既可作为城镇燃气的基本气源，也可作为城镇燃气的调度气源。

中、小燃气厂也可以石脑油（粗汽油）作为制气原料。与重油相比，石脑油有如下优点：含硫少，不生成焦油、烟尘及污水等，气化效率高。

D　高炉煤气

高炉煤气是钢铁企业炼铁时的副产气，主要成分是一氧化碳和氮气，低热值约为4MJ/m^3。高炉煤气可用作炼焦炉的加热煤气，以使更多的焦炉煤气供应城镇。高炉煤气也常用作锅炉的燃料或与焦炉煤气掺混作为工业气源。

1.1.1.3　液化石油气

液化石油气是开采和炼制石油过程中，作为副产品而获得的一部分碳氢化合物。

目前国产的液化石油气主要来自炼油厂的催化裂化装置。液化石油气产量通常约占催化裂化装置处理量的7%～8%。液化石油气的主要成分是丙烷、丙烯、丁烷和丁烯，习惯上又称C_3、C_4，即只用烃的碳原子数来表示。这些碳氢化合物在常温常压下呈气态，当压力升高或温度降低时，很容易转变为液态。从气态转变为液态，其体积缩小约250倍。气态液化石油气的低热值约为100MJ/m^3。液态液化石油气的低热值约为46MJ/kg。

1.1.1.4 生物质气

生物质气是以生物质为原料通过发酵、干馏或直接气化等方法产生的可燃气体。各种有机物质，如蛋白质、纤维素、脂肪、淀粉等，在隔绝空气的条件下发酵，并在微生物的作用下可产生可燃气体，也称为沼气。发酵的原料粪便、垃圾、杂草和落叶等有机物质，用于干馏和气化的秸秆、稻壳、树枝、木屑都是农业和林业的废弃物，因此生物质气属于可再生资源。生物质气中甲烷的含量约为60%，二氧化碳约为35%，还含有少量的氢、一氧化碳等气体。生物质气的低热值约为21MJ/m^3。

各种燃气的成分及低热值举例见表1-1。

表1-1 燃气的组分及低热值

序号	燃气类别	体积分数/%									低热值
		CH_4	C_3H_8	C_4H_{10}	C_mH_n	CO	H_2	CO_2	O_2	N_2	/MJ · m^{-3}
一	天然气										
1	纯天然气	98	0.3	0.3	0.4					1.0	36.22
2	石油伴生气	81.7	6.2	4.86	4.94			0.3	0.2	1.8	45.47
3	凝析气田气	74.3	6.75	1.88	14.9			1.62		0.55	48.36
4	煤层气	99.14								0.86	35.58
二	人工煤气										
（一）	固体燃料干馏煤气										
1	焦炉煤气	27			2	6	56	3	1	5	18.25
2	连续式直立炭化炉煤气	18			1.7	17	56	5	0.3	2	16.16
（二）	固体燃料气化煤气										
1	加压气化煤气	18			0.7	18	56	3	0.3	4	15.41
2	水煤气	1.2				34.4	52.0	8.2	0.2	4	10.38
3	发生炉煤气	1.8		0.4		30.4	8.4	2.4	0.2	56.4	5.90
（三）	油制气										
1	重油蓄热热裂解气	34.0	8.3	1.5	28.7	3.8	16.7	3.6	0.4	3.0	41.53
2	重油蓄热催化裂解气	16.6			5	17.2	46.5	7.0	1.0	6.7	17.54
（四）	高炉煤气	0.3				28.0	2.7	10.5		58.5	3.94
三	液化石油气（气态）		50	50							108.44
四	生物质气	60				少量	少量	35	少量		21.77

1.1.2 按燃烧特性分类

燃气性质中影响燃烧特性的参数主要有华白数 W 和火焰传播速度（即燃烧速度）。华白数

是与热值 H 和相对密度 S 有关的综合系数，即 $W = H/\sqrt{S}$。在压力不变的情况下，华白数是设计和选用燃具的重要依据。很多国家（如英国、法国、俄罗斯等）均按华白数对燃气进行分类，国际燃气联盟（IGU）也制订了按华白数对燃气进行分类的标准，见表1-2。

表 1-2 国际燃气联盟（IGU）燃气分类

分 类	华白数/MJ·m^{-3}	典型燃气
一类燃气	17.8～35.8	人工燃气
二类燃气	35.8～53.7	天然气
L族	35.8～51.6	
H族	51.6～53.7	
三类燃气	71.5～87.2	液化石油气

当燃气的成分和性质变化较大，或者掺入的燃气与原来的燃气性质相差较远时，燃气的燃烧速度会发生较大的变化，仅用华白数分类不能满足设计要求，因而又提出燃烧速度指数——燃烧势 C_p，以反映燃具燃烧稳定状况的综合指数，更全面地判断燃气的燃烧特性。

根据我国当前主要城镇气源分布情况，参照IGU燃气分类以及一些国家的相应标准，制订了我国“城镇燃气分类”标准。我国的分类指标是国际上广泛采用的华白数和燃烧势。表1-3列出了三大族十一类燃气的华白数及燃烧势的标准和允许波动范围。

表 1-3 我国燃气分类及燃烧特性值

类 别		华白数/MJ·m^{-3}		燃烧势	
		标准值	波动值	标准值	波动值
人工煤气	3R	13.71	12.62～14.66	77.7	46.5～85.5
	4R	17.78	16.38～19.03	107.9	64.7～118.7
	5R	21.57	19.81～23.17	93.9	54.4～95.6
	6R	25.69	23.85～27.95	108.3	63.1～111.4
	7R	31.0	28.57～33.12	120.9	71.5～129.0
天然气	3T	13.28	12.22～14.35	22.0	21.0～50.6
	4T	17.13	15.75～18.54	24.9	24.0～57.3
	6T	23.35	21.76～25.01	18.5	17.3～42.7
	10T	41.52	39.06～44.84	33.0	31.0～34.3
	12T	50.73	45.67～54.78	40.3	36.3～69.3
液化石油气	19Y	76.84	72.86～76.84	48.2	48.2～49.4
	20Y	79.64	72.86～87.53	46.3	41.6～49.4
	22Y	87.64	81.83～87.53	41.6	41.6～44.9

注：1. 3T、4T为矿井气，6T为沼气，其燃烧特性接近天然气。

2. 22Y的华白数下限值和燃烧势的上限值为 C_3H_8 和 C_4H_{10} 体积分数分别为55%和45%时的计算值。

1.2 燃气的基本性质

燃气是由多种可燃与不可燃气体组成的混合物，其可燃成分主要包括碳氢化合物（如甲烷、乙烷、乙烯、丙烷、丁烷、丁烯等）、氢气、一氧化碳等，不可燃成分主要包括二氧化碳、氮气、氧气等。各组分气体之间不发生化学反应，是一种均匀混合物。燃气的性质取决于各组分气体的比例和性质。燃气组分中常见的低烃类和某些单一气体的基本性质分别列于表1-4和表1-5中。本节以此为基础来介绍燃气的基本特性。

表1-4 某些低烃类气体的基本性质

气体名称	甲烷	乙烷	乙烯	丙烷	丙烯	正丁烷	异丁烷	正戊烷
分子式	CH_4	C_2H_6	C_2H_4	C_3H_8	C_3H_6	C_4H_{10}	C_4H_{10}	C_5H_{12}
相对分子质量 M_r	16.0430	30.0700	28.0540	44.0970	42.0810	58.1240	58.1240	72.1510
摩尔体积 $V_m/m^3 \cdot kmol^{-1}$	22.3621	22.1872	22.2567	21.9362	21.990	21.5036	21.5977	20.891
密度 $\rho/kg \cdot m^{-3}$	0.7174	1.3553	1.2605	2.0102	1.9136	2.7030	2.6912	3.4537
气体常数 $R/kJ \cdot (kg \cdot K)^{-1}$	517.1	273.7	294.3	184.5	193.8	137.2	137.8	107.3
临界参数：								
临界温度 T_c/K	191.05	305.45	282.95	368.85	364.75	425.95	407.15	470.35
临界压力 p_c/MPa	4.6407	4.8839	5.3398	4.3975	4.7623	3.6173	3.6578	3.3437
临界密度 $\rho_c/kg \cdot m^{-3}$	162	210	220	226	232	225	221	232
发热量：								
高热值 $H_h/MJ \cdot m^{-3}$	39.842	70.351	63.438	101.266	93.667	133.886	133.048	169.377
低热值 $H_l/MJ \cdot m^{-3}$	35.902	64.397	59.477	93.240	87.667	123.649	122.853	156.733
爆炸极限：								
爆炸下限 $L_l/\%$	5.0	2.9	2.7	2.1	2.0	1.5	1.8	1.4
爆炸上限 $L_h/\%$	15.0	13.0	34.0	9.5	11.7	8.5	8.5	8.3
黏度：								
动力黏度 $\mu/\mu Pa \cdot s$	10.393	8.600	9.316	7.502	7.649	6.835		6.355
运动黏度 $\nu/mm^2 \cdot s^{-1}$	14.50	6.41	7.46	3.81	3.99	2.53		1.85
无因次系数 C	164	252	225	278	321	377	368	383

注：（1）爆炸极限指在温度为293K，压力为101.325kPa状态下的数据。

（2）其余参数指在温度为273.15K，压力为101.325kPa状态下的数据。

表1-5 某些气体的基本性质

气体名称	一氧化碳	氢气	氮气	氧气	二氧化碳	硫化氢	空气	水蒸气
分子式	CO	H_2	N_2	O_2	CO_2	H_2S		H_2O
相对分子质量 M_r	28.0104	2.0160	28.0134	31.9988	44.0098	34.076	28.966	18.0154
摩尔体积 $V_m/m^3 \cdot kmol^{-1}$	22.3984	22.427	22.403	22.3923	22.2601	22.1802	22.4003	21.629
密度 $\rho/kg \cdot m^{-3}$	1.2506	0.0899	1.2504	1.4291	1.9771	1.5363	1.2931	0.833
气体常数 $R/kJ \cdot (kg \cdot K)^{-1}$	296.63	412.664	296.66	259.585	188.74	241.45	286.867	445.357
临界参数：								
临界温度 T_c/K	133.0	33.30	126.2	154.8	304.2		132.5	647.3
临界压力 p_c/MPa	3.4957	1.2970	3.3944	5.0764	7.3866		3.7663	22.1193
临界密度 $\rho_c/kg \cdot m^{-3}$	300.86	31.015	310.91	430.09	468.19		320.07	321.07

续表 1-5

气体名称	一氧化碳	氢气	氮气	氧气	二氧化碳	硫化氢	空气	水蒸气
发热值：								
高热值 H_h/MJ·m^{-3}	12.636	12.745				25.348		
低热值 H_l/MJ·m^{-3}	12.636	10.786				23.368		
爆炸极限：								
爆炸下限 L_l/%	12.5	4.0				4.3		
爆炸上限 L_h/%	74.2	75.9				45.5		
黏度：								
动力黏度 μ/μPa·s	16.573	8.355	16.671	19.417	14.023	11.670	17.162	8.434
运动黏度 ν/mm^2·s^{-1}	13.30	93.0	13.30	13.60	7.09	7.63	13.40	10.12
无因次系数 C	104	81.7	112	131	266		112	

注：（1）爆炸极限指在温度为 293K，压力为 101.325kPa 状态下的数据。

（2）其余参数指在温度为 273.15K，压力为 101.325kPa 状态下的数据。

1.2.1 燃气的物理性质

1.2.1.1 混合物的平均相对分子质量、平均密度和相对密度

混合物是由互不发生化学反应的多种单一组分混合而成，因此无法用一个统一的分子式来表示，只能把它假设成具有平均参数的某一种物质来计算其平均相对分子质量、密度和相对密度等参数。

A 平均相对分子质量

（1）混合气体的平均相对分子质量按式（1-1）计算，即

$$M_r = \varphi_1 M_{r_1} + \varphi_2 M_{r_2} + \cdots + \varphi_n M_{r_n} \tag{1-1}$$

式中 M_r——混合气体平均相对分子质量；

$\varphi_1, \varphi_2, \cdots, \varphi_n$——混合气体各组分的体积分数；

$M_{r_1}, M_{r_2}, \cdots, M_{r_n}$——混合气体各组分的相对分子质量。

（2）混合液体的平均相对分子质量可按式（1-2）计算，即

$$M_r = x_1 M_{r_1} + x_2 M_{r_2} + \cdots + x_n M_{r_n} \tag{1-2}$$

式中 M_r——混合液体平均相对分子质量；

$x_1, x_2, \cdots, x_n$——混合液体各组分的摩尔分数；

$M_{r_1}, M_{r_2}, \cdots, M_{r_n}$——混合液体各组分的相对分子质量。

B 燃气的平均密度和相对密度

单位体积燃气所具有的质量称为燃气的平均密度。

（1）混合气体平均密度按式（1-3a）或式（1-3b）计算，即

$$\rho = \varphi_1 \rho_1 + \varphi_2 \rho_2 + \cdots + \varphi_n \rho_n \tag{1-3a}$$

或

$$\rho = \frac{M}{V_m} \tag{1-3b}$$

式中 ρ——混合气体平均密度，kg/m^3；

$\rho_1, \rho_2, \cdots, \rho_n$——混合气体各组分在标准状态下的密度，$kg/m^3$；

M——混合气体的摩尔质量，kg/kmol；

V_m——混合气体平均摩尔体积，m^3/kmol。

混合气体的摩尔质量 M 与混合气体的平均相对分子质量 M_r 数值上相等，单位不同。

在标准状态下，由双原子气体和甲烷组成的混合气体的平均摩尔体积 V_m 可取 22.4 m^3/kmol，由其他碳氢化合物组成的混合气体平均摩尔体积则取 22m^3/kmol。平均摩尔体积也可按式（1-4）精确计算。

$$V_m = \varphi_1 V_{m_1} + \varphi_2 V_{m_2} + \cdots + \varphi_n V_{m_n} \tag{1-4}$$

式中 $V_{m_1}, V_{m_2}, \cdots, V_{m_n}$——混合气体各组分摩尔体积，$m^3$/kmol。

湿燃气体积分数可按式（1-5）换算

$$\varphi_{w_i} = k\varphi_i = \frac{0.833}{0.833 + d}\varphi_i \quad (i = 1,2,\cdots,n) \tag{1-5}$$

$$k = \frac{0.833}{0.833 + d}$$

式中 φ_{w_i}——湿燃气体积分数；

φ_i——干燃气体积分数；

k——换算系数；

d——燃气的含湿量，kg/m^3（干燃气）；

0.833——水蒸气密度，kg/m^3。

湿燃气平均密度可按式（1-6）计算，即

$$\rho_w = (\rho + d) \times \frac{0.833}{0.833 + d} \tag{1-6}$$

式中 ρ_w——湿燃气密度，kg/m^3；

ρ——干燃气密度，kg/m^3。

（2）混合气体相对密度是指气体的平均密度与标准状态下空气密度的比值，可按式（1-7）计算

$$S = \frac{\rho}{1.293} = \frac{M}{1.293 V_m} \tag{1-7}$$

式中 S——混合气体相对密度；

1.293——标准状态下空气的密度，kg/m^3。

混合气体的相对密度可以按式（1-3a）和式（1-7）间接求得，也可以根据《城镇燃气热值和相对密度测定方法》GB/T 12206 中相关规定，使用燃气相对密度计直接测定。

几种燃气的平均密度和相对密度列于表 1-6 中。

表 1-6 几种燃气的平均密度和相对密度

燃气种类	密度/$kg \cdot m^{-3}$	相对密度
天然气	0.75 ~ 0.8	0.58 ~ 0.62
焦炉煤气	0.4 ~ 0.5	0.3 ~ 0.4
气态液化石油气	1.9 ~ 2.5	1.5 ~ 2.0

由表 1-6 可知，天然气、焦炉煤气都比空气轻，而气态液化石油气约比空气重一倍。

（3）混合液体的平均密度为

$$\rho = \frac{1}{\frac{w_1}{\rho_1} + \frac{w_2}{\rho_2} + \cdots + \frac{w_n}{\rho_n}} \tag{1-8}$$

式中　ρ——混合液体的平均密度，kg/m^3；

$w_1, w_2, \cdots, w_n$——混合液体中各组分的质量分数；

$\rho_1, \rho_2, \cdots, \rho_n$——混合液体各组分的密度，$kg/m^3$。

（4）混合液体平均密度与 101.325kPa、277K 时水的密度（1kg/L）的比值称为混合液体相对密度。故液体的相对密度与平均密度在数值上相等。

在常温下，液态液化石油气的密度是$(0.5 \sim 0.6) \times 10^3 kg/m^3$，其相对密度为 0.5 ~ 0.6。

C　例题

【例 1-1】　已知干燃气的体积分数为甲烷 28%，一氧化碳 6%，氢气 54.6%，二氧化碳 4%，氧气 0.4%，氮气 5%，C_mH_n（按丙烯计）2%。求混合气体平均相对分子质量、平均密度和相对密度。若含湿量为 $0.002kg/m^3$ 干燃气，求湿燃气的体积分数及平均密度。

【解】

（1）由表 1-4、表 1-5 查得各组分相对分子质量，按式（1-1）求得混合气体平均相对分子质量

$$\begin{aligned} M_r &= \Sigma \varphi_i M_{r_i} \\ &= 0.28 \times 16.043 + 0.06 \times 28.0104 + 0.546 \times 2.016 + 0.04 \times 44.0098 + \\ &\quad 0.004 \times 31.9988 + 0.05 \times 28.0134 + 0.02 \times 42.0810 \\ &= 11.4041 \end{aligned}$$

（2）由表 1-4、表 1-5 查得各组分密度，按式（1-3a）求得混合气体平均密度

$$\begin{aligned} \rho &= \Sigma \varphi_i \rho_i \\ &= 0.28 \times 0.7174 + 0.06 \times 1.2506 + 0.546 \times 0.0899 + 0.04 \times 1.9771 + \\ &\quad 0.004 \times 1.4291 + 0.05 \times 1.2504 + 0.02 \times 1.9136 \\ &= 0.5106 kg/m^3 \end{aligned}$$

（3）按式（1-7）求得混合气体相对密度

$$S = \frac{\rho}{1.293} = \frac{0.5106}{1.293} = 0.395$$

（4）湿燃气的体积分数首先确定换算系数

$$k = \frac{0.833}{0.833 + d} = \frac{0.833}{0.833 + 0.002} = 0.9976$$

按式（1-5）求的湿燃气的体积分数，$\varphi_{w_{CH_4}} = k\varphi_{CH_4} = 0.9976 \times 28\% = 27.933\%$，依次可得：$\varphi_{w_{CO}} = 5.986\%$，$\varphi_{w_{H_2}} = 54.469\%$，$\varphi_{w_{CO_2}} = 3.990\%$，$\varphi_{w_{O_2}} = 0.399\%$，$\varphi_{w_{N_2}} = 4.988\%$，$\varphi_{w_{C_mH_n}} = 1.995\%$，而 $\varphi_{w_{H_2O}} = \frac{d}{0.833}k = 0.240\%$。

（5）湿燃气的平均密度按式（1-6）计算

$$\rho_w = (\rho + d) \times \frac{0.833}{0.833 + d}$$

$$= (0.5106 + 0.002) \times \frac{0.833}{0.833 + 0.002}$$

$$= 0.5114 \text{kg/m}^3$$

1.2.1.2 黏度

物质的黏性用黏度来表示。黏度一般用动力黏度μ和运动黏度ν表示。气体的动力黏度随温度升高而增加，液体的动力黏度随温度的升高而减小。气体在小于1MPa压强作用下，就可以认为它们的动力黏度与压强无关。但在高压作用下，气体和液体的动力黏度都将随压强的升高而增大。

A 混合气体的动力黏度计算

混合气体的动力黏度可以近似按式（1-9）计算，即

$$\mu = \frac{w_1 + w_2 + \cdots + w_n}{\frac{w_1}{\mu_1} + \frac{w_2}{\mu_2} + \cdots + \frac{w_n}{\mu_n}} \tag{1-9}$$

式中 μ——混合气体在0℃时的动力黏度，Pa·s；

$w_1, w_2, \cdots, w_n$——各组分的质量分数；

$\mu_1, \mu_2, \cdots, \mu_n$——相应各组分在0℃时的动力黏度，Pa·s。

若以μ表示0℃时混合气体的动力黏度，则t℃时混合气体的动力黏度按式（1-10）计算，即

$$\mu_t = \mu \frac{273 + C}{T + C} \times \left(\frac{T}{273}\right)^{\frac{3}{2}} \tag{1-10}$$

式中 μ_t——t℃时混合气体的动力黏度，Pa·s；

T——混合气体的热力学温度，K；

C——混合气体的无因次系数，可用混合法则求得。单一气体的C值由表1-4、表1-5查得。

B 混合液体的动力黏度计算

混合液体的动力黏度可以近似地按式（1-11）计算，即

$$\frac{1}{\mu} = \frac{x_1}{\mu_1} + \frac{x_2}{\mu_2} + \cdots + \frac{x_n}{\mu_n} \tag{1-11}$$

式中 x_1，x_2，…，x_n——各组分的摩尔分数；

μ_1，μ_2，…，μ_n——各组分的动力黏度，Pa·s；

μ——混合液体的动力黏度，Pa·s。

C 混合气体和混合液体的运动黏度计算

混合气体和混合液体的运动黏度为

$$\nu = \frac{\mu}{\rho} \tag{1-12}$$

式中 ν——混合气体或混合液体的运动黏度，m^2/s；

μ——混合气体或混合液体的动力黏度，Pa·s；

ρ——混合气体或混合液体的平均密度，kg/m^3。

不同温度下液态甲烷的动力黏度见表1-7，不同温度下其他液态碳氢化合物的动力黏度见图1-1。

表1-7　不同温度下液态甲烷的动力黏度

温度/K	110	111.63	120	130	140	150
动力黏度 μ/μPa·s	122.3	118.3	98.4	80.7	66.9	55.8

温度/K	160	170	180	190	190.65
动力黏度 μ/μPa·s	46.4	38	30	18.7	16.5

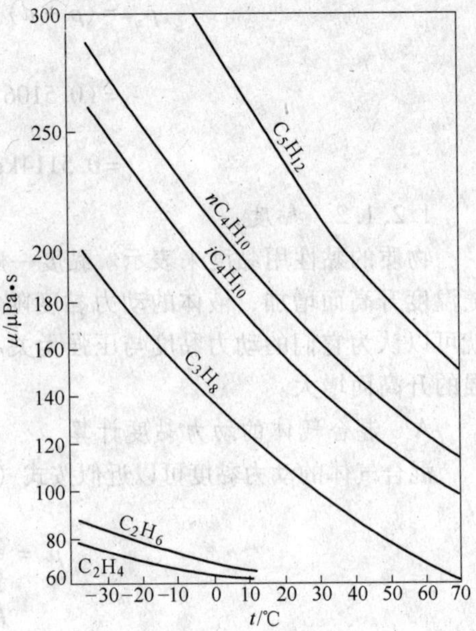

图1-1　不同温度下其他液态碳氢化合物的动力黏度

液态碳氢化合物的动力黏度随相对分子质量的增加而增大，随温度的上升而急剧减小。而气态碳氢化合物的动力黏度则正相反，相对分子质量越大，动力黏度越小，温度越上升，动力黏度越增大，这对于一般的气体都适用。

D　例题

【例1-2】　已知混合气体的体积分数为甲烷28%，一氧化碳6%，氢气54.6%，二氧化碳4%，氧气0.4%，氮气5%，C_mH_n（按丙烯计）2%，求该气体的动力黏度。

【解】　(1)将体积分数换算为质量分数。若以 φ_i 和 M_{r_i} 分别表示混合气体中 i 组分的体积分数和相对分子质量，w_i 表示混合气体中 i 组分的质量分数，则换算公式

$$w_i = \frac{\varphi_i M_{r_i}}{\Sigma \varphi_i M_{r_i}}$$

由表1-4、表1-5查得各组分的相对分子质量，根据已知的各组分的体积分数，通过计算得到

$$\begin{aligned}\Sigma \varphi_i M_{r_i} &= 0.28\times16.043 + 0.06\times28.0104 + 0.546\times2.016 + 0.04\times44.0098 + \\ &\quad 0.004\times31.9988 + 0.05\times28.0134 + 0.02\times42.0810 \\ &= 11.4041\end{aligned}$$

按换算公式，各组分的质量分数

$$w_{CO_2} = \frac{0.04\times44.0098}{11.4041} = 0.1544$$

$$w_{C_mH_n} = \frac{0.02\times42.0810}{11.4041} = 0.0738$$

$$w_{O_2} = \frac{0.004\times31.9988}{11.4041} = 0.0112$$

$$w_{CO} = \frac{0.06\times28.0104}{11.4041} = 0.1473$$

$$w_{H_2} = \frac{0.546 \times 2.016}{11.4041} = 0.0965$$

$$w_{CH_4} = \frac{0.28 \times 16.043}{11.4041} = 0.3939$$

$$w_{N_2} = \frac{0.05 \times 28.0143}{11.4041} = 0.1229$$

（2）混合气体的动力黏度。由表1-4、表1-5查得各组分的动力黏度，代入式（1-9），混合气体的动力黏度为

$$\mu = \frac{\Sigma w_i}{\Sigma \frac{w_i}{\mu_i}}$$

$$= \frac{1 \times 10^{-6}}{\frac{0.1544}{14.023} + \frac{0.0738}{7.502} + \frac{0.0112}{19.417} + \frac{0.1473}{16.573} + \frac{0.0965}{8.355} + \frac{0.3939}{10.393} + \frac{0.1229}{16.671}}$$

$$= 11.48 \times 10^{-6}\ \mathrm{Pa \cdot s}$$

1.2.1.3 临界参数及实际气体状态方程

A 临界参数

当气体温度不超过某一数值，对气体进行加压，可以使气体液化，而在该温度以上，无论加多大压力都不能使气体液化。可以使气体压缩成液态的这个极限温度称为该气体的临界温度。在临界温度下，使气体液化所必需的压力称为临界压力，此时的状态称为临界状态，气体的各项参数称为临界参数。

图1-2所示为在不同温度下对气体加压时，其压力和体积的变化情况。

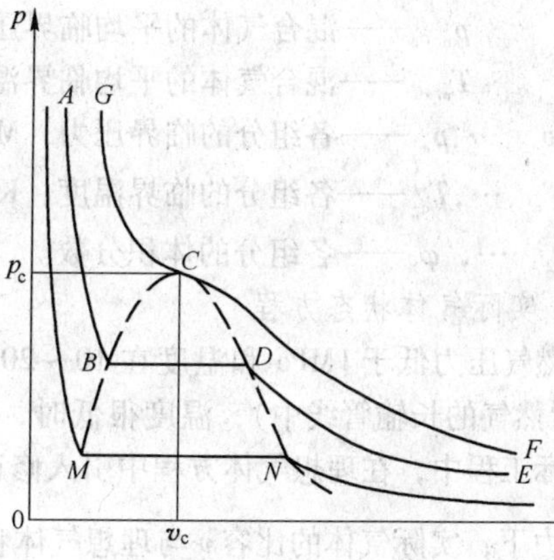

图1-2 临界状态

从E点开始压缩至D点开始液化，到B点液化完成，DB段相当于气体凝结成液体的过程，这时气液两相处于气液共存状态，称为饱和状态；而当气体从F点开始压缩至C点开始液化，但此时没有相当于DB直线部分，其液化的状态与前者不同。C点为临界点，气体在C点所处的状态称为临界状态，在临界点上气态和液态没有明显差别。这时的温度T_c、压力p_c、比容v_c和密度ρ_c分别称作临界温度、临界压力、临界比容和临界密度。在图1-2中C-B-M是不同温度下气体液化终了各点的连线，称为饱和液体线；C-D-N是气体开始液化各点的连线，称为干饱和蒸气线。这些界限将图分成三个区域，$NDCG$线的右边是气体状态，$MBCG$线左边是液体状态，而在MCN线以下为气液共存状态。

气体的临界温度越高，越易液化。天然气的主要成分甲烷的临界温度低，故较难液化。而组成液化石油气的碳氢化合物的临界温度较高，故较易液化。

几种气体的液态—气态平衡曲线如图1-3所示。图1-3中的曲线是蒸气和液体的分界线，曲线左侧为液态，右侧为气态。

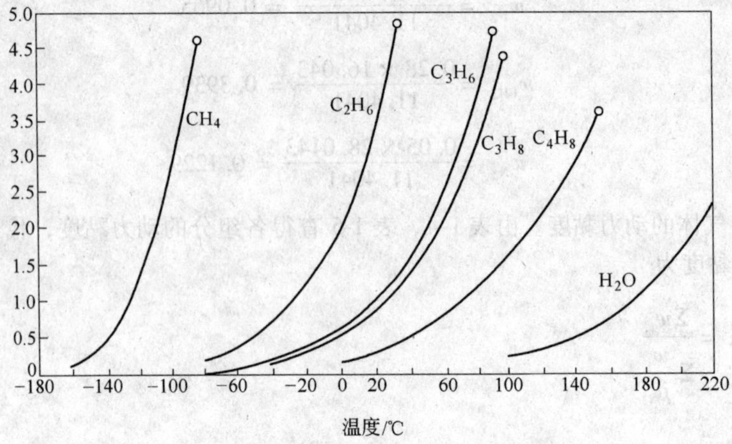

图 1-3　几种气体的液态-气态平衡曲线

由图 1-3 可知，气体温度比临界温度越低，则液化所需压力越小。例如 20℃时，使丙烷液化的绝对压力为 0.846MPa，而当温度为 −20℃时，在 0.248MPa 绝对压力下即可液化。

混合气体的平均临界压力和平均临界温度分别按式（1-13）和式（1-14）计算，即

$$p_{m \cdot c} = \varphi_1 p_{c_1} + \varphi_2 p_{c_2} + \cdots + \varphi_n p_{c_n} \tag{1-13}$$

$$T_{m \cdot c} = \varphi_1 T_{c_1} + \varphi_2 T_{c_2} + \cdots + \varphi_n T_{c_n} \tag{1-14}$$

式中　$p_{m \cdot c}$——混合气体的平均临界压力，MPa；

$T_{m \cdot c}$——混合气体的平均临界温度，K；

$p_{c_1}, p_{c_2}, \cdots, p_{c_n}$——各组分的临界压力，MPa；

$T_{c_1}, T_{c_2}, \cdots, T_{c_n}$——各组分的临界温度，K；

φ_1，φ_2，…，φ_n——各组分的体积分数。

B　实际气体状态方程

当燃气压力低于 1MPa 和温度在 10 ~ 20℃时，在工程上可以当作理想气体。当压力很高（如在天然气的长输管线中），温度很低时，用理想气体状态方程进行计算所引起的误差将很大。实际工程中，在理想气体方程中引入修正项而得到实际气体性质的状态方程。如在相同温度和压力下，实际气体的比容 v 与理想气体状态方程计算的比容 $v_{id} = \frac{RT}{p}$ 的比值称为压缩因子，也称压缩性系数，用符号 Z 表示，即

$$pv = ZRT \tag{1-15}$$

式中　p——气体的绝对压力，Pa；

v——气体的比容，m^3/kg；

Z——压缩因子；

R——气体常数，J/(kg · K)；

T——气体的热力学温度，K。

压缩因子是随温度和压力而变化，通常用对比压力 p_r 和对比温度 T_r 的函数关系来表示，如图 1-4 和图 1-5 所示。

对比温度和对比压力的表达式见式（1-16）

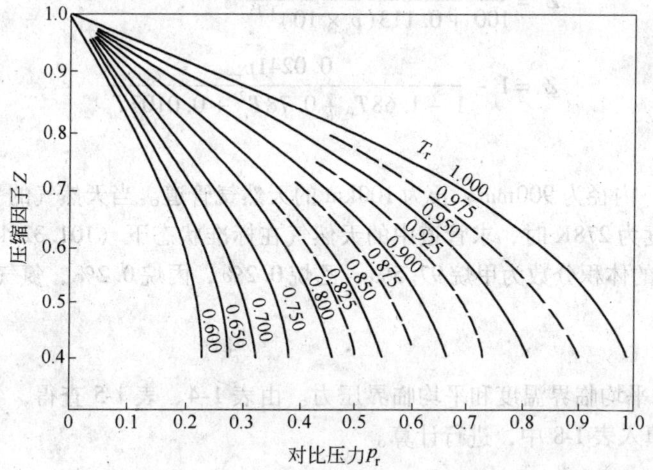

图 1-4 气体的压缩因子 Z 与对比温度 T_r、对比压力 p_r 的关系

（当 $p_r<1$，$T_r=0.6\sim1.0$ 时）

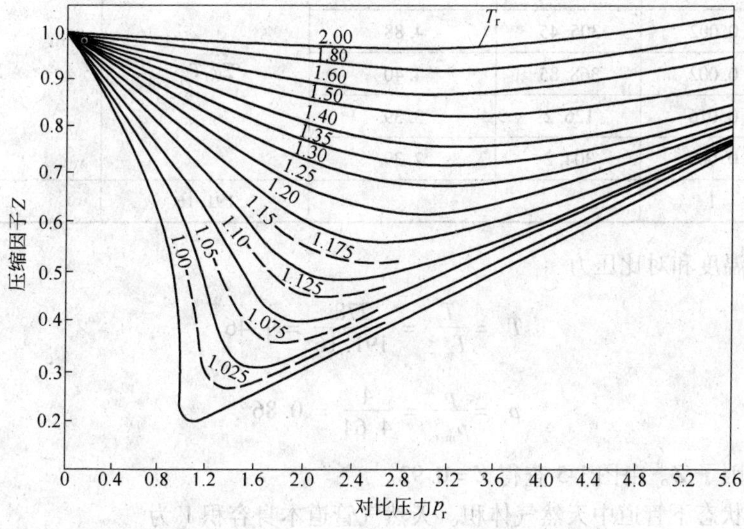

图 1-5 气体的压缩因子 Z 与对比温度 T_r、对比压力 p_r 的关系

（当 $p_r<5.6$，$T_r=1.0\sim2.0$ 时）

$$p_r=\frac{p}{p_c}\qquad T_r=\frac{T}{T_c}\tag{1-16}$$

式中 T——气体的工作温度，K；

T_c——气体的临界温度，K，若为混合气体则用平均临界温度 $T_{m\cdot c}$；

p——气体的工作压力（绝对压力），Pa；

p_c——气体的临界压力，Pa，若为混合气体则用平均临界压力 $p_{m\cdot c}$。

对于混合气体，首先要按式（1-13）、式（1-14）确定平均临界压力和平均临界温度，然后按式（1-16）计算对比压力和对比温度，再由图 1-4、图 1-5 查得压缩因子。

在天然气输气管线中也常采用式（1-17）近似计算或根据式（1-18）精确计算。

$$Z = \frac{100}{100 + 0.113(p \times 10)^{1.15}} \tag{1-17}$$

$$Z = 1 - \frac{0.0241 p_r}{1 - 1.68T_r + 0.78T_r^2 + 0.0107T_r^3} \tag{1-18}$$

C　例题

【例 1-3】　有一内径为 900mm、长为 100km 的天然气管道。当天然气的平均压力（绝对压力）为 4MPa、温度为 278K 时，求管道中的天然气在标准状态下（101.325kPa、273.15K）的体积。已知天然气的体积分数为甲烷 97.5%，乙烷 0.2%，丙烷 0.2%，氮气 1.6%，二氧化碳 0.5%。

【解】

（1）天然气的平均临界温度和平均临界压力。由表 1-4、表 1-5 查得，各组分的临界温度 T_c 和临界压力 p_c 填入表 1-8 中，进行计算。

表 1-8　天然气平均临界温度和平均临界压力计算

气体名称	体积分数 φ_i	临界温度 T_c/K	临界压力 p_c/MPa	平均临界温度 $T_{m \cdot c}$/K	平均临界压力 $p_{m \cdot c}$/MPa
CH_4	0.975	191.05	4.64	$\Sigma\varphi_i T_{c_i}$	$\Sigma\varphi_i p_{c_i}$
C_2H_6	0.002	305.45	4.88		
C_3H_8	0.002	368.85	4.40		
N_2	0.016	126.2	3.39		
CO_2	0.005	304.2	7.39		
	1			191.16	4.64

（2）对比温度和对比压力

$$T_r = \frac{T}{T_{m \cdot c}} = \frac{278}{191.16} = 1.46$$

$$p_r = \frac{p}{p_{m \cdot c}} = \frac{4}{4.64} = 0.86$$

（3）压缩因子 Z。由图 1-5 查得 $Z = 0.92$。

（4）标准状态下管道中天然气体积。天然气管道本身容积 V 为

$$V = \frac{\pi}{4}D^2 L = 0.785 \times 0.9^2 \times 100000 = 63585\text{m}^3$$

标准状态下管道中天然气体积为

$$V_0 = V\frac{p}{p_0} \cdot \frac{T_0}{T} \cdot \frac{1}{Z}$$

$$= 63585 \times \frac{4}{0.101325} \times \frac{273.15}{278} \times \frac{1}{0.92}$$

$$= 2.68 \times 10^6\text{m}^3$$

如果不考虑压缩因子，而按理想气体状态方程计算得出的管道中气体体积为 $2.42 \times 10^6\text{m}^3$，比实际少 9.70%。

【例 1-4】　已知混合气体的体积分数分别为丙烷 50%，丁烷 50%，求在工作压力（相对

压力）1MPa、温度为40℃时的密度和比容。

【解】

（1）标准状态下混合气体密度。按式（1-3a）和表1-4，可以得到

$$\rho_0 = \Sigma\varphi_i\rho_i = 0.5\times 2.0102 + 0.5\times 2.703 = 2.357\text{kg/m}^3$$

（2）混合气体的平均临界温度和临界压力。由表1-4查得丙烷的临界温度和临界压力为

$$T_c = 368.85\text{K},\ p_c = 4.3975\text{MPa}$$

正丁烷的临界温度和临界压力为

$$T_c = 425.95\text{K},\ p_c = 3.6173\text{MPa}$$

混合气体的平均临界温度和平均临界压力为

$$T_{m\cdot c} = \varphi_1 T_{c_1} + \varphi_2 T_{c_2} + \cdots + \varphi_n T_{c_n} = 0.5\times 368.85 + 0.5\times 429.95 = 399.4\text{K}$$

$$p_{m\cdot c} = \varphi_1 p_{c_1} + \varphi_2 p_{c_2} + \cdots + \varphi_n p_{c_n} = 0.5\times 4.3975 + 0.5\times 3.6173 = 4.0074\text{MPa}$$

（3）对比压力和对比温度

$$T_r = \frac{T}{T_{m\cdot c}} = \frac{40 + 273.15}{399.4} = 0.784$$

$$p_r = \frac{p}{p_{m\cdot c}} = \frac{1 + 0.101325}{4.0074} = 0.275$$

（4）压缩因子 Z。由图1-4查得 $Z = 0.72$。

（5）混合气体密度。当 $p = 1\text{MPa}$、$t = 40℃$ 时混合气体密度为

$$\rho' = \rho_0\frac{p'}{p_0}\frac{T_0}{T'}\frac{1}{Z} = 2.357\times\frac{1 + 0.101325}{0.101325}\times\frac{273.15}{40 + 273.15}\times\frac{1}{0.72} = 31.037\text{kg/m}^3$$

（6）混合气体比容。当 $p = 1\text{MPa}$、$t = 40℃$ 时混合气体比容为

$$v' = \frac{1}{\rho'} = \frac{1}{31.037} = 0.032\text{m}^3/\text{kg}$$

若按理想气体状态方程计算，$\rho = 22.347\text{kg/m}^3$，$v = 0.045\text{m}^3/\text{kg}$，偏差达28%。

1.2.1.4 饱和蒸气压及相平衡常数

A 饱和蒸气压与温度的关系

液态烃的饱和蒸气压（简称蒸气压）指在一定温度下，密闭容器中的液体及其蒸气处于动态平衡时，蒸气的绝对压力。

蒸气压与密闭容器的大小及液量无关，仅取决于温度。温度升高时，蒸气压增大。一些低碳烃在不同温度下的蒸气压见表 1-9 和表 1-10。

表 1-9　不同温度下部分液态烃的饱和蒸气压

温度/℃	饱和蒸气压/MPa						
	乙烷	乙烯	丙烷	丙烯	正丁烷	异丁烷	1-丁烯
-40	0.792	1.47	0.114	0.15	—	—	0.023
-35		1.65	0.143	0.18		—	0.028
-30	1.085	1.88	0.171	0.21	—	0.0547	0.033
-25	—	2.18	0.208	0.25	—	0.0612	0.036
-20	1.446	2.56	0.248	0.31	—	0.0742	0.056
-15	—	2.91	0.295	0.38	0.0578	0.0920	0.074
-10	1.891	3.34	0.349	0.45	0.0812	0.1120	0.095
-5	—	3.79	0.414	0.52	0.0976	0.1380	0.113
0	2.433	4.29	0.42	0.61	0.1170	0.1629	0.139
+5	—	—	0.556	0.70	0.1410	0.1962	0.165
+10	3.079	—	0.646	0.79	0.1675	0.2290	0.190
+15			0.741	0.88	0.2006	0.2582	0.215
+20	3.844	—	0.846	0.97	0.2348	0.3115	0.262
+25	—	—	0.967	1.11	0.2744	0.3620	0.302
+30	4.736	—	1.093	1.32	0.3202	0.4180	0.366
+35	—	—	1.231	1.51	0.3670	0.4800	0.439
+40	—	—	1.396	1.68	0.4160	0.5510	0.497

表 1-10　不同温度下液态甲烷的饱和蒸气压

温度/K	116.65	115	120	125	130	135	140	146	150	160	170	180	191.05
饱和蒸气压/MPa	0.101	0.133	0.192	0.269	0.368	0.491	0.642	0.864	1.041	1.592	2.327	3.282	4.595

B　混合液体的蒸气压

根据道尔顿定律，混合液体的蒸气压等于各组分蒸气分压之和。根据拉乌尔定律，在一定温度下，当液体与蒸气处于平衡状态时，混合液体上方各组分的蒸气分压等于此纯组分在该温度下的蒸气压乘以其在混合液体中的摩尔分数。综上所述，混合液体的蒸气压可由式（1-19）计算，即

$$p = \Sigma p_i = \Sigma x_i p'_i \qquad (1\text{-}19)$$

式中　p——混合液体的蒸气压，Pa；

p_i——混合液体中任一组分的蒸气分压，Pa；

x_i——混合液体中该组分的摩尔分数；

p_i'——该纯组分在同温度下的蒸气压，Pa。

如果容器中为丙烷和正丁烷组成的液化石油气，在温度一定时，其蒸气压随丙烷和正丁烷含量的比例变化而变化的曲线见图 1-6。

当使用容器中的液化石油气时，总是先蒸发出较多的丙烷，而剩余的液体中丙烷的含量逐渐减少，所以温度虽然不变，容器中的蒸气压也会逐渐下降。

图 1-7 所示为随着丙烷、正丁烷混合物的消耗，当 15℃ 时容器中不同剩余量气相组分和液相组分的变化情况。

C 相平衡常数

在一定温度下，由不同组分组成的混合液体的气液平衡系统中，某一纯组分在该温度下的饱和蒸气压 p_i' 与混合液体的饱和蒸气压 p 的比值是一个常数 k_i。在该气液平衡系统中，气相中某一组分的摩尔分数 y_i 与其液相中的摩尔分数 x_i 的比值，同样是一个常数 k_i。该常数 k_i 被称为相平衡常数。

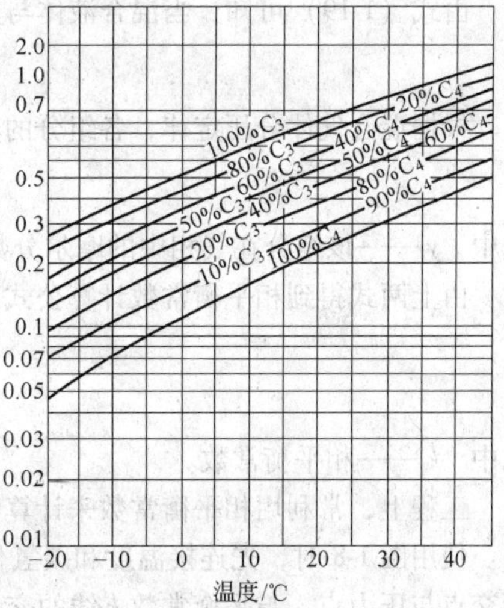

图 1-6 丙烷、正丁烷混合物的饱和蒸气压

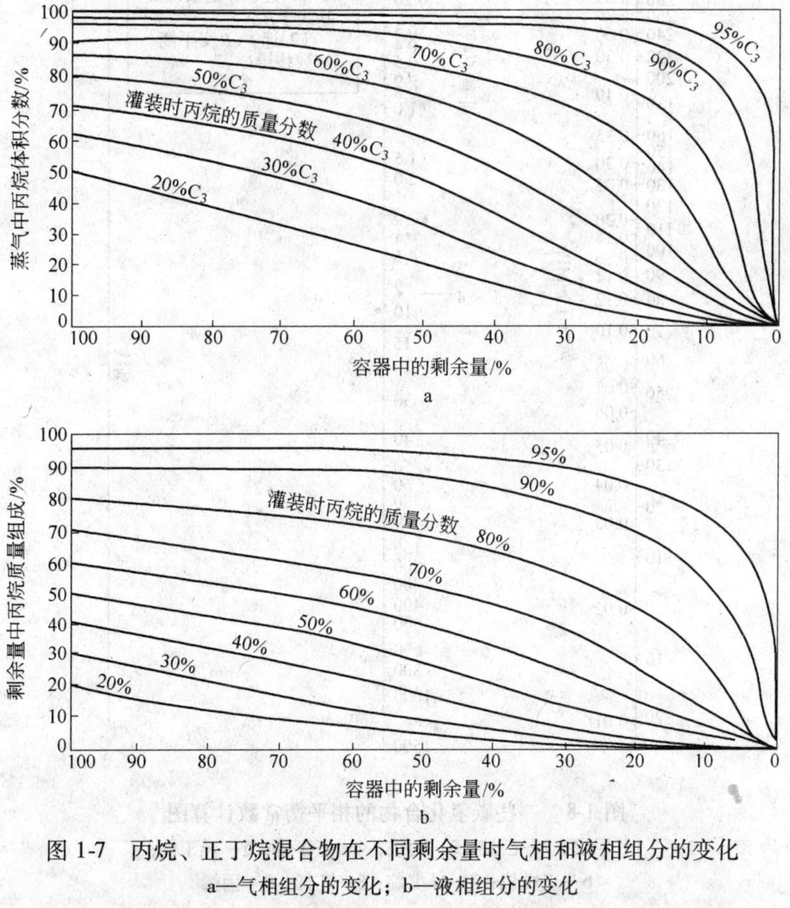

图 1-7 丙烷、正丁烷混合物在不同剩余量时气相和液相组分的变化

a—气相组分的变化；b—液相组分的变化

由式（1-19）可知，当混合液体与其蒸气处于平衡状态时，各组分的蒸气压为

$$p_i = x_i p_i'$$

根据混合气体分压定律，各组分的蒸气压为

$$p_i = y_i p$$

式中　y_i——该组分在气相中的摩尔分数。

由上两式得到相平衡常数计算公式（1-20）

$$\frac{p_i'}{p} = \frac{y_i}{x_i} = k_i \tag{1-20}$$

式中　k_i——相平衡常数。

工程上，常利用相平衡常数来计算液化石油气的气相组成或液相组成。k 值可由图 1-8 查得。使用图 1-8 时，先连接温度和碳氢化合物两点之间的直线，并向右延长与基准线相交，连接交点与压力点，与平衡常数 k 线的交点，即为 k 值。

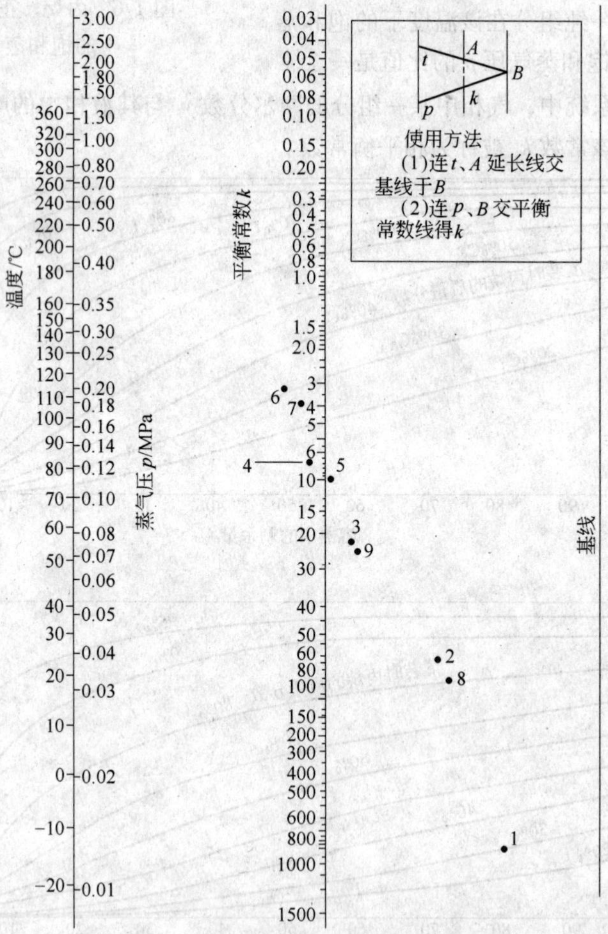

图 1-8　一些碳氢化合物的相平衡常数计算图

1—甲烷；2—己烷；3—丙烷；4—正丁烷；5—异丁烷；

6—正戊烷；7—异戊烷；8—乙烯；9—丙烯

液化石油气的气相和液相摩尔分数之间的换算还可按式(1-21)~式(1-23)计算。

(1) 当已知液相摩尔分数时，需确定气相摩尔分数时，先按式（1-19）计算系统的压力 p，然后根据式（1-20）确定各组分的摩尔分数，即

$$y_i = \frac{x_i p'_i}{p} \tag{1-21}$$

(2) 当已知气相摩尔分数时，需确定液相组分时，也是先确定系统的压力 p，由式(1-20)可得

$$\frac{y_i}{p'_i} = \frac{x_i}{p}$$

即

$$\Sigma \frac{y_i}{p'_i} = \Sigma \frac{x_i}{p} = \frac{1}{p}\Sigma x_i \tag{1-22a}$$

由于 $\Sigma x_i = 1$，由式（1-22a）可得

$$p = \frac{1}{\Sigma \frac{y_i}{p'_i}} = \frac{1}{\frac{y_1}{p'_1} + \frac{y_2}{p'_2} + \cdots + \frac{y_n}{p'_n}} \tag{1-22b}$$

各组分在液相中的摩尔分数为

$$x_i = \frac{y_i p}{p'_i} \tag{1-23}$$

D 例题

【例 1-5】 已知液化石油气在 15℃时的液相摩尔分数为 $x_{C_3H_8} = 47.4\%$，$x_{C_4H_{10}} = 52.6\%$，求温度为 15℃时系统的压力和达到平衡状态时气相摩尔分数。

【解】 根据表 1-9 和式（1-19），可以得到 15℃时系统的压力

$$\begin{aligned} p &= \Sigma x_i p'_i \\ &= 0.474 \times 0.741 + 0.526 \times 0.2006 \\ &= 0.457\text{MPa} \end{aligned}$$

按式（1-21），达到平衡状态时，气相摩尔分数为

$$\begin{aligned} y_{C_3H_8} &= \frac{x_{C_3H_8} p'_{C_3H_8}}{p} \\ &= \frac{0.474 \times 0.741}{0.457} \\ &= 0.769 \end{aligned}$$

$$y_{C_4H_{10}} = \frac{0.526 \times 0.2006}{0.457} = 0.231$$

$$\Sigma y_i = 0.769 + 0.231 = 1.0$$

【例 1-6】 已知液化石油气的气相摩尔分数为 $y_{C_3H_8} = 70\%$，$y_{nC_4H_{10}} = 20\%$，$y_{iC_4H_{10}} = 10\%$，求 $t = 20$℃时的平衡液相摩尔分数。

【解】 按式（1-22b），系统的压力 p 为

$$p = \frac{1}{\Sigma \frac{y_i}{p'_i}} = \frac{1}{\frac{0.7}{0.846} + \frac{0.2}{0.2348} + \frac{0.1}{0.3115}} = 0.5\text{MPa}$$

按式（1-23），平衡液相组分的摩尔分数

$$x_{C_3H_8}=\frac{y_{C_3H_8}p}{p'_{C_3H_8}}=\frac{0.7\times0.5}{0.846}=0.414$$

$$x_{nC_4H_{10}}=\frac{0.2\times0.5}{0.2348}=0.426$$

$$x_{iC_4H_{10}}=\frac{0.1\times0.5}{0.3115}=0.160$$

也可用相平衡常数计算，由图 1-8 查得 $k_{C_3H_8}=1.5$，$k_{nC_4H_{10}}=0.4$，$k_{iC_4H_{10}}=0.65$。平衡液相摩尔分数为

$$x_{C_3H_8}=\frac{y_{C_3H_8}}{k_{C_3H_8}}=\frac{0.7}{1.5}=0.467$$

$$x_{nC_4H_{10}}=\frac{0.2}{0.4}=0.5$$

$$x_{iC_4H_{10}}=\frac{0.1}{0.65}=0.154$$

1.2.1.5　沸点和露点

A　沸点

当液体温度升高时，液体的蒸气压也随之逐渐升高，直至其蒸气压与外界压力相等，这时继续加热将使液体发生气化，这种现象称为沸腾，沸腾时的温度称为沸点。通常所说的沸点是指 101.325kPa 压力下液体沸腾时的温度。某些烃类在 101.325kPa 压力下的沸点见表 1-11。

表 1-11　某些烃的沸点

名　称	甲　烷	乙　烷	丙　烷	正丁烷	异丁烷	正戊烷
沸点/℃	-161.5	-88.6	-42.05	-0.50	-11.72	36.06
名　称	乙　烯	丙　烯	1-丁烯	2-顺丁烯	2-反丁烯	异丁烯
沸点/℃	-103.68	-47.72	-6.26	3.72	0.88	-6.90

不同物质的沸点是不同的，同一物质的沸点随压力的改变而改变。压力升高时，其沸点也升高，压力降低时，其沸点也降低。

液体的沸点越低，越容易沸腾和气化，沸点越高，越难沸腾和气化。例如表 1-11 中，丙烷在一个大气压力下，-42.1℃就处于沸腾状态，而液体正丁烷 -0.5℃时才处于沸腾状态。因而当液化石油气容器设置在0℃以下的地方时，应该使用沸点低的丙烷、丙烯组分高的液化石油气。因为丙烷、丙烯在寒冷的地区或季节也可以气化。

B　露点

饱和蒸气经冷却或加压，立即处于过饱和状态，当遇到接触面或凝结核便液化成露，这时的温度称为露点。

在输送气态碳氢化合物的管道中，应避免出现工作温度低于其露点温度的情况，以免产生凝析液。凝析液积聚在管道低洼处会使管道流通面积减小，甚至堵塞管道。

对于气态碳氢化合物，与表 1-9 和表 1-10 所列的饱和蒸气压相应的温度也就是露点。对同

种碳氢化合物，其压力增大，露点温度也升高。例如，丙烷在 0.349MPa 压力时，露点为 -10℃；而在 0.846MPa 压力时，露点为 20℃。气态碳氢化合物在某一蒸气时的露点也就是液体在同一压力时的沸点。

a 碳氢化合物混合气体的露点

碳氢化合物混合气体的露点与混合气体的组成及其总压力有关。

在混合物中，由于各组分在气相或液相中的摩尔分数之和都等于1，所以在气液平衡时必须满足下列关系，即

$$\sum y_i = \sum k_i x_i = 1 \tag{1-24}$$

$$\sum x_i = \sum \frac{y_i}{k_i} = 1 \tag{1-25}$$

式（1-24）和式（1-25）中的符号意义与式（1-20）中相同。

当已知混合物气相摩尔分数时，可按式（1-24）和式（1-25），用试算法计算在某一定压力下的混合气体露点。具体计算步骤如下：

（1）先假设该压力下的一个露点温度。

（2）根据假设的露点和给定的压力，由图 1-8 查出各组分在相应温度、压力下的相平衡常数 k_i，并计算出平衡液相中各组分的摩尔分数 x_i。

（3）当 $\sum x_i = 1$ 时，则原假设的露点温度正确。

（4）如果 $\sum x_i \neq 1$ 时，必须再假设一个露点进行计算，直到满足 $\sum x_i = 1$ 为止。

b 液化石油气掺混空气前后露点的比较

在实际的液化石油气供应中，有时采用含有空气的非爆炸性混合气体。液化石油气中主要成分丙烷、正丁烷和异丁烷与空气混合物的露点分别见图 1-9 ~ 图 1-11。由图 1-9 ~ 图 1-11 可见，露点随掺混空气量的增加而降低，其原因主要是由于掺混空气量越多时，碳氢化合物在混合气体中体积分数越小，则分压也越小。

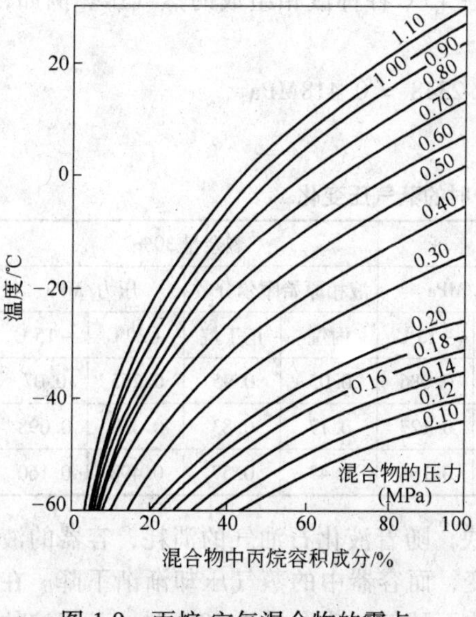

图 1-9 丙烷-空气混合物的露点

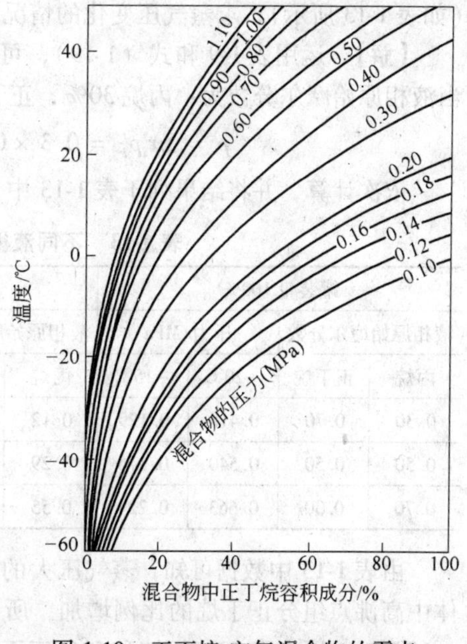

图 1-10 正丁烷-空气混合物的露点

C　露点的直接计算

工程中特别是液化石油气管道供气的工程中所处理的气态液化石油气或液化石油气-空气混合气一般处于压力为0.1～0.3MPa的范围内，需要对它们进行露点计算。用于这种情况的计算公式为

$$t_d = 55\left(\sqrt{\varphi p \Sigma \frac{\varphi_i}{a_i}} - 1\right) \tag{1-26}$$

式中　t_d——气态液化石油气或液化石油气-空气混合气的露点，℃；

p——气态液化石油气或液化石油气-空气混合气的压力，MPa；

φ——液化石油气-空气混合气中液化石油气组分的体积分数，对气态液化石油气，$\varphi = 1.0$；

φ_i——液化石油气中各组分的体积分数，$\Sigma\varphi_i = 1$；

a_i——液化石油气中各组分的特性系数，见表1-12。

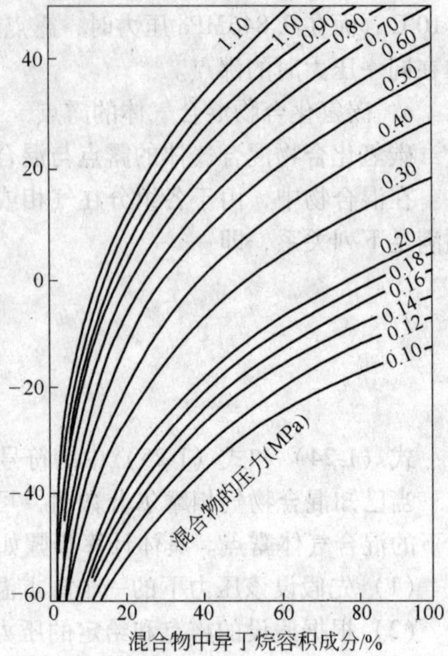

图1-11　异丁烷-空气混合物的露点

表1-12　液化石油气组分的特性系数

组分	乙烷	乙烯	丙烷	丙烯	异丁烷	正丁烷	1-丁烯	2-顺丁烯	2-反丁烯	异丁烯	异戊烷	正戊烷
系数 a_i	2.4	4.18	0.47	0.59	0.15	0.10	0.126	0.086	0.096	0.129	0.035	0.026

D　例题

【例1-7】　已知容器中液化石油气的原始分子组成以及随着它的消耗，液相组分的变化(如表1-13所示)，求蒸气压变化的情况。

【解】　运用表1-9和式（1-19），可以得到20℃和－15℃各种液相组成的蒸气压。例如，当液相原始摩尔分数为：丙烷30%，正丁烷70%，则

$$p = \Sigma x_i p_i' = 0.3 \times 0.846 + 0.7 \times 0.2348 = 0.418\text{MPa}$$

依次计算，并将结果列于表1-13中。

表1-13　不同液相液化石油气组分时的蒸气压变化

罐装量100%				剩余量50%				剩余量30%			
液相原始摩尔分数		压力/MPa		液相原始摩尔分数		压力/MPa		液相原始摩尔分数		压力/MPa	
丙烷	正丁烷	+20℃	－15℃	丙烷	正丁烷	+20℃	－15℃	丙烷	正丁烷	+20℃	－15℃
0.30	0.70	0.418	0.129	0.12	0.88	0.308	0.086	0.05	0.95	0.265	0.07
0.50	0.50	0.540	0.176	0.29	0.71	0.412	0.127	0.17	0.83	0.339	0.098
0.70	0.30	0.663	0.224	0.55	0.45	0.571	0.188	0.43	0.57	0.498	0.160

由表1-13中数据可知，蒸气压大的丙烷组分蒸发快，随着液化石油气的消耗，容器的液体中高沸点组分正丁烷的比例增加，所以温度虽然不变，而容器中的蒸气压却渐渐下降。在－15℃时，原来由50%丙烷和50%正丁烷所组成的液化石油气，残余量为30%时，正丁烷的

含量上升为83%，蒸气压由0.176MPa降至0.098MPa，已不可能蒸发。

【例1-8】 已知液化石油气的气相组成为：丙烯25%，丙烷25%，异丁烷25%，1-丁烯25%，求压力为0.2MPa时的露点。

【解】 根据表1-9和式（1-24）、式（1-25）试算，结果见表1-14。

表1-14 露点温度试算表

名称	气相摩尔分数 y_i	温度 -5℃				温度 -4℃			
		饱和蒸气压 p_i	$k_i=\frac{p_i}{p}$	液相摩尔分数 x_i	Σx_i	饱和蒸气压 p_i	$k_i=\frac{p_i}{p}$	液相摩尔分数 x_i	Σx_i
丙烯	0.25	0.52	2.6	0.09615	1.0217	0.538	2.69	0.09294	0.98602
丙烷	0.25	0.414	2.07	0.12077		0.4152	2.076	0.12042	
异丁烷	0.25	0.138	0.69	0.36232		0.143	0.715	0.34965	
1-丁烯	0.25	0.113	0.565	0.44248		0.1182	0.591	0.42301	

由表1-14可知该液化石油气的露点在-4～-5℃之间。

【例1-9】 已知液化石油气与空气混合气，液化石油气与空气的体积比为1∶1，液化石油气的体积分数为：丙烯25%，丙烷25%，异丁烷25%，1-丁烯25%，求压力为0.2MPa时的露点。

【解】 将 $c=0.5$，$p=0.2$MPa 代入露点计算公式（1-26）得

$$t_d=55\left(\sqrt{\varphi p\Sigma\frac{\varphi_i}{a_i}}-1\right)$$

$$=55\left(\sqrt{0.5\times0.2\left(\frac{0.25}{0.59}+\frac{0.25}{0.47}+\frac{0.25}{0.15}+\frac{0.25}{0.126}\right)}-1\right)$$

$$=-17.7℃$$

1.2.1.6 体积膨胀系数

大多数物质具有热胀冷缩的性质。通常将温度每升高1℃，液体体积增加的倍数称为体积膨胀系数。

一些液态碳氢化合物的体积膨胀系数列于表1-15。

表1-15 某些液态碳氢化合物和水的体积膨胀系数

名称	-30～0℃	0～10℃	10～20℃	20～30℃	30～40℃
乙烯	0.00454	0.00674	0.00879	0.01357	—
乙烷	0.00436	0.00495	0.01063	0.03309	—
丙烯	0.00254	0.00283	0.00313	0.00329	0.00354
丙烷	0.00246	0.00265	0.00258	0.00352	0.00340
异丁烷	0.00184	0.00233	0.00171	0.00297	0.00217
正丁烷	0.00168	0.00181	0.00237	0.00173	0.00227
1-丁烯	0.00217	0.00198	0.00206	0.00214	0.00227
异丁烯	0.00184	0.00191	0.00206	0.00213	0.00226
异戊烷	0.00133	0.00192	0.00126	0.00186	0.00122
水	—	0.0000299	0.00014	0.00026	0.00035

由表 1-15 中数据可以看出，液态碳氢化合物的体积膨胀系数很大，约比水大 16 倍。在灌装容器时必须考虑由温度变化引起的体积增大，留出必需的气相空间容积。

A　单一液体

对于单一液体，可以用式（1-27）计算出单一液体温度变化时的体积变化值。

$$V_2 = V_1[1 + \beta(t_2 - t_1)] \tag{1-27}$$

式中　V_2——温度为 t_2 时的液体体积，m^3；

V_1——温度为 t_1 时的液体体积，m^3；

β——$t_1 \sim t_2$ 温度范围内的体积膨胀系数平均值。

B　混合液体

对于混合液体，可以用式（1-28）计算出混合液体温度变化时的体积变化值。

$$V'_2 = V'_1\varphi_1[1 + \beta_1(t_2 - t_1)] + V'_1\varphi_2[1 + \beta_2(t_2 - t_1)] + \cdots + V'_1\varphi_n[1 + \beta_n(t_2 - t_1)] \tag{1-28}$$

式中　V'_1，V'_2——温度为 t_1、t_2 时混合液体的体积，m^3；

φ_1，φ_2，…，φ_n——温度为 t_1 时混合液体各组分的体积分数,%；

β_1，β_2，…，β_n——各组分由 $t_1 \sim t_2$ 温度范围内的体积膨胀系数平均值。

C　例题

【例 1-10】　已知液态液化石油气的体积分数为：丙烷 62%，丙烯 15%，异丁烷 23%，10℃时的液态液化石油气的平均密度为 $\rho = 0.532$kg/L。求 15kg 液态液化石油气，温度从 10℃升至 40℃时的体积膨胀量。

【解】（1）10℃时 15kg 液化石油气的体积为

$$V_1 = \frac{G}{\rho} = \frac{15}{0.532} = 28.2\text{L}$$

（2）通过表 1-15 查得液态液化石油气各组分由 10℃升至 40℃时的体积膨胀系数，然后计算各组分平均体积膨胀系数

丙烷　$$\beta_{C_3H_8} = \frac{0.00258 + 0.00352 + 0.00340}{3} = 0.00317$$

丙烯　$$\beta_{C_3H_6} = \frac{0.00313 + 0.00329 + 0.00354}{3} = 0.0033$$

异丁烷　$$\beta_{iC_4H_{10}} = \frac{0.00171 + 0.00297 + 0.00217}{3} = 0.00228$$

（3）按式（1-28）计算温度升高至 40℃时的液化石油气体积

$$\begin{aligned}V_2 &= 28.2 \times 0.62[1 + 0.00317(40 - 10)] + 28.2 \times 0.15[1 + 0.0033(40 - 10)] + \\ &\quad 28.2 \times 0.23[1 + 0.00228(40 - 10)] \\ &= 30.73\text{L}\end{aligned}$$

（4）温度从 10℃升至 40℃时液化石油气的体积膨胀量

$$\Delta V = 30.73 - 28.2 = 2.53\text{L}$$

相对体积膨胀量为

$$\frac{\Delta V}{V_1} = \frac{2.53}{28.2} = 8.97\%$$

1.2.1.7　水化物

A　水化物及其生成条件

如果碳氢化合物中的水分超过一定含量，在一定温度压力条件下，水能与液相和气相的 C_1、C_2、C_3 和 C_4 生成结晶水化物 $C_mH_n \cdot xH_2O$（对于甲烷，$x = 6 \sim 7$；对于乙烷，$x = 6$；对于

丙烷及异丁烷 $x=17$）。水化物在聚集状态下是白色的晶体或带铁锈色。在深海和永久冻土层下存在着大量的甲烷水化物，具有潜在的开发价值，应该列入能源资源。但在管道输送中，它的生成会缩小管道的流通截面，堵塞管道、阀门和设备。

在湿燃气中形成水化物的主要条件是压力和温度。图1-12给出了甲烷及其他烷烃形成水化物的压力、温度范围。图中线 BC 是形成水化物的界限，线 BC 左边是水化物存在的区域，右边是水化物不存在的区域。点 C 是水化物存在的临界温度，高于此温度在任何高压下都不能形成水化物，例如甲烷21.5℃、乙烷14.5℃、丙烷5.5℃、正丁烷1℃、异丁烷2.5℃。由图1-12可知，在同样温度下较重的烃类形成水化物所需的压力也较低。

在湿燃气中形成水化物的其他条件还有：含杂质、高速、紊流、脉动（例如由活塞式压缩机引起的）和急剧转弯等。

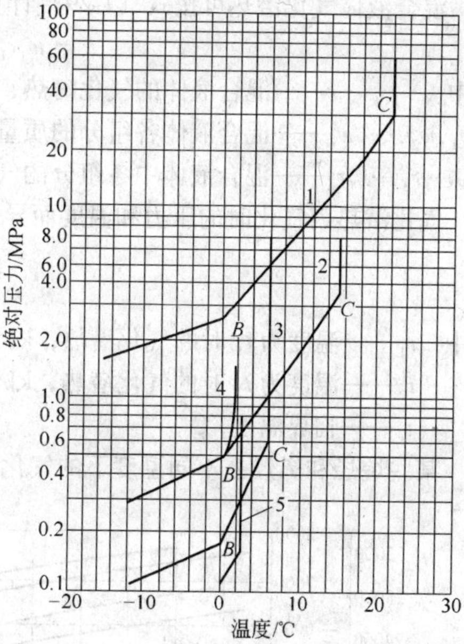

图1-12 水化物的生成条件

1—甲烷；2—乙烷；3—丙烷；4—丙烯；5—异丁烷

如果气体被水蒸气饱和，即输气管的温度等于湿燃气的露点，则水化物即可以形成，因为混合物中水蒸气分压远超过水化物的蒸气压。但如果降低气体中水分含量使得水蒸气分压低于水化物的蒸气压，则水化物也就不存在了。

B 水化物的防止

为防止水化物的形成或分解已形成的水化物，可以采用以下三种方法：

(1) 降低压力、升高温度。因为水化物是不稳定的结合物，在低压或高温条件下易分解为气体和水。

(2) 加入可以使水化物分解的反应剂（防冻剂），作为分解水化物结晶的反应剂常用的有甲醇（木精）、甘醇（乙二醇）、二甘醇、三甘醇、四甘醇等。

醇类之所以能用来分解或预防水化物的产生，是因为它的蒸气与水蒸气可形成溶液，水蒸气变为凝析水，降低形成水化物的临界点。醇类水溶液的冰点比水的冰点低得多，吸收了气体中的水蒸气，因而使气体的露点降低很多。在使用醇类的地方，一般装有排水装置，将输气管中液体排出。

(3) 脱水。使气体中水分含量降低到不致形成水化物的程度。为此要使露点降低到大约低于输气管道工作温度5～7℃，这样就使得在输气管道的最低温度下，气体的相对湿度接近60%。

1.2.2 燃气的热力性质

1.2.2.1 气化潜热

气化潜热就是单位质量（1kg）的液体变成与其处于平衡状态的蒸气时所吸收的热量。某些碳氢化合物在101.325kPa压力下，沸点时的气化潜热见表1-16。

表1-16 部分碳氢化合物沸点时的气化潜热

名称	甲烷	乙烷	丙烷	正丁烷	异丁烷	乙烯	丙烯	1-丁烯	2-顺丁烯	2-反丁烯	异丁烯	正戊烷
气化潜热/kJ·kg^{-1}	510.8	485.7	422.9	383.5	366.3	481.5	439.6	391.0	416.2	405.7	394.4	355.9

混合液体气化潜热可按式（1-29）计算，即

$$r = w_1 r_1 + w_2 r_2 + \cdots + w_n r_n \tag{1-29}$$

式中 r——混合液体的气化潜热，kJ/kg；

$w_1, w_2, \cdots, w_n$——混合液体各组分的质量分数；

$r_1, r_2, \cdots, r_n$——混合液体中各组分的气化潜热，kJ/kg。

气化潜热因气化时的压力和温度而异，气化潜热与温度的关系可用式（1-30）表示，即

$$r_1 = r_2 \left(\frac{t_c - t_1}{t_c - t_2} \right)^{0.38} \tag{1-30}$$

式中 r_1——温度为 t_1 时的气化潜热，kJ/kg；

r_2——温度为 t_2 时的气化潜热，kJ/kg；

t_c——临界温度，℃。

某些烷烃和烯烃在不同温度下的气化潜热见图 1-13 和图 1-14。

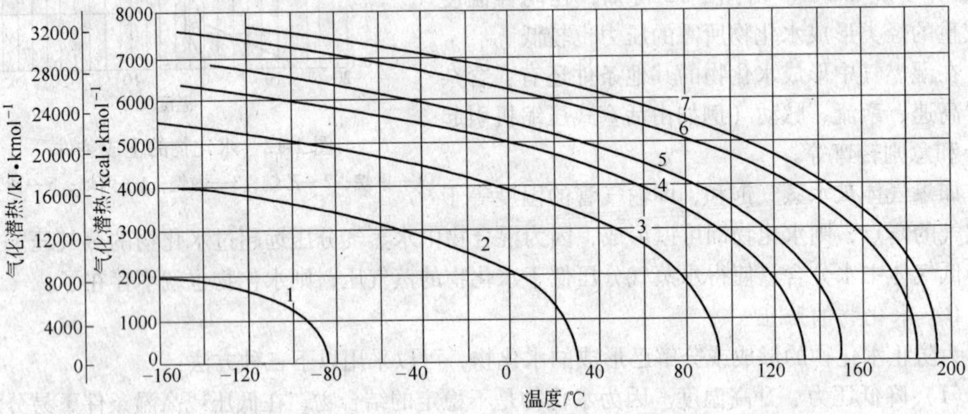

图 1-13 某些烷烃的气化潜热与温度的关系

1—甲烷；2—乙烷；3—丙烷；4—异丁烷；5—正丁烷；6—异戊烷；7—正戊烷

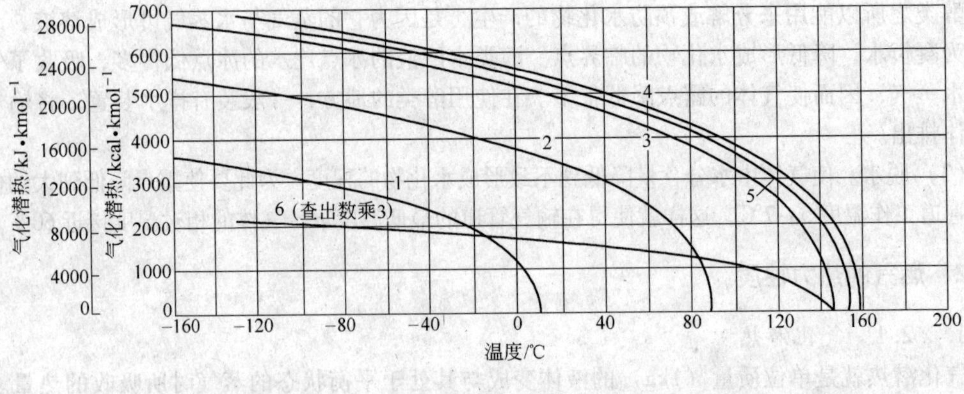

图 1-14 某些烯烃的气化潜热与温度的关系

1—乙烯；2—丙烯；3—1-丁烯；4—2-顺丁烯；5—2-反丁烯；6—异丁烯

由图 1-13 和图 1-14 可知，烷烃和烯烃的气化潜热随着温度的升高而减小，达到临界温度时，气化潜热等于零。

【例1-11】 已知液态液化石油气的质量分数为丙烷55%，丙烯20%，异丁烷25%，求10℃时液化石油气的气化潜热。

【解】（1）由表1-16查得液化石油气各组分在沸点时的气化潜热。

（2）按式（1-30）计算各组分在10℃时液化石油气的气化潜热：

丙烷：$$r_1 = r_2\left(\frac{t_c - t_1}{t_c - t_2}\right)^{0.38} = 422.9 \times \left[\frac{95.7 - 10}{95.7 - (-42.05)}\right]^{0.38} = 353.11\text{kJ/kg}$$

丙烯：$$r_1 = 439.6 \times \left[\frac{91.6 - 10}{91.6 - (-47.72)}\right]^{0.38} = 358.74\text{kJ/kg}$$

异丁烷：$$r_1 = 366.3 \times \left[\frac{134 - 10}{134 - (-11.72)}\right]^{0.38} = 344.51\text{kJ/kg}$$

（3）按式（1-29）计算该液化石油气的气化潜热为

$$\begin{aligned} r &= w_1 r_1 + w_2 r_2 + \cdots + w_n r_n \\ &= (55 \times 353.11 + 20 \times 358.74 + 25 \times 344.51)/100 \\ &= 352.09\text{kJ/kg} \end{aligned}$$

1.2.2.2 状态图及其应用

A 状态图的使用方法

在进行气态或液态碳氢化合物的热力计算时，一般需要使用饱和蒸气压 p、比容 v、温度 T、焓值 h、熵值 S 五种状态参数。为了使用上的方便，将这些参数值绘制成曲线，一般称之为状态图。

只要知道上述五个参数中的任意两个，即可在状态图上确定其状态点，相应查出该状态下的其他各参数值。

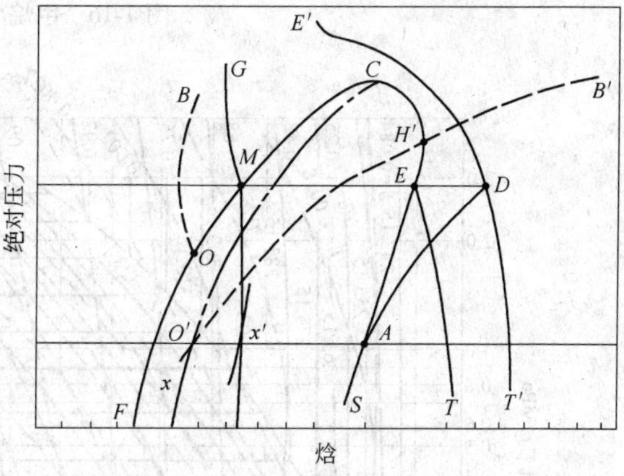

图1-15 状态图的构成

状态图的构成如图1-15所示。图中 C 点为临界状态点，CF 线为饱和液体线，CS 线为饱和蒸气线。整个状态图分为三个区域：CF 线的左侧为液相区，CS 线右侧为气相区，CF 线与 CS 线之间为气液共存区。水平线为等压线 p，垂直线为等焓线 h，液相区的 OB 线表示液体的比容 v_l，曲线 $O'H'B'$ 表示气体（蒸气）的比容 v_v，折线 $TEMG$ 表示低于临界温度时的等温线，曲线 $T'E'$ 表示温度高于临界温度时的等温线。曲线 AD 为等熵线。由临界状态点 C 引出的 CX 线为蒸气的等干度线。

所谓干度，是指单位质量饱和液体和饱和蒸气中所含饱和蒸气的质量，常用符号 x 表示。

$$x = \frac{\text{饱和蒸气质量}}{\text{饱和液体质量} + \text{饱和蒸气质量}}$$

显然，饱和液体线 CF 上各点的干度 $x=0$，饱和蒸气线 CS 上各点的干度 $x=1$。

图1-16、图1-17和图1-18分别为甲烷、丙烷和正丁烷的状态图。

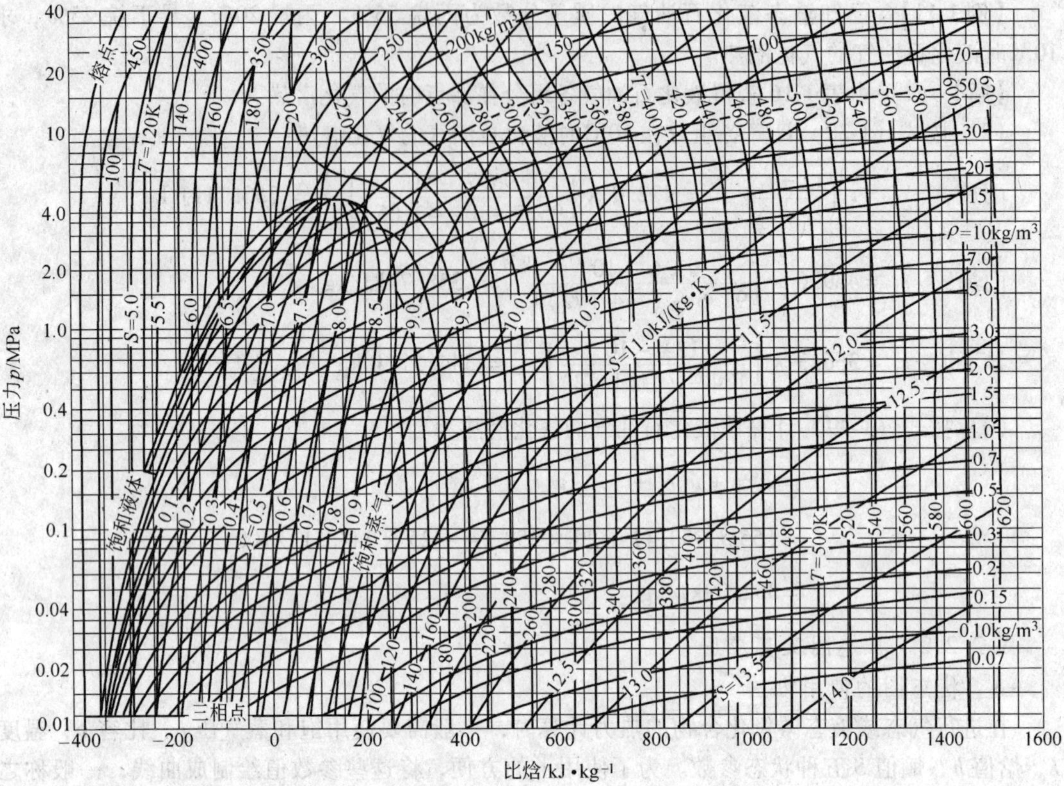

图 1-16　甲烷状态图

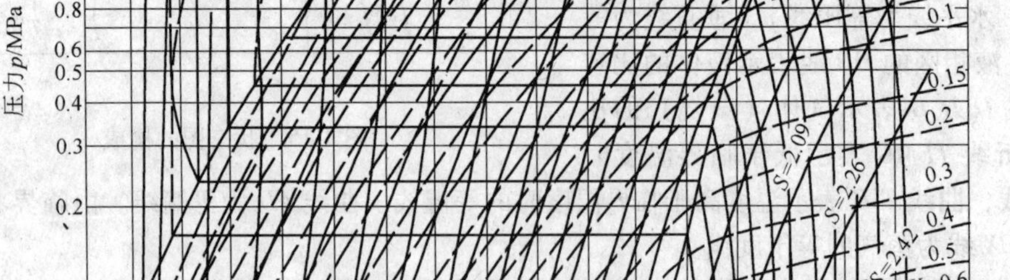

图 1-17　丙烷状态图

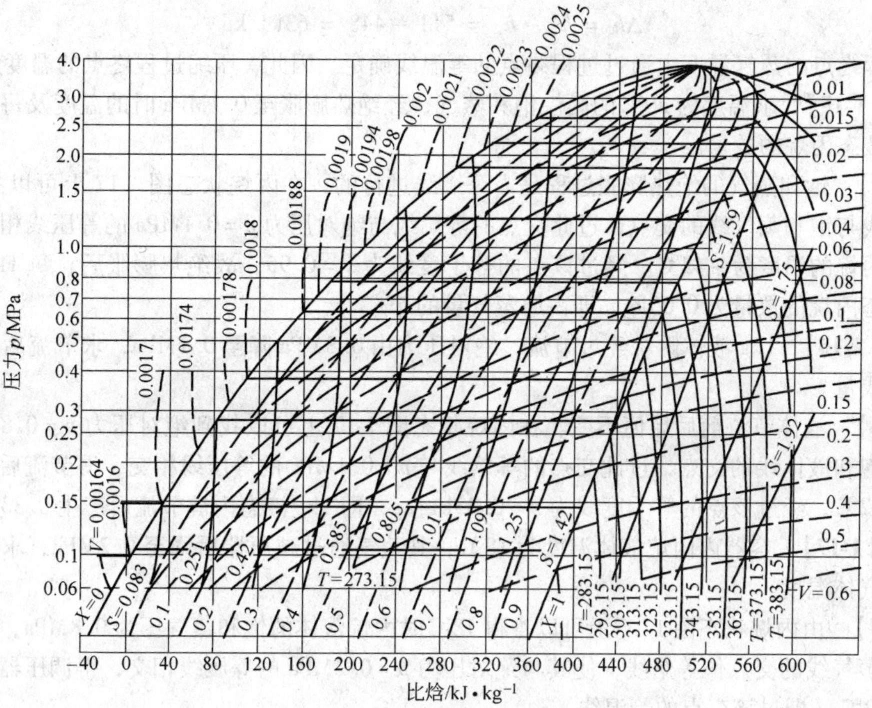

图 1-18 正丁烷状态图

B 例题

【例 1-12】 求温度为 15℃时，容器中液相和气相丙烷的比容和密度。

【解】 在图 1-17 丙烷状态图上，找到 15℃的等温线与饱和液体线、饱和蒸气线的交点，由两交点分别查得液相丙烷和气相丙烷的比容分别为

$$\upsilon_l = 0.00197\text{m}^3/\text{kg}$$

$$\upsilon_\text{v} = 0.0645\text{m}^3/\text{kg}$$

其相应密度为

$$\rho_l = \frac{1}{0.00197} = 507.6\text{kg/m}^3$$

$$\rho_\text{v} = \frac{1}{0.0645} = 15.5\text{kg/m}^3$$

【例 1-13】 求温度为 15℃时，容器中液态丙烷的气化潜热。

【解】 在图 1-17 丙烷状态图上，找到 15℃的等温线与饱和液体线、饱和蒸气线的交点，此交点所对应的横坐标轴上的数值即为饱和液体的焓 $h_l = 134\text{kJ/kg}$ 及饱和蒸气的焓 $h_\text{v} = 490\text{kJ/kg}$，饱和蒸气与饱和液体的焓差为气化潜热，即

$$r = h_\text{v} - h_l = 490 - 137 = 353\text{kJ/kg}$$

【例 1-14】 将 1kg 丙烷饱和蒸气由 0.2MPa 绝对压力压缩至 0.8MPa 绝对压力，求所需的压缩功和过程终了时的温度（压缩过程按等熵线进行）。

【解】 理论压缩功由过程始末的焓差决定。在状态图 1-17 上找出 $p = 0.2\text{MPa}$ 的等压线与饱和蒸气线的交点，该点的焓值 $h_\text{v} = 448\text{kJ/kg}$，过该点的等熵线与 $p = 0.8\text{MPa}$ 等压线的交点的

热焓为 $h'_v = 511\text{kJ/kg}$，所需压缩功为

$$\Delta h = h'_v - h_v = 511 - 448 = 63\text{kJ/kg}$$

过程终点的蒸气温度由通过过程终点的等温线确定。因此，压缩过程终点的温度为25℃。

【例1-15】 求温度为20℃的丙烷饱和蒸气，经绝热膨胀至0.1MPa时的温度及每1kg蒸气凝结为液态丙烷的数量。

【解】 饱和蒸气的绝热膨胀过程是沿等熵线进行的，在丙烷状态图1-17上可以找到20℃的等温线与饱和蒸气线的交点，过此交点的等熵线与绝对压力 $p = 0.1\text{MPa}$ 的等压线相交得绝热膨胀后丙烷的温度为 -42℃。经过该点的等干度线为 $x = 0.95$，故绝热膨胀后，每1kg蒸气凝结为液态丙烷的数量为0.05kg，即占原蒸气量的5%。

【例1-16】 1kg液体丙烷经过节流，绝对压力由0.8MPa降至0.1MPa，求节流后的温度及蒸气生成量。

【解】 液体节流前后焓值不变。在丙烷状态图1-17上可以找到绝对压力 $p = 0.8\text{MPa}$ 的等压线与饱和液体线的交点，过此交点的等焓线与 $p = 0.1\text{MPa}$ 的等压线相交，得节流后的丙烷温度为 -42℃，经过该点的等干度线为 $x = 0.33\text{kg/kg}$，即1kg液态丙烷节流后产生0.33kg蒸气。

【例1-17】 容器内丙烷液体温度为18℃，其蒸气通过减压器后降至0.2MPa，求通过调压器后的气体温度。

【解】 由丙烷状态图1-17上可以查得18℃时丙烷液体的饱和蒸气压为0.8MPa，过等压线与饱和蒸气线的交点作等焓线，使其与绝对压力 $p = 0.2\text{MPa}$ 的等压线相交，得调压器后气体温度约为2℃（即过该交点的等温线）。

1.2.3　爆炸极限

可燃气体和空气的混合物遇明火而引起爆炸时的可燃气体浓度范围称为爆炸极限。在这种混合物中，当可燃气体的含量减少到使燃烧不能进行，即不能形成爆炸混合物时的那一含量，称为可燃气体的爆炸下限；而当可燃气体含量增加到某一程度，由于缺氧而无法燃烧，以致不能形成爆炸混合物时的含量，称为爆炸上限。某些可燃气体的爆炸极限列于表1-4和表1-5中。

A　不含氧及惰性气体燃气的爆炸极限

不含氧及惰性气体燃气的爆炸极限可按式（1-31）计算

$$L = \frac{1}{\dfrac{\varphi_1}{L_1} + \dfrac{\varphi_2}{L_2} + \cdots + \dfrac{\varphi_n}{L_n}} \tag{1-31}$$

式中　L——混合气体的爆炸极限；

$L_1, L_2, \cdots, L_n$——混合气体中各可燃气体的爆炸极限；

$\varphi_1, \varphi_2, \cdots, \varphi_n$——混合气体各可燃气体的体积分数。

B　含惰性气体的可燃混合气体的爆炸极限

当混合气体中含有惰性气体时，可将某一惰性气体成分与某一可燃气体组合起来视为混合气体中的一部分，其体积分数为二者之和，其爆炸极限可由图1-19和图1-20查得。然后按式（1-32）计算这种燃气的爆炸极限，即

$$L = \frac{1}{\left(\dfrac{\varphi'_1}{L'_1} + \dfrac{\varphi'_2}{L'_2} + \cdots + \dfrac{\varphi'_n}{L'_n}\right) + \left(\dfrac{\varphi_1}{L_1} + \dfrac{\varphi_2}{L_2} + \cdots + \dfrac{\varphi_n}{L_n}\right)} \tag{1-32}$$

式中　L——含有惰性气体的混合气体的爆炸极限；

$\varphi'_1, \varphi'_2, \cdots, \varphi'_n$——由某一可燃气体成分与某一惰性气体成分组成的混合组分在混合气体中的体积分数；

$L'_1, L'_2, \cdots, L'_n$——由某一可燃气体成分与某一惰性气体成分组成的混合组分在该混合比时的爆炸极限；

$\varphi_1, \varphi_2, \cdots, \varphi_n$——未与惰性气体组合的可燃气体成分在混合气体中的体积分数；

$L_1, L_2, \cdots, L_n$——未与惰性气体组合的可燃气体成分的爆炸极限。

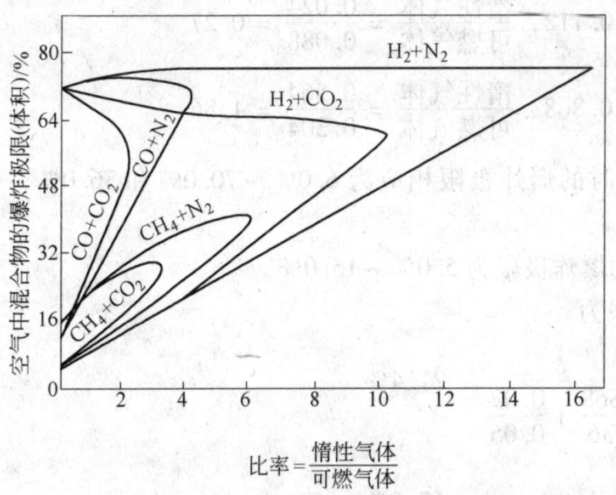

图 1-19　用氮或二氧化碳和氢、一氧化碳、甲烷混合时的爆炸极限

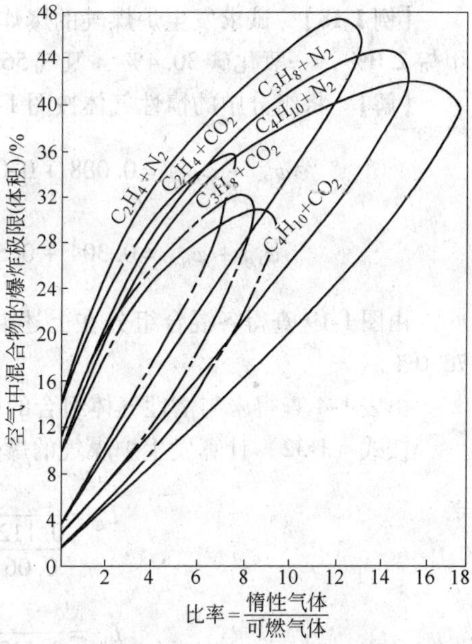

图 1-20　用氮或二氧化碳和乙烯、丙烷、丁烷混合时的爆炸极限

对于含有惰性气体的混合气体，也可以不采用上述组合法计算爆炸极限，而采用公式修正法，其修正公式为

$$L = L^c \frac{1 + \dfrac{\varphi_N}{1 - \varphi_N}}{1 + L^c \dfrac{\varphi_N}{1 - \varphi_N}} \tag{1-33}$$

式中　L——含有惰性气体的燃气爆炸极限；

L^c——该燃气的可燃基（扣除了惰性气体含量后，重新调整计算出的各燃气体积分数）的爆炸极限；

φ_N——含有惰性气体的燃气中，惰性气体的体积分数。

C　含氧气的可燃混合气体爆炸极限

当混合气体中含有氧气时，则可认为混入了空气。因此，应先扣除氧含量以及按空气的氧氮比例求得的氮含量，并重新调整混合气体中各组分的体积分数得到该混合气体的无空气基组成，再按式（1-32）计算该混合气体的无空气基爆炸极限。

对于这种含有氧气（可折算出相应的空气）的混合气体，也可以将它看为一个整体，则相应有其在空气中的爆炸极限值。一般将其称为该混合气体的整体爆炸极限，其表达式为

$$L^{T}=\frac{L^{nA}}{1-\varphi_{Air}} \tag{1-34}$$

式中　L^{T}——包含有空气的混合气体的整体爆炸极限；

L^{nA}——该混合气体的无空气基爆炸极限；

φ_{Air}——空气在该混合气体中的体积分数。

D　例题

【例 1-18】　试求发生炉煤气的爆炸极限，其体积分数如下：氢气 8.8%，二氧化碳 2.4%，甲烷 2.0%，一氧化碳 30.4%，氮气 56.4%。

【解】　将组分中的惰性气体按图 1-19 与可燃气体进行组合，即

$$\varphi_{H_2}+\varphi_{CO_2}=0.088+0.024=0.112,\ \frac{惰性气体}{可燃气体}=\frac{0.024}{0.088}=0.27$$

$$\varphi_{CO}+\varphi_{N_2}=0.304+0.564=0.868,\ \frac{惰性气体}{可燃气体}=\frac{0.564}{0.304}=1.86$$

由图 1-19 查得各混合组分在上述混合比时的爆炸极限相应为 6.0% ~70.0% 和 36.0% ~73.0%。

由表 1-4 查得未与惰性气体组合的甲烷的爆炸极限为 5.0% ~15.0%。

按式（1-32）计算发生炉煤气的爆炸极限为

$$L_l=\frac{1}{\frac{0.112}{0.06}+\frac{0.868}{0.36}+\frac{0.02}{0.05}}\approx 21.4\%$$

$$L_h=\frac{1}{\frac{0.112}{0.7}+\frac{0.868}{0.73}+\frac{0.02}{0.15}}\approx 67.5\%$$

【例 1-19】　已知燃气的体积分数为 $\varphi_{CO_2}=4.0\%$，$\varphi_{C_mH_n}=2\%$，$\varphi_{O_2}=0.4\%$，$\varphi_{CO}=6.0\%$，$y_{H_2}=54.6\%$，$\varphi_{CH_4}=28.0\%$，$\varphi_{N_2}=5\%$，求该燃气的爆炸极限（C_mH_n 按 C_3H_6 计算）。

【解】　根据空气中氧气和氮气的比例，扣除相当于 0.4% 氧气所需的氮气含量后，则燃气中所余氮气的有效成分为

$$\left(5-0.4\times\frac{79}{21}\right)\%=3.49\%$$

剩下气体的体积为

$$1-0.4\%\times\frac{79}{21}-0.4\%=98.09\%$$

重新调整混合气体的体积分数，得到无空气基的体积分数 $\varphi_{CO_2}=4.08\%$，$\varphi_{C_mH_n}=2.04\%$，$y_{CO}=6.12\%$，$\varphi_{H_2}=55.66\%$，$\varphi_{CH_4}=28.55\%$，$\varphi_{N_2}=3.55\%$。然后按例 1-18 的方法进行计算，即

$$\varphi_{H_2}+\varphi_{N_2}=0.5566+0.0355=0.5921,\ \frac{惰性气体}{可燃气体}=\frac{0.0355}{0.5566}=0.06$$

$$\varphi_{CO}+\varphi_{CO_2}=0.0612+0.0408=0.102,\ \frac{惰性气体}{可燃气体}=\frac{0.0408}{0.0612}=0.67$$

由图 1-19 查得各混合组分在上述混合比时的爆炸极限相应为 5% ~74% 和 32% ~65%。

由表1-4查得甲烷的爆炸极限为5.0%~15.0%，丙烯的爆炸极限为2.0%~11.7%。

按式（1-32），原燃气的无空气基爆炸极限为

$$L_l^{nA}=\frac{1}{\frac{0.5921}{0.05}+\frac{0.102}{0.32}+\frac{0.2855}{0.05}+\frac{0.0204}{0.02}}\approx 5.29\%$$

$$L_h^{nA}=\frac{1}{\frac{0.5921}{0.74}+\frac{0.102}{0.65}+\frac{0.2855}{0.15}+\frac{0.0204}{0.117}}\approx 31.95\%$$

该混合燃气含有折算出的(100－98.09)＝1.91%的空气，按式（1-34），其整体爆炸极限应为

$$L_l^T=\frac{5.29\%}{1-1.91\%}=5.39\%$$

$$L_h^T=\frac{31.95\%}{1-1.91\%}=33.59\%$$

1.3 城镇燃气的质量要求

在燃气的输配、储存和应用过程中，为了保证城镇燃气系统和用户的安全，减少管道的腐蚀、堵塞和燃气损失，减少对环境的污染，均要求城镇燃气符合一定的质量标准。

1.3.1 燃气中主要杂质的影响

A 焦油与灰尘

人工燃气中通常含有焦油和灰尘，包括从炉内带出的炭黑；天然气中的灰尘是由于管道腐蚀所产生的氧化铁尘粒，这些都易于使阀门关闭不严，堵塞管道和用气设备。人工燃气中焦油和灰尘含量较高时，所引起的故障多发生在燃气厂内部或离燃气厂不远的管道。输送天然气过程中由于灰尘所引起的故障，多发生在远离气源的用户端。

B 萘

人工燃气特别是干馏煤气中含萘较多。来自燃气厂的燃气在管道中温度逐渐下降，当燃气中的含萘量大于燃气温度相应的饱和含萘量时，过饱和的气态萘以结晶状态析出，积于管内而使管道流通断面减小，甚至堵死，造成供气中断。萘的堵塞又因焦油和灰尘的存在而加剧。

C 硫化物

燃气中的硫化物分为无机硫和有机硫。无机硫有硫化氢（H_2S），有机硫有二硫化碳（CS_2）、硫氧化碳（COS）、硫醇（CH_3SH、C_2H_5SH）、噻吩（C_4H_4S）、硫醚（CH_3SCH_3）等。

硫化氢是无色、有臭鸡蛋味的气体，燃烧后生成二氧化硫，两者都是有毒气体，对眼黏膜和呼吸道有损坏作用。空气中硫化氢浓度大于900mg/m³（约0.06%体积比）时，人呼吸1h就会严重中毒。当空气中含有0.05%（体积比）二氧化硫时，即对生命发生危害。

硫化氢又是一种活性腐蚀剂。当高温、高压以及燃气中含有水分时，腐蚀作用尤为严重。与燃气中二氧化碳和氧（两者本身也是腐蚀剂）共存时腐蚀性更强。燃气输配系统中，硫化氢的腐蚀可分为两种，一种是硫化氢和氧在干燥的钢管内壁发生缓慢的腐蚀作用；另一种是湿燃气中的硫化氢在管内壁上形成一层水膜，即使硫化氢含量不大，金属的腐蚀速度也很高，而

硫化氢和氧的浓度越高，腐蚀越强。硫化氢的燃烧产物二氧化硫也具有腐蚀性。

有机硫对燃气灶具也有腐蚀，主要有以下两种情况：一种是燃气在燃具内部和高温金属表面接触后，有机硫分解生成硫化氢造成腐蚀，另一种是燃气燃烧后生成二氧化硫和三氧化硫造成腐蚀。前者常发生在点火器、火孔等高温部位，腐蚀物的堵塞会引起点火不良等故障。后者因二氧化硫溶于燃烧产物中的水分中，并在设备低温部位的金属表面上冷凝下来，而发生腐蚀。

D　氨

高温干馏煤气中常含有氨气。氨对燃气管道、设备及燃具均有腐蚀作用。燃烧时产生氮氧化物（NO、NO_2）等有害气体，影响人体健康，并污染环境。但氨能对硫化物产生的酸类物质起中和作用，所以城镇燃气输配系统中含有微量的氨，有利于保护金属管道及设备。

E　一氧化碳

一氧化碳是无色、无臭、有剧毒的气体。在人工燃气中，特别是发生炉煤气中，含有近30%的一氧化碳。吸入一氧化碳后，与人体内血红蛋白结合成碳氧血红蛋白，使血液中的氧合血红蛋白减少，造成人体组织缺氧，神志不清，严重时内脏出血、水肿及坏死，甚至危及生命。如空气中含有0.1%（体积比）的一氧化碳，呼吸1h，会引起头痛和呕吐，含量达0.5%（体积比）时，经20～30min，将危及生命。

F　二氧化碳

二氧化碳是惰性气体，不燃烧，无热值，因此，燃气中的二氧化碳含量很高时，使燃气的热值偏低。例如用垃圾废液产生的沼气中，其含量有时高达50%。

G　氧化氮

燃烧产物中的氧化氮对人体有害，空气中含有0.01%体积的氧化氮时，可刺激人的呼吸器官，长时间呼吸会危及生命。

燃气中的一氧化氮与氧气生成二氧化氮，后者与燃气中的二烯烃，特别是丁二烯烃及环戊二烯等具有共轭双键的烃类反应，再经聚合而形成气态胶质，因此也称为氧化氮胶质。该物质易沉积于流速及流向变化的地方，或附着于输气设备及燃具，引起各种故障。自燃气厂输出的燃气中即使只有0.114g/m³ 的氧化氮胶质，在管道末端也会出现胶质的沉积现象。如每立方米燃气中胶质达数十毫克时，就会沉积在压缩机的叶轮和中间冷却器的管壁上，使压送能力急剧降低，需要频繁拆卸清扫。如胶质附着在调压器内，将使调压器动作失灵，造成不良的后果。

H　水

在一定的压力和温度下，水与水蒸气能与液态和气态的烃类生成结晶水化物。水化物使管道的流通截面积缩小，甚至堵塞管道、阀门以及仪表和设备（如安全阀、液面计和调压器等）。水与其他杂质在局部的积聚还会降低管道的输送能力，如果输送含水的燃气，输配系统还需要增加排水设施和管道的维护工作。水的存在还会加剧硫化氢和二氧化碳等酸性气体对金属管道及设备的腐蚀。

1.3.2　城镇燃气的质量标准

城镇燃气（按基准气分类）的发热量和组分的波动应符合城镇燃气互换的要求。城镇燃气偏离基准气的波动范围应符合现行国家标准《城市燃气分类》GB/T 13611 的规定，并适当留有余地。采用不同种类的燃气作城镇燃气时，还应分别符合下列规定。

A　天然气质量指标

天然气的质量指标主要应满足国家标准《天然气》GB 17820 的规定。天然气可按硫和二氧化碳含量分为一类、二类和三类（表 1-17）。作为民用燃料的天然气，总硫和硫化氢含量应符合一类气或二类气的技术指标。三类气体主要用于工业原料和燃料。天然气的烃露点应比最低环境温度低 5℃，使天然气中不存在液态烃。天然气中不应有固态、液态或胶状物质。天然气中固体颗粒含量应不影响天然气的输送和利用。

表 1-17 天然气的质量要求

项目	一类	二类	三类
高位发热量/MJ·m^{-3}	>31.4		
总硫（以硫计）/mg·m^{-3}	≤100	≤200	≤460
硫化氢/mg·m^{-3}	≤6	≤20	≤460
二氧化碳/%	≤3.0		—
水露点/℃	在天然气交接点的压力和温度条件下，天然气的水露点应比最低环境温度低 5℃		

注：本指标中气体体积的标准参比条件是 101.325kPa，20℃。

B 人工燃气质量指标

人工燃气质量指标应符合现行国家标准 GB/T 13612 中的规定。主要指标如表 1-18 所示。表 1-18 中的一类气为煤干馏气；二类气为煤气化气、油气化气（包括液化石油气及天然气改制气）。对二类气或掺有二类气的一类气，其一氧化碳含量应小于 20%（体积分数）。

表 1-18 人工燃气的质量要求

项目	质量指标	项目	质量指标
热值/MJ·m^{-3}		含氧量（体积分数）/%	
一类气	>14	一类气	<2
二类气	>10	二类气	<1
杂质		含一氧化碳量（体积分数）/%	<10
焦油和灰尘/mg·m^{-3}	<10		
硫化氢/mg·m^{-3}	<20		
氨/mg·m^{-3}	<50		
萘/mg·m^{-3}	$<50\times10^2/p$（冬天） $<100\times10^2/p$（夏天）		

注：1. 本指标中气体体积指在 101.325kPa，15℃状态下的体积；2. 当管道输气绝对压力 p 小于 202.65kPa 时，压力 p 可不参加计算。

C 液化石油气质量指标

液化石油气中除水分和硫分的影响外，其中的二烯烃、乙烷、乙烯、残液等对液化石油气的储存和使用均有很大影响。

（1）二烯烃。从炼油厂获得的液化石油气中，可能含有二烯烃，它能聚合成相对分子质量较高的橡胶状固体聚合物。在气体中，当温度大于 60℃时即开始强烈聚合。在碳氢化合物液体中，丁二烯在 40℃就开始强烈聚合反应。

（2）乙烷和乙烯。由于乙烷和乙烯的饱和蒸气压总是高于丙烷和丙烯的饱和蒸气压，而液化石油气的容器多是按纯丙烷设计的，因此，液化石油气中乙烷和乙烯的含量应予以限制。

（3）残液中 C_5 和 C_5 以上的组分沸点较高，在常温下不能气化，而留存在容器内。残液量如果很大会增加运输成本，增加用户更换气瓶的次数。

液化石油气的质量指标应符合现行国家标准《油气田液化石油气》GB 9052.1 或《液化石

油气》GB 11174 的规定。

《油气田液化石油气》GB 9052.1 主要对油气田生产的液化石油气的技术条件作了规定，见表 1-19。

表 1-19　油气田液化石油气质量要求

项　目	质量指标		
	商品丙烷	商品丁烷	商品丙烷、丁烷混合物
37.8℃时蒸气压(表压)/kPa	≤1430	≤485	≤1430
组分 φ/%			
丁烷及以上组分	≤2.5	—	—
戊烷及以上组分	—	≤2.0	≤3.0
残留物			
100mL 蒸发残留物/mL	≤0.05	≤0.05	≤0.05
油渍观察	通过	通过	通过
20℃或 15℃时密度/kg · m^{-3}	实测	实测	实测
铜片腐蚀/级	≤1	≤1	≤1
总硫含量	$\leqslant 185\times10^{-6}$	$\leqslant 140\times10^{-6}$	$\leqslant 140\times10^{-6}$
游离水	—	无	无

《液化石油气》GB 11174 主要对石油炼厂生产的液化石油气的相关技术条件进行了规定，见表 1-20。

表 1-20　液化石油气质量要求

项　目	质量指标	项　目	质量指标
37.8℃时蒸气压/kPa	≤1380	15℃时密度/kg · m^{-3}	报告
C_5 及 C_6 以上组分含量/%	≤3.0	铜片腐蚀/级	≤1
残留物		总硫含量/mg · m^{-3}	≤343
100mL 蒸发残留物/mL	≤0.05		
油渍观察	通过	游离水	无

注：残留物中油渍观察是按照 SY/T 7509 方法进行，即每次以 0.1mL 的增量将 0.3mL 溶剂残留物混合物滴到滤纸上，2min 后在日光下观察，无持久不退的油环为通过。

D　液化石油气与空气的混合气

液化石油气与空气的混合气做主气源时，液化石油气的体积分数应高于其爆炸上限的 2 倍，且混合气的露点温度应低于管道外壁温度 5℃。硫化氢浓度不应大于 20mg/m^3。

1.3.3　城镇燃气的加臭

城镇燃气是具有一定毒性的爆炸性气体，是在一定压力下输送和使用的，由于管道及设备材质和施工方面存在的问题和使用不当，容易造成漏气，有引起爆炸、着火和人身中毒的危险。当发生漏气时应能及时被人发觉进而消除燃气的泄漏。因此，作为城镇燃气的气源，如干馏煤气、水煤气、油制气、天然气和液化石油气，要求经过加臭后才进行输配使用。

城镇燃气应具有可以察觉的臭味，燃气中加臭剂的最小量应符合以下标准：无毒燃气（一般指不含一氧化碳、氰化氢等有毒气体）泄漏到空气中，达到爆炸下限的20%时，应能察觉。有毒燃气（一般指含一氧化碳、氰化氢等有毒成分的气体）泄漏到空气中，达到对人体允许的有害浓度时，应能察觉。对于以一氧化碳有毒成分的燃气，空气中一氧化碳含量达到0.02%（体积分数）时，应能察觉。

参 考 文 献

[1] 段常贵主编．燃气输配[M].3版．北京：中国建筑工业出版社，2004.
[2] 姜正侯主编．燃气工程技术手册[M].北京：同济大学出版社，1993.
[3] 马良涛，韩晶．燃气输配[M].北京：中国电力出版社，2004.
[4] 詹淑慧．燃气供应[M].北京：中国建筑工业出版社，2004.
[5]《煤气设计手册》编写组．煤气设计手册[M].北京：中国建筑工业出版社，1983.
[6] 顾安忠．液化天然气技术[M].北京：机械工业出版社，2004.
[7] 苗承武，蔡春知，陈祖泽．干线输气管道实用工艺计算方法[M].北京：石油工业出版社，2001.
[8] 中国市政工程华北设计研究院．GB 50028—2006 城镇燃气设计规范[S].北京：中国建筑工业出版社，2006.
[9] 中国市政工程华北设计研究院．GB/T 13611—2006 城镇燃气分类及基本特性[S].北京：中国标准出版社，2007.
[10] 中国市政工程华北设计研究院等．GB/T 13612—2006 人工煤气[S].北京：中国标准出版社，2007.
[11] 四川石油管理局天然气研究院．GB 17820—1999 天然气[S].北京：中国标准出版社，2000.
[12] 中国石油化工总公司石油化工科学研究院．GB 11174—1997 液化石油气[S].北京：中国标准出版社，1998.
[13] 中国石油天然气总公司华北石油勘察设计研究院．GB 9052.1—1998 油气田液化石油气[S].北京：中国标准出版社，1998.
[14] 中海石油研究中心开发设计院．GB/T 19204—2003 液化天然气的一般特性[S].北京：中国标准出版社，2003.
[15] 车长波，杨虎林，李玉喜，等．中国天然气勘探开发前景[J].天然气工业，2008，28(4)：1.

2　城镇燃气的需用量和供需平衡

在设计燃气输配系统时，需要首先确定燃气管网的计算流量，而计算流量的大小又取决于燃气的需用量和需用的不均匀情况。本章主要介绍城镇燃气需用量的确定、燃气管网计算流量的确定方法和燃气生产、供应与使用的平衡。

2.1　城镇燃气的需用量

城镇燃气的需用量一般按年用气量计算。年用气量主要取决于用户类型、数量和用气量指标，并应适当考虑城镇燃气发展规划。用气量指标又称耗气定额，是进行城镇燃气规划、设计，估算燃气用气量的主要依据。因为各类燃气热值不同，所以常用热量指标表示用气量指标。

2.1.1　用户类型和供气原则

城镇燃气用户包括以下几种类型：

(1) 居民生活用户；

(2) 商业用户；

(3) 工业企业生产用户；

(4) 暖通空调用户；

(5) 燃气汽车用户；

(6) 其他用户（如：分布式热电联产、热电冷联产用户）。

供气原则是一项与很多重大设计原则有关联的复杂问题，它不仅涉及国家的能源政策，而且和当地具体情况密切相关。例如，工业和民用用气的比例受城镇发展、燃料资源分配、环境保护和市场经济等多因素影响，不能简单作出统一规定。在确定用气量分配时，一般优先发展居民生活用气和商业用气，它们是城镇燃气供应的基本对象。居民生活用户和商业用户数量多，而且分散，把燃气优先供给这些用户可以提高热效率，节约能源，改善大气环境，节约劳动力，减少能源的交通运输压力。

在发展民用和商业用户的同时，也要发展一部分工业用户，二者应兼顾。这有利于调节城镇用气供需平衡，降低储气系数，减少工程投资，扩大销售市场，提高燃气企业的经济效益。对工业用户，应优先供给工艺上必须使用燃气，用气量不大，自建燃气发生站又不经济的工业企业。

暖通空调用气量，在气源充足的条件下，可酌情纳入。燃气汽车用气量仅指在使用压缩天然气、液化天然气和液化石油气为气源时才考虑纳入。

当以天然气作为气源时，优先发展城镇（尤其是大中城市）居民炊事、生活热水和公共服务设施用气的商业用户以及天然气汽车（尤其是双燃料汽车）、分布式热电联产和热电冷联产用户。允许发展集中式燃气采暖用户（指中心城区的中心地带）、分户式燃气采暖用户和中央空调用户；允许建材、机电、轻纺、石化、冶金等工业领域中以天然气替代油、液化石油气、人工燃气和可中断用户使用天然气；重要用电负荷中心且天然气供应充足的地区允许利用天然气调峰发电。限制非重要用电负荷中心利用天然气调峰发电，并禁止陕、蒙、晋、皖等十三个大型煤炭基地所在地区建设天然气发电项目。

2.1.2 燃气需用量

2.1.2.1 居民生活用户用气量

居民生活用户用气量取决于居民生活用户用气量指标、气化百分率及城镇居民人口数。

影响居民生活用户用气量指标的因素很多，如住宅燃气用具的类型和数量、住宅建筑等级和卫生设备的设置水平、采暖方式及热源种类、居民生活用热习惯及生活水平、居民每户平均人口数、气候条件、公共生活服务设施的发展情况及燃气价格等。各种影响因素对居民生活用户用气量指标的影响无法精确确定，通常根据居民生活用户用气量实际统计资料，经过综合分析和计算得到用气量指标。当缺乏用气量的实际统计资料时，可根据当地的实际燃料消耗量、生活习惯、燃气价格及气候条件等具体情况，按表2-1确定。

表 2-1 城镇居民生活用气量指标 （MJ/(人·a)）

城镇地区	有集中采暖的用户	无集中采暖的用户
东北地区	2303～2721	1884～2303
华东、中南地区	—	2093～2303
北 京	2721～3140	2512～2931
成 都	—	2512～2931

注：1. 本表系指一户装有一个燃气表的居民用户，在住宅内做饭和热水的用气量。不适用于瓶装液化石油气居民用户；2. “采暖”系指非燃气采暖；3. 燃气热值按低热值计算。

气化百分率是指城镇居民使用燃气的人口数占城镇居民总人口数的百分数。由于有一部分房屋结构不符合安装燃气设备的条件或居民点远离城镇燃气管网，一个城镇的气化百分率很难达到100%。

居民生活用户用气量可按式（2-1）计算，即

$$Q_{yd} = \frac{N_p K_g q_d}{H_l} \tag{2-1}$$

式中 Q_{yd}——居民生活用户年用气量，m^3/a；

N_p——城镇居民总人口数，人；

K_g——气化百分率；

q_d——居民生活用户用气量指标，MJ/(人·a)；

H_l——燃气低热值，MJ/m^3。

2.1.2.2 商业用户用气量

商业用户用气量取决于商业用户用气量指标、城镇居民人口数及商业设施标准。

影响商业用户用气量指标的因素主要有城镇燃气的供应状况、燃气管网布置情况、商业的分布情况、居民使用公共服务设施的程度、用气设备的性能、热效率、运行管理水平和使用均衡程度以及地区的气候条件等。应按商业用户用气量的实际统计资料分析确定用气量指标。当缺乏用气量的实际用气量统计资料时，也可根据当地的实际燃料消耗量、生活习惯、燃气价格和居民消费水平以及气候条件等具体情况，按表2-2确定。

表 2-2　几种商业用气量指标

类别		单位	用气量指标	类别		单位	用气量指标
职工食堂		MJ/(人·a)	1884～2303	旅馆招待所	有餐厅	MJ/(床位·a)	3350～5024
饮食业		MJ/(座·a)	7955～9211		无餐厅	MJ/(床位·a)	670～1047
托儿所幼儿园	全托	MJ/(人·a)	1884～2512	高级宾馆		MJ/(床位·a)	8374～10467
	半托	MJ/(人·a)	1256～1675				
医院		MJ/(床位·a)	2931～4187	理发		MJ/(人·次)	3.35～4.19

注：燃气热值按低热值计算。

商业设施标准是指某一类商业设施用气人数占城镇居民总人口的比例数。例如：居民每1000人中入托儿所、幼儿园的人数，居民每1000人应设置的医院、旅馆床位数等。

商业用户用气量可按式（2-2）计算，即

$$Q_{yc} = \frac{\sum_{i=1}^{n} N_p M_i q_{ci}}{H_l} \tag{2-2}$$

式中　Q_{yc}——商业用户年用气量，m^3/a；

N_p——城镇居民总人口数，千人；

M_i——商业设施标准，人(或床位、座等)/千人；

q_{ci}——某一类商业用途的用气量指标，MJ/[人(或床位、座等)·a]；

H_l——燃气低热值，MJ/m^3。

2.1.2.3　工业企业用户用气量

城镇工业用户用气量可按生产规模及用气指标或可被燃气取代的负荷进行测算。

（1）当工业产品有用气量指标时，可根据用气量指标和该产品的年产量来计算，即

$$Q_{yi} = \frac{\sum_{i=1}^{n} q_{pi} m_i}{H_l} \tag{2-3}$$

式中　Q_{yi}——工业企业用户年用气量，m^3/a；

q_{pi}——某一项工业产品用气量指标，MJ/件（或t）；

m_i——某一项工业产品的年产量，件(或t)/a；

H_l——燃气低热值，MJ/m^3。

（2）当工业产品缺乏用气量指标时，可按原用燃料的用量折算，即

$$Q_{yi} = \frac{\sum_{i=1}^{n} q'_{pi} m_i H'_i \eta'_i}{H_l \eta} \tag{2-4}$$

式中　Q_{yi}——工业企业用户年用气量，m^3/a；

q'_{pi}——某一项工业产品原用燃料量，kg(或度)/件(或t)；

m_i——某一项工业产品的年产量，件(或t)/a；

H'_i——某一项工业产品原用燃料的低发热值，MJ/kg(或度)；

η'_i——某一项工业产品原用燃料燃烧设备热效率；

H_l——燃气低热值，MJ/m³；

η——燃气燃烧设备热效率。

2.1.2.4 暖通空调用户、燃气汽车用户用气量以及发电用气量

采暖用户用气量按式（2-5）计算，即

$$Q_y = \frac{0.0864 N_h A q_h (t_i - t_a)}{H_l \eta (t_i - t_{o.h})} \tag{2-5}$$

式中 Q_y——采暖用户年用气量，m³/a；

N_h——采暖期天数；

A——使用燃气采暖的建筑面积，m²；

q_h——采暖热指标，W/m²；

t_i——采暖室内计算温度，℃；

t_a——采暖期平均室外温度，℃；

$t_{o.h}$——采暖室外计算温度，℃；

H_l——燃气低热值，MJ/m³；

η——燃气采暖系统热效率。

计算时，暖通空调用户热（冷）指标可按现行的标准《城市热力网设计规范》CJJ34或当地建筑物耗热量指标确定。

燃气汽车用气量指标应根据当地燃气汽车种类、车型和使用量的统计数据分析确定。当缺乏用气量的实际统计资料时，可按已有燃气汽车城镇的用气量指标分析确定。

发电用气量根据城镇规划燃气电厂的装机容量和电厂耗气指标测算。

2.1.2.5 其他用气量

其他用气量主要应考虑两部分：一部分是管网的漏损；另一部分是因发展过程中出现没有预见的新情况而超出了原计算的设计流量。一般其他用气量按总用气量的3%～5%计算。

2.2 城镇燃气的需用工况

城镇各类用户对燃气的使用情况是不均匀的，其不均匀性可表现为月不均匀性（或季节不均匀性）、日不均匀性及小时不均匀性。影响城镇燃气需用工况的因素主要是各类用户的需用工况及这些用户在总用气量中所占的比例。

2.2.1 月用气不均匀性

影响居民生活月用气不均匀性的主要因素是气候条件。冬季气温低，水温也低，人们喜欢吃热的食品，使冬季的燃气用量增加；夏季与之相反，燃气用量会降低。商业用户用气的月不均匀性与各类用户的性质有关，一般与居民生活月用气的不均匀性情况基本相似。

工业企业用气的月不均匀性主要取决于生产工艺的性质、产品的市场特性以及气候条件等。夏季由于气温高，水温也高，用气量比冬季会略有降低。连续生产的大型工业企业以及工业炉的用气比较均匀。工业企业用气在生产周期内一般按均匀考虑。

每月的用气不均匀情况用月不均匀系数 K_m 表示。由于每个月的天数不同，因而月不均匀系数不能用各月的用气量与全年的平均月用气量的比值来表示，而用式（2-6）确定，即

$$K_{\mathrm{m}} = \frac{\text{该月平均日用气量}}{\text{全年平均日用气量}} \tag{2-6}$$

一年 12 个月中，平均日用气量最大的月，即月不均匀系数最大的月称为计算月，并将该月的月不均匀系数称为月高峰系数 $K_{\mathrm{m}}^{\max}$。

几个城市居民用气月不均匀系数见表 2-3。

表 2-3　居民用气月不均匀系数

月　份	哈尔滨	北　京	上　海	月　份	哈尔滨	北　京	上　海
一	1.10	1.05	1.12	七	0.93	0.88	0.91
二	1.03	1.03	1.32	八	0.94	0.91	0.91
三	1.02	0.93	1.12	九	0.97	1.01	0.91
四	0.97	0.99	1.03	十	1.02	1.01	0.92
五	0.95	1.03	0.97	十一	1.05	1.07	0.91
六	0.94	0.94	0.91	十二	1.08	1.15	0.98

2.2.2　日用气不均匀性

在一个月或一周的时间内，影响日用气不均匀情况的因素主要是居民生活习惯、工业企业的生产班次和设备开停时间及气象条件等。前两个影响因素比较有规律。

居民生活和商业用户日用气工况主要取决于居民生活习惯。平日与节假日用气的规律略有不同。实测资料表明，我国一些城镇在一周中，从周一至周五用气量变化很小，而周六和周日用气量较多，节日前和节假日用气量更多。表 2-4 列出了上海市居民生活一周燃气用气量占周用气量的百分比。

表 2-4　居民生活燃气日用气量占周用气量的百分比

星　期	一	二	三	四	五	六	日
百分比	12.8	13.3	13.4	13.3	13.4	16.3	17.5

工业企业的日用气量在平时波动较小，而在轮休日和节假日波动较大。

一周中气温的变化规律不明显，因而气象条件的影响也没有一定的规律。一般气温低时，日用气量增加。一个月（或一周）的日用气不均匀情况用日不均匀系数 K_{d} 表示。计算月中，日最大不均匀系数称为日高峰系数 $K_{\mathrm{d}}^{\max}$，可按式（2-7）计算，即

$$K_{\mathrm{d}}^{\max} = \frac{\text{计算月中最大日用气量}}{\text{计算月中平均日用气量}} \tag{2-7}$$

2.2.3　小时用气不均匀性

各类用户小时用气不均匀情况各不相同，居民生活用户和商业用户用气的小时不均匀性最显著，这主要与居民的生活习惯、气化住宅的数量、居民的职业以及工作休息制度等因素有关。平时每天一般有早、午、晚三个用气高峰，周六、周日一般只有午、晚两个用气高峰。一般情况下早高峰峰值最低，由于生活习惯、工作休息制度不同，有的城镇午高峰高于晚高峰，而另一些城镇晚高峰高于午高峰。

一天中每个小时的用气不均匀性可用小时不均匀系数 K_{h} 表示。计算月中，最大用气量日

的小时最大不均匀系数称为小时高峰系数 K_h^{max}。即

$$K_h^{max}=\frac{\text{计算月中最大用气量日的小时最大用气量}}{\text{计算月中最大用气量日的平均小时用气量}} \tag{2-8}$$

某市小时不均匀系数见表2-5。

表 2-5 小时不均匀系数

时 间	居民住宅及商业	工业企业	时 间	居民住宅及商业	工业企业
1~2	0.31	0.64	13~14	0.67	1.27
2~3	0.40	0.54	14~15	0.55	1.33
3~4	0.24	0.71	15~16	0.97	1.26
4~5	0.39	0.77	16~17	1.70	1.31
5~6	1.04	0.60	17~18	2.30	1.33
6~7	1.17	1.17	18~19	1.46	1.17
7~8	1.25	1.15	19~20	0.82	1.08
8~9	1.24	1.31	20~21	0.51	1.04
9~10	1.57	1.57	21~22	0.36	1.16
10~11	2.71	0.93	22~23	0.31	0.57
11~12	2.46	1.16	23~24	0.24	0.66
12~13	0.98	1.21	24~1	0.32	0.47

2.3 燃气的小时计算流量

在设计燃气输配系统时，城镇燃气输配系统的管径及设备的通过能力不能直接用燃气的年用气量来确定，而需要用到燃气的小时计算流量。计算流量的大小直接关系到燃气输配系统的经济性和可靠性。计算流量偏大，输配系统的金属耗量和基建投资都会增加；计算流量偏小，又会影响用户的正常、可靠用气，因而应合理确定燃气的计算流量。确定方法有两种：不均匀系数法和同时工作系数法。

2.3.1 不均匀系数法

城镇燃气管道的小时计算流量应按燃气计算月中最大用气量日的小时最大用气量计算，该小时最大用气量应根据所有用户燃气用气量的变化叠加后确定。居民生活和商业用户燃气小时计算流量（标准状态下），宜用不均匀系数法，按式（2-9）计算

$$Q=\frac{Q_y}{365\times 24}K_m^{max}K_d^{max}K_h^{max} \tag{2-9}$$

式中 Q——计算流量，m^3/h；

Q_y——年用气量，m^3/a；

K_m^{max}——月高峰系数；

K_d^{max}——日高峰系数；

K_h^{max}——小时高峰系数。

城镇居民和商业用气高峰系数见表 2-6。

表 2-6 城镇居民和商业用气高峰系数

序 号	城镇名称	K_m^{max}	K_d^{max}	K_h^{max}	$K_m^{max} K_d^{max} K_h^{max}$
1	北 京	1.15 ~ 1.25	1.05 ~ 1.11	2.64 ~ 3.14	3.20 ~ 4.35
2	上 海	1.24 ~ 1.30	1.10 ~ 1.17	2.72	3.70 ~ 4.14
3	大 连	1.21	1.19	2.25 ~ 2.78	3.24 ~ 4.00
4	鞍 山	1.06 ~ 1.15	1.03 ~ 1.07	2.40 ~ 3.24	2.61 ~ 4.00
5	沈 阳	1.18 ~ 1.23		2.16 ~ 3.00	
6	哈尔滨	1.15	1.10	2.90 ~ 3.18	3.66 ~ 4.02
7	一般城镇	1.10 ~ 1.30	1.05 ~ 1.20	2.20 ~ 3.20	2.54 ~ 4.99

各类用户用气的高峰系数应根据该城镇用气量的实际统计资料确定。居民生活和商业用气的高峰系数应根据该城镇各类用户燃气用量（或燃料用量）的变化情况，编制成月、日、小时用气负荷资料，经分析研究确定。某些地区冬季时很多居民用户采用煤火炉采暖，兼烧水、做饭，导致月不均匀系数变化不大，这些地区一般选取月高峰系数中的偏小值。小时高峰系数的选取应考虑民用供气的总户数，供应的户数愈多，小时高峰系数愈应取偏小值。作为特殊情况，当个别的独立居民点总户数少于 1500 户时，小时高峰系数 K_h^{max} 可取 3.3 ~ 4.0。

工业企业和燃气汽车用户燃气小时计算流量，也宜按每个独立用户生产的特点和燃气用量（或燃料用量）的变化情况，编制成月、日、小时用气负荷资料经分析研究确定。燃气作为建筑物暖通空调的能源时，其热负荷与采用热水（或蒸汽）供热的热负荷是基本一致的，可采用《城市热力网设计规范》CJJ34 中有关热负荷的规定。但生活热水的热负荷不计在内，因为生活热水的热负荷在燃气供应中已计入用户的用气量指标中。

不均匀系数法适用于规划、设计阶段确定居民生活和商业燃气小时计算流量。

2.3.2 同时工作系数法

独立居民小区、庭院燃气支管和室内燃气管道计算流量，由于燃气用具的种类和数量一般已知，可用同时工作系数法，按式（2-10）计算

$$Q = k_s(\Sigma kNQ_n) \tag{2-10}$$

式中 Q——燃气管道的计算流量，m^3/h；

k_s——不同类型用户的同时工作系数，当缺乏资料时，可取 $k_s = 1$；

k——燃具的同时工作系数，居民生活用燃具可按表 2-7 确定，商业和工业燃具可按加热工艺要求确定；

N——同一类型燃具的数目；

Q_n——同一类型燃具的额定流量，m^3/h。

表 2-7　居民生活用燃具的同时工作系数

同类型燃具的数目 N	燃气双眼灶	燃气双眼灶和快速热水器	同类型燃具的数目 N	燃气双眼灶	燃气双眼灶和快速热水器
1	1.00	1.00	40	0.39	0.18
2	1.00	0.56	50	0.38	0.178
3	0.85	0.44	60	0.37	0.176
4	0.75	0.38	70	0.36	0.174
5	0.68	0.35	80	0.35	0.172
6	0.64	0.31	90	0.345	0.171
7	0.60	0.29	100	0.34	0.17
8	0.58	0.27	200	0.31	0.16
9	0.56	0.26	300	0.30	0.15
10	0.54	0.25	400	0.29	0.14
15	0.48	0.22	500	0.28	0.138
20	0.45	0.21	700	0.26	0.134
25	0.43	0.20	1000	0.25	0.13
30	0.40	0.19	2000	0.24	0.12

注：1. 表中“燃气双眼灶”是指一户居民装设一个双眼灶的同时工作系数；当每一户居民装设两个单眼灶时，也可参照本表计算；2. 表中“燃气双眼灶和快速热水器”是指一户居民装设一个双眼灶和一个快速热水器的同时工作系数。

2.4　城镇燃气输配系统的供需平衡

城镇各类用户对燃气的使用情况是随着月、日、时发生不均匀变化的，这决定了城镇燃气的供应也应随着月、日、时发生不均匀变化。但气源的燃气生产量不可能完全按用户用气量的变化而变化，因而燃气输配系统应具有维持燃气供需平衡的能力。

2.4.1　供需平衡的调节方法

2.4.1.1　城镇独立气源供气的供需平衡

平衡燃气输配系统的用气不均匀性，需要有调峰措施（调度供气措施）。以往城镇燃气公司一般统管气源、输配和应用，因而平衡用气的不均匀性由当地燃气公司统筹调度解决。通常采用以下几种方法。

A　利用缓冲用户进行调节

城镇燃气供应的缓冲用户是指能使一年中的用气波动达到最小值的可中断用气的用户和非高峰期用气用户。如一些大型的工业企业和锅炉房等可使用多种燃料的用户，在夏季用气处于低谷时，可将多余燃气供应给这些缓冲用户使用；而在冬季用气高峰时，这些缓冲用户可改用其他燃料。这样可以调节季节性用气不均匀和一部分日用气不均匀。另外，还可采用调整大型工业企业用户的厂休日和作息时间，以及在节日用气高峰时有计划地暂停供应大型工业企业等方法来调节日用气不均匀。

发展这类用户时，燃气的价格必须降到比使用其他替代燃料更低或有环保严格要求时，用户才能接受。

B　改变气源的生产能力和设置补充气源

改变气源的生产能力和设置补充气源应考虑气源的运转和启停的难易程度以及气源生产负荷变化的可能性和变化的幅度，还应考虑供气的安全性、可靠性和技术经济的合理性。一般干馏煤气（尤其是焦炉煤气）的产量是不能或不宜调节的，而油制气、发生炉煤气、液化石油气混空气及以液体燃料或煤作原料的代用天然气等气源，具有负荷变化范围大、调度灵活、机动性强等特点，用于调节季节性用气不均匀或日用气不均匀，甚至小时用气不均匀。以液化天然气作补充气源的调峰厂是在夏季生产液化天然气，液化后留作冬季高峰时使用，而不是作为日调峰使用的。这类调峰厂的液化周期较长，而气化周期一年中仅5～20天，因而设备利用率较低，成本较高，是在特定的条件下采用的。

需要注意的是，经补充气源调整掺混后的燃气应符合城镇燃气的质量要求和互换性要求。

C　利用储气设施进行调节

以储气方式作调峰的有各种储气设施，随城镇燃气发展的不同而不同。在煤制气时期，由于燃气的出厂压力低，供气规模小，通常用低压罐储气。储罐工作容积的大小随气源厂的生产调节能力而不同。对专供城镇用的煤制气厂，如无合适的可中断用户，原则上应按需求量生产，在供生活用气为主时，可按最大用气月平均用气周的负荷曲线来计算燃气的储量。如果以大型焦化厂的焦炉煤气作气源，供应城镇的燃气仅是总产气量的小部分，允许由制气厂负担日调峰时，也可按最大用气日的负荷曲线计算燃气的储量。如人工燃气的输气距离较远，需要提高输气压力时，也可采用高压罐储气，燃气的储量还与气源厂的调节能力和可中断用气户的设置情况有关。

以液化石油气混空气或液化天然气卫星厂作气源时，原则上可以按需求量生产，但完全做到按变化着的小时需求量产气较困难，通常要设缓冲压力罐。缓冲罐燃气储气量的大小与产气的机动能力有关，一般小于按最大日用气波动负荷曲线算出的储量值。

对以天然气作为气源的供气系统，由于供气规模的扩大，已成为城镇能源供应中的一个重要部门，供气对象已不限于民用，还涉及工业、采暖等各个领域。尤其当燃气采暖发展到一定规模后，平衡用气的季节波动就更为重要，必须考虑采用地下储气或补充气源等其他调节方式。

2.4.1.2　以门站接收长输管线供气作为气源的供需平衡

在长输管线供气到来之后，供需双方应明确彼此在调峰和安全供气方面所承担的责任。城镇燃气属于整个天然气系统的下游（需气方），长输管道为中游，天然气开采、净化为上游（中游和上游可合称为城镇燃气的供气方）。上、中、下游有着密切的联系，应作为一个系统工程对待，调峰问题作为整个系统中的问题，需从全局来解决，以求得天然气系统的优化，达到经济合理的目的。

月、日的用气不均匀性，主要表现在采暖和节假日等日用气量的大幅度增长，其日用量可为平常的2～5倍，平衡这样大的变化，除了改变天然气田采气量外，国外一般采用天然气地下储气库和液化天然气储库。液化天然气受经济规模限制，我国一般在沿海液化天然气进口地附近采用比较合适，而天然气地下库受地质条件限制也不可能在每个城镇兴建。由于受用气城镇分布和地质条件因素影响，月、日的用气不均匀性应由供气方统筹调度解决。

为了做好对月、日的用气量不均匀性的平衡，城镇燃气部门（需气方），应经调查研究和资料积累，在完成各类用户全年综合用气负荷资料（含计划中缓冲用户安排）的基础上，制定月、日用气量计划，并应提前与供气方签订合同。这个合同在实施中可根据近期变化进行调整，地下储气库和天然气气井可以用来平衡逐日用气量的变化。如果地下储气库距离城镇较近，还可以用来平衡逐小时用气量的变化。

在发挥长距离输气干管和地下储气库等设施的调节作用基础上，仍无法平衡时应由城镇燃气部门解决。输配系统的储气罐、高压燃气管束储气及长输干管末端储气，都可用于调节日和小时的用气不均匀性，但不能调节月用气的不均匀性。储气方式的选择应因地制宜，择优选取技术经济合理、安全可靠的方案。若城镇气源压力较高，应首先选用高压管道储气调峰，也可利用液化天然气或压缩天然气作为调峰气源。当上述条件不具备时，根据城镇供气具体情况，考虑建设储配站。

城镇燃气输配系统的调度气总容量，应根据计算月平均日用气总量、气源的可调量大小、供气和用气不均匀情况及运行经验等因素综合确定。应充分利用气源的可调量，如主气源的可调节供气能力，调峰气源能力和输气干线的调峰能力等。除此以外，城镇气源应有应对紧急情况的设施和措施，在紧急情况下保证城镇居民生活和不可中断用户的基本用气需要。城镇燃气输配系统中的调峰设施可兼顾事故储备功能。应急储备量以首先满足居民用气为基础，大型城镇宜按照不少于 7 天城镇居民生活和不可中断用户高峰月平均日用气量考虑。

2.4.2 储气容积的确定

2.4.2.1 所需储气容积的计算

储气容积的计算方法如下：

（1）制气设备按计算月最大日平均小时供气量均匀供气，则小时产气量为$\frac{100\%}{24}=4.17\%$。

（2）计算日或周的燃气供应量累计值。

（3）计算日或周的燃气消耗量累计值。

（4）计算燃气供应量累计值与燃气消耗量累计值之差，即为每小时末燃气的储存量。

（5）根据计算出的最高储存量和最低储存量绝对值之和得出所需储气容积。

2.4.2.2 储气罐几何容积的确定

确定储气罐储气容积时，应考虑到供气量的波动和用气负荷的误差，同时还要考虑储气罐的有效储气容积。

对于低压储气罐，要考虑储气罐的实际调度容积，即储气罐允许升降的最大容积差。因此低压储气罐的几何容积按式（2-11）计算

$$V_c = \frac{V}{\eta_h} \tag{2-11}$$

式中 V_c——储气罐几何容积，m^3；

V——所需储气容积，m^3；

η_h——储气罐的活动率，取 80% ~85%。

对于高压储气罐，储气罐容积需要根据储气罐的最高和最低工作压力差确定，即

$$V_c = \frac{k_a V p_0}{p_{max} - p_{min}} \tag{2-12}$$

式中 V_c——储气罐几何容积，m^3；

V——所需的储气量，m^3；

k_a——生产调度安全系数；

p_{max}——储气罐的最高工作压力，MPa；

p_{min}——储气罐的最低工作压力，MPa；

p_0——大气压，MPa。

当缺少用气量变化的具体数据时，可参考相近城镇的储气系数，并结合规划的具体条件，推算所需储气罐的容积。储气系数是指储气设备总容积与计算月平均日供气能力的比值，我国几个城市的储气系数见表2-8。

表2-8　我国几个城市的储气系数

项　目	北　京	上　海	沈　阳	大　连	长　春	哈尔滨
工业占日用气量百分比/%	45	51	65	34	35	40
民用占日用气量百分比/%	55	49	35	66	65	60
储气系数	0.22	0.30	0.495	0.45	0.39	0.30
备　注	工业实行计划供气	有机动气源工业实行计划供气		有机动气源	有机动气源	

一般工业用气较为均衡，民用气波动较大。随着民用气量占总用气量比例加大，所需罐容储气系数加大，其值可参考表2-9。

表2-9　民用气量占日用气量的百分比不同时的储气系数

民用占日用气量百分比/%	<40	50	>60
储气系数	0.3～0.4	0.4～0.5	0.5～0.6

【例2-1】　某市欲建一个储气罐，已知计算月最大日用气量为 $2.8\times10^6 m^3/d$，气源在一日内连续均匀供气。每小时用气量占日用气量的百分比如表2-10所示，试确定所需的储气量。

表2-10　每小时用气量占日用气量的百分比

时　间	0～1	1～2	2～3	3～4	4～5	5～6	6～7	7～8	8～9	9～10	10～11	11～12
每小时用气量占日用气量百分比/%	1.91	1.51	1.40	2.25	1.58	2.91	4.17	5.08	5.18	5.21	6.32	6.42
时　间	12～13	13～14	14～15	15～16	16～17	17～18	18～19	19～20	20～21	21～22	22～23	23～24
每小时用气量占日用气量百分比/%	4.90	4.81	4.75	4.75	5.82	7.60	6.16	4.57	4.48	3.22	2.77	2.23

【解】　题中储气罐是用于调节日、时的用气不均匀性的。按每日气源供气量100%，气源均匀供气，则每小时平均供气量为 $\frac{100\%}{24}=4.17\%$。

从零时起，计算燃气供应量累计值与用气量累计，两者的差值即为该小时的燃气储存量，计算结果填入表2-11。在燃气储存量中找出最大值和最小值，即13.44%和－4.28%，取绝对值相加得13.44%＋4.28%＝17.72%。

所需的储气量为

$$V=2.8\times10^6\times17.72\%=496160m^3$$

表 2-11　储气量占日供气量百分比的计算

小时	燃气供应量的累计值	用气量		燃气的储存量	小时	燃气供应量的累计值	用气量		燃气的储存量
		该小时内	累计值				该小时内	累计值	
0~1	4.17	1.91	1.91	2.26	12~13	54.17	4.90	48.84	5.33
1~2	8.34	1.51	3.42	4.92	13~14	58.34	4.81	53.65	4.69
2~3	12.50	1.40	4.82	7.68	14~15	62.50	4.75	58.40	4.10
3~4	16.67	2.25	7.07	9.60	15~16	66.67	4.75	63.15	3.52
4~5	20.84	1.58	8.65	12.19	16~17	70.84	5.82	68.97	1.87
5~6	25.00	2.91	11.56	13.44	17~18	75.00	7.60	76.57	-1.57
6~7	29.17	4.17	15.73	13.44	18~19	79.17	6.16	82.73	-3.56
7~8	33.34	5.08	20.81	12.53	19~20	83.34	4.57	87.30	-3.96
8~9	37.50	5.18	25.99	11.51	20~21	87.50	4.48	91.78	-4.28
9~10	41.67	5.21	31.20	10.47	21~22	91.67	3.22	95.00	-3.33
10~11	45.84	6.32	37.52	8.32	22~23	95.84	2.77	97.77	-1.93
11~12	50.00	6.42	43.94	6.06	23~24	100.00	2.23	100.00	0

将上述结果绘制成曲线，见图 2-1。

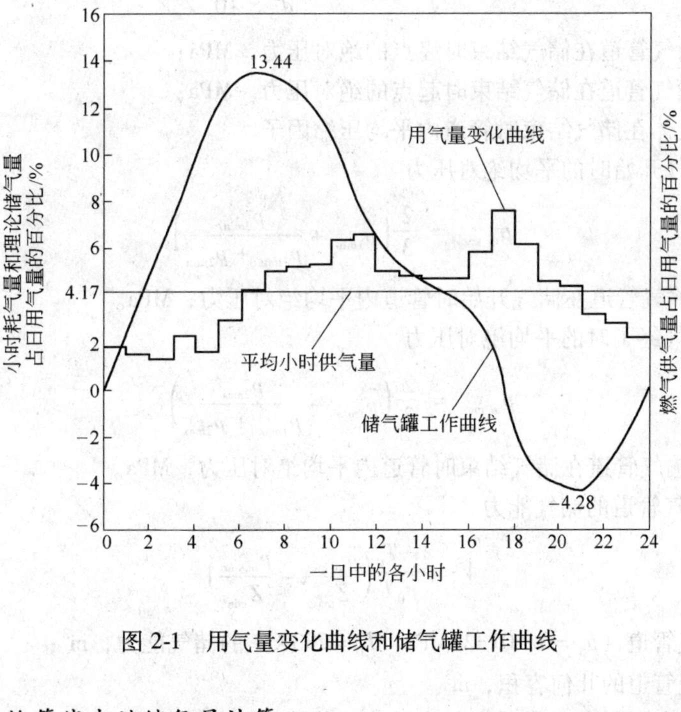

图 2-1　用气量变化曲线和储气罐工作曲线

2.4.2.3　长输管线末端储气量计算

长输管线末端储气是利用燃气长距离输送系统的最末一个压气站与城镇门站之间的管段进行储气。其储气能力为储气终了时与储气开始时该段输气管线中存气量之差。

一条已投产的输气干管的长度、容积、管线起点允许最高工作压力、终点允许最高工作压力、终点用户要求的最低供气压力及该管线正常输气量等都是已知的，可按下列步骤近似计算其储气能力。

（1）根据终点用户要求的最低供气压力和正常输气量按式（2-13）确定储气开始时起点压力

$$p_{1\min} = \sqrt{p_{2\min}^2 + \frac{9.053 Q_V^2 \lambda Z_{\min} STL}{d^5 \times 10^7}} \tag{2-13}$$

式中　$p_{1\min}$——输气管道在储气开始时起点的绝对压力，MPa；

$p_{2\min}$——输气管道在储气开始时终点的绝对压力，MPa；

Q_V——气体（$p_0 = 0.101325$MPa，$T_0 = 293$K）的流量，m^3/d；

λ——水力摩阻系数；

$Z_{\min}$——气体在储气开始时管道内平均压缩因子；

S——气体的相对密度；

T——输气管道内气体的平均温度，K；

L——输气管道的长度，km；

d——输气管道内径，cm。

（2）根据压气站的最高工作压力或管线强度允许压力，和正常输气量按式（2-14）确定储气终了时的管线终点压力

$$p_{2\max} = \sqrt{p_{1\max}^2 - \frac{9.053 Q_V^2 \lambda Z_{\max} STL}{d^5 \times 10^7}} \tag{2-14}$$

式中　$p_{2\max}$——输气管道在储气结束时终点的绝对压力，MPa；

$p_{1\max}$——输气管道在储气结束时起点的绝对压力，MPa；

$Z_{\max}$——气体在储气结束时管道内平均压缩因子。

（3）确定储气开始时的平均绝对压力

$$p_{m.\min} = \frac{2}{3}\left(p_{1\min} + \frac{p_{2\min}^2}{p_{1\min} + p_{2\min}}\right) \tag{2-15}$$

式中　$p_{m.\min}$——输气管道在储气开始时管道内平均绝对压力，MPa。

（4）确定储气终了时的平均绝对压力

$$p_{m.\max} = \frac{2}{3}\left(p_{1\max} + \frac{p_{2\max}^2}{p_{1\max} + p_{2\max}}\right) \tag{2-16}$$

式中　$p_{m.\max}$——输气管道在储气结束时管道内平均绝对压力，MPa。

（5）确定输气管道的储气能力

$$V = \frac{V_c T_0}{p_0 T}\left(\frac{p_{m.\max}}{Z_{\max}} - \frac{p_{m.\min}}{Z_{\min}}\right) \tag{2-17}$$

式中　V——输气管道（$p_0 = 0.101325$MPa，$T_0 = 293$K）的储气能力，m^3；

V_c——输气管道的几何容积，m^3。

【例 2-2】 已知某输气方案的已知参数为：管道末端长度为 293km，起点最高工作压力为 10MPa（绝压），终点要求最低压力为 0.5MPa（绝压），管径为 $D1420 \times 18$，昼夜输气能力 $93.93 \times 10^6 m^3/d$，燃气相对密度 0.578，水力摩阻系数 0.01，平均压缩因子 0.893，输气温度 285.5K，试求管道末端储气量。

【解】（1）由末端平均压缩因子可知，气体在储气开始时管道内平均压缩因子 $Z_{\min}$ 应高于

0.893。设 $Z_{min}=0.90$，求储气开始时的管线起点压力 p_{1min}。

$$p_{1min}=\sqrt{p_{2min}^2+\frac{9.053Q_V^2\lambda Z_{min}STL}{d^5\times 10^7}}$$

$$=\sqrt{0.5^2+\frac{9.053\times(93.93\times 10^6)^2\times 0.01\times 0.90\times 0.578\times 285.5\times 293}{(138.4)^5\times 10^7}}$$

$$=8.29\text{MPa}$$

（2）气体在储气结束时管道内平均压缩因子 Z_{max} 应低于 0.893。设 $Z_{max}=0.85$，求储气终了时的管线终点压力 p_{2max}。

$$p_{2max}=\sqrt{p_{1max}^2-\frac{9.053Q_V^2\lambda Z_{max}STL}{d^5\times 10^7}}$$

$$=\sqrt{10^2-\frac{9.053\times(93.93\times 10^6)^2\times 0.01\times 0.85\times 0.578\times 285.5\times 293}{(138.4)^5\times 10^7}}$$

$$=5.95\text{MPa}$$

（3）确定储气开始时的平均绝对压力 $p_{m.min}$。

$$p_{m.min}=\frac{2}{3}\left(p_{1min}+\frac{p_{2min}^2}{p_{1min}+p_{2min}}\right)$$

$$=\frac{2}{3}\left(8.29+\frac{0.5^2}{8.29+0.5}\right)$$

$$=5.55\text{MPa}$$

（4）确定储气终了时的平均绝对压力 $p_{m.max}$。

$$p_{m.max}=\frac{2}{3}\left(p_{1max}+\frac{p_{2max}^2}{p_{1max}+p_{2max}}\right)$$

$$=\frac{2}{3}\left(10+\frac{5.95^2}{10+5.95}\right)$$

$$=8.15\text{MPa}$$

（5）按式（1-17）校核压缩因子 Z_{max}、Z_{min}。

$$Z_{min}=\frac{100}{100+0.113(p_{m.min}\times 10)^{1.15}}$$

$$=\frac{100}{100+0.113(5.55\times 10)^{1.15}}$$

$$=0.897$$

$$Z_{max}=\frac{100}{100+0.113(p_{m.max}\times 10)^{1.15}}$$

$$=\frac{100}{100+0.113(8.15\times 10)^{1.15}}$$

$$=0.849$$

Z_{min}、Z_{max} 与假设值非常接近，故原假设成立。

(6) 计算末端管线的几何容积。

$$V_c = 0.785 \times d^2 \times L$$

$$= 0.785 \times 1.384^2 \times 293 \times 10^3$$

$$= 440.564 \times 10^3 \mathrm{m}^3$$

(7) 计算末端管线的储气能力。

$$V = \frac{V_c T_0}{p_0 T}\left(\frac{p_{m.max}}{Z_{max}} - \frac{p_{m.min}}{Z_{min}}\right)$$

$$= \frac{440.564 \times 10^3 \times 293}{0.101325 \times 285.5}\left(\frac{8.15}{0.849} - \frac{5.55}{0.897}\right)$$

$$= 15.226 \times 10^6 \mathrm{m}^3$$

从计算结果可知，在设定的条件下，该方案输气管末端储气能力相当于日供气能力的 $\frac{15.226}{93.93} = 16.21\%$。

参考文献

[1] 哈尔滨建筑工程学院等. 燃气输配[M]. 2版. 北京：中国建筑工业出版社，1988.
[2] 段长贵主编. 燃气输配[M]. 3版. 北京：中国建筑工业出版社，2001.
[3] 马良涛主编. 燃气输配[M]. 北京：中国电力出版社，2004.
[4] 张浩然主编. 城市燃气输配工程设计、施工技术工艺与验收规范实用手册[M]. 北京：北京科大出版社，2005.
[5] 李猷嘉. 燃气输配系统的设计与实践[M]. 北京：中国建筑工业出版社，2007.
[6] 姜正侯主编. 燃气工程技术手册[M]. 上海：同济大学出版社，1993.
[7] 中国市政工程华北设计研究院. GB 50028—2006，城镇燃气设计规范[S]. 北京：中国建筑工业出版社，2006.
[8] 北京市煤气热力工程设计院. CJJ 34—2002，城市热力网设计规范[S]. 北京：中国建筑工业出版社，2002.
[9] 中国石油集团工程设计有限责任公司西南分公司. GB 50251—2003，输气管道工程设计规范[S]. 北京：中国计划出版社，2003.
[10] 苗承武等. 干线输气管道实用工艺计算方法[M]. 北京：石油工业出版社，2001.
[11] 国家发展和改革委员会. 天然气利用政策（发改能源［2007］2155号）［N/OL］. 新华网，［2007-09-03］.
http：//news. xinhuanet. com/fortune/2007-09/03/content_6655390. htm.

3　燃气的长输系统

当气源离城镇和工业区等燃气用户较远时，需要利用长距离输气管线输送燃气，送至远离气源的用气区。本章主要介绍燃气长输系统的构成和主要功能、工艺设计与计算及输气线路。

3.1　燃气长输系统的构成和主要功能

3.1.1　燃气长输系统的构成

长距离输气系统（图3-1）主要由集输管网、气体净化设备（厂）、起点站、输气干线、输气支线、中间调压计量站、压气站、燃气分配站（门站）、管理维修站、通信和遥控设备、阴极保护站（或其他电保护装置）等构成。由于气源的种类、压力、气质及输送距离等不同，长距离输气系统的场站设置存在着差异。

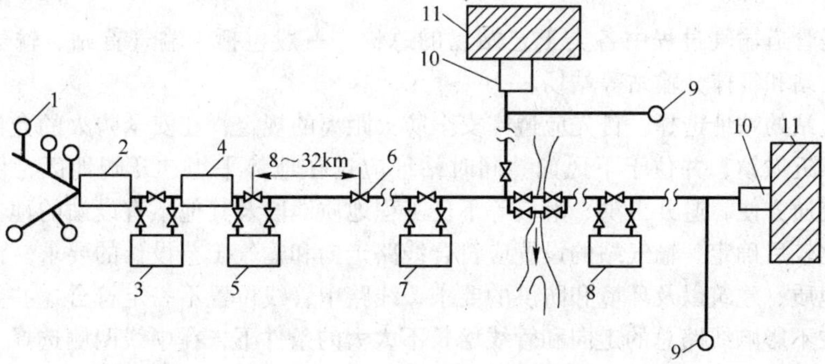

图3-1　长距离输气系统

1—井场装置；2—集气站；3—矿场压气站；4—天然气处理厂；5—起点站（或起点压气站）；6—输气管线上的阀门；7—中间压气站；8—终点压气站；9—储气设施；10—燃气分配站（门站）；11—城镇或工业基地

集输管网的任务是将气田各气井生产的天然气进行杂质分离、计量，集中起来输送到天然气处理厂或直接进入输气管线。

在长距离输气系统中，集输管网有两种形式。一种形式是按单井进行处理的集气管网，每口井具有自己完整的预处理设备。从气井开采的天然气在井场装置中经节流后，在分离器中清除油、游离水及机械杂质等，经计量后，经过集气站或直接通过气田的总输送站，输送到天然气净化厂或输气干线。另一种形式是成组型集气管网，天然气的预处理和计量在各集气站进行。各集气站均连接到气田内部的集气干线上，经过一个或几个气田总站，将天然气输送到净化厂或输气干线起点站。

矿场压气站的作用是将低压天然气增压至规定的压力。在气田开采后期或低压气田，当地层压力不能满足输送要求时，需设置矿场压气站，天然气加压后，再输送到天然气处理厂或输气干线起点站。

当天然气中硫化氢、二氧化碳、凝析油的含量和含水量超过管道输气规定的标准时，需设置天然气处理厂进行净化处理。处理后的天然气送入输气干线起点站。

输气干线起点站的功能是保持输气压力平稳，对输送来的天然气进行除尘、调压和计量，然后送入长距离输气管线。如果天然气的压力低，不能满足输送要求时，需设置起点压气站。

在输气干线上，通常每隔一定距离设置一个中间压气站，以提高燃气压力，进行远距离输气。

燃气分配站设置在燃气干管及其支管的终端，也称为城镇门站或终点调压计量站。门站是城镇、工业区分配管网的气源站，它的任务是接收长输管线输送来的燃气，经过除尘，将燃气压力调至城镇高压环网或用户所需的压力，计量和加臭后送入城镇或工业区的管网。通常在城镇外围建立高压环或半环，利用高压环连接若干个燃气分配站向城镇管网供应燃气。

储气设施可单独设置，也可与燃气分配站合并设置。

在长距离输气干线上，可根据需要设中间调压、计量设施、清管设施、阴极保护设施、阀室等。

3.1.2　输气站

输气站是管道输气过程中各类工艺站场的总称，一般包括：输气首站、输气末站、压气站、气体接收站和气体分输站等站场。

各类输气站的站址选择，首先应遵守安全防火距离的规定，在安全防火的允许范围内，站场应尽可能靠近城镇，并位于下风向。同时站址应选在地势平坦、开阔地区，供电、给水排水、生活及交通方便，避开山洪、滑坡等不良工程地质地段及其他不宜设站的地方。一般应通过几个方案比较后确定。输气站的设置应符合线路走向和输气工艺设计的要求。由于站址必须符合地理、地质、建筑以及环境和防洪的要求，线路中管线位置不一定符合这些要求，此时站场位置可以在不影响线路总的走向和管线增长不太大的条件下，在中线两侧选择。为了减少站场数量，减少管理环节，降低建设和管理费用，各站场在满足输气工艺的条件下，还应考虑结合布置。

输气站的平面布置应符合国家现行标准的规定。输气站，特别是压气站，因有大部件检修工作，需进行拆卸、装配、起吊和运输。清管站在清管作业时，需车辆运送清管器。对于安装有 DN400 以上的大型阀门的站场，因阀门拆卸检修或吊运更换也需车辆运输，故输气站应设有生产操作和设备检修的作业通道及行车通道，并应有车行道与外界公路相通。站场应有足够的面积，并为扩建留有必要的余地。

3.1.2.1　起点站

图 3-2 所示为天然气输气干线起点站的流程。

正常工作时，越站旁通管 12 上的阀门关闭，由净化厂输送来的天然气，从进气管 1 进入汇气管 2，在汇气管 2、6 之间设有几组设备（设备组数应根据具体要求确定），其中一组备用。天然气由汇气管 2 分别进入分离器 3，清除气体中的游离水及固体悬浮物，经调压器 4 调压和孔板流量计 5 计量后，进入汇气管 6，沿燃气输出管 8 进入输气干线。

为监测进气压力和输气压力，在汇气管 2 和出站管线上装有压力表。当进气压力超过操作压力时，安全阀 14 自动泄压，电触点式压力表 19 自动报警。

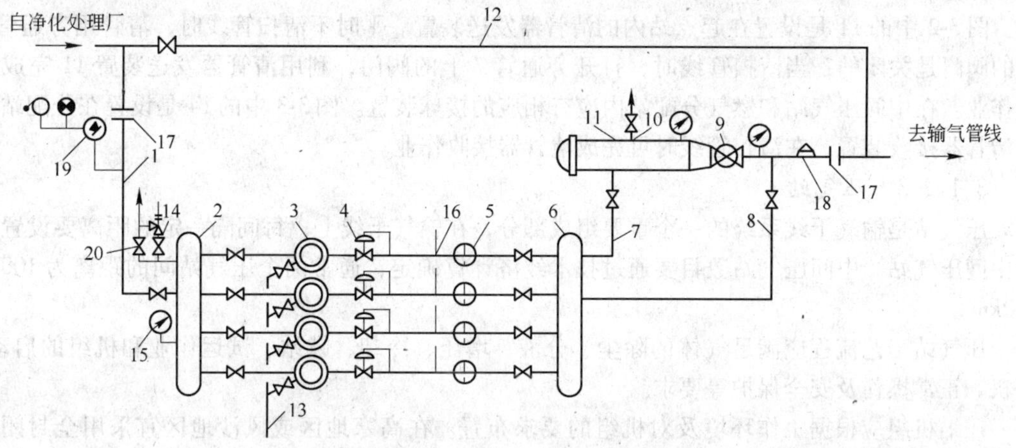

图 3-2 输气干线起点站流程

1—进气管；2，6—汇气管；3—分离器；4—调压器；5—流量计；7—清管用旁通管；
8—燃气输出管；9—球阀；10—放空管；11—清管器发送装置；12—越站旁通管；
13—分离器排污管；14—安全阀；15—压力表；16—温度计；17—绝缘法兰；
18—清管球通过指示器；19—带声光信号的电触点式压力表；20—放空阀

备用的一组设备可在站内设备发生故障或定期检修时进行切换使用。当站内发生故障不能切换使用备用设备或需要动用明火进行检修、扩建时，要将进气管 1 和燃气输出管 8 的阀门关闭，燃气暂由越站旁通管 12 送入输气干线进行越站输气。站内设备和管道中残余的燃气，可由分离器排污管 13 和放空阀 20 排出，然后进行修理。

3.1.2.2 清管系统

清管的主要目的在于清除管线施工后积存在管内的杂物和管线运行过程中积存的凝析物、污垢和灰尘等。除此之外，还可用于查找管径偏差、测厚、检漏、灌注和输送试压水、置换管道介质和为管内壁做涂层等等。

清管设施主要有清管器、清管器收发筒、清管器指示器及清管器示踪仪等。清管设施宜设置在输气站内，其间距一般在 100km 左右。清管应采用不停气密闭清管工艺，通过收发球筒和空压机进行清管和测径，保证试验管段试压时内部清洁，提高输气质量。

清管器的具体形式很多，任何清管器都要求具有可靠的通过性能、足够的机械强度和良好的清管效果。清管前，应确认清管段内的线路截断阀处于全开状态。清管器的运行速度一般为 4～8km/h。不得使用黄油或者类似物质润滑清管器。如果清管器卡在管道内，要设法增压推动，但不能增加到发射筒的额定压力或管道设计压力。清管器使用后，在下次清管前应检查清管器的外形尺寸变化、划伤程度，对磨损较大的必须进行更换。

清管合格后一般需进行测径。测径宜采用铝质测径板，直径为试压段中最大壁厚钢管或者弯头内径的 90%。测径板通过管段后，无变形、褶皱为合格。

清管器的通过指示器应安装在进出站的管段上，按清管自动化操作的需要在站外安装指示器，并将指示器信号传至站内。清管器收发筒的结构应能满足通过清管器和检测器的要求。清管器收发筒上的快开盲板不应正对距离 60m 以内的居住区或建、构筑物区。当受场地条件限制无法满足要求时，可采取在清管器接收筒轴线后方的适当位置设置挡墙等措施以确保安全。

图3-2中的11是设置在起点站内的清管器发送装置。平时不清扫管线时，清管用旁通管7上的阀门是关闭的；当清扫管线时，打开旁通管7上的阀门，利用清管器发送装置11完成发送作业。在中间压气站和燃气分配站内应有相应的接球装置。图3-3中的14是设置在分配站内的清管器接收装置，在清扫管线时可完成清管器接收作业。

3.1.2.3　压气站

压气站是输气干线系统的一个重要组成部分，在输气干线上，每间隔一定的距离要设置一个中间压气站。中间压气站数目要通过技术经济计算确定，通常两个压气站间的距离为100～150km。

压气站工艺流程应满足气体的除尘、分液、增压、冷却、越站、试运作业和机组的启动、停机、正常操作及安全保护等要求。

压缩机组应根据工作环境及对机组的要求布置。在高寒地区或风沙地区宜采用全封闭厂房，其他地区宜采用敞开式厂房，若条件允许也可采用露天设置。

厂房内压缩机及其辅助设备的布置，应根据机型、机组功率、外形尺寸、检修方式等因素按单层或双层布置。压缩机组的布置应便于管线的安装。

同一压气站内的压缩机组宜采用同一机型。压缩机组的型式和台数，应根据压气站的总流量、总压比、出站压力、气质等参数，进行技术经济比较后确定。

3.1.2.4　分配站（门站）

分配站一般具有分离、调压、计量、清管、配气等功能。一般根据进口燃气压力的大小、高压储气罐压力以及城镇管网或工业用户所需压力的要求，在燃气分配站进行一级调压或者二级调压，出站燃气管道可为一种或两种不同的压力级制。图3-3所示为进行一级调压的燃气分配站流程。

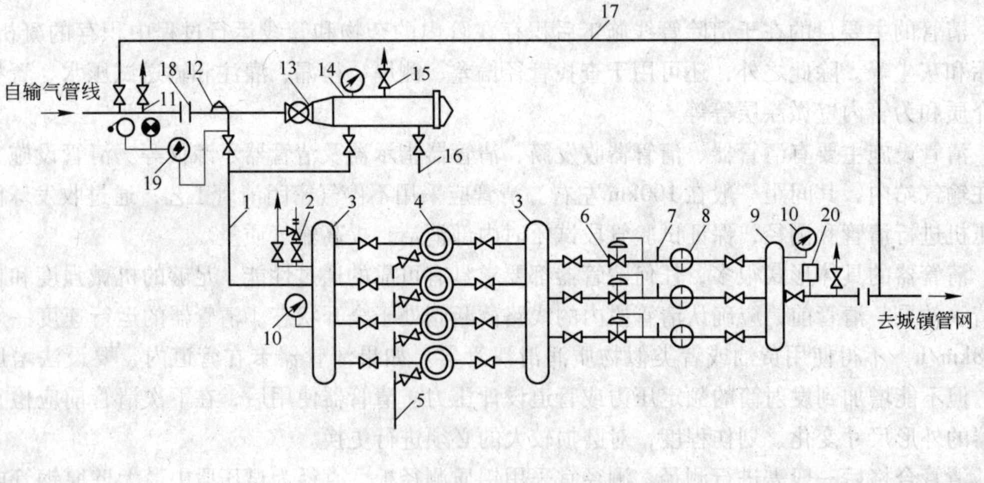

图3-3　燃气分配站（门站）流程

1—进气管；2—安全阀；3，9—汇气管；4—除尘器；5—除尘器排污管；6—调压器；7—温度计；8—流量计；10—压力表；11—干线放空管；12—清管器通过指示器；13—球阀；14—清管器接收装置；15—放空管；16—排污管；17—越站旁通管；18—绝缘法兰；19—带声光信号的电触点式压力表；20—加臭装置

3.1.3 燃气加臭

为保证输送和使用的安全，及时发现漏气，大多数国家在燃气分配站要向无味的燃气中注入加臭剂进行加臭。

3.1.3.1 加臭剂

加臭剂和燃气混合在一起后应具有特殊的臭味，不应对人体、管道或与其接触的材料有害，其燃烧产物不应对人体呼吸有害，并不应腐蚀或伤害与此燃烧产物经常接触的材料。加臭剂溶解于水的程度不应大于2.5%（质量分数）。加臭剂应有在空气中能察觉的加臭剂含量指标。

一般人们对气味的敏感程度随温度升高而增大，因而应按照季节变化改变加臭剂的用量。一年中最冷月与最热月份加臭剂单位耗量的比值大约为2：1。同样，气候炎热地区的加臭剂耗量应少于寒冷地区加臭剂耗量。投产初期加臭剂耗量加大2～3倍。当短期利用加臭剂来寻找地下管道的漏气地点时，由于燃气经土壤泄漏时，加臭剂被土壤吸附而损失掉一部分，因而加臭剂用量可比上述定额高10倍。由于硫化物通常具有一定的腐蚀性，故加臭剂添加量要适当。

乙硫醇（C_2H_5SH）是曾经被广泛使用的加臭剂，当输气管内壁上有大量氧化物（铁锈）时，使用乙硫醇加臭的燃气有沿程逐渐失去气味的现象，即加臭剂失效现象。其主要原因之一是乙硫醇能与金属氧化物起反应生成硫醇盐类，因此在燃气加臭的起始阶段，通常需要提高加臭剂的单位耗量。乙硫醇作为天然气的加臭剂，全年平均耗量约为16～20mg/m^3，对于含20% CO的工业用有毒燃气，其全年平均耗量约为230mg/m^3。

四氢噻吩（THT）、三丁基硫醇（TBM）等也可作为加臭剂。与乙硫醇相比，四氢噻吩具有化学性质稳定、抗氧化性强、易于储存、气味留存时间久、燃烧后无残留、添加量少及腐蚀性小等优点，随着天然气时代的到来，20世纪90年代中期开始被普遍采用。

随着天然气在工业领域应用的扩展，对燃气含硫量有了更高的要求，含硫加臭剂在很多场合受到限制，无硫加臭剂则越来越受到人们的重视。如丙烯酸酯类，这类物质单独或同其他物质混合后作为加臭剂均已被认证，已开始应用到实际工程中。

3.1.3.2 加臭方式

燃气加臭位置可以设在长输管线的起点站，但长输干线很少出现漏气，即使漏气也可采用其他方法很快发现，因而一般设在长输管线末端的燃气分配站。加臭剂的储存间必须阴凉、干燥且通风好。加臭剂储罐或容器不能长时间暴露在阳光下，以免内部压力增高。备用的加臭剂储罐和加臭设备可放置在一个房间。加臭剂不允许同易燃物品共同存放。

燃气加臭通常采用滴入式装置，见图3-4。滴入式加臭装置是将液体加臭剂以液滴或细液流的状态放入燃气管道中去，在此蒸发并与燃气流混合。加臭剂储槽的容量为一天的加臭剂量。从观察管观察每分钟流入的加臭剂滴数，通过针形阀可调节液滴数。其主要优点是构造简单，缺点是人工操作，比较繁琐。

随着自控水平和检测技术的不断发展和改进，许多自动控制加臭装置已经在工程实际中广泛应用，见图3-5。

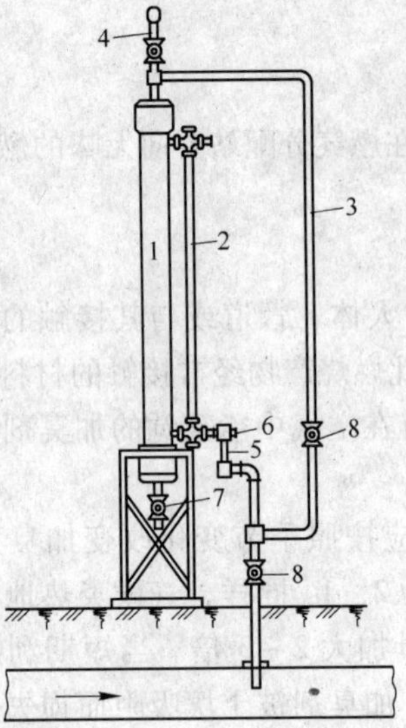

图 3-4　滴入式加臭装置

1—加臭剂储槽；2—液位计；3—压力平衡管；
4—加臭剂填充管；5—观察管；6—针形阀；
7—泄出管；8—阀门

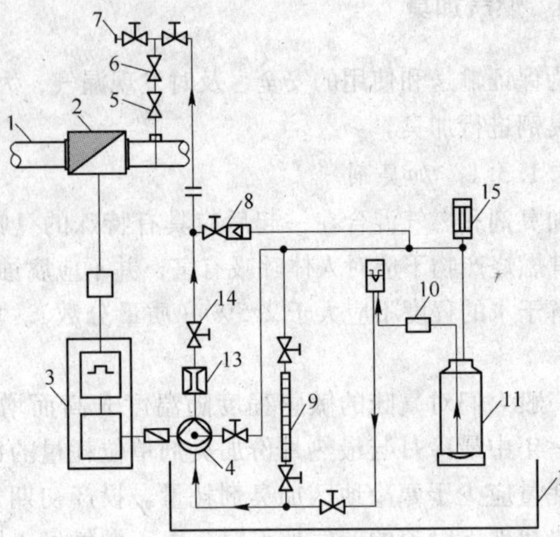

图 3-5　自动控制加臭装置

1—燃气管道；2—流量计；3—包括脉冲转换器的控制器；
4—加臭泵；5—闸阀；6—止回阀；7—冲洗管接头；
8—带可视玻璃的排气阀；9—液位观测尺；
10—过滤器；11—加臭剂储罐；12—收集池；
13—控制器；14—过滤器；15—闸阀

3.2　长输管线的工艺设计与计算

3.2.1　输气工艺设计

3.2.1.1　主要内容

工艺设计应根据气源条件、输送距离、输送量及用户的特点和要求，经综合分析和技术经济比较后确定。

输气工艺设计应确定下列主要内容：

(1) 确定总工艺流程；

(2) 确定输气站的工艺参数和流程；

(3) 确定输气站的数量和站间距；

(4) 确定输气管道的直径、设计压力及压气站的站压比（出站和进站压力之比）。

3.2.1.2　工艺设计一般要求

(1) 管道输气应合理利用气源压力，当采用增压输送时应合理选择压气站的站压比和站间距。

充分利用气源压力是提高输气压力增加输气量的方法之一，也是一项节能措施，具有显著的经济效果。只要管道的制作、安装工艺能够达到并符合技术经济优化条件，而气源压力也能较长时间保证，输气压力应尽量提高。至于输气管道是否采取增压输送，取决于输气管道长度、输气量和管径大小的选择等各方面的条件，应进行综合分析和方案比较后确定站压比。当采用离心式压缩机增压输送时，站压比应为1.2~1.5，站间距不应小于100km。在站压比较高、输气量较小时，可选用活塞式压缩机。

（2）压气站特性应和管道特性相协调，在正常输气条件下，压缩机组应在高效区内工作。

压缩机组的数量、选型、连接方式应在经济运行范围内，并满足工艺设计参数和运行变化的要求。压缩机选型一般应满足输气工艺设计参数和运行工况变化两个条件，在输气工艺流程规定的范围内要求压缩机在串联、并联组合操作变更或越站输气时，其机组特性也能同管道特性相适应，并要求动力机也应在合理功效范围内工作。

（3）输气管道的强度设计应满足运行工况变化的要求。

输气管道的壁厚是按输气压力和地区等级确定的。输气压力可能出现两种情况，一是正常输气时所形成的管道压力，二是变工况时管段的压力。当某一压气站因停运而进行越站操作时，则停运压气站上游管段的压力一般大于正常操作条件时的压力。

（4）输气站均应设置越站旁通，进出站管线须设置截断阀。截断阀的位置应与工艺装置区保持一定距离，并具有手工操作的功能，确保在紧急情况下便于接近和操作。

压气站设干线越站旁通阀的目的是为了在必要时进行越站操作。越站操作的情况有三种：压气站本身发生意外事故；压气站压缩机和动力机需要定期检修；干线输气工艺发生变化（即干线输气量降低）。

（5）具有配气功能的分输站的分配气体管线上，宜设置气体的限量、限压设施。输气干线各分输站、配气站和末站的输气压力和输气量应控制在允许范围之内，以防使管道输气系统失去平衡。

（6）输气首站和接收站的进气管道上应设置气质检测设施。

（7）输气管道应设清管设施，有条件的地方宜采用管道内涂技术。

3.2.2 输气工艺计算

工程设计和计算所需要的主要基础资料和数据，应由管道建设单位根据工程建设条件和任务提出。输气管道工艺设计应具备下列资料：

（1）管输气体组成；

（2）气源的数量、位置、供气量及其可调范围；

（3）气源的压力及其可调范围，压力递减速度及上限压力延续时间；

（4）沿线用户对供气压力、供气量及其变化要求。当要求利用管道储气调峰时，应具备用户的用气特性曲线和数据；

（5）沿线自然环境条件（如站场海拔高程、大气压、环境温度、沿线土壤传热系数等）和管道埋设处地温。

3.2.2.1 输气量计算

长输管线的输气量受气源供气波动、用户负荷变化、季节温差及管道维修等因素影响，其设计输送能力应按年或日最大输气量计算，并应尽量使管线在设计能力下工作，以提高管线的利用率。

（1）当输气管道沿线的相对高差 $\Delta h \leqslant 200$m 时，且不考虑高差影响时，可按式（3-1）或式（3-2）计算。

$$Q_V = 1051\left[\frac{(p_1^2 - p_2^2)d^5}{\lambda ZSTL}\right]^{0.5} \tag{3-1}$$

$$Q_V = 11522Ed^{2.53}\left(\frac{p_1^2 - p_2^2}{ZTLS^{0.961}}\right)^{0.51} \tag{3-2}$$

式中　Q_V——气体（$p_0 = 0.101325\text{MPa}$，$T_0 = 293\text{K}$）的流量，m^3/d；

p_1——输气管道计算段起点的绝对压力，MPa；

p_2——输气管道计算段终点的绝对压力，MPa；

d——输气管道内径，cm；

λ——水力摩阻系数；

Z——气体的压缩因子；

S——气体的相对密度；

T——输气管道内气体的平均温度，K；

L——输气管道计算段的长度，km；

E——输气管道效率系数（当管道公称直径为 DN300 ~ DN800 时，为 0.8 ~ 0.9；当管道公称直径大于 DN800 时，为 0.91 ~ 0.94）。

（2）当考虑输气管道纵断面的相对高差影响时，按式（3-3）或式（3-4）计算。

$$Q_V = 1051\left\{\frac{[p_1{}^2 - p_2{}^2(1 + \alpha\Delta h)]d^5}{\lambda ZSTL\left[1 + \frac{\alpha}{2L}\sum_{i=1}^{n}(h_i + h_{i-1})L_i\right]}\right\}^{0.5} \tag{3-3}$$

$$Q_V = 11522Ed^{2.53}\left\{\frac{p_1^2 - p_2^2(1 + \alpha\Delta h)}{ZTLS^{0.961}\left[1 + \frac{\alpha}{2L}\sum_{i=1}^{n}(h_i + h_{i-1})L_i\right]}\right\}^{0.51} \tag{3-4}$$

$$\alpha = \frac{2gS}{ZR_a T} = 0.0683\left(\frac{S}{ZT}\right) \tag{3-5}$$

式中　α——系数，m^{-1}；

R_a——空气的气体常数。在标准状况下（$p_0 = 0.101325\text{MPa}$，$T_0 = 293\text{K}$），$R_a = 287.1\text{m}^2/(\text{s}^2 \cdot \text{K})$；

n——输气管道沿线计算的分管段数。计算分管段的划分是沿输气管道走向，从起点开始，当其中相对高差小于或等于 200m 时划作一个计算分管段；

h_i——各计算分管段终点的标高，m；

h_{i-1}——各计算管段起点的标高，m；

Δh——输气管道计算段的终点对计算段的起点的标高差，m；

L_i——各计算分管段的长度，km；

g——重力加速度，$g = 9.81\text{m/s}^2$。

水力摩阻系数 λ 按式（3-6）计算。

$$\frac{1}{\sqrt{\lambda}} = -2.01\lg\left(\frac{K}{3.71d} + \frac{2.51}{Re\sqrt{\lambda}}\right) \tag{3-6}$$

式中　λ——水力摩阻系数；

K——钢管内壁当量绝对粗糙度，mm；

d——输气管道内径，mm；

Re——雷诺数。

3.2.2.2 壁厚计算

长输管线均采用钢管，连接方法为焊接，选用的钢管应具有良好的韧性和焊接性能。凡选用国产钢管的输气管道，应符合国家现行标准《石油天然气工业输送钢管交货技术条件》GB/T 9711、《输送流体用无缝钢管》GB/T 8163、《高压锅炉用无缝钢管》GB 5310 及《化肥设备用高压无缝钢管》GB 6479 的有关规定。

控制管道自身的安全性首先要严格控制管道及其构件的强度，而管道壁厚的确定是管道安全保证的基本条件。直管段管壁厚度可按式（3-7）计算（计算所得的管壁厚度应向上圆整至钢管的壁厚 δ_n）。

$$\delta = \frac{pD}{2f\sigma_s k_t \varphi} \tag{3-7}$$

式中 δ——钢管计算壁厚，mm；

p——管道的设计压力，MPa；

D——钢管外径，mm；

f——强度设计系数，按表 3-2 和表 3-3 选取；

σ_s——钢管的最小屈服强度，MPa；

k_t——温度折减系数，当温度小于 120℃时，$k_t = 1.0$；

φ——焊缝系数，输气管道采用上述标准钢管时，$\varphi = 1.0$。

弯头和弯管的管壁厚度按式（3-8）计算，即

$$\delta_b = m\delta \tag{3-8}$$

$$m = \frac{4R - D}{4R - 2D} \tag{3-9}$$

式中 δ_b——弯头或弯管的管壁计算厚度，mm；

δ——弯头或弯管所连接的直管管段壁计算厚度，mm；

m——弯头或弯管管壁厚度增大系数；

R——弯头或弯管的曲率半径，mm；

D——弯头或弯管的外径，mm。

钢管的公称壁厚应大于并接近于计算所得壁厚。同时，输气管道的最小公称管壁厚度应符合表 3-1 的规定。

表 3-1 最小公称管壁厚度

钢管公称直径 DN/mm	公称管厚 δ_n/mm	钢管公称直径 DN/mm	公称管厚 δ_n/mm
100、150	2.5	600、650、700	6.5
200	3.5	750、800、850、900	6.5
250	4.0	950、1000	8.0
300	4.5	1050、1100、1150、1200	9.0
350、400、450	5.0	1300、1400	11.5
500、550	6.0	1500、1600	13.0

强度设计系数 f，按表 3-2 强度设计系数和表 3-3 穿越铁路、公路及输气站内管道的强度设计系数选取。

表 3-2　强度设计系数

地区等级	强度设计系数 f	地区等级	强度设计系数 f
一级地区	0.72	三级地区	0.5（0.4）
二级地区	0.6	四级地区	0.4（0.3）

注：括号内的数值适用于城镇燃气输配系统的高压燃气管道工程设计。

表 3-3　穿越铁路、公路及输气站内管道的强度设计系数

管道及管段	强度设计系数 f			
	一级地区	二级地区	三级地区	四级地区
有套管穿越Ⅲ、Ⅳ级公路的管道	0.72	0.6	0.5（0.4）	0.4（0.3）
无套管穿越Ⅲ、Ⅳ级公路的管道	0.6	0.5	0.5（0.4）	0.4（0.3）
有套管穿越Ⅰ、Ⅱ级公路，高速公路，铁路的管道	0.6	0.6	0.5（0.4）	0.4（0.3）
输气站内管道及其上、下游各200m管道，截断阀室管道及其上、下游各50m管道（其距离从输气站和阀室边界线起算）	0.5	0.5	0.5（0.4）	0.4（0.3）
人员聚集场所的管道	0.5（0.4）	0.5（0.4）	0.5（0.4）	0.4（0.3）

注：括号内的数值适用于城镇燃气输配系统的高压燃气管道工程设计。

为了发生事故时使恶性事故减少或将损失控制在极小范围之内，保障管道自身安全的最重要设计方法是在确定管壁厚度时，按管道所在地区不同级别，采用不同的强度设计系数。

地区等级是按照输气管道通过的地区沿线居民户数和建筑物的密集程度划分的，即沿管道中心线两侧各200m范围内，任意划分成长度为2km并能包括最大聚居户数的若干地段，按地段内的户数划分为四个等级。在农村，人口聚集的村庄、大院、住宅楼，应以每一独立户作为一个供人居住的建筑物计算。当划分地区等级边界线时，边界线距最近一幢建筑物外边缘应大于或等于200m。

一级地区为户数在15户或以下的区段；二级地区为户数在15户以上、100户以下的区段；三级地区为户数在100户或以上的区段，包括市郊居住区、商业区、工业区、发展区以及不够四级地区条件的人口稠密区；四级地区系指四层及四层以上的楼房（不计地下室层数）普遍集中、交通频繁、地下设施多的区段。在一、二级地区内的学校、医院以及其他公共场所等人群聚集的地方，应按三级地区选取设计系数。

长输系统的其他计算应符合现行的国家标准《输气管道工程设计规范》GB 50251的相关规定。例如，燃气管道径向稳定校核，输气管道沿任意点的温度计算等。

3.3　燃气输气线路

3.3.1　输气线路的确定

燃气输气线路的走向应根据地形、工程地质条件、沿线主要进气、供气点的地理位置以及交通运输、动力等条件，经多方案对比后，确定最优线路。大中型河流穿（跨）越工程和压气站的位置的选择，应符合线路总走向。局部走向应根据大中型穿（跨）越工程和压气站的位置进行调整。线路、压气站和大中型河流穿越位置的选择应在经济合理和安全的前提下，处理好三者之间的关系。

输气线路选择还应符合下列要求：

（1）输气线路必须避开军事设施、易燃易爆仓库（如油库、炸药库等）、国家重点文物保护单位的安全保护区。

（2）输气线路应避开飞机场、火车站、海（河）码头、国家级自然保护区等区域。除管道专用公路的隧道、桥梁外，线路不应通过铁路或公路的隧道和桥梁。当受条件限制管道需要从上述区域内通过时，必须征得主管部门同意，并采取安全保护措施。

（3）输气线路宜避开多年生经济作物区域和重要的农田基本建设设施，宜避开不良工程地质地段。当避开确有困难时，应针对不同地段选择合适的位置和方式通过。对影响管道安全、整治困难且工程投资增大的各种特殊地段一般应绕避，若经工程处理后能确保岩、土体的稳定，且工程投资有显著节省时，也可选择适当的部位通过。

3.3.2 输气管道的安全泄放及阀门设置

3.3.2.1 输气管道的安全泄放

泄压放空系统是对超压泄放、紧急放空及开工、停工或检修时排放出的可燃气体进行收集和处理的设施。泄压放空系统由泄压设备（放空阀、减压阀、安全阀）、收集管线和处理设备（如分离罐、火炬）或其中一部分设备组成。

压力可能超过其最大容许操作压力时，应装设适当的泄压或限压装置。输气站应在进站截断阀上游和出站截断阀下游设置泄压放空设施。输气干线截断阀上、下游均应设置放空管。放空管应能迅速放空两截断阀之间管段内的气体。放空阀直径与放空管直径应相等，应能在紧急情况下使管段尽快放空。放空管的设置应设在不致发生火灾危险和危害居民健康的地方，其高度应比附近建、构筑物高出2m以上，且总高度不应小于10m。输气站放空竖管应设在围墙外，距离围墙不应小于10m。放空管直径应满足最大放空量要求。放空气体应经放空竖管排入大气，严禁在放空管顶端装设弯管。管底部弯管和相连接的水平放空引出管必须埋地，弯管前的水平埋设直管段必须进行锚固。需要注意的是，顶端向大气排出的气体产生的反向推力将对竖管底部产生巨大的弯矩，有造成放空竖管倾倒的可能，故放空竖管应有稳管加固措施。

输气站存在超压可能的受压设备和容器，应设置安全阀，安全阀泄放的气体可引入同级压力的放空管线。承压设备和容器的设计压力通常是根据工艺条件需要的最高操作压力所决定的。由于误操作、压力控制装置发生故障或火灾事故等原因，受压设备和容器内压可能超过设计压力。为了防止超压现象的发生，一般均应在承压设备和容器上或其连接线上装设安全泄压设施。输气站内，对泄压放空气体一般不采取就地排放，均引用同等压力的放空管线并送到输气站以外的放空竖管去放空。这种放空泄压方式对保护环境和防火安全均有好处。

安全阀的定压应小于或等于受压设备和容器的设计压力。安全阀的定压 p_0 应根据管道最大允许操作压力 p 确定。当 $p \leqslant 1.8\text{MPa}$ 时，$p_0 = p + 0.18\text{MPa}$；当 $1.8\text{MPa} < p \leqslant 7.5\text{MPa}$ 时，$p_0 = 1.1p$；当 $p > 7.5\text{MPa}$ 时，$p_0 = 1.05p$。

3.3.2.2 输气管道的阀门设置

输气站均应设置越站旁通，进、出站必须设置截断阀。为方便管线的维修，在发生事故或抢修时，及时切断气源，沿线每隔一定距离应设置线路截断阀。截断阀的位置应选择在地势开阔、地势较高、交通方便的地方。截断阀最大间距依管线所处地区不同而异：在以一级地区为主的管段不大于32km；在以二级地区为主的管段不大于24km；在以三级地区为主的管段不大于16km；在以四级地区为主的管段不大于8km。阀门间距可以稍做调整，使阀门安装在更容易接近的地方。

燃气管道阀门的选用应符合国家现行有关标准。选用适用于燃气介质的自动或手动阀门。需要通过清管器或电子检管器的阀门应选用通径阀门。

参考文献

[1] 哈尔滨建筑工程学院等．燃气输配[M]．2版．北京：中国建筑工业出版社，1988.
[2] 段长贵主编．燃气输配[M]．3版．北京：中国建筑工业出版社，2001.
[3] 马良涛主编．燃气输配[M]．北京：中国电力出版社，2004.
[4] 张浩然主编．城市燃气输配工程设计、施工技术工艺与验收规范实用手册[M]．北京：北京科技大学出版社，2005.
[5] 姜正侯主编．燃气工程技术手册[M]．上海：同济大学出版社，1993.
[6] 李猷嘉．燃气输配系统的设计与实践[M]．北京：中国建筑工业出版社，2007.
[7] 中国石油集团工程设计有限责任公司西南分公司．GB 50251—2003，输气管道工程设计规范[S]．北京：中国计划出版社，2003.
[8] 中国石油天然气管道局．GB 50369—2006，油气长输管道工程施工及验收规范[S]．北京：中国计划出版社，2006.
[9] 中国市政工程华北设计研究院．GB 50028—2006，城镇燃气设计规范[S]．北京：中国建筑工业出版社，2006.

4　城镇燃气输配管网系统

4.1　城镇燃气输配系统的组成

燃气输配系统一般由门站、储配站（包括储气设施）、输配管网、调压设施、运行管理设施及监控系统等共同组成，如图 4-1 所示。

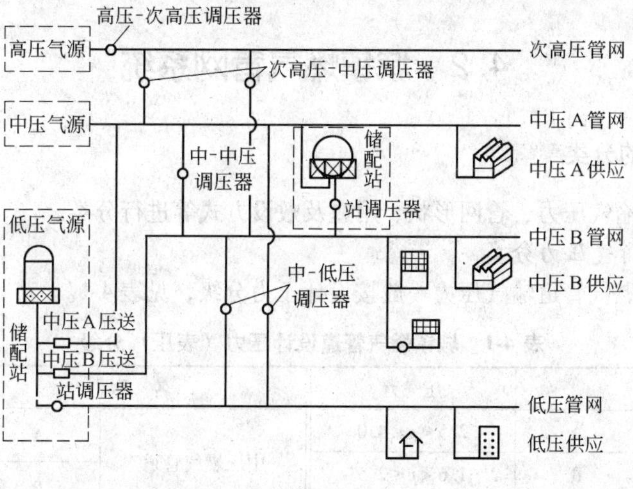

图 4-1　燃气输配系统

4.1.1　门站

门站负责接收气源（包括煤制气厂、天然气、煤层气及有余气可供应用的工厂等）供城镇使用的燃气，进行计量、质量检测，按城镇供气的输配要求，控制并调节向城镇供应的燃气流量与压力，必要时还需对燃气进行净化、加臭。长输管道的末站和城镇接收门站宜安排在城镇的外围。

4.1.2　储配站

储配站的主要作用是：储存一定量的燃气以供用气高峰时调峰；当上游输气设施发生故障或维修管道时，保证一定程度的供气；对使用的多种燃气进行混合，使其组分均匀；将燃气加压（或降压）以保证输配管网或用户燃具前燃气的压力。

4.1.3　输配管网

燃气输配管网是将储配站（包括门站）的燃气输送至各储气点、调压站及燃气用户，并保证输气安全可靠。管网布置应尽量靠近用户，以保证用最短的线路长度，达到同样的供气效果。

4.1.4　调压站

调压站是将输气管网的压力调节至下一级管网或用户所需的压力，并使调节后的燃气压力保持稳定。城镇燃气调压设施的布局，应根据管网布置及调压站的作用半径确定。

4.1.5　监控及数据采集系统

监控及数据采集系统，即 SCADA（Supervisory Control And Data Acquisition）系统。SCADA 系统具有数据采集、生产调度自动化、营业收费自动化及决策支持等功能。

4.1.6　维护与管理中心

维护与管理中心主要负责燃气管网系统的日常运行、维护以及收费，一般燃气企业需要设置燃气维修所。维护与管理中心的布局，应满足其服务半径的需要，保障燃气输配系统正常运行。

4.2　城镇燃气管网系统

4.2.1　燃气管道的分类

燃气管道可按输气压力、管网形状、用途及敷设方式等进行分类。

4.2.1.1　按输气压力分类

我国目前城镇燃气管道输气压力一般按设计压力分级，见表 4-1。

表 4-1　城镇燃气管道设计压力（表压）分级　（MPa）

名　称		压　力	名　称		压　力
高压燃气管道	A	$2.5 < p \leqslant 4.0$	中压燃气管道	A	$0.2 < p \leqslant 0.4$
	B	$1.6 < p \leqslant 2.5$		B	$0.01 \leqslant p \leqslant 0.2$
次高压燃气管道	A	$0.8 < p \leqslant 1.6$	低压燃气管道		$p < 0.01$
	B	$0.4 < p \leqslant 0.8$			

4.2.1.2　按管网形式分类

A　环状管网

管道连成若干封闭的环状，以保证供气的安全性。在同一环中，输气压力处于同一级制。城镇燃气管网系统中各级压力的干管，特别是中压以上压力较高的管道，应连成环网，也可以初建时采用半环形或枝状管道，逐步构成环网。

B　枝状管网

以干管为主管，由主管引出呈枝状的分配管。在城镇管网中一般依据地理条件和用户规模布置。

C　环枝状管网

环状与枝状混合使用的一种管网形式，是常用的管网形式。

4.2.1.3　按用途分类

A　长距离输气管线

长距离输气管线主要用来长距离输送燃气，一般压力很高。其干管及支管的末端连接城镇门站或大型工业企业，作为该供应区的气源点。

B　城镇燃气管道

城镇燃气管道由以下部分组成：

（1）输配管道。包括输气管道和配气管道，配气管道又包括街区和庭院的管道。

（2）用户引入管。将燃气从配气管道（庭院管道）引到用户室内的管道。

（3）室内燃气管道。是建筑物内部的管道，通过用户管道引入口将燃气引向室内，并分配到每个燃气用具的管道。

C　工业企业燃气管道

工业企业燃气管道由以下部分组成：

（1）工厂引入管和厂区燃气管道。将燃气从城镇燃气管道引入工厂，并分送到各用气车间。

（2）车间燃气管道。从车间的管道引入口将燃气送到车间内的各个用气设备。车间燃气管道包括干管和支管。

（3）炉前燃气管道。从支管将燃气分送给炉上各个燃烧设备。

4.2.1.4　按敷设方式分类

（1）地下燃气管道。一般城镇中的燃气管道常采用地下敷设。

（2）架空燃气管道。在管道通过河流、铁路等障碍时，或在工厂区为了管理维修方便，通常采用架空敷设。

4.2.2　城镇燃气管网系统形式的选择

4.2.2.1　城镇燃气输配管网系统的种类

城镇输配系统的主要部分是燃气输配管网，根据所采用的管网压力级制不同可分为如下几种：

（1）一级系统。仅有低压或中压一级压力级制的管网系统。

（2）二级系统。中压—低压或次高压—中压等两级管网系统。

（3）三级系统。由次高压—中压—低压或高压—中压—低压等三级管网组成的系统。

（4）多级系统。由高压—次高压—中压—低压等多级管网组成的系统。

各种不同的系统有其各自的适用对象，不能笼统地说哪种系统好或坏，只能是针对某一城镇的具体情况，选用哪种系统更好一些。城镇燃气管网中各级压力，应考虑充分利用上游供气的压能，并结合城镇用户用气压力的需求、负荷量大小和小时调峰需用量的要求综合确定。

4.2.2.2　城镇管网压力分级的必要性

城镇燃气输配系统中管网采用不同的压力级制，其原因如下：

（1）管网采用不同的压力级制是比较经济的。为了适应燃气用气量显著增长和满足节约投资、减少能量损失的需要，提高城镇输配干管压力是必然趋势。例如由城镇的某一地区输送大量燃气到另一地区，则采用较高的输气压力比较经济合理，有时对城镇的大型工业企业用户，可敷设压力较高的专用输气管线。

（2）燃气管道的气密性与其他管道相比，有特别严格的要求，漏气可能导致火灾、爆炸、中毒或其他事故。燃气管道中的压力越高，造成管道接头脱开、管道出现裂缝的可能性和危险性也越大。从使用安全的角度看，降低管道压力是有利的。

（3）各类用户需要的燃气压力不同。例如，居民用户和小型公共建筑用户需要较低压力燃气，而大型工业企业则往往需要较高压力燃气。另外，大城市的燃气输配系统的建造、扩建和改建过程要经过许多年，所以在城镇的老区原来设计的燃气管道压力，都比近期建造的管道压力低。

当然，管道内燃气的压力不同时，对管道材质、安装质量、检验标准和运行管理的要求也不同。因此应适当地提高压力以适应燃气输配的要求，同时能从安全上得到保障，二者应很好地结合起来。

4.2.2.3　燃气管网系统的选择

无论是原有的城镇，还是新建的城镇，在选择燃气输配管网系统时，应主要考虑如下因素：

（1）燃气的种类、性质、供气量、供气压力、气源的发展或更换气源的规划等气源情况。气源方案应与本地区的能源资源相适应，即城镇气源选择应以因地制宜、合理利用资源、保障安全供气、保护环境为原则。优先发展天然气，大力发展液化石油气和其他清洁燃料，人工燃气气源应根据资源和环境评估的结论，慎重选用。城镇气源规划应满足各规划区的用气量、气质、供气压力和安全供气等方面的要求，充分考虑合理可靠的调峰措施，确保稳定供气。

（2）城镇规模、远景规划情况、街区和道路的现状和规划、建筑特点、人口密度、各类用户的数量和分布情况。

（3）对不同类型用户的供气方针、气化率。应掌握大型燃气用户的数目和分布情况，不同类型的用户对燃气压力的要求。

（4）原有的城镇燃气供应设施情况。如储气、加压及调压设施等情况，原有系统是否需要扩建或改建。

（5）城镇地理、地形条件。应弄清敷设燃气管道时可能遇到天然和人工障碍物（如河流、湖泊、铁路等）的情况。

（6）城镇地下管线和地下建筑物、构筑物的现状和改建、扩建规划。

设计城镇燃气管网系统时，应全面考虑上述因素，进行综合，提出数个方案进行技术经济比较，从而选用经济合理的最佳方案。方案的比较必须在技术指标和工作可靠性相同的基础上进行，应符合城镇燃气总体规划，以近期为主，并做到远、近期结合。

4.2.3　城镇燃气管网系统举例

4.2.3.1　低压单级管网系统

低压单级管网系统如图4-2所示。从气源送出的燃气先进入储气罐，经稳压后进入低压管网。该系统随储气罐钟罩及塔节的升降，会产生0.5～2.0kPa的燃气压力波动，因而供气压力不稳且压力低，致使输送管道直径较大。但当储气罐容积较小时，也可以不设稳压器。该系统简单，供气安全，运行费用低，适用于用气量小，供气范围在1～3km的小城镇。

4.2.3.2　中压单级管网系统

中压单级管网系统如图4-3所示。燃气自气源厂（或天然气长输管线）送入城镇燃气储配

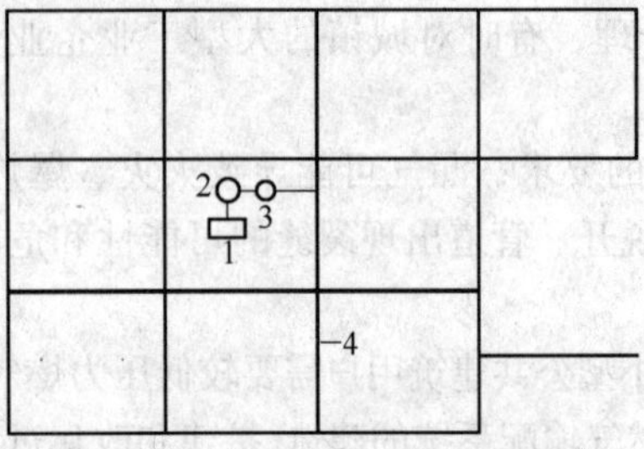

图4-2　低压单级管网系统

1—气源厂；2—低压储气罐；3—稳压器；4—低压管网

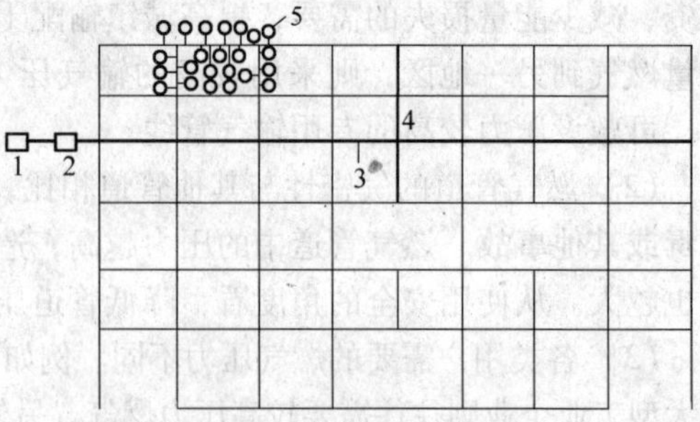

图4-3　中压单级管网系统

1—气源厂；2—储配站；3—中压输气管网；4—中压配气管网；5—箱式调压器

站（或天然气门站），经加压（或调压）送入中压输气干管，再由输气干管送入配气管网。最后经箱式调压器或用户调压器送入用户燃具前。

该系统减少了管材，投资省，比中—低压两级管网系统节省管网投资20%左右。由于采用了箱式调压器或用户调压器供气，可保证所有用户灶具在额定压力下工作，从而提高了燃烧效率。但该系统运行维护费用较高，安装水平要求高，供气安全性比低压单级管网差。街道狭窄、房屋密度大的老城区和不能保证安全距离的地区不宜采用，新城区和安全距离可以保证的地区优先采用。

4.2.3.3 中压A—低压两级管网系统

中压A—低压两级管网系统以天然气为气源，采用长输管线的末端储气，如图4-4所示。天然气长输管线从东、西两方向经燃气分配站（门站）送入该城市。中压A管道连成环网，通过区域调压站向低压管网供气，通过专用调压站向工业企业供气。低压管网根据地理条件分成三个不连通的区域管网。该系统特点是输气干管直径较小，比中压B—低压二级系统节省投资，但中压A管道对管材、安全距离、安装方面要求较高。

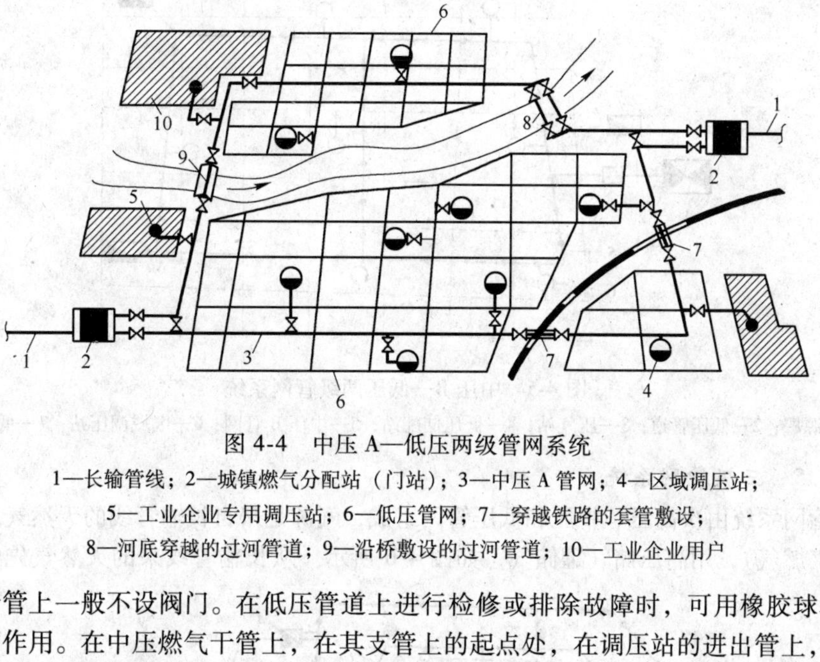

图4-4 中压A—低压两级管网系统

1—长输管线；2—城镇燃气分配站（门站）；3—中压A管网；4—区域调压站；5—工业企业专用调压站；6—低压管网；7—穿越铁路的套管敷设；8—河底穿越的过河管道；9—沿桥敷设的过河管道；10—工业企业用户

低压干管上一般不设阀门。在低压管道上进行检修或排除故障时，可用橡胶球堵塞管道，起到阀门的作用。在中压燃气干管上，在其支管上的起点处，在调压站的进出管上，过河燃气管道的两端，以及与铁路和公路干线相交的两侧均应设置阀门，以便在检修、处理故障或进行改建扩建时，可关断个别管段而避免出现大片用户停气的情况。当然，随着阀门数量的增加，既增加了投资，也增加了漏气的可能性。

居民用户和小型公共建筑用户一般由低压管网供气。根据居民区规划和人口密度等特点，一种情况是低压管道沿大街小巷敷设，以组成较密集的低压环网；另一种情况则是低压管道敷设在街区内，而只将主干管连成环网。

第一种情况适用于城镇的老区，因为那里建筑物鳞次栉比，又分成许多小区，故低压管道敷设在每条街道上、胡同里，互相交叉而连成环网，从低压管道上连接用户引入管。

第二种情况适用于城镇的新建区，那里居民住宅区楼房整齐地布置在街区内，楼房之间保持必要的间距。在这样的条件下，这些楼房可由枝状管道供气。

为了使压力留有余量，以保证环网工作可靠，主环各管段宜取相近的管径。这样的管网方案，既保证了必要的可靠性，同时也比较经济。近年来，城镇燃气输配系统中、低压燃气管道不再连成统一的、许多环的大环网，而是分成一些互不相通的区域管网。因为从供气安全、可靠的角度看，一个大、中型城镇的低压管网连成大片环网的必要性不大，再则连成环网要穿越较多的河流、湖泊、铁路和公路干线，这样也并不合理。

以上是用户直接与低压管网相连的情况。如居民用户和小型公共建筑用户均设置单独调压器时，低压管网中燃气的压力值可适当提高或直接由中压管道供气。

4.2.3.4　中压 B—低压两级管网系统

如图 4-5 所示，该气源是人工燃气，用低压储气罐储气。从位于该城市郊区的燃气厂生产的低压燃气，经加压后送入中压管网，再经区域调压站调压后送入低压管网，设置在用气区的低压储气罐低峰时由低压管网供气，高峰时同时向中压和低压管网输送燃气。这种两级系统的特点是低压储气罐分散布置有利于安全、可靠供气，同时庭院管道在低压下运行比较安全，但投资要比中压单级系统大。

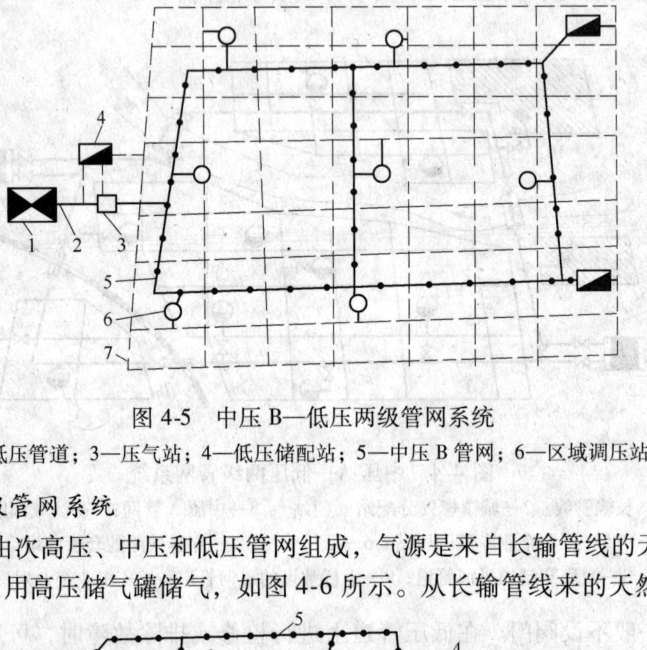

图 4-5　中压 B—低压两级管网系统

1—气源厂；2—低压管道；3—压气站；4—低压储配站；5—中压 B 管网；6—区域调压站；7—低压管网

4.2.3.5　三级管网系统

三级管网系统由次高压、中压和低压管网组成，气源是来自长输管线的天然气（也可以是高压的人工燃气），用高压储气罐储气，如图 4-6 所示。从长输管线来的天然气先进入门站经

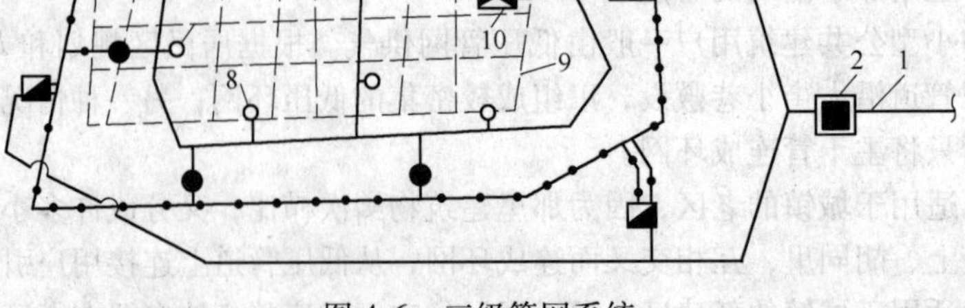

图 4-6　三级管网系统

1—长输管线；2—城镇燃气门站；3—郊区次高压 A 管道（1.2MPa）；4—储气站；5—次高压 B 管网；6—次高压—中压调压站；7—中压管网；8—中—低压调压站；9—低压管网；10—煤制气厂

调压、计量后进入城市次高压管网，然后经次高压—中压调压站调压后，进入中压管网，最后经中—低压调压站调压后送入低压管网。

该城市原为中压和低压两级管网，气源是煤制气，随着燃气供应事业的发展，天然气送入该市，建立了三级管网。为了充分利用该城市原有的供气系统，采用分区置换的办法，分期、分批地改变气源。该城市先后在郊区建立了三个高压储配站，用1.2MPa的次高压管道在城市郊区将几个储配站连成整体。

该系统特点是：次高压管道一般布置在郊区人口稀少地区，供气比较安全、可靠，但系统复杂，维护管理不便。因为低压管网要给全区域供气，几乎布满城镇所有街道，而通向调压站的还有中压管道，故在同一条道路上往往要敷设两条不同压力等级的管道。因此三级系统管道总长度大于一、二级管网系统。

当城镇的气源全部是低压的人工燃气时，由于出厂的压力较低，在大城镇是否采用三级系统和高压储气设备，需要考虑发展规划，并经过技术经济计算才能确定。

4.2.3.6　多级管网系统

如图4-7所示，该城市气源是天然气，供气系统采用地下储气库、高压储配站以及长输管线储气。

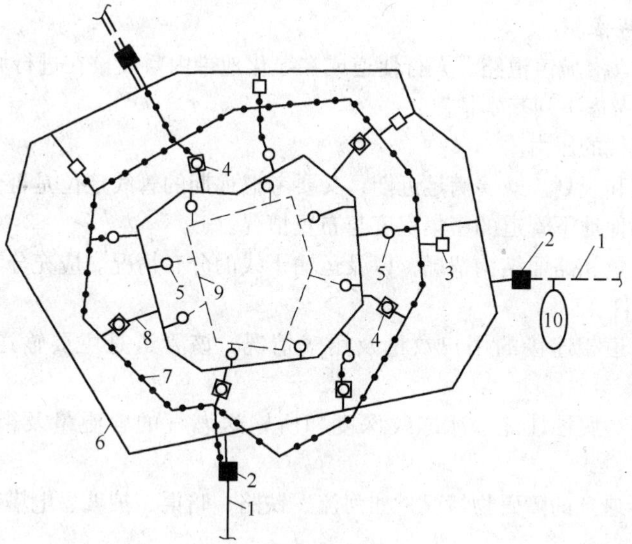

图4-7　多级管网系统

1—长输管线；2—城镇燃气门站；3—调压计量站；4—储配站；
5—调压站；6—2.0MPa的高压B环网；7—次高压A环网；
8—中压A环网；9—中压B环网；10—地下储气库

在居民人口众多的特大型城市，采用多级管网系统。天然气通过几条长输管线进入城市管网，两者的分界点是门站，天然气的压力在门站降到2.0MPa，进入城市外环的高压管网。

图4-7所示的输配管网系统的压力主要为四级，即低压（图中低压管网和给低压管网供气的区域调压站未画出）、中压B、中压A和高压B。各级管网分别组成环状。天然气经过各级调压站由较高压力等级的管网进入较低压力等级的管网。

由于该城市中心区的人口密度很大，从安全方面考虑敷设了压力不大于0.2MPa的中压B

管网。工业企业用户和大型公共建筑用户与中压B或中压A管网相连，居民用户和小型公共建筑用户则与低压管网相连。

从运行管理方面来看，多级管网系统既安全又灵活，因为气源来自多个方向，主要管道均连成环网。平衡用户用气量的不均匀性可以由缓冲用户、地下储气库、高压储配站以及长输管线储气来解决。

通过上述介绍可以看到，每一种管网系统都有各自的优缺点，而城镇燃气管网系统的选择涉及投资、供气的安全可靠性、城镇燃气的发展规划等多个方面。因此，要考虑多种因素，选择经济合理的最佳方案。

4.3　城镇燃气管网的布线

城镇燃气管道，一般采用地下敷设。高压输气管道通常应采用埋地方式敷设，特殊地段也可采用土堤、架空等形式敷设。

4.3.1　城镇燃气管道的布线原则

城镇燃气管道的布线是指城镇管网系统形式在原则上选定之后，决定各管段的具体位置。

4.3.1.1　布线依据

地下燃气管道宜沿城镇道路、人行便道或在绿化地带内敷设。在进行城镇中不同压力燃气管道的布线时，须考虑下列基本情况：

(1) 管道中燃气的压力。

(2) 道路现状和规划。既要满足近期，又要考虑远期的管线定位是否合理。

(3) 街道及其他地下管道的密集程度与布置情况。

(4) 街道交通量和路面结构情况，以及运输干线的分布情况。应充分考虑燃气管线的日常维修和事故检修条件。

(5) 与燃气管道相连接的用户数量及用气情况，该管道是主要输送干线，还是分配支线。

(6) 土壤性质、腐蚀性能、冰冻线深度和所输送燃气的含湿量及街道地形起伏变化情况。

(7) 线路上所遇到的障碍物情况，如河流、铁路、暗渠、护坡、电塔基础以及地下停车场等。

(8) 该管道在施工、运行和发生故障时，对交通和人民生活的影响。

由于输配系统各级管网的输气压力不同，其设施和防火安全的要求也不同，而且各自的功能也有所区别，故应按各自的特点进行布置。

在布线时，要确定燃气管道沿城镇街道的平面与纵断面位置。

4.3.1.2　城镇高压燃气管网的平面布置

控制管道自身安全是从积极的方面预防事故的发生，在系统各个环节都符合要求的条件下，保障管道的安全。但实际上管道难以做到绝对不会出现事故。造成事故的主要原因是：外力作用下的损坏，管材、设备及焊接缺陷，管道腐蚀，操作失误等。因此，适当控制高压燃气管道与建筑物的距离，是发生事故时将损失控制在最小范围，保护人身安全的一种有效手段。

不同地区等级地下燃气管道与建筑物之间的水平净距不应小于表4-2和表4-3的规定。

表 4-2 一级或二级地区地下燃气管道与建筑物之间的水平净距 (m)

燃气管道公称直径 DN/mm	地下燃气管道压力/MPa			燃气管道公称直径 DN/mm	地下燃气管道压力/MPa		
	1.61	2.50	4.00		1.61	2.50	4.00
900 < DN≤1050	53	60	70	300 < DN≤450	19	23	28
750 < DN≤900	40	47	57	150 < DN≤300	14	18	22
600 < DN≤750	31	37	45	DN≤150	11	13	15
450 < DN≤600	24	28	35				

注：1. 当燃气管道强度设计系数 f（见表 3-2 和表 3-3）不大于 0.4 时，一级或二级地区地下燃气管道与建筑物之间的水平净距可按表 4-3 确定；2. 水平净距是指管道外壁到建筑物出地面处外墙面的距离；建筑物是指平常有人使用的建筑物；3. 当燃气管道压力与表中数值不相同时，可采用直线方程内插法确定水平净距。

表 4-3 三级地区地下燃气管道与建筑物之间的水平净距 (m)

燃气管道壁厚 δ/mm	地下燃气管道压力/MPa			燃气管道壁厚 δ/mm	地下燃气管道压力/MPa		
	1.61	2.50	4.00		1.61	2.50	4.00
A. δ < 9.5	13.5	15.0	17.0	C. δ≥11.9	3.0	5.0	8.0
B. 9.5≤δ < 11.9	6.5	7.5	9.0				

注：1. 如果对燃气管道采取行之有效的保护措施，δ 小于 9.5mm 的燃气管道也可采用表中 B 行的水平净距；2. 水平净距是指管道外壁到建筑物出地面处外墙面的距离；建筑物是指供人使用的建筑物；3. 当燃气管道压力表中数值不相同时，可采用直线方程内插法确定水平净距；4. 管道材料钢级不低于现行的国家标准 GB/T 9711.1 或 GB/T 9711.2 规定的 L245。

四级地区地下燃气管道输配压力（表压）不宜大于 1.6MPa，不应大于 4.0MPa。高压燃气管道原则上不宜从县城、卫星城、镇或居民居住区中间通过，一般布置成大城镇输配管网系统的外环。当受条件限制需要进入或通过四级地区时，应遵守下列规定：高压 A 和高压 B 地下燃气管道与建筑物外墙之间的水平净距分别不应小于 30m 和 16m（当管壁厚度 δ≥9.5mm 或对燃气管道采取有效的保护措施时，分别不应小于 15m 和 10m）；与铁路路堤坡脚水平净距分别不应小于 8m 和 6m；与有轨电车钢轨的水平净距分别不应小于 4m 和 3m；与构筑物或相邻管道之间的净距同次高压 A，见表 4-4。

城镇燃气输配系统地区等级划分类似于长距离管道输送系统，确定城镇燃气管道地区等级应为该地区的今后发展留有余地，应按发展规划划分地区等级。

4.3.1.3 城镇次高压、中压管网的平面布置

次高压、中压管网的主要功能是输气，并通过调压站向低压管网配气。次高压、中压管网应按以下原则布置：

（1）从气源厂连接次高压或中压管道的连接管段应采用双线敷设。

（2）次高压管道宜布置在城镇边缘或有足够安全距离的地带，尽量避免在车辆来往频繁或闹市区的主要干线敷设，否则对施工和管理、维修造成困难。

（3）次高压、中压管道可连接成环状管网，也可布置成枝状管网，但要保证供气安全可靠。

（4）次高压、中压管道的布置，应考虑调压站的布点位置和对大型用户直接供气的可能性，应使管道通过这些地区时尽量靠近各调压站和这类用户，以缩短连接支管的长度。

（5）由次高压、中压管道直接供气的大型用户，其用户支管末端必须考虑设置专用调压站的位置。

（6）次高压、中压管道应尽量避免穿越铁路或河流等大型障碍物，以减少工程量和投资。

（7）次高压、中压管道是城镇输配系统输气和配气的主要干线，必须综合考虑近期建设与

长期规划的关系，以延长已经敷设的管道的有效使用年限，尽量减少建成后改线、增大管径或增设双线的工程量。

（8）为了便于管理、维修或接新管时切断气源，次高压、中压管道在气源厂的出口、储配站和调压室的进出口、分支管的起点、重要的河流和铁路两侧（单支线在气流来向的一侧）需设阀门。在埋设燃气管道位置的河流的两岸上、下游应设立标志。次高压、中压燃气干管上应设分段阀门，并应该在阀门两侧设置放散管。

4.3.1.4 城镇低压管网的平面布置

低压管网主要是直接向各类用户配气，一般应按以下原则布置：

（1）低压管道直接与用户相连，而用户数量是随着城镇建设发展而逐步增加的，故低压管道以枝状管道为主要形式。

（2）低压管道应按规划道路布线，与道路轴线或建筑物的前沿相平行，应布置在人行道或非机动车道下面，尽可能避免在高级路面下敷设。分支线少、埋设深、检修周期短和可燃、易燃和损坏时对建筑物基础安全有影响的工程管线应远离建筑物。

（3）低压管道一般可以沿街道的一侧敷设，其主干线应靠近支管线多的一侧，工程管线不宜从道路一侧转到另一侧。

（4）工程管线在庭院内建筑线向外方向平行布置的次序，应根据工程管线的性质和埋设深度确定，其布置次序宜为：电力、电信、污水排水、燃气、给水、热力。

4.3.1.5 地下敷设燃气管道与其他设施的水平净距要求

地下燃气管道与建筑物、构筑物基础或相邻管道之间的水平净距不应小于表4-4的规定。

表4-4 地下燃气管道与建（构）筑物基础或相邻管道之间的水平净距 （m）

序号	项目		地下燃气管道压力/MPa				
			低压	中压		次高压	
			<0.01	B≤0.2	A≤0.4	B≤0.8	A≤1.6
1	建（构）筑物	基础	0.7	1.0	1.5	—	—
		外墙面（出地面处）	—	—	—	5.0	13.5
2	给水管		0.5	0.5	0.5	1.0	1.5
3	污水、雨水排水管		1.0	1.2	1.2	1.5	2.0
4	电力电缆（含电车电缆）	直埋	0.5	0.5	0.5	1.0	1.5
		在导管内	1.0	1.0	1.0	1.0	1.5
5	通信电缆	直埋	0.5	0.5	0.5	1.0	1.5
		在导管内	1.0	1.0	1.0	1.0	1.5
6	其他燃气管道	DN≤300mm	0.4	0.4	0.4	0.4	0.4
		DN>300mm	0.5	0.5	0.5	0.5	0.5
7	热力管	直埋	1.0	1.0	1.0	1.5	2.0
		在管沟内（至外壁）	1.0	1.5	1.5	2.0	4.0
8	电杆（塔）的基础	≤35kV	1.0	1.0	1.0	1.0	1.0
		>35kV	2.0	2.0	2.0	5.0	5.0
9	通信照明电杆（至电杆中心）		1.0	1.0	1.0	1.0	1.0
10	铁路路堤坡脚		5.0	5.0	5.0	5.0	5.0
11	有轨电车钢轨		2.0	2.0	2.0	2.0	2.0
12	街树（至树中心）		0.75	0.75	0.75	1.2	1.2

注：当次高压燃气管道压力与表中数值不相同时，可采用直线方程内插法确定水平净距。

如受地形限制，经有关部门协商，采取有效的防护措施后，低压管道应不影响建（构）筑物和相邻管道基础的稳固性，中压管道距建筑物基础不应小于0.5m，且距建筑物外墙面不应小于1m，次高压燃气管道距建筑物外墙面不应小于3.0m。其中次高压A燃气管道距建筑物外墙面6.5m时，管道壁厚不应小于9.5mm；距建筑物外墙面3.0m时，管道壁厚不应小于11.9mm。

有效的防护措施是指：增加钢管管壁厚度（对于聚乙烯管、球墨铸铁管和钢骨架聚乙烯塑料复合管可不采取增加厚度的办法）；提高防腐等级；减少接口数量；加强检验（100%无损探伤）等。以上措施根据管材种类不同可酌情采用。

表4-4除与热力管的净距外，其他规定也均适用于聚乙烯燃气管道和钢骨架聚乙烯塑料复合管道。聚乙烯燃气管道和钢骨架聚乙烯塑料复合管与热力管道的净距应按国家现行标准《聚乙烯燃气管道工程技术规程》CJJ63执行。聚乙烯燃气管道与供热管之间的水平距离应满足表4-5的规定，并应确保燃气管道周围土壤温度不大于40℃。当直埋蒸汽热力管道保温层外壁温度不大于60℃时，水平净距可减半。

表4-5 聚乙烯燃气管道和钢骨架聚乙烯塑料复合管道与热力管道之间的水平净距 （m）

项 目			地下燃气管道		
			低 压	中 压	次高压B
热力管	直 埋	热 水	1.0	1.0	1.5
		蒸 汽	2.0	2.0	3.0
	在管沟内（至外壁）		1.0	1.5	2.0

4.3.1.6 燃气管道的纵断面布置

地下燃气管道不得从建筑物和大型构筑物下面穿过（不包括架空的建、构筑物）；不得在堆积易燃、易爆材料和具有腐蚀性液体的场地下面穿越；不能与其他管线或电缆同沟敷设，当需要同沟敷设（聚乙烯管除外）时，必须采取防护措施；不得平行敷设在有轨电车轨道之下，也不得与其他地下设施上下并置。地下燃气管道的地基宜为原土层。凡可能引起管道不均匀沉降的地段，其地基应进行处理。

在决定纵断面布置时，要考虑下列各点：

（1）地下燃气管道的覆土厚度（路面至管顶），既要考虑工程所在地的地质条件和道路等级，又要兼顾投资和运行管理费用。

管道覆土厚度应遵守下列规定：埋设在车行道下时，不得小于0.9m；埋设在非车行道下时，不得小于0.6m；埋设在庭院内时，不得小于0.3m（对于聚乙烯管和钢塑复合管，一般不宜小于0.5m）；埋设在水田下时，不得小于0.8m。

输送湿燃气的管道，埋设深度应在土壤冰冻线以下；设在阀门井中的燃气管道，除应满足其最小覆土厚度外，还应满足阀门井的最小覆土厚度。

如受地形限制，燃气管道按有关规范要求以及埋设深度的规定布线有困难，而又无法解决时，要与有关部门协商，采取行之有效的防护措施，在保证输送的湿燃气中的冷凝物不致冻结，管道也不致遭受机械损伤的情况下，则可适当降低标准。

（2）为了排除管内燃气冷凝水，不论是干管还是支管，当输送湿燃气和环境温度可能低于介质露点时，燃气管道应设置坡度。燃气管道的坡度应遵照小管坡向大管，支管坡向干管的原则，并应坡向凝水缸（凝液缸），其坡度一般不小于0.003。布线时，最好能使管道的坡度和地形相适应。在管道的最低点应设凝水缸，凝水缸之间距离一般不大于500m。

（3）燃气管道与其他各种构筑物以及管道相交时，应满足最小垂直净距。燃气管道与其他各种构筑物或相邻管道之间的垂直净距见表4-6，聚乙烯燃气管道和钢骨架聚乙烯复合管道与各类地下管道或设施的垂直净距见表4-7。

表4-6　地下燃气管道与建（构）筑物基础或相邻管道之间的垂直净距　　（m）

序　号	项　目		地下燃气管道（当有套管时，以套管外壁计）
1	给水管、排水管或其他燃气管道		0.15
2	热力管、热力管的管沟底（或顶）		0.15
3	电　缆	直　埋	0.50
		在导管内	0.15
4	铁路（轨底）		1.20
5	有轨电车（轨底）		1.00

表4-7　聚乙烯燃气管道和钢骨架聚乙烯复合管道与热力管道（设施）之间的垂直净距　　（m）

名　称		地下燃气管道（当有套管时，以套管外壁计）
热力管道	燃气管道在直埋管上方	0.5（加套管）
	燃气管道在直埋管下方	1.0（加套管）
	燃气管道在管沟上方	0.2（加套管）或0.4
	燃气管道在管沟下方	0.3（加套管）

（4）当各专业管线竖向位置发生矛盾时，宜遵循下列避让原则：压力管线让重力流管线；可弯曲管线让不易弯曲管线；分支管线让主干管线；小管径管线让大管径管线。自地表面向下的排列顺序宜为：电力管线、热力管线、燃气管线、给水管线、雨水排水管线、污水排水管线。

（5）在一般情况下，燃气管道不得穿过其他管道本身或地下构筑物，如因特殊情况要穿过污水管（沟）、雨水管（沟）、热力管沟、隧道以及其他各种用途沟槽时，需征得有关方面同意，同时燃气管道必须安装在套管内。套管伸出构筑物外壁不应小于燃气管道与该构筑物的水平净距。套管两端应采用柔性的防腐、防水材料。

燃气管道敷设在管沟内时，燃气管道与沟盖板下表面宜有150mm左右的距离。燃气管道从地下室顶板上方通过时，燃气管道与地下室顶板上表面宜保持150mm左右的距离。当燃气管道从埋地敷设过渡到从地下室顶板上通过时，宜加设补偿器，补偿二者不均匀沉降量。

4.3.2　室外架空燃气管道的布线原则

燃气管道室外架空时，可沿建筑物外墙或支柱敷设。

（1）中压和低压燃气管道，可沿建筑耐火等级不低于二级的住宅或公共建筑的外墙敷设。沿建筑物外墙敷设的燃气管道距住宅或公共建筑物中不应敷设燃气管道的房间门、窗洞口的净距：中压管道不应小于0.5m，低压管道不应小于0.3m。

（2）给水、排水、供热及地下电缆等管道或管沟至架空燃气管道支架基础边缘的水平净距可参照埋地金属管道，并作适当调整。

（3）架空燃气管道与铁路、道路、其他管线交叉时的垂直净距不应小于表4-8的规定。

表 4-8 架空燃气管道与铁路、道路、其他管线交叉时的垂直净距 (m)

建筑物和管线名称		最小垂直净距	
		燃气管道下	燃气管道上
铁路轨顶		6.0	—
城镇道路路面		5.5	—
人行道路路面		2.2	—
架空电力线，电压	3kV 以下	—	1.5
	3～10kV	—	3.0
	35～66kV	—	4.0
其他管道，管径	≤300mm	同管道直径，但不小于 0.10	同管道直径，但不小于 0.10
	>300mm	0.30	0.30

注：1. 架空电力线与燃气管道的交叉垂直净距尚应考虑导线的最大垂度；2. 电气机车铁路除外。

（4）输送湿燃气的管道应采取排水措施，在寒冷地区还应采取保温措施。燃气管道坡向凝水缸的坡度不宜小于 0.003。

4.3.3 燃气管道穿越道路、铁路及河流等障碍物的方法

通过道路、铁路及河流（湖泊、沼泽）等障碍物的燃气管道，应采用钢管。其敷设方式可以采用地上跨越（即架空敷设），也可采用地下穿越，需视当地条件及经济合理性而定。燃气管道宜垂直穿越障碍物。

4.3.3.1 燃气管道穿越道路

燃气管道地下穿越高速公路时应加套管；穿越城镇主干道或电车轨道时，宜敷设在套管或地沟内，见图 4-8 和图 4-9。套管内径与燃气管道外径间的富裕量的确定应考虑所穿入的燃气管道根数、其防腐层的防护带和导轮的大小、管道的坡度、可能出现的偏弯以及套管材料与进管方法等因素。套管直径一般应比燃气管道直径大 100mm 以上，保护套管或地沟端部伸出长度距道路边缘不应小于 1.0m，距电车道边轨不小于 2.0m。套管或地沟两端应密封，在重要地段的套管或地沟端部应装检漏管。检漏管上端伸入防护罩内，由管口取气样检查套管中的燃气含量，以判明有无漏气及漏气的程度。钢质套管做加强级防腐。

安装燃气管道的管沟，当管道安装完毕后应加设盖板，且沟内应用干黄沙填满。设在道路

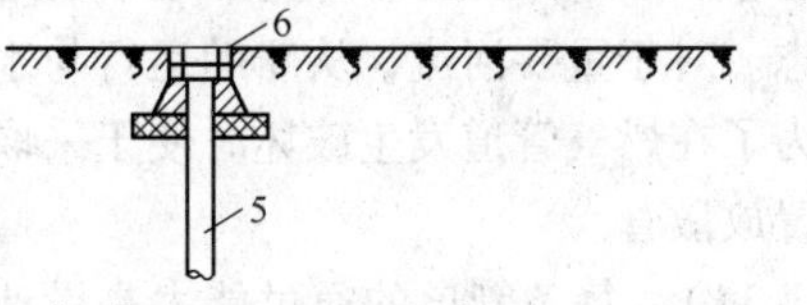

图 4-8 敷设在套管内的燃气管道

1—燃气管道；2—套管；3—油麻填料；4—沥青密封层；5—检漏管；6—防护罩

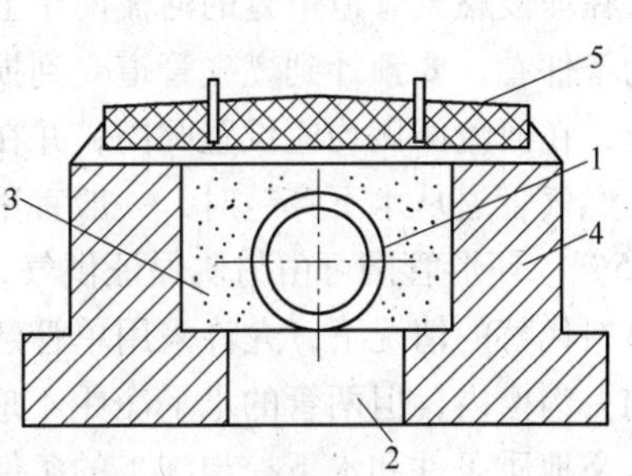

图 4-9 燃气管道的单管过街沟

1—燃气管道；2—原土夯实；3—填砂；4—砖墙沟壁；5—盖板

上的管沟盖板应能承受相应等级的路面荷载。

燃气管道穿越一般公路或城镇次要道路时，可以不用保护套管或地沟，而采用直接埋设。

4.3.3.2　燃气管道穿越铁路

燃气管道地下穿越铁路时，宜采用钢质套管或钢筋混凝土套管（当燃气管道采用定向钻穿越并取得职能部门同意时，可不加套管）。套管端部距路堤坡脚外距离不应小于2.0m。穿越的管段不宜有对接焊缝，无法避免时，焊缝应采用双面焊或其他加强措施，须经物理方法检查，并采用特级加强防腐。套管直径一般比燃气管道直径大100mm以上，从轨底到燃气管道保护套管管顶应不小于1.2m，并应符合铁路管理部门的要求。在穿越工厂企业的铁路专用支线时，燃气管道的埋深有时可略小些。燃气管道穿越铁路如图4-10所示。

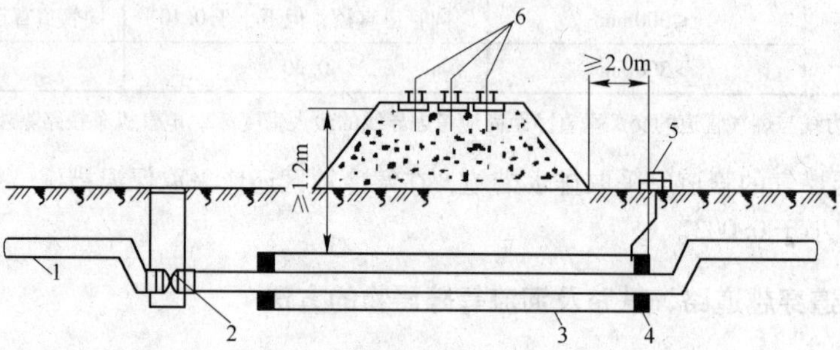

图4-10　燃气管道穿越铁路

1—燃气管道；2—阀门井；3—套管；4—密封层；5—检漏管；6—铁轨

4.3.3.3　燃气管道穿（跨）越河流

燃气管道通过河流时，目前采用的形式有水下穿越、敷设在桥梁上或采用管桥跨越等。一般情况下，北方地区由于气温较低，采用河底穿越者较多，其优点是不需保温与经常维修，但施工费用高，损坏时修理困难。南方地区则采用敷设在桥梁上或采用管桥跨越形式较多，我国南方有很多燃气管道采用敷设于桥梁上，其输气压力为0.1～1.6MPa。利用桥梁敷设形式的优点是工程费用低，便于检查和维修。

A　水下穿越河流

燃气管道水下穿越河流时，宜采用钢管（聚乙烯管道和钢塑复合管道不宜直接从河底穿越）。应尽可能选择河流两岸地形平缓、河床稳定、河底平坦的河段且河滩宽度最小的地方穿越。在埋设燃气管道位置的河流两岸上、下游设立标志。对于重要河流，从船舶运行与水流冲刷的条件看，要预计到燃气管道受到损坏的可能性。为了在燃气管道发生破坏时便于采取紧急措施，在河流两侧均应设置阀门，并在阀门的两侧设置放散管。

燃气管道从水下穿越时，一般宜用双管敷设（图4-11），每条管道的通过能力是设计流量的75%。环形管网可由另侧保证供气，以枝状管道供气的工业企业在过河管检修期间可用其他燃料代替的情况下，允许采用单管敷设。对于不通航河流和不受冲刷的河流，双管允许敷设在同一沟槽内，但两管的水平净距不应小于0.5m。当双管分别敷设时，平行管道的间距应根据水文地质条件和水下挖沟施工的条件确定，一般不得小于30～40m。

燃气管道在水下穿越河流的敷设方式如下：

（1）沟埋敷设。由于沟埋敷设时管道不易损坏，一般采用这种方法敷设。燃气管道至河床（规划河底）的覆土厚度，应根据水流冲刷条件确定，不通航河流不应小于0.5m，通航的河流

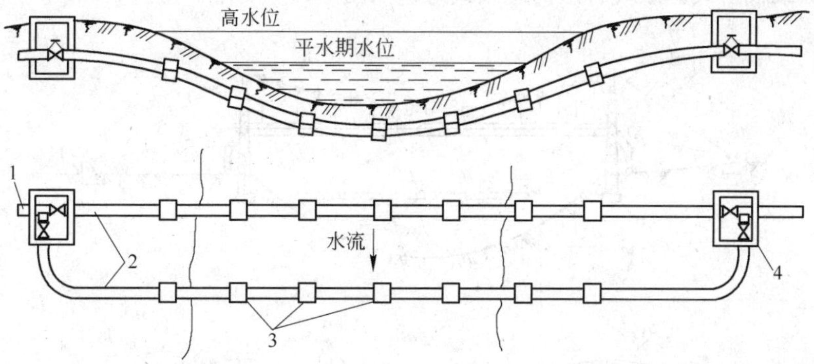

图 4-11 燃气管道穿越河流

1—燃气管道；2—过河管；3—稳管重块；4—阀门井

不应小于 1.0m；另外，还应考虑疏浚和投锚深度。穿越不通航的水域，当有关管理部门允许时，可以减少管道的埋深。燃气管道从小区景观河底通过时，应将燃气管道敷设在套管中，设在河床下。套管中的燃气管道不应有接头。钢制套管做加强级防腐。

（2）裸管敷设。将管线直接敷设在河床平面上。采用裸管敷设的条件是河床不易挖沟或挖沟不经济且河床稳定，水流平稳，管道敷设后不易被船锚破坏和不影响通航。

为防止水下穿越燃气管道产生浮管现象，必须采用稳管措施。按河流流速、河床地质构成、管径及施工力量等选择，并经计算确定。稳管可以采用混凝土或铸铁平衡重块、管外壁用水泥灌注连续覆盖层、修筑抛石坝、管线下游打挡桩、复壁环形空间灌注水泥浆等方法。

一般采取定向钻敷设或顶管敷设的穿越管段可不进行抗漂浮核算。

B 附桥架设

将管道架设在已有的桥梁上，如图 4-12 所示。此法最简便、投资省。沿桥梁跨越河流的燃气管道，其管道的输送压力一般不应大于 0.4MPa。

燃气管道随桥梁敷设，应采用加厚的无缝钢管或焊接钢管，尽量减少焊缝，对焊缝进行 100% 无损探伤。跨越通航河流的燃气管道底部标高，应符合通航净空的要求，管架外侧应设置护桩。在确定管道位置时，应与随桥敷设的其他可燃的管道保持一定间距。跨越河流的燃气管道支座（架）应采用不燃材料制作。管道应设置必要的补偿和减震措施。对管道应做较高等级的防腐保护，并定期对防腐层进行检测和保养；对于埋地部分采用阴极保护的钢管其埋地部分与随桥管道之间应设置绝缘装置。

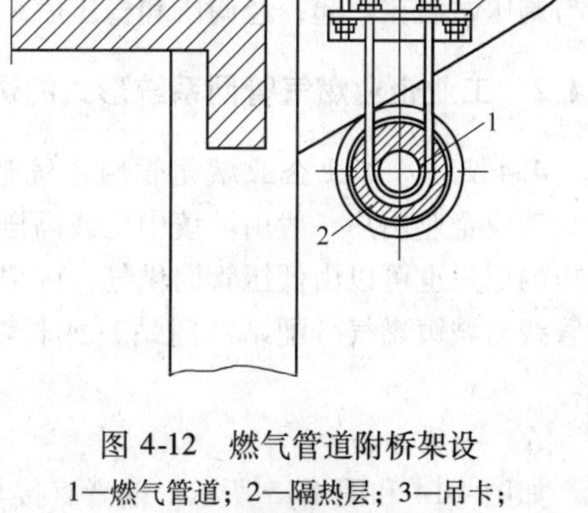

图 4-12 燃气管道附桥架设

1—燃气管道；2—隔热层；3—吊卡；4—钢筋混凝土桥面

C 管桥跨越

管桥法是将燃气管道搁置在河床内自建的支架上。过河架空的燃气管道向下弯曲时，向下弯曲部分与水平管夹角宜采用 45°形式。可采用桁架式、拱式、悬索式或栈桥式。燃气管道的悬索式跨越如图 4-13 所示。

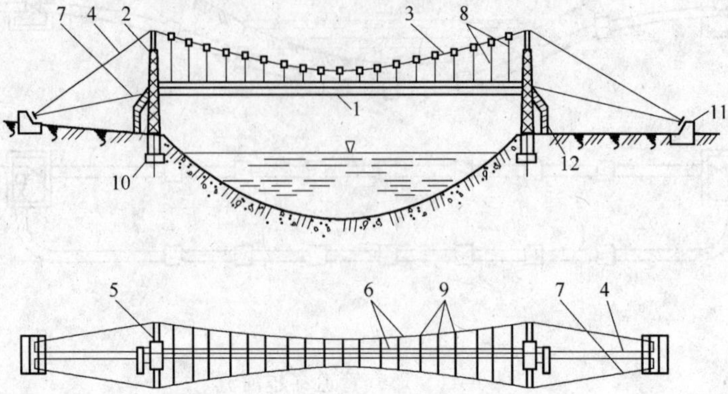

图 4-13 燃气管道的悬索式跨越

1—燃气管道；2—桥柱；3—钢索；4—牵索；5—平面桁架；6—抗风索；7—抗风牵索；8—吊杆；9—抗风连杆；10—桥支座；11—地锚基础；12—工作梯

在穿、跨越燃气管段上严禁开孔焊接短管或其他附件。试压时，只许在管段两端加长段上开孔焊接放空阀和安装压力表。回拖连接时，开孔的加长段应拆除。

4.4 工业企业燃气管网系统

4.4.1 工业企业燃气管网系统的构成

工业企业燃气管网系统，通常由工厂引入管、厂区管道、车间管道、炉前管道、工厂总调压站或车间调压装置、用气计量装置及安全控制装置等构成。炉前燃气管道与燃烧设备和控制装置的关系极为密切，因而常把它们视为一个整体。

燃气由城镇输配管网通过引入管引入工厂，引入管上设总阀门。总阀门应设在厂界外易于接近和便于察看的地方，尽可能靠近城镇燃气分配管线，与建筑物外墙的距离不应小于 2m。

每个工业企业通常只有一个引入口，厂区采用枝状管道。对不允许停气的大型工厂企业，可以采用有几个引入口的环状管网。有些工厂供气系统的引入口设总调压站，如有计量装置，则与调压站设在一起，经调压和稳压后，由调压站送入厂区燃气管道。

4.4.2 工业企业燃气管网系统形式的选择

4.4.2.1 工业企业燃气管网系统形式的分类

工业企业用户一般由城镇中压或高压管网供气，用气量小（50～150m^3/h）且用气压力为低压的用户也可以由低压管网供气，应根据具体情况选择最佳的供气方案。大型企业可敷设专用管线与城镇燃气分配站（门站）或长输管线连接，常用的系统有两种：一级系统和二级系统。

A 一级系统

如图 4-14 和图 4-15 所示。前者直接与城镇低压燃气管网相连，这种系统只适合小型工业企业用户，因为低压管网的供气量小，较大用户的用气工况变化会影响连在同一管网上的居民

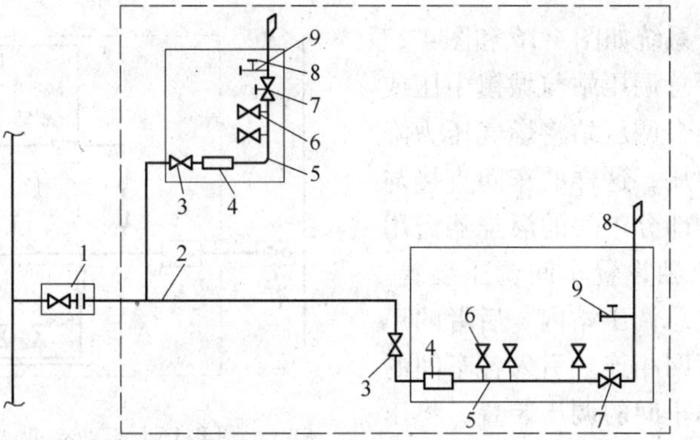

图 4-14　工业企业低压一级管网系统

1—工厂引入管总阀门及补偿器；2—厂区燃气管道；3—车间引入管总阀门；
4—燃气计量装置；5—车间燃气管道；6—燃烧设备前的总阀门；
7—放散管阀门；8—放散管；9—吹扫取样短管

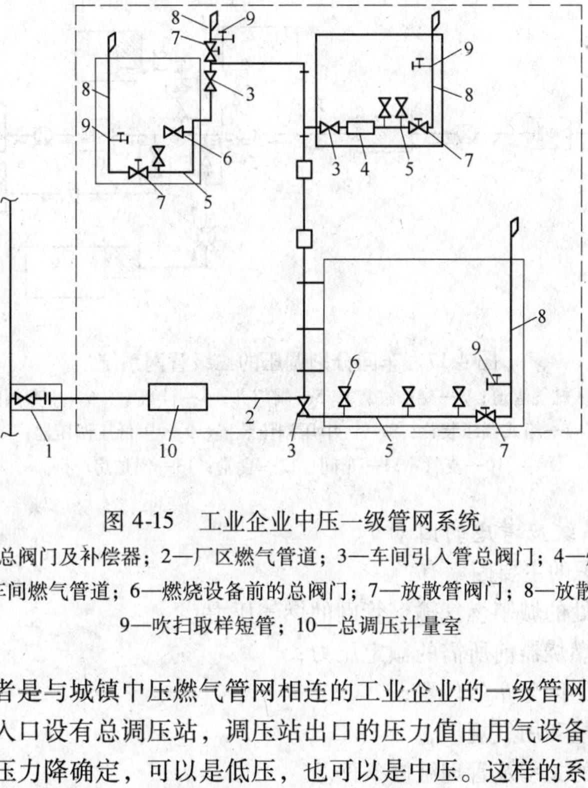

图 4-15　工业企业中压一级管网系统

1—工厂引入管总阀门及补偿器；2—厂区燃气管道；3—车间引入管总阀门；4—燃气计量装置；
5—车间燃气管道；6—燃烧设备前的总阀门；7—放散管阀门；8—放散管；
9—吹扫取样短管；10—总调压计量室

用户的用气工况；后者是与城镇中压燃气管网相连的工业企业的一级管网系统，适用于较大型的工业用户。工厂引入口设有总调压站，调压站出口的压力值由用气设备燃烧器所需的压力值和厂区及车间管道的压力降确定，可以是低压，也可以是中压。这样的系统中，所有的厂区管道和车间燃气管道压力级制相同。总调压站内设有全厂用气计量装置。如需分别计量各车间和各燃烧设备的用气量，则应在车间分设燃气计量装置。

一级系统的特点是个别车间的燃烧设备或窑炉停止生产或负荷调节时，可能会影响全厂各车间燃烧器前的压力。为了保证所需要的水力稳定性，在确定系统计算压力降时，应经过周密考虑。在车间分布较紧凑，用气设备类型相同，管道较短，同时燃烧器前燃气压力稳定性要求不严时，采用这种系统比较合适。

B　二级系统

工业企业的二级系统如图 4-16 和图 4-17 所示。前者通过工厂总调压站与城镇中压或次高压燃气管道相连，调压站将燃气压力降到部分车间所需的中压，这样的车间直接与厂区燃气管道相连。部分车间的燃烧器需用低压燃气，所以需单独设置车间调压装置。总用气计量装置设在总调压站内。后者的厂区管道直接与城镇管网相连。引入各车间的燃气管道分别通过本车间的调压装置，将压力调到该车间的燃烧器所需的数值。用气量在全厂和各车间分别计量，不设总调压站，当进入厂区的燃气含湿量较高时，应设凝水缸。在一定范围内，这种系统的厂区管道的流量变化对车间燃气管道的压力变化没有影响。

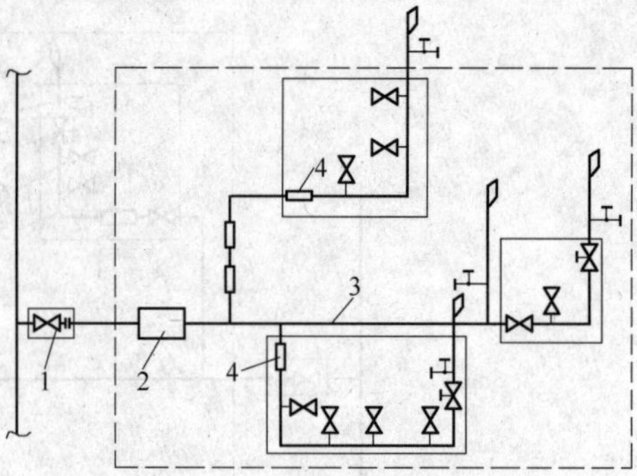

图 4-16　工业企业二级管网系统
1—工厂引入管总阀门及补偿器；2—总调压站和计量室；3—厂区燃气管道；4—车间调压装置

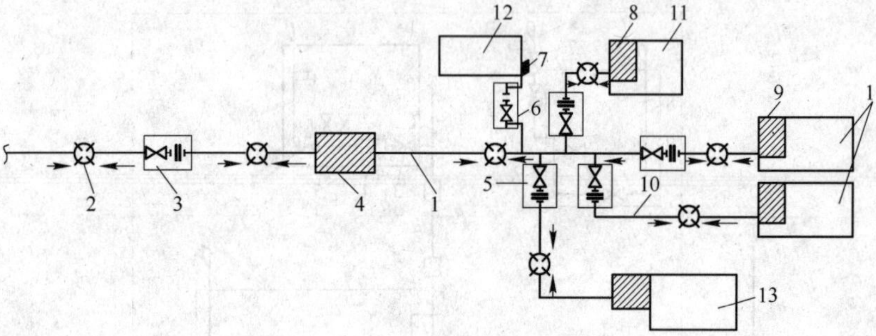

图 4-17　车间分别调压的二级管网系统
1—厂区燃气管道；2—凝水缸；3，5—阀门井；4—计量室；6—小型阀门井；
7—箱式调压装置；8—中-中压调压装置；9—中-低压调压器；
10—支管；11—车间；12—食堂；13—锅炉房

4.4.2.2　选择系统应考虑的因素

系统的选择应考虑的主要因素有：

（1）连接引入管处的城镇燃气输配管网的燃气压力；

（2）各用气车间燃烧器前所需的额定压力；

（3）用气车间在厂区分布的位置；

（4）车间的用气量和用气规模；

（5）与其他管道的关系及管理维修条件。

4.4.3　工业企业燃气管网系统的布线

燃气从引入管通过厂区管道送到用气车间，一般采用钢管。厂区管道可以采用地下敷设，但一般采用架空敷设。与埋地敷设相比，厂区燃气管道的架空敷设优点较多。例如漏气容易察觉并便于消除，危险性小，运行管理和检查维修比较方便等。架空管道可采用支架敷设，也可沿栈桥、永久性建筑物的外墙或屋顶敷设。在不影响交通的情况下，还可沿地面低支架敷设。

4.4.3.1　燃气管道架空敷设

燃气管道架空敷设时应遵守下列规定：

（1）厂区架空燃气管道与建筑物、铁路、道路和其他管线间的最小水平净距应遵守表4-9的规定。

表4-9　厂区架空燃气管道与建筑物、铁路、道路和其他管线间的最小水平净距　（m）

序号	建筑物或构筑物名称		最小水平净距	
			一般情况	特殊情况
1	房屋建筑（不使用燃气）		5.0	3.0
2	铁路（距最近边轨外侧）		3.0	2.0
3	道路（距路肩）		1.5	0.5
4	架空电力线外侧边缘	1kV以下	1.5	—
		1～20kV	3.0	
		35～110kV	4.0	
5	电缆管或沟		1.0	—
6	其他地下平行敷设的管道		1.5	—
7	熔化金属、熔渣出口及其他火源		10.0	可适当缩短，但应采取隔热保护措施
8	燃气管道		0.6	0.3

注：1. 架空电力线路与燃气管道的水平距离，应考虑导线的最大风偏；2. 安装在燃气管上的栏杆、走台、操作平台等任何突出结构，均作为燃气管道的一部分；3. 架空燃气管道与地下管、沟的水平净距，系指燃气管道支柱基础与地下管道或地沟的外壁之间的距离。

（2）支架架空敷设时，管底至人行道路、厂区道路路面和厂区铁路轨顶分别保持2.2m、4.5m和5.0m的垂直净距。

（3）次高压B、中压和低压燃气管道，可沿建筑耐火等级不低于二级的丁、戊类生产厂房的外墙敷设。

（4）架空管道不允许穿越爆炸危险品生产车间、爆炸品和可燃材料仓库、配电间和变电所、通风间、易使管道腐蚀的房间、通风道或烟道等场所。不应穿过不使用燃气的建筑物、办公室、进风道和通风不良的地点。如需要穿过不使用燃气的生活间，必须设有套管。在已敷设的燃气管道下面，不得修建与燃气管道无关的建筑物或存放易燃易爆品。

（5）架空管道靠近高温热源敷设或管道下面经常有装载炽热物体的车辆停留时，应采取隔热措施；在寒冷地区可能造成管道冻塞时，应采取防冻措施。

（6）架空燃气管道与架空高压输电线交叉时，一般燃气管道应在下层，两者之间必须有保护隔网，交叉处燃气管道必须可靠接地。其净距随电压不同而异，应为1.5～4.0m。与一般通信电缆、照明电线和其他管道交叉时，垂直净距不小于0.15m。架空管道应间隔300m左右设接地装置。

（7）输送湿燃气的管道坡度不小于0.003，低点设凝水缸，两个凝水缸之间的距离一般不大于500m。

（8）在索道下通过的燃气管道，其上方应设防护网。

（9）厂区燃气管道的末端应设放散管。通常吹扫厂区管道时，不允许使用车间的放散管，但对某些小型工业企业而言，也可以利用车间的放散管进行放散。

(10) 低支架敷设时，管底至地面的垂直净距一般不小于0.35m。通常在管道上每隔一段距离，设一固定支架，管道的支架应采用不燃或难燃材料制成。在相邻两固定支架之间，设置一个补偿器，补偿管道的热胀冷缩。

4.4.3.2 架空燃气管道与其他管道共架敷设

架空燃气管道与其他管道共架敷设时应遵守下列规定：

(1) 燃气管道与在同一支架上平行敷设的其他管道的最小水平净距，应符合表4-10的规定。

表4-10 燃气管道与在同一支架上平行敷设的其他管道的最小水平净距 (mm)

燃气管道公称直径 其他管道公称直径	<300	300~600	>600
<300	100	150	150
300~600	150	150	200
>600	150	200	300

(2) 燃气管道与水管、热力管、燃油管和不燃气体管在同一支柱或栈桥上敷设时，其上下敷设的垂直净距不宜小于250mm。

(3) 与输送腐蚀性介质的管道共架敷设时，燃气管道应加设在上方；对于容易漏气、漏油、漏腐蚀性液体的部位（如法兰、阀门等），应在燃气管道上采取保护措施。

(4) 与氧气和乙炔气管道共架敷设时，应遵守现行氧气站和乙炔站设计规范的有关规定。

(5) 油管和乙炔管宜分别敷设在燃气管道的两侧。

(6) 与燃气管道共架敷设的其他管道的操作装置，应避开燃气管道法兰、阀门和翻板等易泄漏燃气的部位。

(7) 在现有燃气管道和支架上增设管道时，必须经过设计计算，并取得燃气设备主管部门的同意。

(8) 燃气管道和支架上不应敷设电缆、电线，但供燃气管道使用的电缆除外。

(9) 其他管道的托架、吊架可焊在燃气管道的加固圈上或护板上，并应采取措施，消除管道不同热膨胀的相互影响，但不得直接焊在管壁上。

(10) 其他管道架设在管径不小于DN1200的燃气管道上时，管道上面应预留600mm的通行道。

4.4.4 车间燃气管网系统

工业企业燃气输配系统（包括锅炉房用户）车间内燃气管道的最高压力（表压）限制：独立、单层建筑为0.8MPa，其他为0.4MPa。

4.4.4.1 车间燃气管网系统

车间燃气管网系统有枝状和环状两种。一般采用枝状，环网只用于特别重要的车间。

(1) 枝状管网系统参见图4-14。在车间引入口设总阀门3，各车间分设用气计量装置4，在用气设备的分支管上应设阀门，车间燃气管道的末端连接放散管8，并有阀门7以及带阀门和丝堵的短管9，作为吹扫时取气样之用。各用气设备的燃气管道总阀门与燃烧器阀门之间，应设放散管和阀门。

(2) 环状管网系统如图4-18所示。车间引入管上设有阀门1和压力表2，通向用气设备的各分支管上设阀门12，车间燃气管道的末端设放散管14，并设阀门。

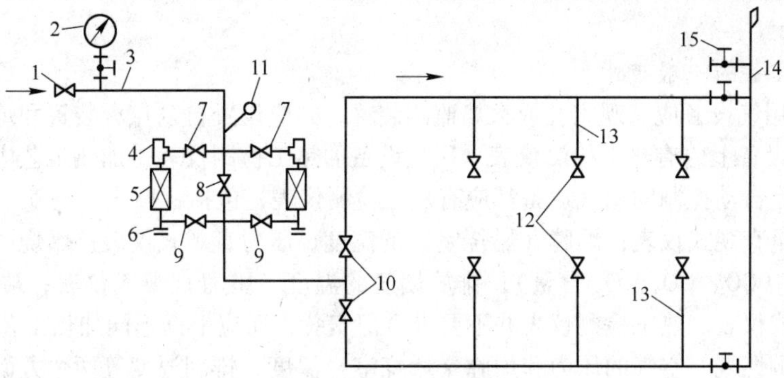

图 4-18 设有燃气计量装置的车间环网系统
1—车间入口的阀门；2—压力表；3—车间燃气管道；4—过滤器；5—燃气计量表；
6—带堵三通；7—计量表前的阀门；8—旁通阀；9—计量表后的阀门；
10—车间燃气分支管上的阀门；11—温度计；12—用气设备前
的总阀门；13—支管；14—放散管；15—取样管

4.4.4.2 车间燃气管网系统的布线原则

次高压、中压车间燃气管道一般选用钢管，连接采用焊接和法兰连接。直径较小的低压管道采用螺纹连接。

（1）进入车间的燃气管上应设车间总阀门。阀门一般设在室内，对重要车间还应在室外另设阀门。阀门应设在便于检查和维修的地点，必要时能迅速关断车间燃气管道。

（2）敷设燃气管道的车间高度，一般不应小于 2.5m。车间燃气管道应架设在不低于 2.0m 的高度，并应不妨碍起重设备的运行。一般敷设在房架上或沿厂房的柱子和墙敷设。在无法架设的情况下，也可敷设在通风条件良好的管沟内。

（3）燃气管道不应敷设在可能被火焰、热烟气熏烤或易受酸、碱等化学药品侵蚀的地方。

（4）输送湿燃气的管道应坡向厂区燃气管道，坡度不小于 0.003。

（5）工业企业用气车间、锅炉房以及大中型用气设备的燃气管道上应设放散管，具有相同的燃气压力的燃气管道的放散管可以连接起来。放散管的直径不小于 DN20。放散管应设有能够确定放散程度的带有旋塞的取样管。放散管是建筑物的最高点，若处在防雷区之外时，容易遭到雷击而引起火灾或燃气爆炸，所以放散管必须设接地引线，引线接地电阻应小于 10Ω。

4.4.4.3 工业企业用气设备

工业企业生产用气设备应安装在通风良好的专用房间内。

A 燃烧器的选择

工业企业生产用气设备的燃烧器选择，应根据加热工艺要求、用气设备类型、燃气供给压力及附属设施的条件等因素，经技术经济比较后确定。

B 用气设备的燃气用量的确定

（1）定型用气设备，应采用设备铭牌标定的用气量或根据标定热负荷及当地燃气热值折算的用气量。

（2）非定型用气设备的燃气用量，应由设计单位收集资料，通过分析并进行详细的热平衡计算确定。当资料数据不全，进行热平衡计算有困难时，可参照同类型用气设备的用气指标确定。

（3）使用其他燃料的加热设备需要改用燃气时，可根据原燃料实际消耗量计算并考虑燃烧设备效率确定。

C　用气设备的一般技术要求

（1）每台用气设备应有观察孔或火焰监测装置，并应设置自动点火装置和熄火保护装置。

（2）用气设备上应有热工检测仪表。用气设备的热工检测仪表是加热工艺应有的，不论是手动控制的还是自动控制的用气设备都应有热工检测仪表，包括：燃气、空气（或氧气）的压力、温度、流量直观式仪表；炉膛（燃烧室）的温度、压力直观式仪表；燃烧产物成分检测仪表（测定烟气中 CO、CO_2、O_2 含量）；排放烟气的温度、压力直观式仪表；被加热对象的温度、压力直观式仪表。热工检测仪表并不要求全部安装，而应根据不同加热工艺的具体要求确定，但其中检测燃气、空气的压力和炉膛（燃烧室）温度、排烟温度等两个方面应有直观的指示仪表。

（3）加热工艺需要和条件允许时，应设置燃烧过程的自动调节装置。当加热工艺要求有稳定的加热温度和燃烧气氛，只允许有很小的波动范围，而靠手动控制不能满足要求时，应设燃烧过程的自动调节。当加热工艺对燃烧后的炉气压力有要求时，还可设置炉气压力的自动调节装置。

D　用气设备燃烧装置的安全设施

（1）燃气、空气管道上应安装低压和超压报警以及紧急自动切断装置。

（2）烟道和封闭式炉膛，均应设置泄爆装置，泄爆装置的泄压口应设在安全处。锅炉、间接式加热等封闭式的用气设备，其炉膛应设置爆破门，而非封闭式的用气设备，如果炉门和进出料口能满足防爆要求时则可不另设爆破门。一般每 $1m^3$ 的燃烧室、主烟道或水平烟道的体积所采用的泄压面积不小于 $250cm^2$。

（3）鼓风机和空气管道应设静电接地装置。接地电阻不应大于 100Ω。

（4）用气设备的燃气总阀门与燃烧器阀门之间，应设置放散管。

（5）燃气燃烧需要带压空气（或氧气）时，应有防止空气（或氧气）回到燃气管路和回火的安全措施。燃气管路上应设背压式调压器，空气（或氧气）管路上应设泄压阀。在燃气、空气（或氧气）的混气管路与燃烧器之间应设阻火器，其阻火网的孔径必须在回火的临界孔径之内；混气管路的最高压力不应大于 0.07MPa，以求当发生回火时，降低破坏力。

E　城镇供气管道压力不能满足用气设备而需要加压的要求

（1）在城镇低压和中压 B 供气管道上严禁直接安装加压设备。

（2）加压设备前必须设浮动式（直立式）低压缓冲罐。缓冲罐的容量应保证加压时不影响地区管网的压力工况。其容积应按下述两条较大者确定：用气设备 1～4h 的正常生产用气量；生产上有不能中断的用气设备时，按 6～8 倍不能中断用气设备的小时用气量。

（3）缓冲罐的起升压力应小于城镇燃气管网的最低压力。

（4）缓冲罐进出口管道上应设切断阀，加压设备应设旁通阀和出口止回阀；当直接由城镇低压管道供气时，缓冲罐进口处的管道上应设止回阀。

（5）缓冲罐应设上、下限位的报警装置和储量下限位与加压设备停机连锁的自动切断阀，并宜设置储罐高度控制装置（包括调节阀）及回流式调节系统。

（6）当城镇供气管道压力为中压 A 时，可直接由中压管网抽气而不需要设缓冲罐，但应有进口压力过低保护装置。

F　工业用户室内燃气阀门的设置

工业用户室内燃气阀门宜采用球阀，阀门设置应符合下列规定：

(1) 各用气车间的进口和燃气设备前的燃气管道上均应单独设置阀门，阀门安装高度不宜超过1.7m。

(2) 每个燃烧器的燃气接管上，必须单独设置有启闭标记的燃气阀门。

(3) 每个机械鼓风的燃烧器，在风管上必须设置有启闭标记的阀门。

(4) 大型或并联装置的鼓风机，其出口必须设置阀门。

(5) 放散管、取样管、测压管前必须设置阀门。

4.5 建筑燃气供应系统

建筑燃气供应系统主要是供应居民用户和商业用户。商业用户主要分两类：第一类用户是指餐饮燃气用户，如宾馆、饭店、饮食店、招待所、机关、学校、幼儿园以及工矿企业职工食堂等；第二类用户是指使用燃气锅炉和燃气直燃型吸收式冷（温）水机组的用户。第一类商业用户燃气供应系统可参照建筑燃气供应系统设计；第二类商业用户可按工业用户对待。

建筑燃气供应系统管道的最高压力（表压）限制：商业用户不应大于0.4MPa；居民用户中压进户不应大于0.2MPa，低压进户小于0.01MPa。液化石油气管道的最高压力不应大于0.14MPa。管道井内的燃气管道的最高压力不应大于0.2MPa。

4.5.1 建筑燃气供应系统的构成

建筑燃气供应系统随城镇燃气系统的供气方式不同而有所变化，一般由用户引入管、水平干管、立管、用户支管、燃气计量表、用具连接管及燃气用具所组成，如图4-19所示。这样的系统构成是因为用气建筑直接连接在城镇的低压管道上。目前，在一些城镇也有采用中压进户表前调压的系统。

4.5.1.1 引入管

用户引入管是指从室外配气支管（庭院管）引向用户室内燃气总阀门（当无总阀门时，指室内地面1m高处）之间的管道。

(1) 引入管宜沿外墙地面上穿墙引入。地上引入管与建筑物外墙之间净距宜为100~120mm。室外管段的上端弯曲处应加不小于DN15清扫用三通和丝堵，并做防腐处理。寒冷地区输送湿燃气时还应做保温。

1) 多层建筑的引入管一般采用矮立管进户。进户管高度宜在建筑物±0.00m以上0.3~0.5m。一次登高后先沿外墙接出0.3~0.5m长的水平短管，然后穿墙引入室内。在矮立管上端应加清扫用三通（进户三通）和丝堵或盲板。

2) 设有金属软管的一次登高管，其高度宜控制在0.6~0.8m。当引入管立管上设有阀门时，阀门应设在金属软管之前，金属软管的高度宜控制在1.0~1.2m。

3) 设有架空楼前管的建筑物宜采用二次登高管，

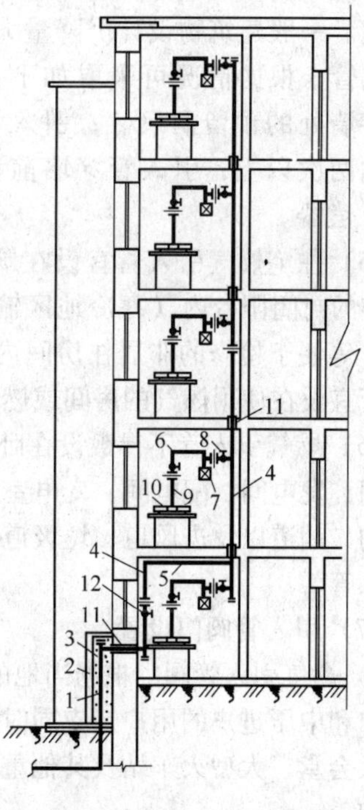

图4-19 建筑燃气供应系统

1—引入管；2—砖台；3—保温层；4—立管；5—水平干管；6—用户支管；7—燃气计量表；8—表前阀门；9—灶具连接管；10—燃气灶；11—套管；12—燃气热水器接头

其高度应根据建筑物立面的形式确定。

（2）引入管也可埋地穿过建筑物外墙或基础引入室内。燃气相对密度大于 0.75 且建筑物底层地面采用架空板（建筑物一层地面下方有空间），不得将燃气管道从建筑物 ±0.00m 以下穿墙或基础引入室内。

引入管穿过墙或基础进入建筑物后应在短距离内伸出室内地面，并靠实体墙固定，不得在室内地下水平敷设。

输送湿燃气的引入管，埋设深度应在土壤冰冻线以下，并应有不小于 0.01 坡向室外管道的坡度。

（3）燃气引入管穿墙前后的管段与其他管道的水平净距应满足安装和维修的需要。与地下管沟或下水道距离较近时，应采取行之有效的防护措施。

（4）燃气引入管穿过建筑物基础、墙或管沟时，均应设置在套管中，并应考虑沉降的影响，必要时应采取补偿措施。

图 4-20 所示为用户引入管的一种做法。基础、墙或管沟等和套管之间的间隙应填实。套管与燃气引入管之间的间隙应采用柔性防腐、防水材料密封。

对于高层建筑等沉降量较大的地方，仅采取将燃气管道设在套管中的措施是不够的，还应采取补偿措施。一般建筑物设计沉降量大于 50mm 以上的燃气引入管，根据情况可采取如下保护措施：加大引入管穿墙处的预留洞尺寸；引入管穿墙前水平或垂直弯曲两次以上；引入管穿墙前设置金属柔性管或波纹补偿器。

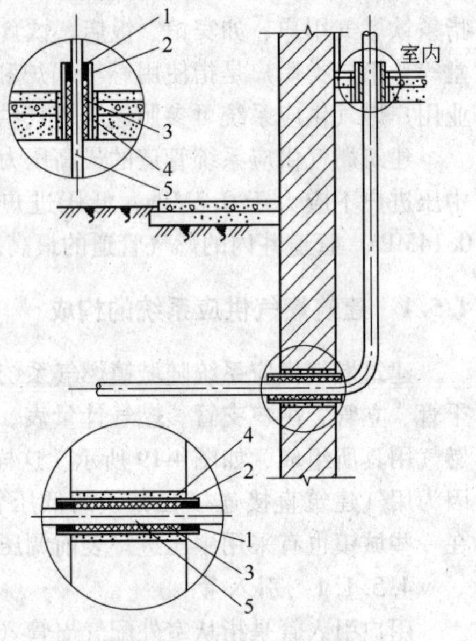

图 4-20 用户引入管

1—沥青密封层；2—套管；3—油麻；4—水泥砂浆；5—燃气管道

（5）住宅燃气引入管宜设在厨房、外走廊、与厨房相连的封闭阳台内（寒冷地区输送湿燃气时阳台应封闭）等便于检修的非居住房间内；商业用户的燃气引入管宜设在使用燃气的房间或燃气表间内。

（6）燃气引入管不得敷设在卧室、浴室（卫生间）、易燃或易爆品的仓库、有腐蚀性介质的房间、发电间、配电间、变电室、不使用燃气的空调机房、通风机房、计算机房、电缆沟、暖气沟、烟道以及进风道、垃圾道等地方。凡是检修人员不便进入的房间和处所都不能敷设燃气引入管。

（7）引入管阀门设置

1）燃气引入管阀门根据当地的气象条件和管理方的要求可设在室内，也可设在室外。重要用户和中压进户的用户，应同时在室内和室外设置阀门。重要用户一般指国家重要机关、宾馆、大会堂、大型火车站及其他重要建筑物等，具体设计时，还应听取当地主管部门的意见予以确定。

2）当住宅（高层建筑除外）燃气引入管从楼梯间引入时，应采用金属管道且引入管阀门应设在室外。

（8）燃气引入管的最小公称直径，应符合下列要求：人工燃气和矿井气不应小于 DN25；天然气不应小于 DN20；气态液化石油气不应小于 DN15。

4.5.1.2 燃气立管

A 室内燃气立管

（1）室内燃气立管宜设在厨房、开水间、走廊、对外敞开或通风良好的楼梯间（高层建筑除外）、阳台（寒冷地区输送湿燃气时阳台应封闭）等处。立管不得敷设在卧室、浴室或卫生间中；不得穿过易燃、易爆品仓库、配电间、变电室、电缆沟、烟道、进风道及电梯井等。

（2）一般室内燃气立管应布置在用气房间靠近实体墙的角落里。当布置在排油烟口附近时，立管与排油烟口的距离宜控制在0.3m左右。当燃气立管穿过通风不良的吊顶时，应设在套管内。

（3）燃气立管宜明设，当敷设在管道竖井内时，燃气管道应便于安装和检修。燃气立管可与空气、惰性气体、上下水及热力管道等设在一个公用竖井内，但不得与电线、电气设备或氧气管、进风管、回风管、排气管、排烟管及垃圾道等共用一个竖井。竖井内燃气管道的最高压力不得大于0.2MPa。竖井内燃气管道应涂黄色防腐识别漆。竖井应每隔2～3层做相当于楼板耐火极限的不燃烧体进行防火分隔，且应设法保证平时竖井内的自然通风和火灾时防止产生“烟囱”作用的措施（如套管与燃气管道之间留有小的间距；顶部设置百叶窗与大气相通；底层进风百叶处设置安全电动防火阀等）。管道穿越竖井内的隔板时应加套管，套管与管道之间应有不小于5mm的间距。管道竖井的墙体应为耐火极限不低于1.0h的不燃烧体，井壁上的检查门应采用丙级防火门。每4～5层设一个燃气浓度检测报警器，上下两个报警器的高度差不应大于20m。竖井内燃气管道应尽量不设或少设阀门等附件。

（4）立管的下端应装丝堵，其直径一般不小于DN25。立管通过各层楼板处应设套管。套管高出地面至少50mm，套管与燃气管道之间的间隙应用沥青和油麻填塞。当燃气立管上有低于进户管的用户支管时，立管下端应设集液短管和丝堵。

（5）燃气立管端点的位移较大时，应采取补偿措施；高层建筑的燃气立管应有承受其自重和热伸缩推力的固定支架和活动支架。

B 室外燃气立管

一般居民住宅燃气立管宜走户内。当需要走户外时，尽可能远离卧室等非用气房间的门、窗洞口布置。室外燃气立管应靠近平台、雨棚、楼梯间洞口等便于检修的地方。

（1）当室外立管采用无缝钢管焊接连接，且安装在维护检修不方便的部位时，应提高焊接接头无损检测的比例，并应采用高质量的防腐材料进行防腐。

（2）当立管上有进户支管时，宜先经过一段与墙面平行的水平管段过渡后再进入户内。

（3）室外立管应尽可能设置在建筑物外墙面的阴角（不会受到或偶尔受到太阳光照射的角落）处。

（4）燃气立管应有承受其自重和热伸缩推力的固定支架和活动支架。

（5）燃气立管端点的位移较大时，应采取补偿措施。

4.5.1.3 水平干管

引入管上既可连一根燃气立管，也可连若干根立管，后者则应设置水平干管。

（1）室内水平干管宜明设，当建筑设计有特殊美观要求时可敷设在吊顶内，吊顶上应设通风孔，管道应符合敷设在设备层和地上密闭空间的燃气管道要求；当吊顶内设有可能产生明火的电气设备或空调回风管时，燃气干管宜设在与吊顶底平行的独立密封Π形管槽内，管槽底宜采用可卸式活动百叶或带孔板。

（2）室内水平干管不得穿越易燃易爆品仓库、配电间、变电室、电缆井（沟）、烟道、进风道和电梯井等。

（3）民用建筑室内水平燃气干管，不得暗埋在地下土层或地面混凝土层内，以防腐蚀和便于检修。

（4）室内水平干管严禁穿过防火墙，不宜穿过建筑物的沉降缝。

4.5.1.4　用户支管

（1）由立管引出的用户支管，在厨房内其高度不低于2.2m。敷设坡度不小于0.003，并由燃气计量表分别坡向立管和燃具。

室内燃气支管宜明设，燃气管道严禁引入卧室。敷设在过厅、走道内的管道应减少接头。

支管穿过墙壁时也应安装在套管内。当穿过卧室、浴室、阁楼或壁柜时，管道必须采用焊接连接并设在钢套管内。

（2）居民住宅内暗埋（直接埋在墙体或地面内）的燃气支管应符合下列要求：

1）暗埋部分不宜有接头，应有涂层或覆塑等防腐蚀措施。

2）暗埋的管道不得与其他金属管道或部件接触，暗埋的柔性管道宜采用钢盖板保护。

3）暗埋管道必须在气密性试验合格后覆盖。

4）覆盖层厚度不应小于10mm。

5）覆盖层面上应有明显标志标明管道位置，或采用其他保护措施。

（3）住宅内暗封（指隐藏在柜橱、吊顶、管沟等部位）的燃气支管应符合下列要求：

1）暗封管道应设在不受外力冲击和暖气烘烤的部位。

2）暗封材料应可拆卸，检修方便，并应有通风口。

（4）商业建筑内暗设燃气支管可暗埋在楼层地板内，也可暗封在管槽或管沟内。管槽应设检修门和通风孔，管沟应设盖板，并填充干沙。燃气管道不得暗封在可以渗入腐蚀性介质的管沟中。当暗封燃气管道的管沟与其他管沟相交时，管沟之间应密封，燃气管道应设套管。

（5）用具连接管（或下垂管）是在支管上连接燃气用具的管段，其上的旋塞应距地面1.5m左右。

4.5.1.5　室内燃气管道布置的其他要求

（1）室内明设燃气管道与墙面净距，当管径小于DN25时，不宜小于30mm；管径为DN25～DN40时，不宜小于50mm；管径等于DN50时，不宜小于60mm；管径大于DN50时，不宜小于90mm。室内燃气管道与电气设备、相邻管道之间的净距不应小于表4-11的规定。

表4-11　室内燃气管道与电气设备、相邻管道之间的净距　（mm）

管道和设备		与燃气管道的净距	
		平行敷设	交叉敷设
电气设备	明装的绝缘电线或电缆	250	100（注）
	暗装或管内绝缘电线	50（从所做的槽或管子的边缘算起）	10
	电压小于1000V的裸露电线	1000	1000
	配电盘或配电箱、电表	300	不允许
	电插座、电源开关	150	不允许
相邻管道		保证燃气管道和相邻管道的安装、安全维护和维修	20

注：当明装电线加绝缘套管且套管的两端各伸出燃气管道100mm时，套管与燃气管道的交叉净距可降至10mm。

（2）沿墙、柱、楼板和加热设备构件上明设的燃气管道应采用管支架、管卡或吊卡固定。管支架、管卡、吊卡及固定件的安装不应妨碍管道的自由膨胀和收缩。

（3）输送湿燃气的燃气管道敷设在气温低于0℃的房间或输送气态液化石油气管道外的环境温度低于其露点温度时，均应采取保温措施。

（4）室内燃气管道不应敷设在潮湿或有腐蚀性介质的房间内。当确需敷设时，须采取防腐蚀措施。

（5）居民住宅燃气管道应在燃气引入管、调压器前和燃气计量表前、燃气用具前、测压计前、放散管起点处设置阀门。当软管与管道、软管与燃具连接时，在软管的上游与硬管的连接处应设阀门。室内燃气管道阀门宜采用球阀。

（6）燃气管道穿过建筑物基础、外墙、承重墙、楼板时的钢套管或非金属套管不宜小于表4-12的规定。

表4-12 燃气管道的套管直径

燃气管直径/mm	DN15	DN20	DN25	DN32	DN40	DN50	DN65	DN80	DN100	DN150
套管直径/mm	DN32	DN40	DN50	DN65	DN65	DN80	DN100	DN100	DN150	DN200

（7）地下室（对液化石油气只允许在地下一层）、半地下室、设备层和地上密闭房间（包括无窗半地下室、地上无窗或窗仅用作采光的密闭房间等）敷设燃气管道时，应符合下列要求：

1）净高不应小于2.2m。

2）应有良好的通风设施，房间换气次数不小于3次/h，并应有独立的事故机械通风设施，其换气次数不小于6次/h。

3）应有固定的防爆照明设备。

4）应用非燃烧体的实体墙与电话间、变配电室、修理间、储藏室、卧室及休息室隔开。

5）应设置燃气监控设施。

（8）敷设在地下室、半地下室、设备层和地上密闭房间以及竖井、住宅汽车库（不使用燃气，并能设置钢套管的除外）的燃气管道应符合下列要求：

1）管材、管件及阀门、阀件的公称压力应按提高一个压力等级进行设计和选用。一般低压提高到0.1MPa；中压B提高到0.4MPa；中压A提高到0.6MPa。

2）管道应采用钢号为10、20的无缝钢管或具有同等以上性能其他金属管材。与燃具连接用软管应采用不锈钢金属软管。

3）除阀门、仪表等部位和采用加厚管的低压管道外均应焊接连接和法兰连接；应尽量减少焊缝数量，钢管道的固定焊口应进行100%射线照相检验，活动焊口应进行10%射线照相检验，其质量不得低于现行国家标准《现场设备、工业管道焊接工程施工及验收规范》GB 50236中的Ⅲ级；其他金属管材的焊接质量应符合相关标准的规定。

4）当燃气管道与其他管道一起敷设时，应敷设在其他管道的外侧。

5）地下室内燃气管道末端应设放散管，并应引出地上。放散管的出口位置应保证吹扫放散时的安全和卫生要求。

（9）液化石油气管道和烹调用液化石油气燃烧设备不应设在地下室、半地下室。当确需设置在地下一层、半地下室时，应针对具体条件采取以下有效的安全措施，并进行专题论证。

1）只限地下一层靠外墙部位使用的厨房烹调设备采用，其装机热负荷不应大于0.75MW（58.6kg/h的液化石油气）。

2）应使用低压管道液化石油气，引入管上应设紧急自动切断阀，停电时应处于关闭状态。

3）应有防止燃气向厨房相邻房间泄漏的措施。

4）应设置独立的机械送排风系统，通风换气次数：正常工作不小于6次/h，事故通风时不小于12次/h。

5）厨房及液化石油气管道经过的场所应设置燃气浓度检测报警器，并由管理室集中监视。

6）厨房靠外墙处应有外窗并经过竖井直通室外，外窗应为轻质泄压型。

7）电气设备应采用防爆型。

8）液化石油气管道敷设应符合地下室、半地下室、设备层和地上密闭房间以及竖井、住宅汽车库敷设燃气管道的相关规定。

4.5.2 燃气用气设备和用气场所

4.5.2.1 居民用气

A 居民住宅用气场所的一般规定

（1）居民生活用气设备严禁设置在卧室内。

（2）使用燃气的房间或部位宜靠外墙设置。

（3）住宅厨房内宜设置排气装置和燃气浓度检测报警器。

B 居民住宅燃气用具的一般规定

（1）居民生活用燃具在选用时，除应符合现行国家标准《燃气燃烧器具安全技术条件》GB 16914 的规定外，燃具必须与当地的燃气类别和代号相对应，燃具的铭牌、说明书的包装对燃气类别和代号标示不明确或与当地的燃气不对应的燃具严禁选用。燃具应经当地城镇建设行政主管部门指定的检测机构进行气源适配性检测；海拔高度超过600m的地区选用燃具时，除气源适配性检测外，还应增加海拔高度适应性检测。适配性和适应性不合格的燃具不得选用。

（2）居民生活使用的各类用气设备应采用低压燃气设备。其燃烧器的额定压力见表4-13。

表4-13 民用低压用气设备燃烧器的额定压力 (kPa)

燃气种类	人工燃气、矿井气	纯天然气、油田伴生气、液化石油气混空气、煤层气	液化石油气
燃具额定压力	1.0	2.0	2.8或5.0

（3）住宅内应采用密闭式或半密闭式热水器（包括开水器），不得采用直排式热水器。

（4）单户住宅采暖和制冷系统所采用的燃气设备应有熄火保护装置和排烟设施。

（5）燃具的安装应符合国家现行标准《家用燃气燃烧器具安装及验收规程》CJJ12 的规定。

C 燃气灶具的设置

（1）燃气灶具应安装在有自然通风和自然采光的厨房内，不得设在地下室或卧室内。利用卧室的套间或用户单独使用的走廊作厨房时，应设门与卧室隔开。

（2）安装燃气灶具的房间净高不得低于2.2m。当低于2.2m时，应限制室内燃气灶眼数量，并应采取措施保证室内较好的通风条件。

（3）燃气灶具与墙面的净距不得低于100mm。当墙面有易燃材料时，应加防火隔热板。燃气灶具的灶面边缘和烤箱的侧壁距木质家具的净距不得小于200mm。

（4）放置燃气灶具的灶台应采用不燃材料。当采用难燃材料时，应加防火隔热板。

（5）厨房为地上暗厨房（无直通室外的门和窗）时，应选用带有自动熄火保护装置的燃气灶，并应设置燃气浓度检测报警器、自动切断阀和机械通风设施，燃气浓度检测报警器应与自动切断阀和机械通风设施连锁。

D 燃气热水器的设置

(1) 燃气热水器应安装在通风良好的非居住房间、过道或阳台内。一般应采用机械换气的措施来保证通风良好。设置在阳台时应有防冻、防风雨的措施。

(2) 有外墙的浴室或卫生间内可安装密闭式（平衡式）热水器，其他类型热水器严禁安装。

(3) 装有半密闭式（烟道式）热水器的房间门或墙的下部应设有效截面积不小于 $0.02m^2$ 的格栅，或在门与地面之间留有不小于30mm的间隙，目的在于增加房间的通风，以保证燃烧所需空气的供给。

(4) 房间净高应大于2.4m。

(5) 可燃或难燃烧的墙壁和地板上安装热水器时，应采取有效的防火隔热措施。

(6) 热水器的给、排气筒宜采用金属管道连接。

E 燃气采暖设置

住宅中的燃气采暖宜设集中采暖系统，采暖热媒应采用热水；当采用分散采暖系统时，应符合下列要求：

(1) 采暖装置应设置在通风良好的走廊、阳台或其他非居住房间内。

(2) 卧室内不得安装房间采暖器；浴室内要安装密闭式房间采暖器。

(3) 房间采暖器不应安装在养老院、疗养院、休养所或孤儿院等公共机构内。

(4) 采暖装置设置在可燃或难燃烧的地板、墙壁上时，应采取有效的防火隔热措施。

(5) 住宅单户分散采暖系统，由于使用时间长，通风换气条件一般较差，应有熄火保护和排烟设施。

F 液化石油气气瓶的使用场所

居民用户使用的液化石油气气瓶的使用场所，还应符合下列要求：

(1) 气瓶不得设置在地下室、半地下室或通风不良的场所。

(2) 单户居民用户使用的气瓶设置在室外时，宜设置在贴邻建筑物外墙的专用室内。

(3) 高层居民住宅采用瓶装液化石油气做燃料时，应设集中瓶装液化石油气间。

(4) 室温不应高于45℃。

(5) 气瓶与燃具的净距不得小于0.5m。

(6) 气瓶与散热器的净距不应小于1.0m，当散热器设置隔板时，可减少到0.5m。

4.5.2.2 商业用气

A 商业用气的一般规定

(1) 燃气供应方式应根据用户所需燃气的种类、燃气用量和燃气用具的额定供气压力，结合市政管网供气条件，经技术经济比较后确定。

(2) 一般商业用户的用气设备采用城镇低压燃气管网供气。当供气压力不能满足用气设备需要时，可采用专用调压装置供气。当用户只需中压燃气，且用气设备自带调压装置时，可采用城镇中压管网直接供气。

(3) 高层建筑应采用管道供气。使用燃气的房间或部位宜靠外墙设置。

(4) 高层建筑采用瓶装液化石油气作燃料时，应设瓶装液化石油气间。液化石油气总储量不超过 $1m^3$ 的瓶装液化石油气间，可与裙房贴邻建造。液化石油气总储量超过 $1m^3$，而不超过 $3m^3$ 的瓶装液化石油气间，应独立建造，与高层建筑和裙房的防火间距不应小于10m。在总进气管道、总出气管道上应设有紧急事故自动切断阀，并应设有可燃气体浓度报警装置。建筑设计和火灾危险环境的防爆设计应符合现行的国家相关标准的规定。

B 商业用气设备的设置

商业用气设备宜采用低压燃气设备。对于在地下室、半地下室等危险部位使用时，应尽量选用低压燃气设备，经有关部门批准方可选用中压燃气设备。商业用燃具在选用时，设备铭牌上规定的燃气必须与当地供应的燃气相吻合。大锅灶和中餐炒灶应有排烟设施。为保证安全，在容易聚集燃气的部位应设爆破门。大型用气设备的防爆设施，应符合规范的规定。第二类商业用户的用气设备宜设置专用调压站或调压装置，燃气调压后供机组使用。

（1）商业用气设备应安装在通风良好的专用房间内，不得安装在易燃、易爆物品的堆存处或兼做卧室的警卫室、值班室和人防工程等处。

（2）用气设备之间及用气设备与对面墙之间的净距应满足操作和检修的要求。燃具、灶台之间的净距不宜小于0.5m，大锅灶之间的净距不宜小于0.8m，烤炉与其他燃具、灶台之间的净距不宜小于1.0m。

（3）用气设备前宜有宽度不小于1.5m的通道。

（4）用气设备与可燃或难燃的墙壁、地板和家具之间应采取有效的防火隔热措施。一般隔热层厚度不宜小于1.5mm。

C 商业用气设备设置在地下室、半地下室或地上密闭房间内的要求

商业用气设备设置在地下室、半地下室或地上密闭房间内时，应符合下列要求：

（1）引入管应设手动快速切断阀和紧急自动切断阀；紧急自动切断阀停电时必须处于关闭状态（常开型）。

（2）用气设备应有熄火保护装置。

（3）用气房间应设置燃气浓度报警器，宜设烟气CO浓度报警器，并由管理室集中监视和控制。

（4）应设置独立的机械送排风系统，正常工作时，换气次数不小于6次/h；事故通风时，换气次数不小于12次/h；不工作时，换气次数不小于3次/h。当燃烧所需的空气由室内吸取时，应满足燃烧所需的空气量，并满足排除房间热力设备散失的多余热量所需的空气量。

（5）液化石油气和相对密度大于或等于0.75的燃气，严禁设在地下室、半地下室或地上密闭房间内。

D 商业用户中燃气锅炉和冷（温）水机组（燃气直燃机）的设置

（1）燃气锅炉和冷（温）水机组宜设置在独立的专用房间内。

（2）设置在建筑物内时，燃气锅炉房宜布置在建筑物的首层，不应布置在地下二层及二层以下；如遇特殊情况，燃气常压锅炉和燃气直燃机可设置在地下二层。

（3）锅炉和冷（温）水机组不宜设置在人员密集场所的上一层、下一层或贴邻的房间内及主要疏散口的两旁；不应与锅炉和燃气直燃机无关的甲、乙类及使用可燃液体的丙类危险建筑贴邻。

（4）屋顶上的设备安装一般要求屋顶设备应能承受安装地区气候条件的影响。屋顶应能承受设备的荷载。设备连接件、螺栓、螺母等应是耐腐蚀材料制造。工艺要求按安装说明安装，有1.8m宽的操作距离和1.1m高的护栏，燃气设备距安全出口的间距大于6m，有可靠的电源断开装置和接地装置，屋面有水时应能安全维护设备。

E 商业用户中燃气锅炉和冷（温）水机组（直燃机）的安全技术措施

（1）宜设置专用调压站或调压装置，燃气经调压后供应机组用气。

(2) 燃烧器应是具有多种安全保护自动控制功能的机电一体化的燃具。

(3) 应有可靠的排烟设施和通风设施。

(4) 应设置火灾自动报警系统和自动灭火系统。

(5) 设置在地下室、半地下室或地上密闭房间时应符合规范的规定。

F 商业用户阀门的设置

(1) 一般室外引入管的立管上应设置阀门。对于重要用户以及使用燃气压力较高的用户，还应在室内增设阀门。燃气引入管应设手动快速切断阀和紧急自动切断阀，紧急自动切断阀停电时必须处于关闭状态（常开型）。室内燃气阀门宜采用球阀。

(2) 对于规模较大的商业用户，应在表后进厨房的燃气总管上设置阀门，并应设置在方便操作的地方。

(3) 每台锅炉（机组）的燃气干管上，应装设关闭阀和快速切断阀。每个燃烧器前的燃气支管上，应装设关闭阀，阀后串联装设电磁阀。

(4) 燃气锅炉（机组）点火用的燃气管道，宜从干管上的关闭阀后或燃烧器的关闭阀前引出，并应装设关闭阀，阀后串联装设电磁阀。

G 商业用户燃气放散管的设置

(1) 燃气锅炉、冷（温）水机组以及大中型用气设备的燃气管道上应设放散管。放散管管口应高出屋脊（或平屋顶）1m以上或设置在地面上的安全处，并应采取防止雨雪进入管道和放散物进入房间的措施。

(2) 地下室燃气管道的末端应设放散管，并应引出地面以上。地上密闭房间燃气管道的末端宜设放散管。放散管的出口位置应能保证吹扫放散时的安全和卫生要求。

(3) 当建筑物位于防雷区之外时，放散管的引线应接地，接地电阻应小于10Ω。放散管的壁厚不得小于4mm。

(4) 燃气锅炉放散管的管径应根据吹扫段的容积和吹扫时间确定。吹扫量可按吹扫段容积的10~20倍计算，吹扫时间15~20min。

(5) 压力不同的燃气设备的放散管不应共用。

(6) 放散阀的公称通径不应小于放散管的公称通径。

4.5.3 燃气表的选型与设置

4.5.3.1 居民住宅燃气表的选型与设置

为减少浪费，合理使用燃气，做好成本核算，各类用户按户计量是不可缺少的措施。燃气用户在单独设置燃气表（流量计），计费价格不同时，应按不同计费价格分别设置燃气表。

A 民用燃气表的选型

燃气表应根据燃气的最大工作压力、温度、流量和允许的压力降（阻力损失）等条件选择。选型时应兼顾近、远期所使用燃气的适用条件。居民用户应选用皮膜表。

B 居民用户燃气表的安装

(1) 宜安装在不燃或难燃结构的室内通风良好和便于查表、检修的地方。通风良好是燃气表的保养和用气安全所需要的条件，如果使用差压式流量计则仅对二次仪表有通风良好的要求。

(2) 住宅内燃气表可安装在厨房内，当有条件时也可设置在户外。

(3) 多层住宅楼梯间内不宜设置燃气表。当必需设置时，应考虑漏气、着火后对消防疏散的影响，要有安全措施，如设室外切断阀、表前切断阀、对燃气表的保护及加强自然通风等。

当燃气表安装在建筑物作为消防或疏散用的唯一通道内时，燃气表的结构必须耐火或放置在耐火结构的表箱内，在燃气表前设置当环境温度超过 95℃时，能自动切断气源的防火安全装置。

（4）住宅内高位安装燃气表时，表底距地面不宜小于 1.4m；当燃气表装在燃气灶具上方时，燃气表与燃气灶的水平净距不得小于 300mm；表后与墙面净距不得小于 10mm。

（5）高位表安装在橱柜内时，宜将燃气表所处的空间与其他空间隔开。在橱柜的上、下各设一个通风百叶。燃气表的安装高度应根据工程所在地的具体情况确定，一般不宜低于 1.8m。

（6）低位表安装在橱柜内时，不宜放在嵌入式灶具的下方，宜将燃气表所处的空间与其他空间用不燃材料隔开。在橱柜的上、下各设一个通风百叶。低位表安装时，表底距地面不宜小于 0.1m。

（7）安装在室外的燃气表应设置在防护箱内。多块表挂在同一墙面时，表之间净距不宜小于 150mm。

（8）燃气表应采用专用的表连接件连接。

（9）燃气表严禁安装在下列场所：卧室、浴室、更衣室及卫生间内；有电源、电气开关及其他电气设备的管道井内；有可能滞留泄漏燃气的隐蔽场所；经常潮湿的地方；堆放易燃、易腐蚀或有放射性物质等危险的地方；有变、配电等电气设备的地方；有明显震动影响的地方；高层建筑中作为避难层及安全疏散楼梯间内。

（10）燃气表的环境温度：当使用人工煤气和天然气时，应高于 0℃；当使用液化石油气时，应高于其露点 5℃以上。环境温度不得高于 45℃。

4.5.3.2　商业用户燃气表的选型与设置

A　商业用户燃气表的选型

（1）燃气表的选择应考虑燃气价格和用户计费方式等因素。每台锅炉或冷（温）水机组应单独计量。

（2）燃气表在中压工况下工作时，需要有压力和温度补偿措施。

（3）低压燃气表宜按计算流量选择燃气表，计算流量小于 $50m^3/h$ 时，宜选用膜式表；低压燃气计算流量大于等于 $50m^3/h$ 时或中压燃气，宜选用罗茨表、涡轮表或超声波气体流量计（超声波气体流量计适用于天然气和人工燃气）。

（4）有远传要求的用户应选用有远传系统的燃气表。

B　商业用户燃气表的设置

（1）商业用户的燃气表宜集中布置在单独的房间内。当设有专用的调压室时，可与调压器同室布置。罗茨表和涡轮表可与调压装置合并安装在落地式调压柜内。

（2）额定流量小于 $50m^3/h$ 的皮膜表，可将燃气表安装在实体墙上，表底距地面不宜小于 1.4m，表后距墙不宜小于 30mm。当额定流量大于等于 $50m^3/h$ 时，宜安装在高度不小于 200mm 的砖砌支墩或钢支架上，表后距墙不应小于 150mm。

（3）燃气计量表与各种灶具和设备的水平距离应符合下列规定：与金属烟囱水平净距不应小于 1.0m，与砖砌烟囱水平净距不得小于 0.8m；与炒菜灶、大锅灶、蒸箱、烤炉等燃气灶具的灶边水平净距不应小于 0.8m；与沸水器、热水锅炉的水平净距不应小于 1.5m。当燃气计量表与各种灶具和设备的水平距离无法满足上述要求时，应加隔热板。

（4）供气不能中断的用户燃气表应设旁通管。旁通管的管径宜比燃气管道的管径小一个档次。

C　计量保护装置的设置

（1）当输送燃气过程中会产生尘粒时，宜在燃气表前设置过滤器。

（2）当使用加氧的富氧燃烧器或使用鼓风机向燃烧器供给空气时，应在燃气表后设置止回阀或泄压装置。

4.5.4 燃气的监控和防雷、防静电

城镇燃气应具有可以察觉的臭味，同时应设置燃气浓度检测报警器（探测器）。对生产、使用或聚集可燃气体、可燃液体蒸气的场所，应选择可燃气体探测器；有可能产生 CO 气体的场所，宜选择 CO 气体探测器。

4.5.4.1 燃气浓度检测报警器

A 燃气浓度检测报警器的设置场所

（1）建筑物内专用的封闭式燃气调压、计量间。

（2）地下室、半地下室和地上密闭的用气房间。

（3）燃气管道竖井。

（4）地下室、半地下室引入管穿墙处。

（5）有燃气管道的设备层和管道层。

此外，燃气用气量大、人员密集、重要公共建筑的用气房间，设置燃气采暖炉的房间，燃气锅炉房以及冷（温）水机组间宜设置燃气浓度检测报警器。

B 燃气浓度检测报警器的设置要求

（1）当检测人工燃气和天然气等比空气轻的燃气时，检测报警器与燃具或阀门的水平距离不得大于 8m，安装高度应距顶棚 0.3m 以内，不得设在燃具上方。

（2）当检测液化石油气和液化石油气混空气等比空气重的燃气时，检测报警器与燃具或阀门的水平距离不得大于 4m，安装高度应距地面 0.3m 以内。

（3）燃气浓度检测报警器的报警浓度应按国家现行标准《家用燃气泄漏报警器》CJJ 3057 中的规定确定。距检测报警器 1m 处的声压级不得低于 70dB。

（4）燃气浓度检测报警器应与排风扇、排风机等联动，报警时排风机应处于开启状态；报警系统应有备用电源。

（5）燃气浓度检测报警器宜集中管理监视。

4.5.4.2 燃气紧急自动切断阀

A 燃气紧急自动切断阀的设置场所

（1）地下室、半地下室和地上密闭的用气房间。

（2）一类高层建筑。

（3）燃气用量大、人员密集、流动人口多的商业建筑。

（4）重要的公共建筑。

（5）有燃气管道的设备层和管道层。

B 燃气紧急自动切断阀的设置要求

（1）紧急自动切断阀应设在用气场所的燃气入口管、干管或总管上。

（2）紧急自动切断阀宜设在室外。

（3）紧急自动切断阀前应设手动切断阀。

（4）紧急自动切断阀宜采用自动关闭、现场人工开启型，当浓度达到设定值时，报警持续 1min 后关闭。

4.5.4.3 燃气管道和设备的防雷、防静电设计

（1）进出建筑物的燃气管道的进出口处，室外的屋面管、立管、放散管、引入管及燃气设

备等处均应有可靠的防雷、防静电接地设施。

（2）防雷接地设施的设计应符合现行国家标准《建筑物防雷设计规范》GB 50057 的规定。

（3）防静电接地设施的设计应符合国家现行标准《化工企业静电接地设计规程》HGJ28 的规定。

（4）燃气管道应布置在不宜受雷击的部位。

（5）在建筑物屋面上安装的调压箱和敷设的燃气管道，应将其敷设在建筑物避雷针或避雷网（带）的保护范围之内。

（6）屋顶上燃气设备的设置应有可靠的电源断开装置和接地装置，并采取有效的防雷设施。

（7）在建筑物避雷针或避雷网（带）的保护范围之外敷设在建筑物屋面上的燃气管道和高层建筑外墙上的燃气管道，当使用钢管时，其壁厚不得小于4mm。凡是有可能形成绝缘的部位（包括调压设施）均应采取防绝缘措施（例如铜片跨接等）。燃气管道应就近与建筑物的防雷装置相连。

4.6 燃气管道和附属设备

4.6.1 常用燃气管材

燃气工程主要使用钢管、聚乙烯管、铸铁管和钢骨架聚乙烯复合管。燃气管材必须根据燃气的性质、系统压力及施工要求来选用，并满足机械强度、抗腐蚀、抗震及气密性等各项基本要求。

4.6.1.1 钢管

钢管承载应力大、可塑性好、抗拉强度和抗冲击性能较高，便于焊接，与其他管材相比，具有壁厚较薄、节省金属用量等优点。适用于各种压力级别的城镇燃气管道和制气厂的工艺管道。但钢管耐腐蚀性较差，必须采取可靠的防腐措施，且其使用年限低，埋设于地下的钢管使用年限为20年，防腐后为30年。

常用的钢管有无缝钢管和焊接钢管。一般钢管规格的习惯表示方法是标出外径与壁厚，$D_W \times \delta$，低压流体输送用焊接钢管经常用公称直径 DN 表示规格。

A 无缝钢管

无缝钢管由10、20及Q295、Q345牌号的钢制造。按制造方法又分为热轧无缝钢管和冷轧（冷拔）无缝钢管。热轧管有外径32~630mm的各种规格。冷轧（冷拔）管有外径5~210mm的各种规格。

钢管出厂长度分为普通长度、定尺长度和倍尺长度。普通长度即不定尺长度，热轧管为3~12m，冷拔管为3~10.5m；定尺长度即在普通长度范围内规定一个或几个固定长度供货；倍尺长度是在普通长度范围内按某一长度的倍数供货。

B 焊接钢管

焊接钢管亦称有缝钢管，其品种有低压流体输送用焊接钢管、钢板卷制直缝电焊钢管和螺旋缝电焊钢管。

（1）低压流体输送用焊接钢管。此种钢管用焊接性较好的低碳钢制造。钢管表面有镀锌（俗称白铁管）和不镀锌（俗称黑铁管）两种。按出厂壁厚不同分为普通管（适用于 PN≤1.0MPa）和加厚管（适用于 PN≤1.6MPa），两种都可用于燃气工程。

此类钢管最小公称直径为DN6，最大公称直径为DN150，普通长度为4~12m。管子两端一般带有管螺纹。采用螺纹连接的燃气管道，一般使用的最大公称直径为DN50。镀锌钢管安装时不需涂刷防锈漆，其理论质量比不镀锌钢管重3%～5%。

（2）钢板卷制直缝电焊钢管。此种焊接钢管用中厚钢板采用直缝卷制，以电弧焊方法焊接而成。钢板卷制直缝电焊钢管的最小外径为D159。

（3）螺旋缝电焊钢管。此种钢管一般用带钢螺旋卷制后焊接而成。钢号一般采用普通碳素钢（Q235）和低合金结构钢（16Mn）焊制。管子的最大工作压力一般不超过2.0MPa，最小外径为D219，最大外径当前为D820。管子普通长度为8～18m。国外敷设天然气管道已使用耐高压大口径管材，干管直径达2m以上。

在选用钢管时，当直径在DN150以下时，一般采用低压流体输送焊接钢管；大口径管道多采用螺旋焊接管。钢管壁厚应视埋设地点、土壤和交通荷载而加以选择，要求不小于3.5mm，如在街道红线内则不小于4.5mm。当管道穿越重要障碍物以及土壤腐蚀性很强的地段，壁厚应不小于8mm。户内管的壁厚不小于2.75mm。

钢管一般可以用焊接、法兰和螺纹等方式进行连接。

4.6.1.2 铸铁管

铸铁管具有抗腐蚀性能强、价格便宜等优点，但质脆、笨重、承载应力小、接口气密性较差，常用于中、低压燃气管道。

铸铁管规格习惯以公称直径DN表示，国内生产的铸铁管直径在DN50～DN1500之间，壁厚为9～30mm，长度为3～6m。

铸铁管按材质分为普通铸铁管、高级铸铁管和球墨铸铁管。常用的铸铁管一般采用铸模浇铸或离心浇铸方式制造出来。目前我国以人工湿燃气为气源的燃气企业大部分使用铸铁管道，并逐步淘汰灰口铸铁管，采用球墨铸铁管。

铸铁管的连接一般为承插、螺栓压盖和法兰三种方式。

4.6.1.3 塑料管

塑料管具有耐腐蚀、质轻、流体流动阻力小、施工简便、气密性好等优点。但塑料管机械强度较低，只有当温度在60℃以下时才能保证适当的强度，当温度在70℃以上时，强度显著降低，高于90℃则不能作管材使用。由于它的刚性不如金属管，所以埋设施工时必须夯实沟槽底，才能保证管道坡度的要求。

用于燃气工程的塑料管主要有聚乙烯管道和钢骨架聚乙烯复合管道，聚乙烯管道分PE100和PE80两种，最小要求强度（环向应力）分别为10.0MPa和8.0MPa。聚乙烯管的尺寸根据其公称直径与公称壁厚的比值SDR来确定。对于中、高密度聚乙烯管，加厚管SDR=11；普通管SDR=17.6。我国目前用于燃气管道上的聚乙烯管的最大管径可达D630，最大工作压力为0.7MPa。聚乙烯管道和钢骨架聚乙烯复合管道的最大允许工作压力见表4-14和表4-15。工作温度为-20～40℃。当工作温度在20℃以上时，最大允许工作压力应按工作温度对管道的工作压力的折减系数进行折减，折减系数应符合表4-16的规定。

表4-14 聚乙烯管道的最大允许工作压力 （MPa）

城镇燃气种类		PE80		PE100	
		SDR11	SDR17.6	SDR11	SDR17.6
天然气		0.5	0.3	0.7	0.4
液化石油气	混空气	0.4	0.2	0.5	0.3
	气　态	0.2	0.1	0.3	0.2
人工燃气	干　气	0.4	0.2	0.5	0.3
	其　他	0.2	0.1	0.3	0.2

表 4-15　钢骨架聚乙烯复合管道的最大允许工作压力　　（MPa）

城镇燃气种类		最大允许工作压力	
		DN≤200mm	DN＞200mm
天然气		0.7	0.5
液化石油气	混空气	0.5	0.4
	气　态	0.2	0.1
人工燃气	干　气	0.5	0.4
	其　他	0.2	0.1

表 4-16　工作温度对管道工作压力的折减系数

工作温度	$-20℃ \leq t \leq 20℃$	$20℃ < t \leq 30℃$	$30℃ < t \leq 40℃$
压力折减系数	1.00	0.90	0.76

塑料管可以采用电、热熔等方式实现连接，与钢管连接可采用钢塑过渡接头连接。

4.6.1.4　其他管材

燃气工程有时还使用有色金属管材，如铜管和铝管，在室内管道上还可使用铝质软连接管和铝塑复合管等。

4.6.2　燃气管材的选用

燃气工程管材的选择应根据输送介质的种类、设计压力、设计温度、工程所处的环境、材料的价格及焊接性能等因素确定。各种管材的适用条件应与国家或行业现行标准或规程相适应。

（1）室外高压、次高压燃气管道应采用石油天然气工业输送钢管（L175 级钢管除外）和输送流体用无缝钢管。三级和四级地区高压燃气管道材料钢级不应低于 L245。

次高压燃气管道若采用钢质燃气管道，其直管段壁厚应计算确定。最小公称壁厚不应小于表 4-17 的规定。

表 4-17　钢质燃气管道最小公称壁厚

钢管公称直径 DN/mm	公称壁厚/mm	钢管公称直径 DN/mm	公称壁厚/mm
100～150	4.0	600～700	7.1
200～300	4.8	750～900	7.9
350～450	5.2	950～1000	8.7
500～550	6.4	1050	9.5

地下次高压 B 级燃气管道也可采用钢号 Q235B 焊接钢管、燃气工程用聚乙烯管（PE100-SDR11）和钢塑复合管。

（2）室外中压和低压燃气管道宜采用聚乙烯管、机械接口球墨铸铁管、钢管和钢塑复合管。钢塑复合管还可分为钢丝网（焊接）骨架聚乙烯复合管和孔网钢带聚乙烯复合管。

（3）建筑燃气系统管材可选用钢管、铜管、不锈钢管、铝塑复合管及胶管，宜选用热镀锌钢管。需要防止不均匀沉降的部位宜采用金属软管。其他管材，在有限制条件下可采用。

4.6.3　燃气管道的附属设备

为了保证管网的安全运行，并考虑到检修、接线的需要，在管道的适当地点需设置必要的附属设备。这些设备包括阀门、补偿器、凝水缸及放散管等。

4.6.3.1　阀门

阀门是用于启闭管道通路或调节管道介质流量的设备。因此要求阀体的机械强度高，转动部件灵活，密封部件严密耐用，对输送介质的抗腐性强，同时零部件的通用性好。

燃气阀门必须进行定期检查和维修，以便掌握其腐蚀、堵塞、润滑、气密性等情况以及部件的损坏程度，避免不应有的事故发生。阀门的设置达到足以维持系统正常运行即可，尽量减少其设置数，以减少漏气点和额外的投资。

阀门的种类很多，燃气管道上常用的有闸阀、旋塞阀、截止阀、球阀、蝶阀和安全阀等。

A　闸阀

通过闸阀的流体是沿直线通过阀门的，所以阻力损失小，闸板升降所引起的振动也很小，但当燃气中存在杂质或异物并积存在阀座上时，关闭会受到阻碍，使阀门不能完全关闭。

闸阀有单闸板闸阀与双闸板闸阀之分，由于闸板形状不同，又有平行闸板与楔形闸板之分。此外还有阀杆随闸板升降和不升降这两种，分别称为明杆阀门和暗杆阀门（图4-21和图4-22）。明杆阀门可以从阀杆的高度判断阀门的启闭状态，多用于站房内。

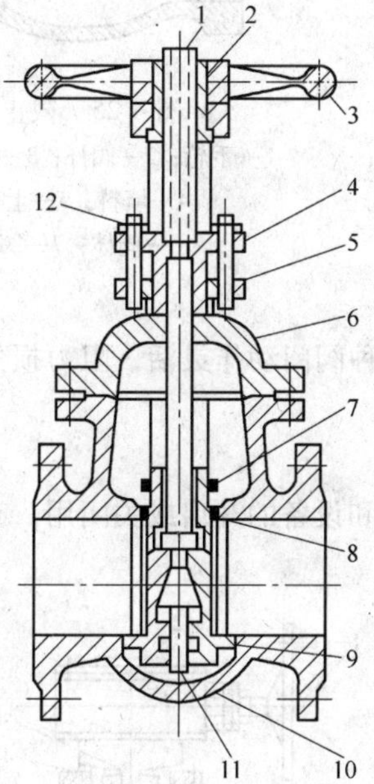

图4-21　明杆平行式双闸板闸阀

1—阀杆；2—轴套；3—手轮；4—填料压盖；5—填料；6—上盖；7—卡环；8—密封圈；9—闸板；10—阀体；11—顶楔；12—螺栓螺母

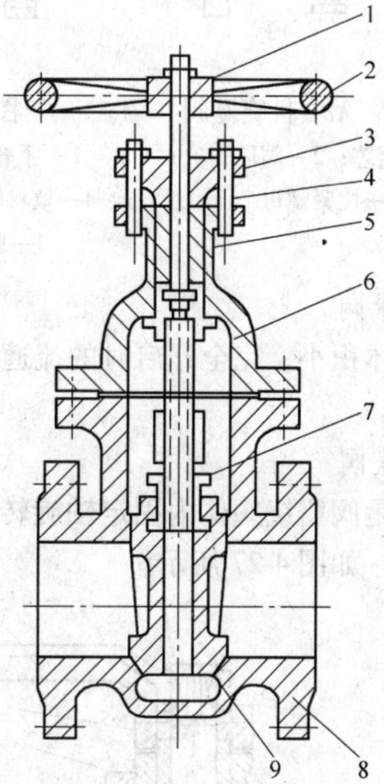

图4-22　暗杆单闸板楔形闸阀

1—阀杆；2—手轮；3—填料压盖；4—螺栓螺母；5—填料；6—上盖；7—轴套；8—阀体；9—闸板

B　旋塞阀

旋塞阀是一种动作灵活的阀门，阀杆转90°即可达到启闭的要求，杂质沉积造成的影响比闸阀小。常用的旋塞有两种：一种是利用阀芯尾部螺母的作用，使阀芯与阀体紧密接触，不致漏气，称无填料旋塞，这种旋塞只允许用于低压管道上；另一种称为填料旋塞，利用填料堵塞旋塞阀体与阀芯之间的间隙而避免漏气，这种旋塞体积较大，但较安全可靠。两种旋塞如

图 4-23和图 4-24 所示。

C　截止阀

截止阀依靠阀瓣的升降以达到开闭和节流的目的。这类阀门使用方便、安全可靠，但阻力较大，如图 4-25 所示。

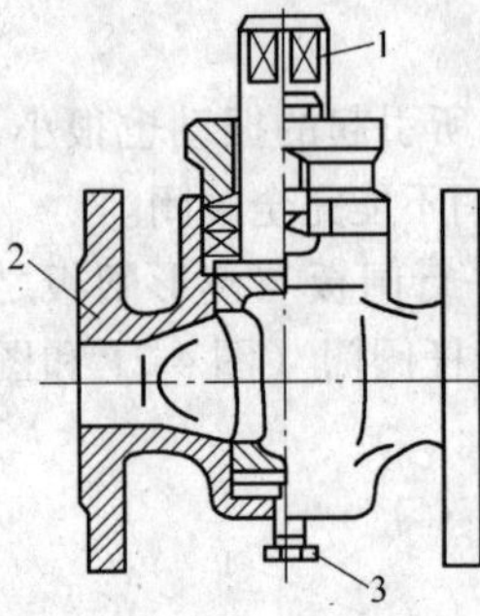

图 4-23　无填料旋塞阀

1—阀芯；2—阀体；
3—拉紧螺母

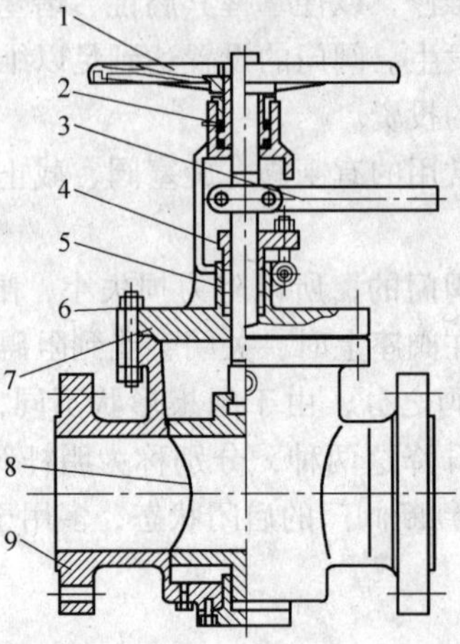

图 4-24　填料旋塞阀

1—手轮；2—阀杆螺母；3—手柄；
4—填料压盖；5—填料；6—螺栓螺母；
7—阀盖；8—阀塞；9—阀体

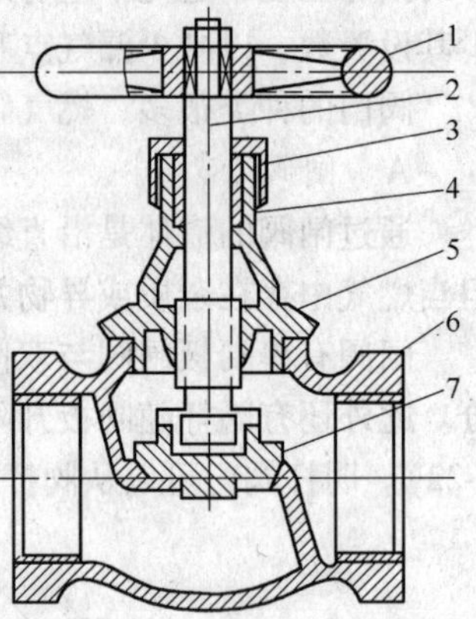

图 4-25　截止阀

1—手轮；2—阀杆；3—填料压盖；
4—填料；5—上盖；
6—阀体；7—阀瓣

D　球阀

球阀体积小，完全开启时的流通断面与管径相等。这种阀门动作灵活，阻力损失小，如图 4-26 所示。

E　蝶阀

蝶阀是阀瓣绕阀体内固定轴旋转的阀门，一般作管道和设备的开启或关闭用，有的也可以作节流用，如图 4-27 所示。

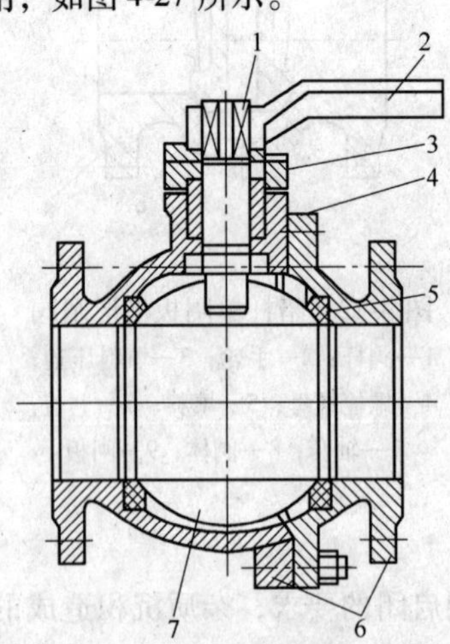

图 4-26　球阀

1—阀杆；2—手柄；3—填料压盖；4—填料；
5—密封圈；6—阀体；7—球瓣

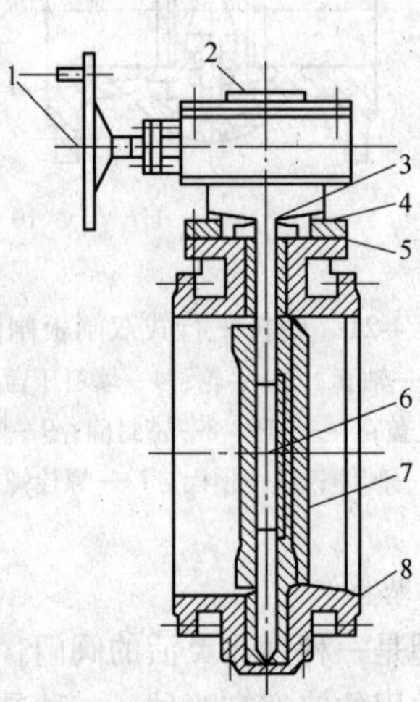

图 4-27　垂直板式蝶阀

1—手轮；2—传动装置；3—阀杆；4—填料压盖；
5—填料；6—转动阀瓣；7—密封面；8—阀体

4.6.3.2 补偿器

补偿器是消除因管段胀缩对管道所产生的应力的配件，常用于架空管道和需要进行蒸气吹扫的管道上。此外，补偿器安装在阀门的下侧（按气流方向），利用其伸缩性能，方便阀门的拆卸和检修。在埋地燃气管道上，多用钢制波纹补偿器（图4-28），其补偿量约为10mm。为防止其中存水锈蚀，由套管的注入孔灌入石油沥青，安装时注入孔应在下方。补偿器的安装长度，应是螺杆不受力时的补偿器的实际长度，否则不但不能发挥其补偿作用，反使管道或管件受到不应有的应力。另外，还使用一种橡胶-卡普隆补偿器（图4-29）。它是带法兰的螺旋波纹软管，用卡普隆布作夹层的胶管，外层用粗卡普隆绳加强。其补偿能力在拉伸时为150mm，压缩时为100mm。这种补偿器的优点是纵横方向均可变形，多用于通过山区、坑道和多地震区的中、低压燃气管道上。

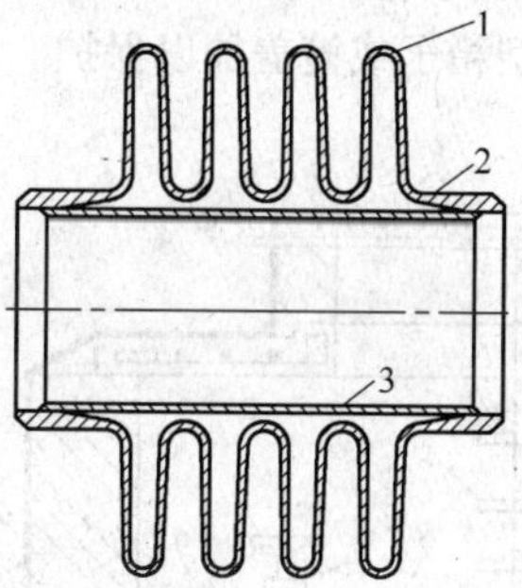

图4-28 波纹补偿器

1—波节；2—直筒；3—套管

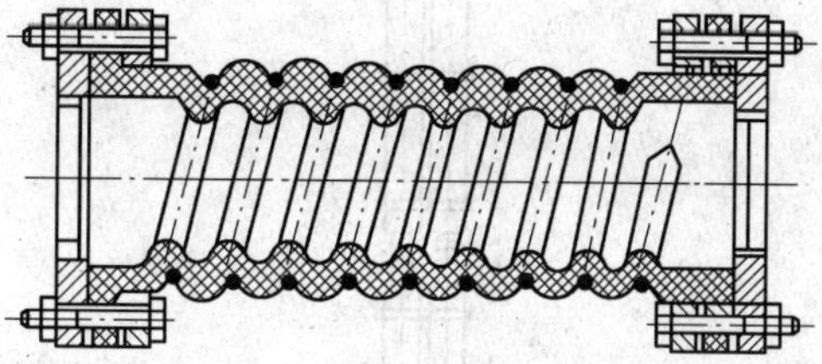

图4-29 橡胶-卡普隆补偿器

4.6.3.3 凝水缸

凝水缸是用于排除燃气管道中冷凝水和石油伴生气管道中轻质油的配件，由集水器、排水装置和井室（护罩）组成。燃气管道敷设时应有一定坡度，以便在低处设凝水缸，将汇集的水或油排出。凝水缸的间距，视水量和油量多少而定。

由于管道中燃气的压力不同，凝水缸有不能自喷和自喷两种。如管道内压力较低，水或油就要依靠抽水设备来排出（图4-30）。安装在高、中压管道上的凝水缸（图4-31），由于管道内压力较高，积水（油）在排水管旋塞打开以后自行喷出。为防止剩余在排水管内的水在冬季冻结，另设有循环管，使排水管内水柱上、下压力平衡，水柱依靠重力回到下部的集水器中。为避免燃气中焦油及萘等杂质堵塞，排水管与循环管的直径应适当加大。在管道上布置的凝水缸还可对其运行状况进行观测，并可作为消除管道堵塞的手段。

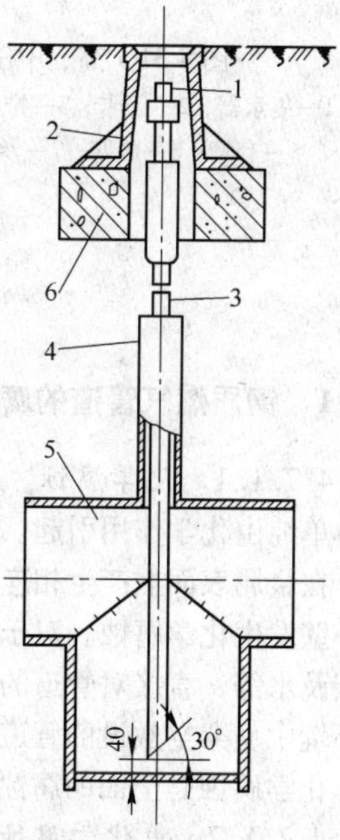

图4-30 低压凝水缸

1—丝堵；2—防护罩；3—抽水管；4—套管；5—集水器；6—底座

4.6.3.4 放散管

这是一种专门用来排放管道内部的空气或燃气的装置。在管道投入运行时利用放散管排出管内的空气，在管道或设备检修时，可利用放散管排放管内的燃气，防止在管道内形成爆炸性的混合气体。在环状管网中阀门的前后都应安装放散管，而在单向供气的管道上则安装在阀门之前。

4.6.3.5　阀门井

为保证管网的安全与操作方便，地下燃气管道上的阀门一般都设置在阀门井中。阀门井应坚固、耐久，有良好的防水性能，并保证检修时有必要的空间。考虑到人员的安全，井体不宜过深。如图4-32所示。

对于直埋设置的专用阀门，可不设阀门井。阀体以下部分可以直接埋在土内，但填料箱、传动装置、电动机等必须露出地面，可用不可燃材料制作轻型箱子或筒盖加以保护。

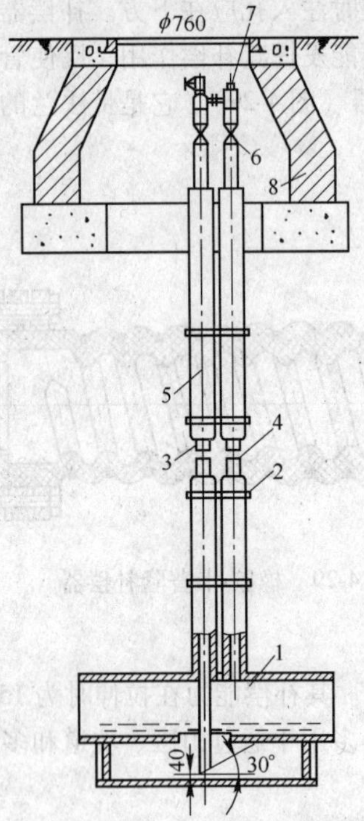

图4-31　高、中压凝水缸

1—集水器；2—管卡；3—排水管；4—循环管；5—套管；6—旋塞；7—丝堵；8—防护罩

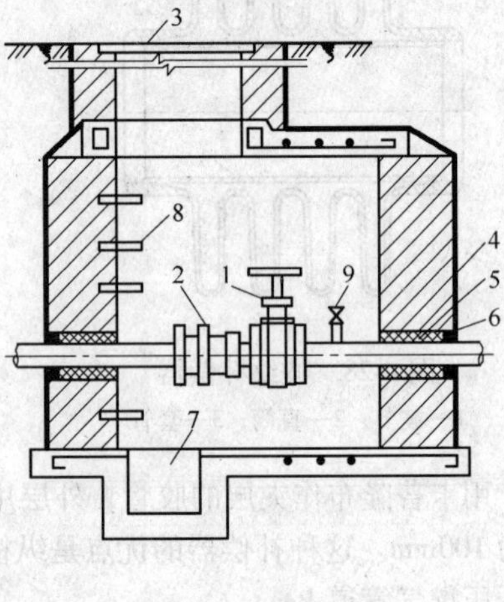

图4-32　单管阀门井

1—阀门；2—补偿器；3—井盖；4—防水层；5—浸沥青麻；6—沥青砂浆；7—集水坑；8—爬梯；9—放散阀

4.7　钢质燃气管道的防腐

4.7.1　钢质燃气管道的腐蚀

4.7.1.1　化学腐蚀

单纯由化学作用引起。金属直接和周围介质如氧、硫化氢、二氧化硫等接触发生化学作用，在金属表面上产生相应的化合物（如氧化物、硫化物等）。钢质燃气管道会在管道的内壁和外壁发生化学腐蚀。对于内壁，因为管道输送的流体中，通常含有少量的氧、硫化物、二氧化碳及水等，直接对管道的内壁产生腐蚀；对于外壁，埋地管道外壁仍然会存在于有氧、水等的环境中，架空敷设的管道同样会在空气中被氧化。

化学腐蚀是全面的腐蚀，在化学腐蚀的作用下，管壁的厚度是均匀减少的。

4.7.1.2　电化学腐蚀

当金属和电解质溶液接触时，由于电化学作用而引起腐蚀。它与化学腐蚀不同，是由于形成了原电池而引起的。

金属燃气管道的电化学腐蚀，在管道的内壁和外壁都会产生。当燃气含有水时，水在管道的内壁形成一层亲水膜，而燃气中所含的硫化氢、二氧化碳、氧等溶于水中便会成为电解质，形成了原电池腐蚀的条件。但当燃气中含水极少时，管道内壁的电化学腐蚀是不严重的。

严重的电化学腐蚀发生在埋地钢管的外壁，这种腐蚀的原理如图 4-33 所示。由于土壤各处物理化学性质不同，管道本身各部分的金相组织结构不同，如晶格的缺陷或含有杂质，金属受冷热加工而变形产生内部应力，特别是钢管表面粗糙度不同等原因，使一部分金属容易电离，形成阳极区，而另一部分金属不容易电离，相对来说电位较正的部分成为阴极区。电子沿管道由容易电离的部分向不易电离的部分流动，腐蚀电流从阴极流向阳极，然后从阳极流离管道，经土壤又回到阴极，形成回路，使阳极区的金属离子不断电离而受到腐蚀，使钢管表面出现凹穴，甚至穿孔。这种腐蚀对城镇埋地钢管的运行安全及寿命构成的威胁最大。

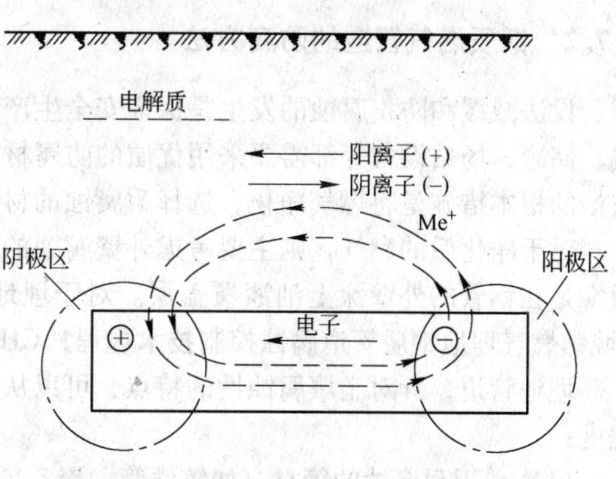

图 4-33 燃气管道在土壤中电化学腐蚀原理

土壤中埋地钢管受到电化学腐蚀的强弱程度，与土壤的腐蚀性即土壤的电阻率有关。土壤的电阻率可通过一定的方法测定出来，依照其值的大小可以划分土壤的腐蚀等级，用以判别土壤对钢管的腐蚀性，为采用合理的钢管防腐措施提供科学的数据参考，参见表 4-18。

表 4-18 土壤腐蚀等级划分

指 标	土壤腐蚀等级		
	强	中	轻
土壤电阻率/Ω · m	<20	20 ~ 50	>50

4.7.1.3 杂散电流对钢管的腐蚀

杂散电流是指从规定的正常电路中流失而在非指定回路中流动的电流。由于外界各种电气设备的漏电与接地，在土壤中形成杂散电流。其中对钢管危害最大的是直流电。泄漏直流电的设备有电气化铁路和有轨电车的钢轨、直流电焊机、整流器外壳接地和阴极保护站的接地阳极等，如图 4-34 所示。

4.7.1.4 细菌作用引起的腐蚀

根据对微生物参与腐蚀过程的研究发现，不同种类细菌的腐蚀行为，其条件也各不相同。例如，在缺氧土壤中存在厌氧的硫酸盐还原菌，它能将可溶的硫酸盐转化为硫化氢，使土壤中氢离子浓度增加，加速了埋地钢管的腐蚀过程。硫酸盐还原菌的活动与土壤的酸碱度（pH 值）有关。pH 值在 4.5 ~ 9 时，细菌生长最为适宜；pH 值在 3.5 以下或 11.0 以上时，细菌的活动完全受到抑制。

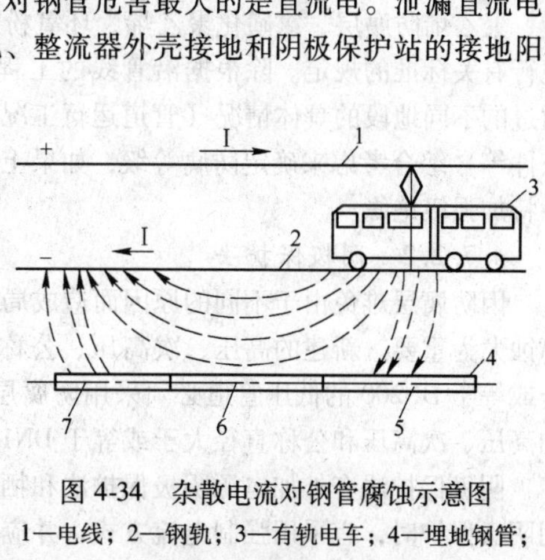

图 4-34 杂散电流对钢管腐蚀示意图

1—电线；2—钢轨；3—有轨电车；4—埋地钢管；5—阴极区；6—过渡区；7—阳极区

4.7.2　钢质燃气管道的防腐方法

设法减缓和防止腐蚀的发生是保证安全生产的根本措施之一，对于城镇燃气输配系统的管线、储罐、场站设备等都需要采用优质的防腐材料和先进的防腐技术加以保护。对于内壁腐蚀防治的根本措施是将燃气净化，选择耐腐蚀的材料，在气体中加入缓蚀剂以及采用管道内涂技术；对于净化后的燃气，则主要考虑外壁腐蚀的防护。对于架空钢管，防止外壁腐蚀的方法，通常是在钢管的外壁涂上油漆覆盖层。对于埋地燃气管道，其防腐设计应符合现行国家标准《城镇燃气埋地钢质管道腐蚀控制技术规程》CJJ95 的有关规定。

埋地管道，针对土壤腐蚀性的特点，可以从下述三个途径来防止腐蚀的发生或降低腐蚀的程度：

（1）采用耐腐蚀的管材，如铸铁管、聚乙烯管等。

（2）增加金属管道和土壤之间的过渡电阻，减小腐蚀电流，如采用防腐绝缘层使电阻增大，在局部地区采用地沟敷设或非金属套管敷设等方法。

（3）采用电保护法，一般也与绝缘层防腐法相结合，以减小电流的消耗。

钢质燃气管道的防腐方法有绝缘层防腐法、阴极保护法及排流保护法等。

4.7.2.1　绝缘层防腐法

管道的绝缘层一般应满足下列要求：

（1）涂覆过程中不应危害人体健康及污染环境；

（2）绝缘电阻不应小于 $10000\Omega \cdot m^2$；

（3）应有足够的抗阴极剥离能力；

（4）与管道的黏结性好，保持连续完整；

（5）应有良好的耐水、汽渗透性；

（6）应有足够的机械强度、韧性及塑性；

（7）应有良好的耐化学介质性能；

（8）应有良好的耐环境老化的性能；

（9）应易于修复；

（10）工作温度应为 $-30 \sim 70$℃。

目前国内外埋地钢管所采用的防腐绝缘层种类很多，有石油沥青、聚乙烯胶带、环氧煤沥青、聚乙烯防腐层、氯磺化聚乙烯、环氧粉末喷涂等。当选用上述防腐绝缘层时，应符合国家现行有关标准的规定。除根据沿管线的工程地质资料（土壤电阻率等）外，还应参照管道所通过的不同地段的具体情况（管道运行工况、管网的系统预期工作寿命、管道施工环境和施工条件等）综合考虑来确定防腐等级，如果土壤腐蚀等级属于特高级或针对一些重要地段，应采用特加强级绝缘。

4.7.2.2　阴极保护法

因防腐层难免由于不同的原因而造成局部损坏，对于防腐层已破坏了的管道，防止电化学腐蚀尤为重要。新建的高压、次高压、公称直径大于或等于 DN100 的中压管道和公称直径大于或等于 DN200 的低压管道必须采用防腐层辅以阴极保护的腐蚀控制系统。仅有防腐层保护的高压、次高压和公称直径大于或等于 DN150 的中压管道应逐步追加阴极保护系统。

阴极保护法有外加电源阴极保护法和牺牲阳极保护法。市区外埋地敷设的燃气干管，当采用阴极保护时，宜采用强制电流方式，并应符合《埋地钢质管道强制电流阴极保护设计规范》SY/T 0036 的有关规定；市区内埋地敷设的燃气干管，当采用阴极保护时，宜采用牺牲阳极法，并应符合《埋地钢质管道牺牲阳极阴极保护设计规范》SY/T 0019 的有关规定。

A 外加电源阴极保护法

利用外加的直流电源，通常是阴极保护站产生的直流电源，使金属管道对土壤造成负电位，其原理如图 4-35 所示。

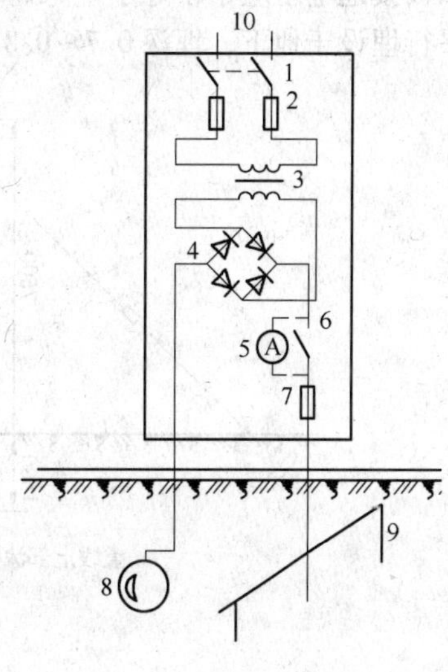

图 4-35 阴极保护原理

1—电源开关；2，7—熔断器；3—变压器；4—整流器；5—电流表；6—开关；8—燃气管道；9—辅助阳极；10—电源

阴极保护站直流电源的正极与辅助阳极连接，负极与被保护的管道在通电点连接。外加电流从电源正极通过导线流向辅助阳极，它和通电点的连线与管道垂直，连线两端点的水平距离约为 300～500m。直流电由辅助阳极经土壤流入被保护的管道，再从管道经导线流回负极。这样使整个管道成为阴极，而与辅助阳极成为腐蚀电池，辅助阳极的正离子流入土壤，不断受到腐蚀，管道则受到保护。

埋地钢质管道达到阴极保护的最低电位值 E_2 也称最小保护电位，指金属经阴极极化后所必须达到的绝对值最小的负电位，该值由土壤腐蚀性质等因素决定。在不知最小保护电位的情况下，可采用比自然电位负 0.2～0.3V 的参数确定，但最好通过试验确定。

当阴极保护通电点处金属管道的电位过大时，可使涂在管道上的沥青绝缘层剥离而引起严重后果，故通电点的最高电位正 E_1 也必须控制在安全数值之内。这个数值称为最大保护电位，通常用试验确定，对于石油沥青防腐层取 1.25V 即可。

常用的阳极材料有废旧钢材、石墨和高硅铁。阳极接地装置目前普遍采用的材料是废旧钢材。废旧钢材的价格便宜、来源广，但钢的理论消耗率高，所以钢质阳极每隔几年就需更换。石墨是目前应用最广的一种永久性材料，它的导电性能好，化学性能稳定。高硅铁的电阻和特性与石墨基本相同，但价格较贵。

电气保护接地、架空进线以及阳极线出口处应安装低压避雷器，防雷接地、电气工作接地及保护接地均应接在一起。阴极保护站的设备安装见图 4-36。

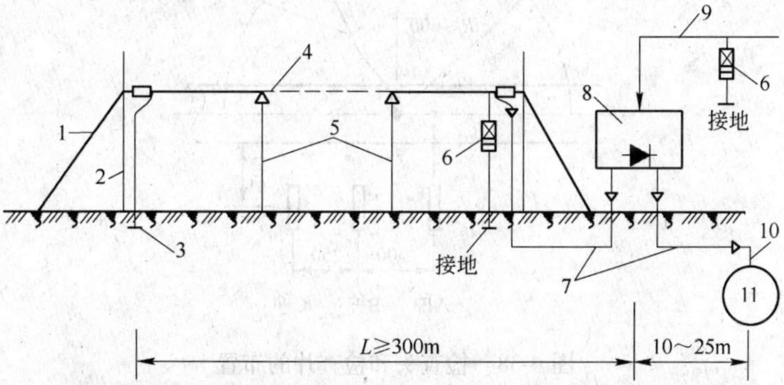

图 4-36 阴极保护站设备安装图

1—拉线；2—木电杆；3—接地阳极；4—阳极架空线；5—水泥电杆；6—低压避雷器；7—电缆；8—整流器；9—交流电源进线；10—通电点；11—燃气管道

阳极接地电阻应小于等于0.5Ω。阳极的位置距被保护管道的水平距离为300～500m，与管道平行埋设于地下，埋深0.7～0.8m。阳极装置见图4-37。

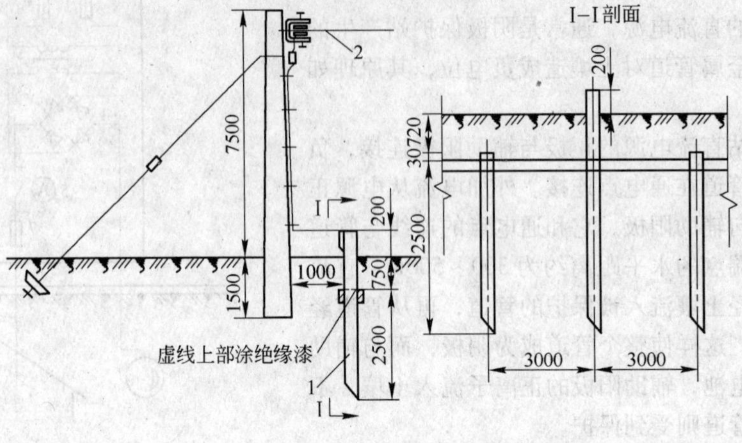

图 4-37　阳极装置

1—阳极；2—电源线

检查头与检查片的设置见图4-38。为了解管道阴极保护电位分布情况，需要通过检查头测定管道对土壤的电位变化，从而分析管道被保护的状况。检查头沿管道通电点两侧分布，距通电点分别为200m、300m、500m、1000m各安装1个，以后每隔1～2km安装1个。每个检查头应设置标志，最好与管道里程桩相结合。

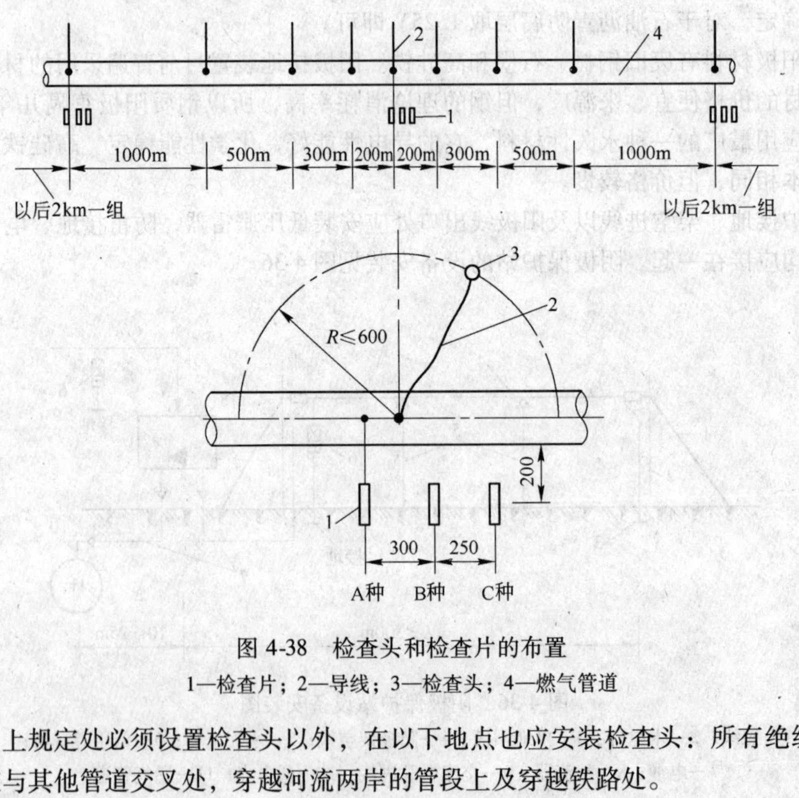

图 4-38　检查头和检查片的布置

1—检查片；2—导线；3—检查头；4—燃气管道

除在以上规定处必须设置检查头以外，在以下地点也应安装检查头：所有绝缘法兰两侧，被保护管道与其他管道交叉处，穿越河流两岸的管段上及穿越铁路处。

检查片用于鉴定管道的腐蚀情况。检查片采用与被保护管道相同的钢材制成，在管道的通电点及沿线每隔 2km 安装一组。每组检查片包括 3 种：A 种——带与管道相同的绝缘保护，通电；B 种——带与管道相同的绝缘保护，不通电；C 种——裸钢片，不通电。

在下列地点应设置绝缘法兰：在被保护管道始、末端的调压站或阀室的进出口处，在被保护管道中间的调压站、压送机站等的进出口处，在被保护管道与其他不应受保护的干、支管连接处，在被保护管道中间的大型穿、跨越的两端。为保证调压站、压送站和阀室两端管道导电的连续性，应加装跨接条将管线连接。参见图 4-39。

绝缘法兰的设置见图 4-40。安装绝缘法兰的目的是将被保护管道和不应受保护管道从导电性上分开。因为当保护电流流到不应受保护的管道上以后，不仅会使电流流失，造成额外损耗，同时将对其他设备产生电蚀的不良影响。安装绝缘法兰就可大大减小保护电流，减小电源功率，提高保护长度。

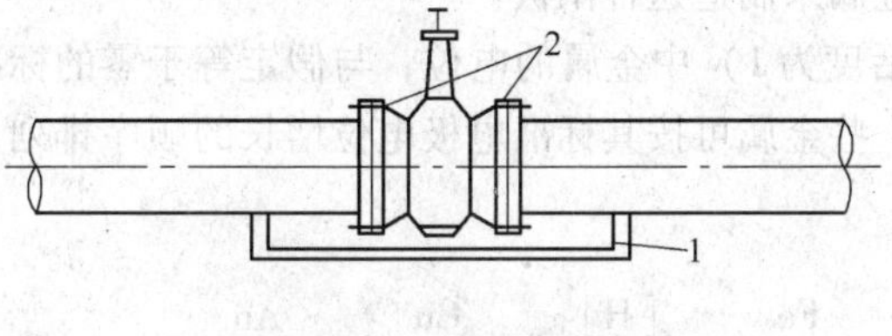

图 4-39 阀门跨接方法

1—跨接的扁钢（需绝缘）；2—绝缘法兰

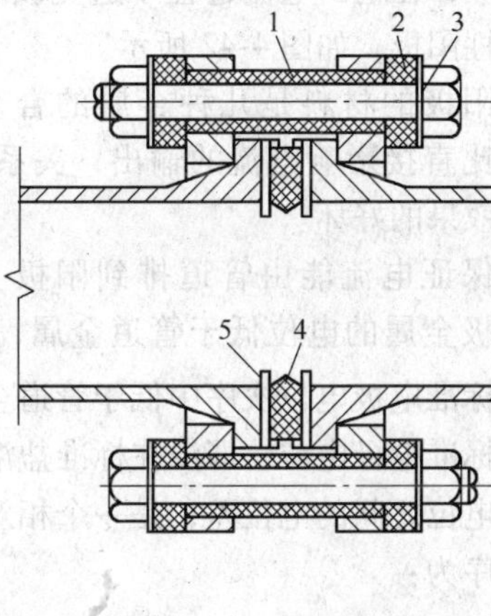

图 4-40 绝缘法兰的设置

1—塑料套管；2—树脂或橡胶垫圈；3—钢垫圈；4—塑料圈；5—铅垫圈

一个阴极保护站的保护半径 R 为 15 ~ 30km，两个站间的距离 S 为 30 ~ 60km，见图 4-41。保护电位和保护半径的确定，应根据现场经验、实验室测定和理论计算等三个方面综合考虑。

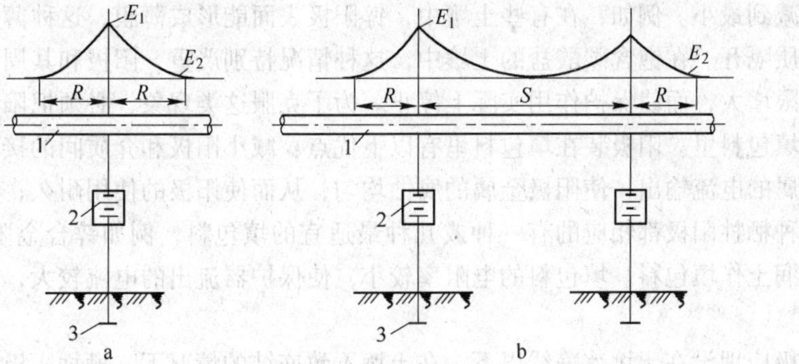

图 4-41 阴极保护站的保护范围

a— 一个阴极保护站；b—两个阴极保护站

1—燃气管道；2—阴极保护站；3—牺牲阳极

当被保护的管道与其他地下金属管道或构筑物邻近时，必须考虑阴极保护站的杂散电流对它们的影响。当这种影响超过现行标准时，就应考虑燃气管道与相邻地下金属管道或构筑物共同的电保护措施。

B　牺牲阳极保护法

采用比被保护金属电极电位较负的金属材料和被保护金属相连，以防止被保护金属遭受腐蚀，这种方法称为牺牲阳极保护法。电极电位较负的金属与电位较正的被保护金属，在电解质溶液（土壤）中形成原电池，作为保护电源。电位较负的金属成为阳极，在输出电流过程中遭受破坏，故称为牺牲阳极，如图4-42所示。

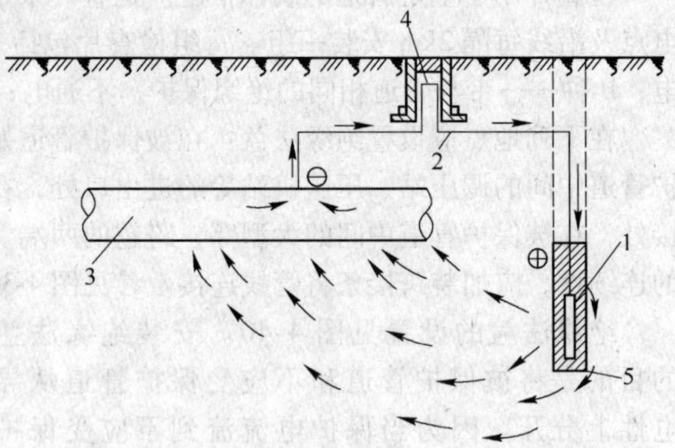

图4-42　牺牲阳极保护原理

1—牺牲阳极；2—导线；3—燃气管道；4—检测柱；5—填料包

牺牲阳极的材料是几种金属的合金，其成分配比直接影响电流的输出，关系到管道保护效果的好坏。

为了保证电流能由管道排到阳极上，必须使阳极金属的电位低于管道金属，因此要用在标准电极电位次序中低于管道金属的金属来制造这种阳极。

所谓标准电极电位，即浸在标准盐溶液（活度为1）中金属的电位，与假定等于零的标准氢电极的电位之间的电位差，是一个相对值。一些金属可按其标准电极电位增长的顺序排列成电化学次序为：

K	Mg	Al	Zn	Fe	[H]	Cu	Au
-2.92	-2.38	-1.10	-0.76	-0.44	0	+0.34	+1.70

牺牲阳极又名保护器，通常是用电极电位比铁更负的金属，如镁、铝、锌及其合金作为阳极。

为了使阳极保护性电流的输出达到足够的强度，必须努力使阳极和土壤（电解质）之间的接触电阻减到最小。例如，在有些土壤中，锌阳极表面能形成薄膜，这种薄膜能把锌阳极和周围的电解质隔开。在饱含碳酸盐的土壤中，这种情况特别严重，阳极和其周围介质间的接触电阻将会无限增大，而使保护作用实际上停止。为了克服这类现象，必须把阳极装在特殊的人工环境——填包料里。阳极装在填包料里有以下优点：减小阳极和介质间的接触电阻；增加每千克阳极金属的电流输出；使阳极金属的腐蚀均匀，从而使阳极的使用耐久；使阳极的保护性能提高。每种牺牲阳极都相应的有一种或几种最适宜的填包料，例如锌合金阳极，用硫酸钠、石膏粉和膨润土作填包料。填包料的电阻率较小，使保护器流出的电流较大，使阳极受到均匀的腐蚀。

牺牲阳极应埋设在土壤冰冻线以下。在土壤不致冻结的情况下，牺牲阳极和管道的距离在0.3~7.0m范围内，对保护电位影响不大。

牺牲阳极的安装如图4-43所示。每组阳极的保护长度一般取200m、300m或500m。

使用牺牲阳极保护时，被保护的金属管道应有良好的防腐绝缘层，此管道与其他不需保护的金属管道或构筑物之间没有通电性，即绝缘良好。

C　阴极保护方法的比较与选择

管道阴极保护方法的优缺点比较列于表4-19。在实际工程中应根据工程规模大小、防腐层质量、土壤环境条件、电源的利用及经济性进行比较，择优选择。

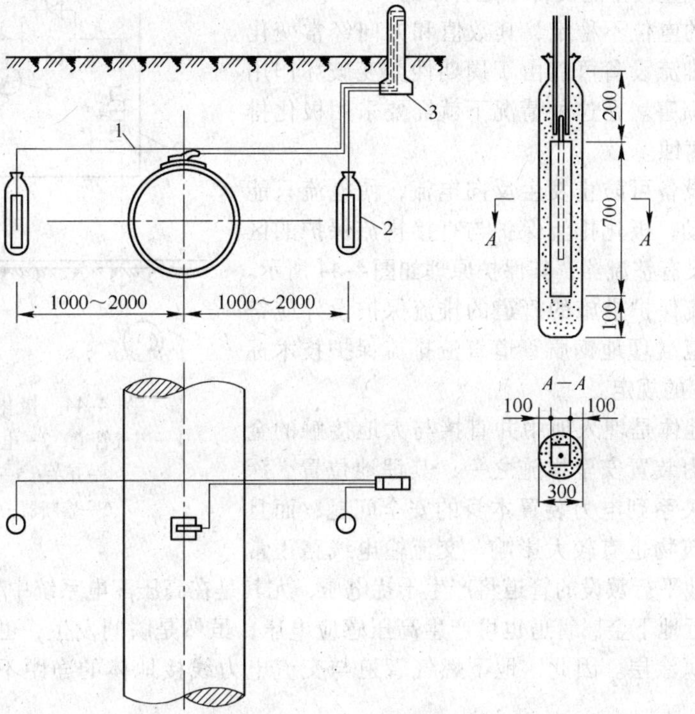

图 4-43 牺牲阳极安装
1—导线；2—镁阳极；3—测试桩

表 4-19 阴极保护方法优缺点比较

方 法	优 点	缺 点
外加电流方法	单站保护范围大，管道越长相对投资比例越小；驱动电压高，能够灵活控制阴极保护电流输量；不受土壤电阻率限制，在恶劣的腐蚀条件下也能使用；采用难溶性阳极材料，可作长期的阴极保护	一次性投资费用较高；需要外部电源；对邻近的地下金属构筑物干扰大，维护管理较复杂
牺牲阳极法	保护电流的利用率较高，不会过保护；适用于无电源地区和小规模分散的对象；对邻近地下金属构筑物几乎无干扰；施工技术简单，安装及维修费用小；接地、防腐兼顾	驱动电位低，保护电流调节困难；使用范围受土壤电阻率的限制，对于大口径裸管或防腐涂层质量不良的管道，由于费用高，一般不宜采用；在杂散电流干扰强烈地区，将丧失保护作用；投产调试工作较复杂

4.7.2.3 排流保护法

防止地下杂散电流腐蚀的方法，除增加回路电阻（即加防腐绝缘层）、阴极保护和牺牲阳极保护外，还可用排流保护法。

用排流导线将管道的排流点与电气铁路的钢轨、回馈线或牵引变电站的阴极母线相连接，使管道上的杂散电流不经土壤而经过导线单向地流回电源的负极，从而保护管道不受腐蚀，这种方法称为排流保护法。排流保护有直接排流和极化排流两种。

直接排流就是管道连接到产生杂散电流的负极上。当回流的电位相当稳定，负极与管道之间的电导率不大，而“管道—负极”的电位差不大于“管道—大地”的电位差，并且管道上总是正电位时，直接排流设备才是有效的。

当回流点的电位不稳定，其数值和方向经常变化时，采用直接排流设备可能由于周期性交变破坏作用而使管道受到损害。在这种情况下就需要采用极化排流设备来防止腐蚀。

极化排流设备可防止发生反向电流，使电流只能向一个方向流动，极化排流保护与直接排流保护的区别，在于前者设有整流器，其保护原理如图4-44 所示。

对采取排流保护措施的管道的排流保护设计应符合国家现行规范《埋地钢质管道直流排流保护技术标准》SY/T 0017 的规定。

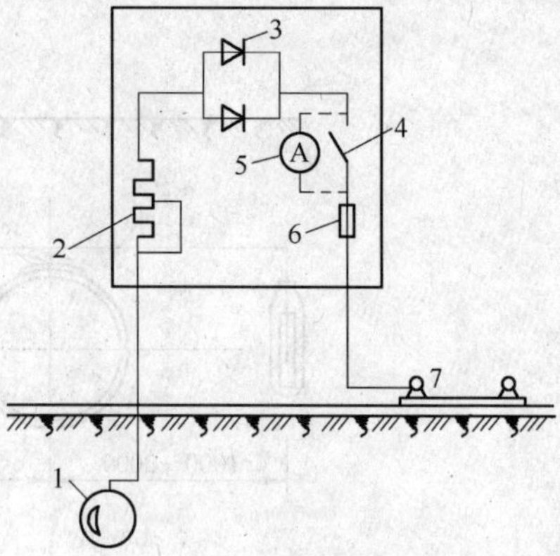

图 4-44 极化排流保护
1—燃气管道；2—电阻；3—整流器；4—开关；5—电流表；6—熔断器；7—钢轨

另外，接地体是埋入地中并直接与大地接触的金属导体，是电力装置安全措施之一，其埋地位置、深度和形式不仅关系到电力装置本身的安全问题，而且对地下金属构筑物也有较大影响。交流输电线路正常运行时，对其他平行敷设的管道将产生干扰电压，尤其是在高压配电系统中，交流电力线发生故障时，对附近地下金属管道也可产生高压感应电压，虽然是瞬间发生，也会威胁人身安全，击穿管道的防腐涂层。因此，地下燃气管道与交流电力线接地体的净距不应小于表 4-20 的规定。

表 4-20 地下燃气管道与交流电力线接地体的净距 (m)

电压等级/kV	10	35	110	220
铁塔或电杆接地体	1	3	5	10
电站或变电所接地体	5	10	15	30

4.8 监控及数据采集系统

以计算机为基础的监视、控制及数据采集（SCADA）系统是指对现场的生产状况进行监视，并将采集的数据通过远传的方式集中到调度中心进行处理，并根据一定的策略进行远程的自动控制，以实现数据采集、设备控制、测量、参数调节以及各类信号报警等各项功能，即实现基本的四遥功能：遥信、遥监、遥控、遥调。

4.8.1 SCADA 系统组成

SCADA 系统无论控制规模大小，其都由三部分组成，即位于调度控制中心的主端调度装置（MTU），位于各场站的远程终端装置（RTU）和连接它们的通信系统（包括通信设备和数传信道），如图 4-45 所示。一套大型主端调度装置可管理数百个远程终端装置，以及上万个检测控制点。一般的 SCADA 系统可完成下列基本功能：

（1）数据采集；

（2）实时信息处理；

（3）数字计算；

（4）监控与调节；

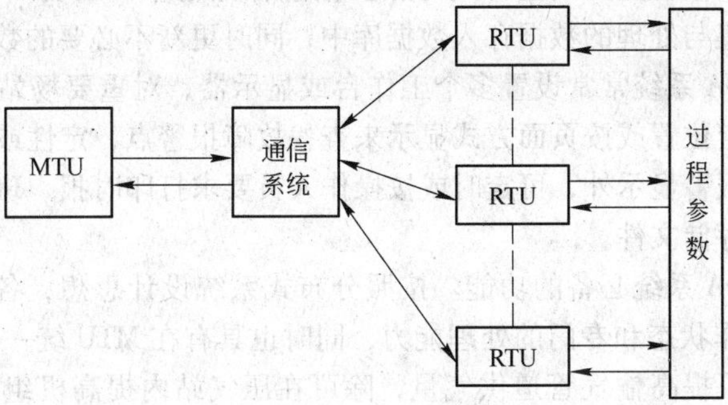

图 4-45 SCADA 系统组成

(5) 事故报警；

(6) 打印制表与数据记录；

(7) 计算机联网通讯。

为了优化管理，可利用计算机联网通信功能由专用计算机系统通过本地网进行管道系统模拟、负荷预报、管道泄漏检测，以及定位、决策模拟分析和工程研究、人员培训等功能，也可与其他计算机网络进行数据交换。

4.8.2 远程终端装置

远程终端装置（RTU）设在长输管道各场站内以及城镇输配系统的门站、储配站、调压站及管网压力监测点等处，其容量大小和复杂程度与场站检测控制功能要求紧密相关。一个小型RTU可能只有几个检测参数和一个简单控制点输出，如干线截断阀室或阴极保护站内的RTU。输气管道中最大、要求最高、功能最全的要属压气站中远程终端装置。据某工程统计，有两台燃气压缩机组的压气站大约有100余点的数据检测和几十个控制回路。

为了掌握工艺生产装置及被输送的燃气状态，需要采集现场数据。现场数据主要有模拟量、离散量、脉冲或频率信号及数字信号输入。RTU通过模拟输入组件获得过程检测值，按要求进行单位变换，判断是否越限后存储采集的原始值、变换值和报警状态值。离散量主要是指设备状态检测，如压力开关通断、阀门全开与全关，液位高低等触点信号。脉冲或频率信号主要来自旋转的机械转速、涡轮流量计、腰轮流量计等转换信号。RTU可对它们的频率进行累计，进行流量率和累积量的计算与存储。数字信号来自某些智能仪表设备，如流量计算机、气相色谱仪、硫化氢检测仪等智能仪表串或并行口的数字量，或者是操作员的键盘输入。

RTU必须保证检测与控制的准确性，它主要完成数据采集、监视控制、逻辑与数据运算和通讯功能，其次是操作人员接口、信息的储存与检索等全部或部分功能。

4.8.3 主端调度装置

主端调度装置（MTU）一般设在调度控制中心或区域控制中心，它是以计算机为中心的调度管理系统，是SCADA系统的心脏。输气管道各场站RTU在它管理下协调地工作。因此，主站机房应设置可靠性较高的不间断电源设备及其备用设备。

MTU通过数据传输通道对远端各站RTU进行数据采集，并进行实时信息处理计算。无论是一个或多个RTU，对每个信息都有地址、信息、性质和量值等特征。MTU需要识别并按要求将原始值进行单位变换和比较判断。为了显示和查询，需要通过对数据库管理将原始值、变换的中间值、最终值、报警点及发生时刻等相关信息存储起来。系统工作时，MTU能按事先安排的程序将当前采集与处理的数据存入数据库中，同时更新不必要的数据。

输气管道的SCADA系统常常设置多个工作台或显示器，对重要场站或关键的监测点进行定点监视。在窗口指定位置或按页面方式显示来查找故障报警点，定性或定量地显示，使操作人员一目了然。除了报警显示外，可定时或按操作人员要求打印时报、班报、日报、月报及年报，还可拷贝屏幕及存储文件。

控制功能是SCADA系统必备的功能。按照分布式系统设计思想，各RTU具有独立工作、自动维持工艺正常工作状态和专门的处理能力，同时也具有在MTU统一管理下协调各RTU运行的能力。例如，为了提高输气管道供气量，除可在压气站内提高机组转速或启动备用机组外，还可在调度控制中心通过遥控指令改变机组转速设定点或启动机组来达到。

4.8.4　数据传输系统

除为调度人员设置的语音通讯系统、可能的图文传真和可视电话外，SCADA系统必须设置一套可靠的数据传输系统。该系统是连接RTU和MTU的纽带，它的首要任务是把输气工艺过程数据和调度控制命令及时准确地传送。它可采用有线、无线、超短波、微波、光纤、卫星等通讯媒介来完成。

MTU和RTU间连接形式称作网络拓扑结构。常采用星形网络、一点多址网络、分级通信网络以及它们的组合网络、环形网络等。

星形网络是在MTU侧采用相同的通讯口直接通过各自专用通道把RTU连接起来(图4-46)，这种方式可以是点对点通讯。此时RTU不需要地址编码，数据传输直接由主机选定对应的通道。在输气管道中采用这种结构时，由于各通道传输数据相当少，占用通道多而利用率不高，只有在RTU数量很少而通道建造费用及运行费用不重要或为迅速确定管道漏失与定位等特殊要求时才考虑此方案。

一点多址网络是一种常用网络方案，输气管道各RTU都共用一个通道（图4-47)。每个RTU有特定地址，主机按地址寻呼，各RTU响应后随数据及相关信息一起返回MTU。对于过多的RTU，或因过多的数据传输而在特定的传输速率下不能在规定的扫描时间内完成全部数据访问时，应采用多条通道。一般一条通道上最多为20台套RTU为宜。

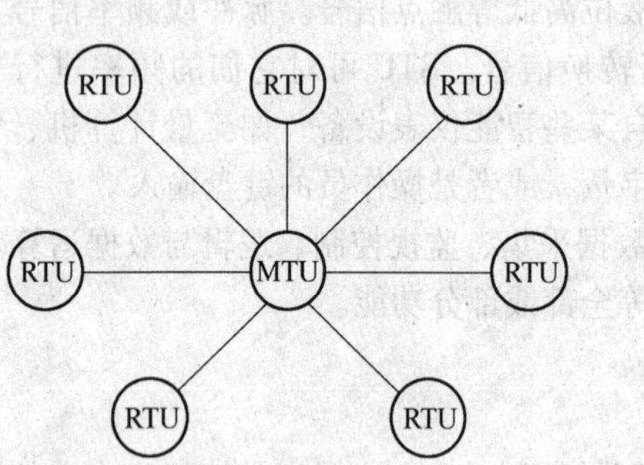

图4-46　星形网络结构示意图

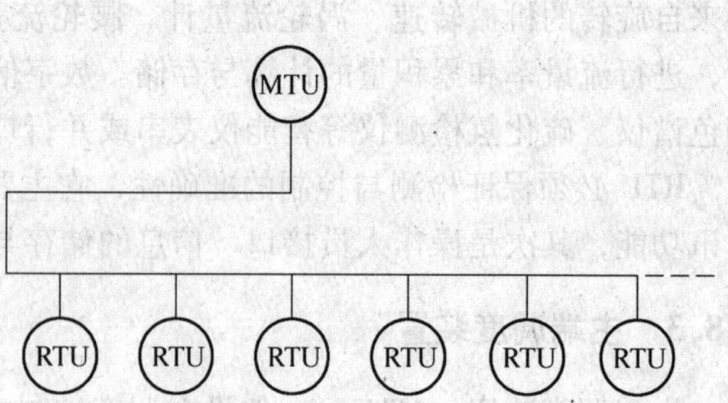

图4-47　干线分支网络结构

分级通讯网络与分级管理相同。MTU与一个以上区域调度中心通讯，区域调度中心再采用上述网络之一，或其混合网络与RTU相连。例如在一条输气管道上分段设置区域调度中心，总调度控制中心管理各区域调度中心。

为实现 MTU 与 RTU 间良好地传输数据信息，需要预先约定能使双方都能理解的信息交换格式，称作通讯规约。作为点对点的通讯，由于没有网络，一般只需要一个简单的通信规约。对于 SCADA 系统选用什么样的通讯网络和什么样的通信规约是决定系统成败的关键之一。一个性能良好的通信规约可传送多种类型的数据而不需要附加的转换硬件与软件。这对于缩短扫描时间、提高数据的准确度是十分有效的。SCADA 系统的信息传输介质和方式应根据当地通信系统条件、系统规模和特点、地理环境，经全面的技术经济比较后确定。信息传输宜采用公共数据通信网络。

近年来，为了提高输气管道的管理水平，SCADA 系统增加了一些新的管理功能，如在线气体平衡计算、管道漏失检测、调度优化、负荷预测、存量分析、财务结算、编制维修计划及人员模拟培训等。通常这些功能是利用 SCADA 数据，使用专门的计算机系统在线或离线地运行，该系统运行的结果数据可直接或间接作用于 MTU，指导整个系统工作。

参 考 文 献

[1] 哈尔滨建筑工程学院等. 燃气输配[M]. 2 版. 北京：中国建筑工业出版社，1988.
[2] 段长贵主编. 燃气输配[M]. 3 版. 北京：中国建筑工业出版社，2001.
[3] 马良涛主编. 燃气输配[M]. 北京：中国电力出版社，2004.
[4] 张浩然主编. 城市燃气输配工程设计、施工技术工艺与验收规范实用手册[M]. 北京：北京科大出版社，2005.
[5] 姜正侯主编. 燃气工程技术手册[M]. 上海：同济大学出版社，1993.
[6] 张廷元等. 城镇燃气输配及应用工程施工图设计技术措施[M]. 北京：中国建筑工业出版社，2007.
[7] 席德粹，刘松林，王可仁. 城市燃气管网设计与施工[M]. 上海：上海科学技术出版社，1999.
[8] 中国市政工程华北设计研究院. GB 50028—2006，城镇燃气设计规范[S]. 北京：中国建筑工业出版社，2006.
[9] 建设部科技发展促进中心. CJJ 63—2008，聚乙烯燃气管道工程技术规程[S]. 北京：中国建筑工业出版社，2008.
[10] 沈阳市规划设计研究院. GB 50289—1998，城市工程管线综合规划规范[S]. 北京：中国标准出版社，1999.
[11] 袁国汀. 建筑燃气设计手册[M]. 北京：中国建筑工业出版社，2003.
[12] 李猷嘉. 燃气输配系统的设计与实践[M]. 北京：中国建筑工业出版社，2007.
[13] 詹淑慧主编. 燃气供应[M]. 北京：中国建筑工业出版社，2004.
[14] 李公藩. 燃气管道工程施工[M]. 北京：中国计划出版社，2001.
[15] 城市建设研究院. CJJ 33—2005，城镇燃气输配工程施工及验收规范[S]. 北京：中国建筑工业出版社，2005.
[16] 北京市煤气热力工程设计院. CJJ 94—2003，城镇燃气室内工程施工及验收规范[S]. 北京：中国建筑工业出版社，2003.
[17] 北京市市政管理委员会. CJJ 95—2003，城镇燃气埋地钢质管道腐蚀控制技术规程[S]. 北京：中国建筑工业出版社，2003.
[18] 方滑瑜主编. 供燃气（给水）用埋地聚乙烯管道[M]. 北京：中国计划出版社，1997.

5 燃气管网的水力计算

水力计算是燃气管网设计计算的重要组成部分。它是以燃气的计算流量为基础，在管网的布置形式确定后进行的。本章主要介绍利用燃气管道水力计算的公式和图表进行燃气管道水力计算的基本方法和步骤。

5.1 燃气管道的水力计算公式和图表

5.1.1 燃气管道的水力计算公式

根据流体力学可知，流体在管道内流动时，要克服沿程阻力和局部阻力，对于气体还要考虑附加压力的影响。水力计算应按照燃气输送压力的不同区别进行。

5.1.1.1 沿程阻力损失计算公式

沿程阻力损失是克服沿程阻力引起的能量损失，在流体运动方程、连续性方程和气体状态方程的基础上，考虑到燃气密度沿程随压力变化的特点，可推导出燃气在圆管内绝热稳定流动时，单位管长沿程阻力损失的计算公式。

A 低压燃气管道沿程阻力损失计算公式

低压燃气管道单位管长沿程阻力损失的计算公式为

$$\frac{\Delta p}{L} = 6.26 \times 10^7 \lambda \frac{Q^2}{d^5}\rho \frac{T}{T_0} \tag{5-1}$$

式中 Δp——低压燃气管道的压力损失，Pa；

L——燃气管道的计算长度，m；

λ——水力摩阻系数；

Q——燃气管道计算流量，m^3/h；

d——管道内径，mm；

ρ——燃气的密度，kg/m^3；

T——设计中所采用的燃气温度，K；

T_0——273.15K。

水力摩阻系数 λ 是反映管内燃气流动的一个无因次数，其数值与燃气在管道内的流动状况、燃气性质、管道材质（管道内壁粗糙度）及连接方法、安装质量有关。

（1）层流状态：$Re \leqslant 2100$，水力摩阻系数 λ 仅与 Re 有关，即

$$\lambda = \frac{64}{Re} \tag{5-2}$$

$$\frac{\Delta p}{L} = 1.13 \times 10^{10} \frac{Q}{d^4}\nu\rho \frac{T}{T_0} \tag{5-3}$$

（2）临界状态：$2100 < Re \leqslant 3500$，此时由下面经验公式计算

$$\lambda = 0.03 + \frac{Re - 2100}{65Re - 10^5} \tag{5-4}$$

$$\frac{\Delta p}{L}=1.9\times10^{6}\left(1+\frac{11.8Q-7\times10^{4}d\nu}{23Q-10^{5}d\nu}\right)\frac{Q^{2}}{d^{5}}\rho\frac{T}{T_{0}} \tag{5-5}$$

（3）紊流状态：$Re>3500$。

水力摩阻系数 λ 宜按式（5-6）计算，即

$$\frac{1}{\sqrt{\lambda}}=-2\lg\left(\frac{K}{3.7d}+\frac{2.51}{Re\sqrt{\lambda}}\right) \tag{5-6}$$

式中 K——管道内壁当量绝对粗糙度。对钢管：输送天然气和气态液化石油气时取 0.1mm，输送人工燃气时取 0.15mm；对于 PE 管取 0.01mm；对于铸铁管取 0.26～0.3mm；

Re——雷诺数，$Re=\frac{du}{1000\nu}$；

u——燃气流动断面的平均流速，m/s；

ν——标准状态下燃气的运动黏度，m^2/s。

式（5-6）是个隐函数公式，其计算上产生的困难，在计算机技术得到广泛应用的今天已不难解决，但考虑到使用部门的实际情况，给出一些形式简单、便于计算的显函数公式仍是需要的。以下公式为采用手算时的公式。

1）钢管：

$$\lambda=0.11\left(\frac{K}{d}+\frac{68}{Re}\right)^{0.25} \tag{5-7}$$

$$\frac{\Delta p}{L}=6.9\times10^{6}\left(\frac{K}{d}+192.2\frac{d\nu}{Q}\right)^{0.25}\frac{Q^{2}}{d^{5}}\rho\frac{T}{T_{0}} \tag{5-8}$$

2）铸铁管：

$$\lambda=0.102236\left(\frac{1}{d}+5158\frac{d\nu}{Q}\right)^{0.284} \tag{5-9}$$

$$\frac{\Delta p}{L}=6.4\times10^{6}\left(\frac{1}{d}+5158\frac{d\nu}{Q}\right)^{0.284}\frac{Q^{2}}{d^{5}}\rho\frac{T}{T_{0}} \tag{5-10}$$

B 高压、次高压和中压燃气管道

高压、次高压和中压燃气管道单位管长沿程阻力损失的计算公式为

$$\frac{p_1^2-p_2^2}{L}=1.27\times10^{10}\lambda\frac{Q^{2}}{d^{5}}\rho\frac{T}{T_{0}}Z \tag{5-11}$$

在次高压和中压燃气管道中，燃气的运动一般都处于紊流状态，水力摩阻系数 λ 值可根据管道材质不同，分别按式（5-7）和式（5-9）计算，也可按式（5-6）计算。燃气管道采用手算时，沿程阻力损失宜按以下公式计算

（1）钢管：

$$\frac{p_1^2-p_2^2}{L}=1.4\times10^{9}\left(\frac{K}{d}+192.2\frac{d\nu}{Q}\right)^{0.25}\frac{Q^{2}}{d^{5}}\rho\frac{T}{T_{0}} \tag{5-12}$$

（2）铸铁管：

$$\frac{p_1^2-p_2^2}{L}=1.3\times10^{9}\left(\frac{1}{d}+5158\frac{d\nu}{Q}\right)^{0.284}\frac{Q^{2}}{d^{5}}\rho\frac{T}{T_{0}} \tag{5-13}$$

式中 p_1——燃气管道起点的绝对压力，kPa；

p_2——燃气管道终点的绝对压力，kPa；

L——燃气管道的计算长度，km；

Z——压缩因子，当燃气压力（表压）小于 1.2MPa 时，Z 取 1；

其他符号意义同前。

聚乙烯燃气管的水力计算公式与钢管相同。

5. 1. 1. 2　局部阻力损失计算公式

局部阻力损失是克服局部阻力引起的能量损失，可按下列方法计算。

A　基本公式

在各种情况下，局部阻力损失均可按式（5-14）计算，即

$$\Delta p = \Sigma\zeta \cdot \frac{\rho u^2}{2} \tag{5-14}$$

式中　Δp——局部阻力损失，Pa；

$\Sigma\zeta$——计算管段中各部分局部阻力系数的总和；

其他符号意义同前。

燃气管网中一些常用管件的局部阻力系数见表 5-1。

表 5-1　局部阻力系数 ζ 值

局部阻力名称	ζ	局部阻力名称	不同管径的 ζ 值					
			DN15	DN20	DN25	DN32	DN40	≥DN50
管径相差一级的骤缩变径管	0. 35①	90°直角弯头	2. 2	2. 1	2. 0	1. 8	1. 6	1. 1
三通直流	1. 0②	旋塞	4	2	2	2	2	2
三通分流	1. 5②	截止阀	11	7	6	6	6	5
四通直流	2. 0②	闸板阀	d = DN50 ~ 100		d = DN175 ~ 200		d≥DN300	
四通分流	3. 0②	闸板阀	0. 5		0. 25		0. 15	
90°光滑弯头	0. 3							

①ζ 对于管径较小的管段；②ζ 对于燃气流量较小的管段。

B　当量长度法

在庭院燃气管道、建筑系统室内燃气管道和工业企业厂区燃气管道水力计算中，局部阻力损失占有较大比例，在设计时应逐个管件计算。除按式（5-14）计算外，为简化起见，也可用当量长度法计算局部阻力损失，即

$$\Delta p = \Sigma\zeta \cdot \frac{\rho u^2}{2} = \lambda \frac{L_2}{d} \cdot \frac{\rho u^2}{2} \tag{5-15}$$

式中　L_2——局部阻力总当量长度，m。

可见

$$L_2 = \Sigma\zeta \cdot \frac{d}{\lambda} \tag{5-16}$$

即用 L_2 计算出的沿程阻力损失等于计算管段上所有局部阻力损失之和。式中 λ 值按不同流态时水力摩阻系数公式确定。

为计算方便，工程中将管道局部阻力系数 $\zeta = 1$ 时，不同种类燃气管道局部阻力的当量长度 $l_2 = \dfrac{d}{\lambda}$ 制成图表，如图 5-1 所示。

这样，管段的计算长度可由式（5-17）求得，即

$$L = L_1 + L_2 = L_1 + \Sigma\zeta \cdot l_2 \tag{5-17}$$

式中　L——计算管段的水力计算长度，m；

L_1——计算管段的实际长度，m。

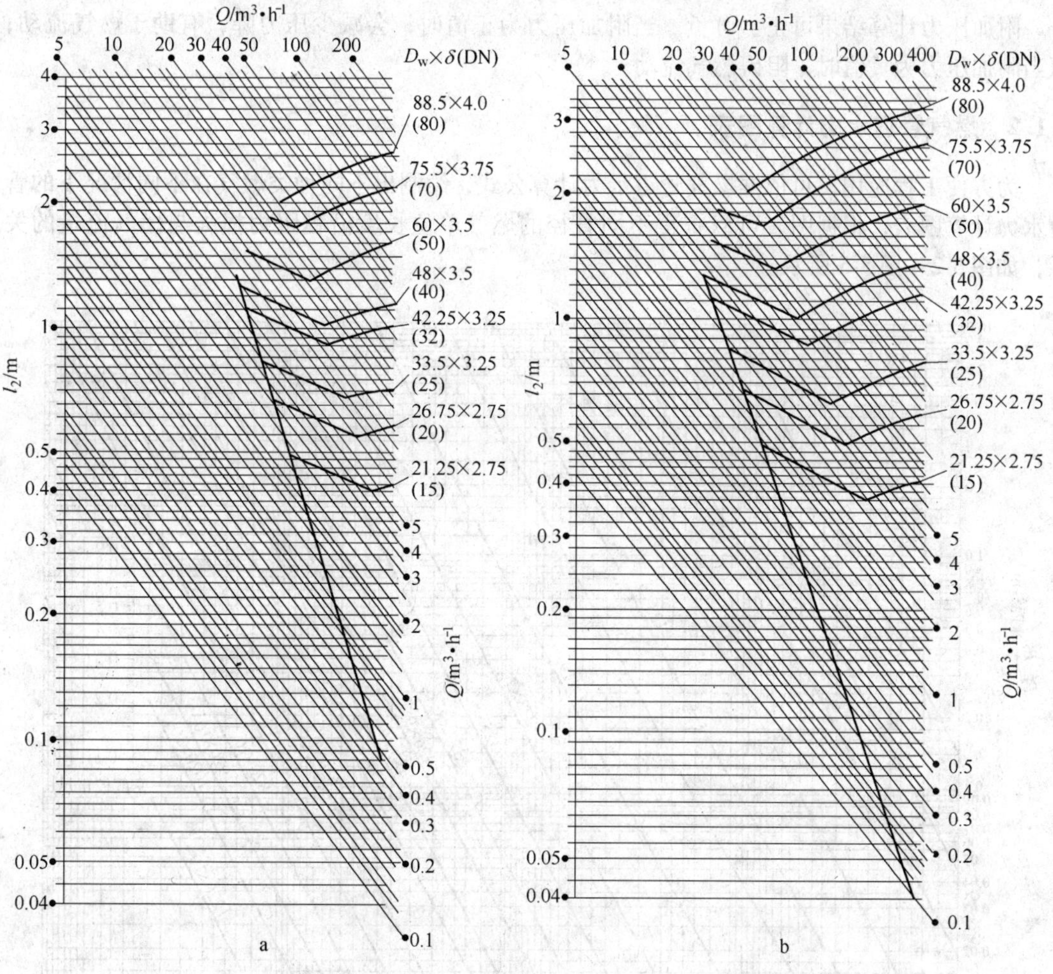

图 5-1 当量长度计算图（$\zeta=1$）

a—人工燃气（标准状态时 $\nu_0=25\times10^{-6}\mathrm{m^2/s}$）；b—天然气（标准状态时 $\nu_0=15\times10^{-6}\mathrm{m^2/s}$）

D_w—管道外径，mm；δ—管壁厚度，mm；DN—公称直径，mm

C 估算法

在燃气输配管网的干线上，局部阻力损失所占比例较小，可按燃气管道沿程阻力损失的5%～10%进行估算。

5.1.1.3 附加压力

附加压力是由于燃气的密度与空气的密度不同，在管段有高程差变化时产生的。在低压燃气管道阻力损失计算时，应考虑附加压力。燃气的附加压力可按式（5-18）计算，即

$$\Delta p_h = gh(\rho_a - \rho) \tag{5-18}$$

式中 Δp_h——燃气的附加压力，Pa；

h——按气流方向，燃气管道终端和始端的高差，m；

g——重力加速度，$\mathrm{m/s^2}$；

ρ_a——空气的密度，$\mathrm{kg/m^3}$；

ρ——燃气的密度，kg/m³。

附加压力计算结果可正、可负。当附加压力为正值时，会减少压力降，有助于燃气流动；而当附加压力为负值时，阻碍燃气流动。

5.1.2　燃气管道水力计算图表

为方便工程应用，可依据燃气管道水力计算公式，绘制出不同种类燃气在不同情况下的管道水力计算图表，根据图表可以查得不同管径的燃气单位长度沿程阻力损失与燃气流量的关系，如图 5-2 ~ 图 5-5 所示。

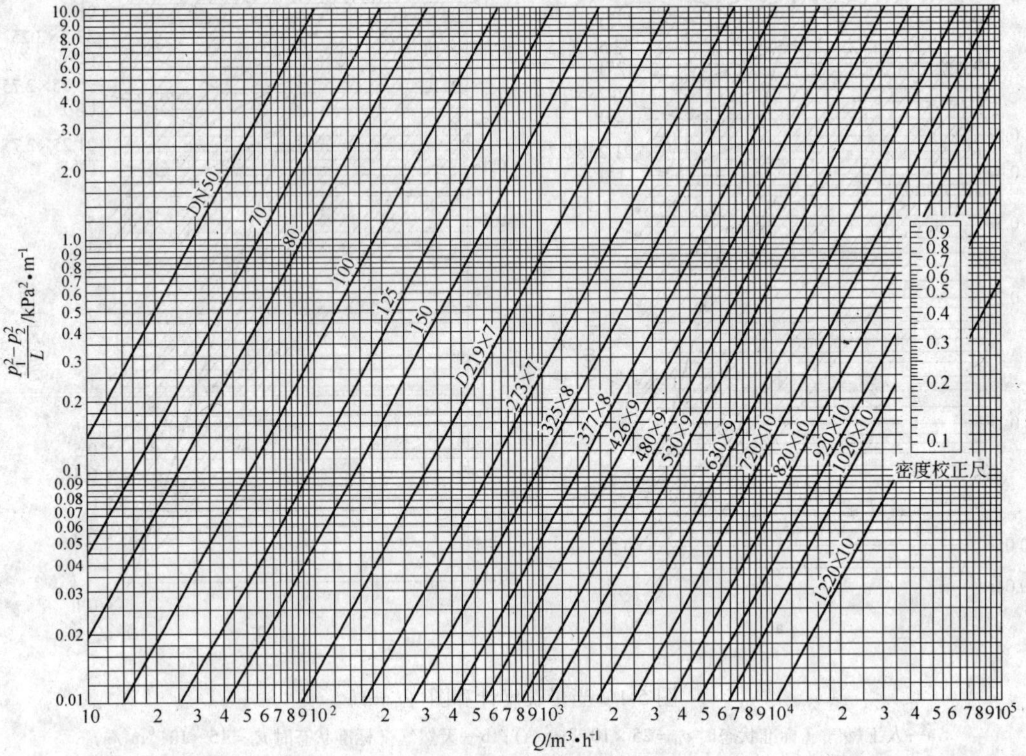

图 5-2　人工燃气高、中压钢管水力计算图

$\rho_0 = 1\text{kg/m}^3$；$\nu_0 = 25 \times 10^{-6}\text{m}^2/\text{s}$

在绘制图表时，有关参数取值如下：燃气密度 $\rho_0 = 1\text{kg/m}^3$；燃气温度 $T = 273.15\text{K}$；压缩因子 $Z = 1$；人工燃气运动黏度 $\nu_0 = 25 \times 10^{-6}\text{m}^2/\text{s}$，天然气运动黏度 $\nu_0 = 15 \times 10^{-6}\text{m}^2/\text{s}$。

在使用图表时，如果实际情况与上述不符，应根据实际情况进行修正。

一般城镇燃气管道内燃气温度接近 273.15K，管道中的压力（表压）小于 1.2MPa，即 Z 可取 1，燃气的运动黏度变化也很小，因而上述参数需要修正的主要是不同燃气密度下的 $\frac{\Delta p}{L}$、$\frac{p_1^2 - p_2^2}{L}$，即

$$\frac{\Delta p}{L} = k_\rho \left(\frac{\Delta p}{L}\right)_{\rho=1} \tag{5-19a}$$

$$\frac{p_1^2 - p_2^2}{L} = k_\rho \left(\frac{p_1^2 - p_2^2}{L}\right)_{\rho=1} \tag{5-19b}$$

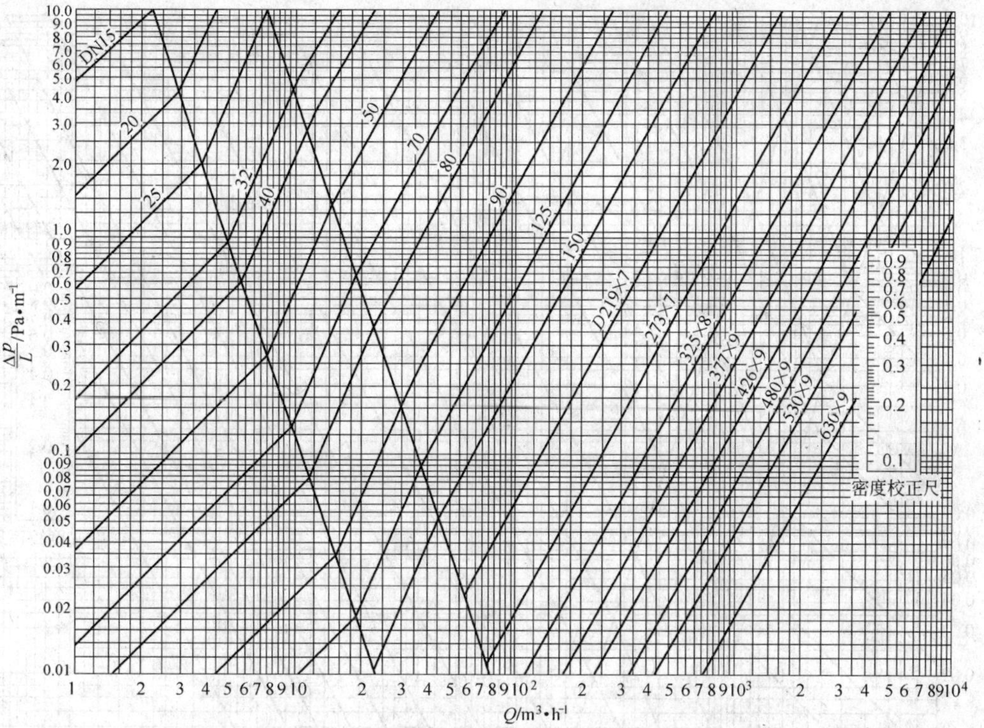

图 5-3 人工燃气低压钢管水力计算图

$\rho_0 = 1\text{kg/m}^3$；$\nu_0 = 25 \times 10^{-6}\text{m}^2/\text{s}$

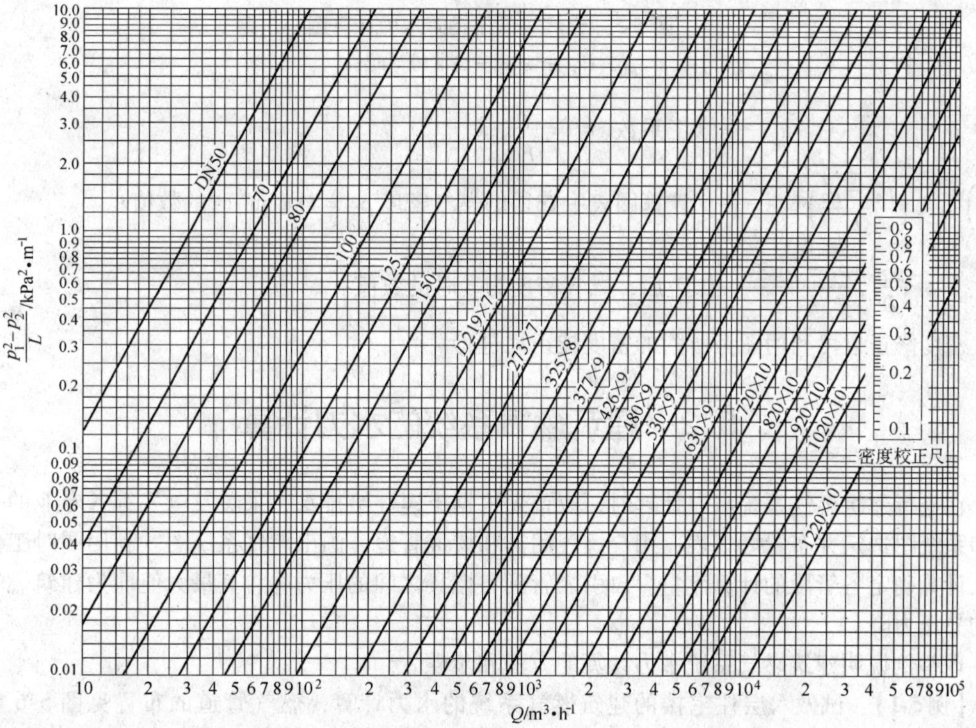

图 5-4 天然气高、中压钢管水力计算图

$\rho_0 = 1\text{kg/m}^3$；$\nu_0 = 15 \times 10^{-6}\text{m}^2/\text{s}$

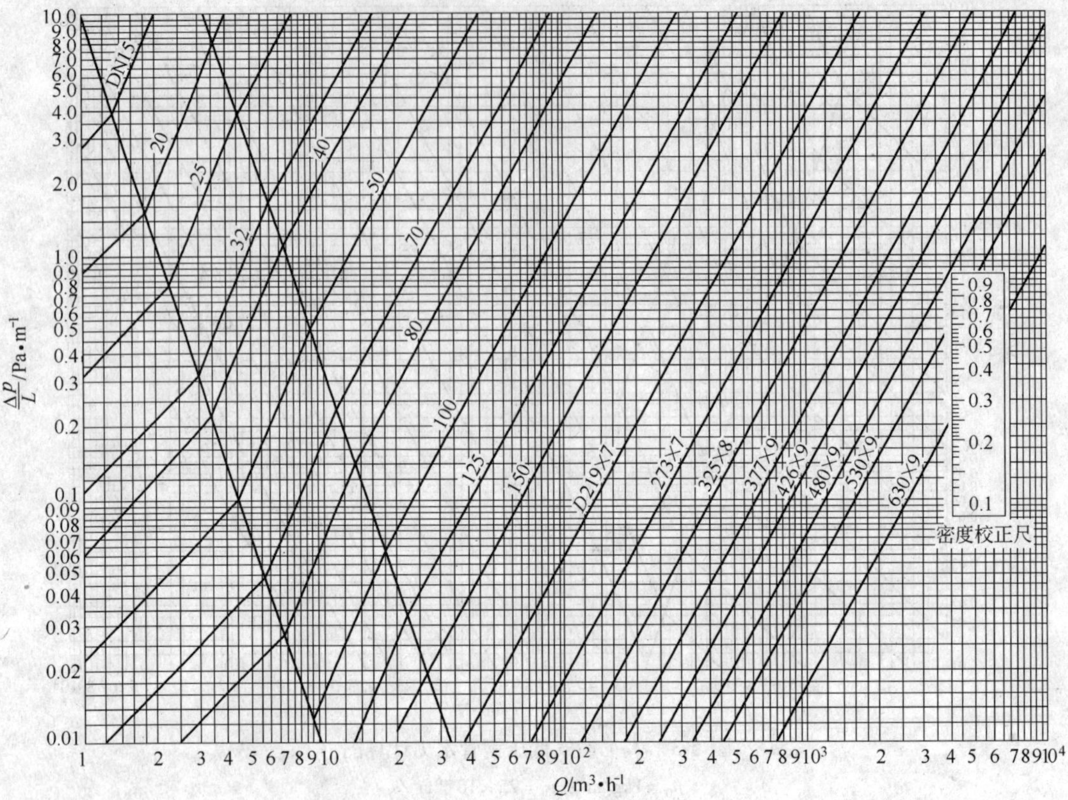

图 5-5　天然气低压钢管水力计算图

$\rho_0 = 1\text{kg/m}^3$；$\nu_0 = 15 \times 10^{-6}\text{m}^2/\text{s}$

式中　k_ρ——修正系数，$k_\rho = \frac{\rho}{\rho_0}$；

$\left(\frac{\Delta p}{L}\right)_{\rho=1}$，$\left(\frac{p_1^2 - p_2^2}{L}\right)_{\rho=1}$——从计算图表中查得的燃气密度 $\rho_0 = 1\text{kg/m}^3$ 时的数值；

$\frac{\Delta p}{L}$，$\frac{p_1^2 - p_2^2}{L}$——修正后，燃气密度为 ρ 时的数值。

密度修正也可利用图旁所附的密度校正尺进行。

5.2　建筑燃气系统的水力计算

在进行建筑燃气系统水力计算时，应首先根据土建、给排水、采暖及电气等各专业的平面图和系统图选定并布置燃气表、用户燃气用具和燃气管道，画出燃气系统图。利用同时工作系数法计算确定各管段的计算流量。自引入管到各燃具之间的压力降，其最大值即为建筑燃气系统的总压力降。

现举例说明建筑燃气系统水力计算的方法和步骤。

【例 5-1】　试做六层住宅楼的建筑燃气系统的水力计算，燃气管道的布置见图 5-6 和图 5-7，每家用户装双眼灶一台，额定热负荷 $4.8 \times 2\text{kW}$，燃气热值为 18MJ/m^3，燃气密度 $\rho = 0.45\text{kg/m}^3$，运动黏度 $\nu = 25 \times 10^{-6}\text{m}^2/\text{s}$。

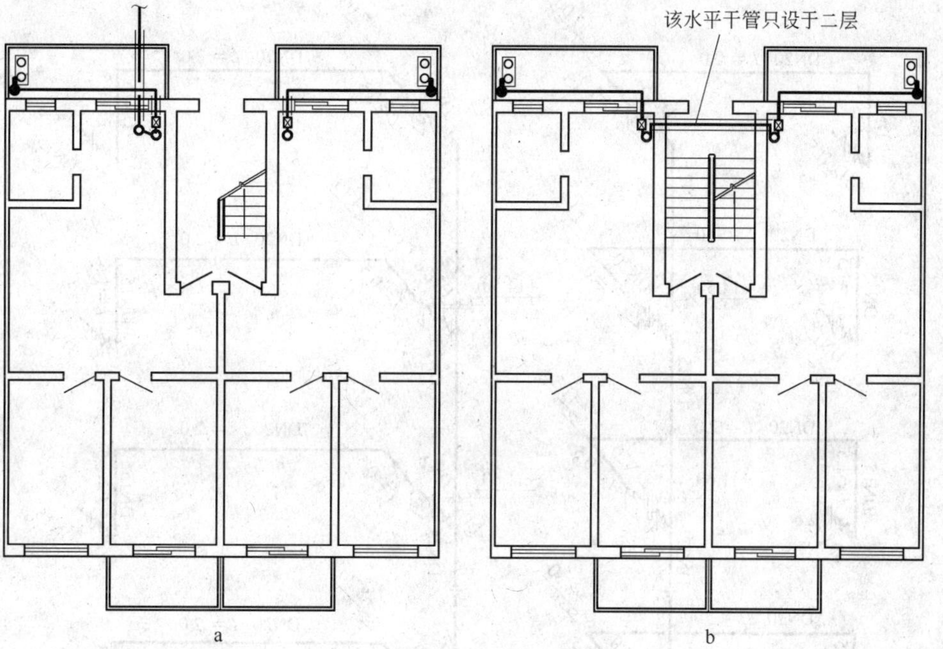

图 5-6 室内燃气平面布置图
a—一层平面图；b—二～六层平面图

【解】 燃具的额定流量为 $Q_n = \dfrac{4.8\times 2\times 3600}{18000} = 1.92\text{m}^3/\text{h}$

计算步骤如下：

（1）将各管段按顺序编号，凡管径变化或流量变化处均应编号，并标上各计算管段的实际长度 L_1。

（2）求出各管段的额定流量，并按同时工作系数法，即式(2-10)计算各管段的计算流量 Q。

（3）根据计算流量预选各管段的管径（用户支管最小管径为 DN15）。

（4）查表 5-1 得各管段局部阻力系数 ζ，查图 5-1 得 $\zeta=1$ 时的 l_2 值，求出总当量长度 $L_2=\Sigma\zeta\cdot l_2$，从而可得管道的水力计算长度 $L=L_1+L_2$。

（5）根据燃气种类、密度和运动黏度选择水力计算图 5-3 确定管段单位长度的压降值 $\left(\dfrac{\Delta p}{L}\right)_{\rho=1}$。由于本题的燃气密度为 $\rho=0.45\text{kg/m}^3$，需进行密度修正，即

$$\frac{\Delta p}{L} = k_\rho\left(\frac{\Delta p}{L}\right)_{\rho=1} = \left(\frac{\Delta p}{L}\right)_{\rho=1}\times 0.45$$

得到修正后的管段单位长度的压降值 $\dfrac{\Delta p}{L}$，乘以管段的水力计算长度 L，即得该管段的总阻力损失 Δp。

（6）由式（5-18）计算各管段的附加压力 Δp_h，即

$$\Delta p_h = 10\times(1.293-0.45)h = 8.43h$$

（7）求各管段的实际压力损失，即 $\Delta p-\Delta p_h$。

（8）求室内燃气管道的总压力降，人工燃气计算压力降一般不超过 80～100Pa（不包括燃气表的压力降）。

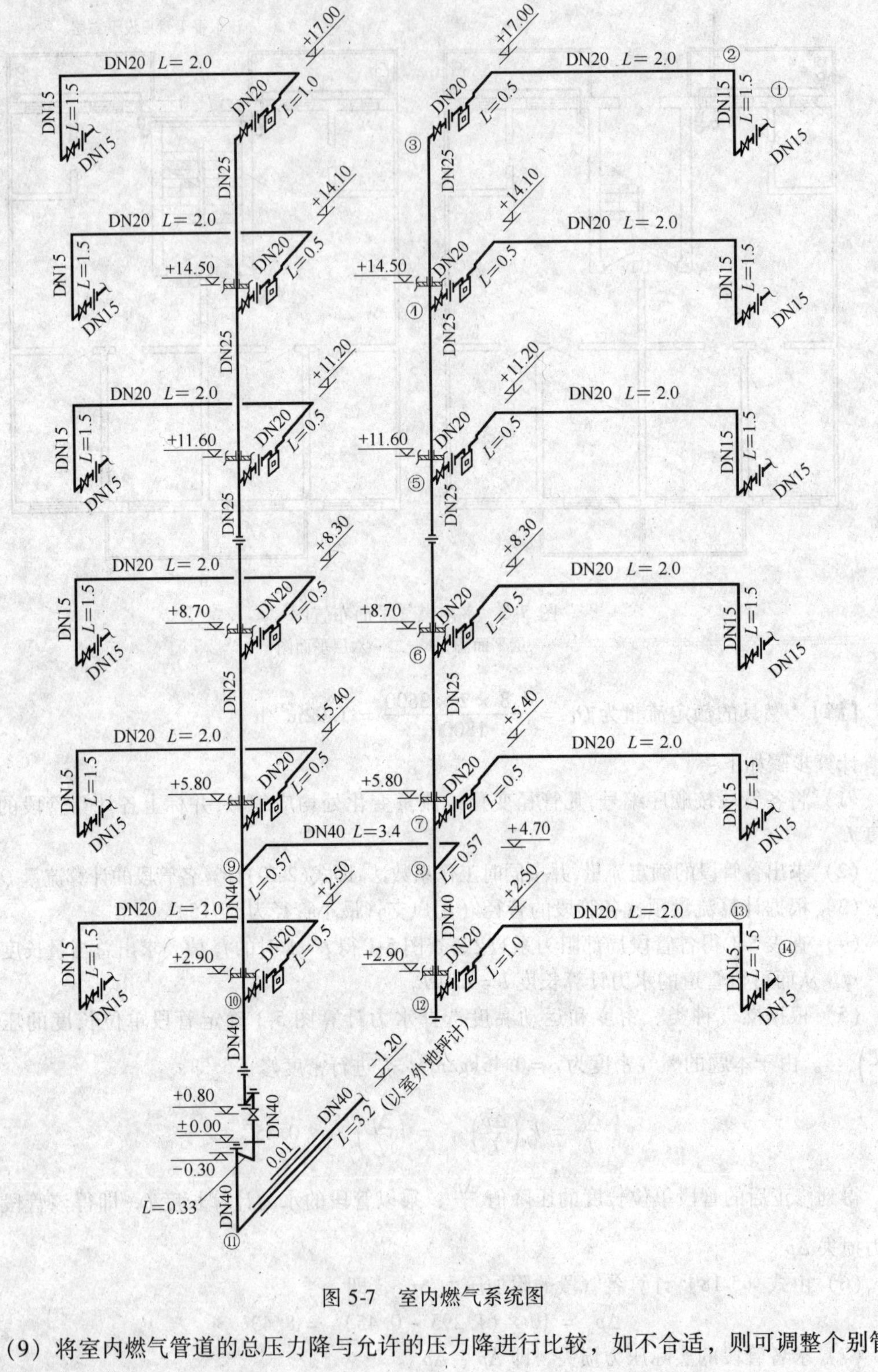

图 5-7　室内燃气系统图

(9) 将室内燃气管道的总压力降与允许的压力降进行比较，如不合适，则可调整个别管段的管径，直至合格。

以上计算列于表 5-2 中。

表 5-2 室内燃气水力计算

管段号	额定流量 Q_n /$m^3 \cdot h^{-1}$	同时工作系数 k	计算流量 Q /$m^3 \cdot h^{-1}$	管段长度 L_1/m	管径 d/mm	局部阻力系数 $\sum\zeta$	l_2/m	当量长度 L_2/m	计算长度 L/m	单位长度压力损失 $\frac{\Delta p}{L}$ /Pa·m^{-1}	压力损失 Δp/Pa	管段终端始端标高差 h/m	附加压力 Δp_h /Pa	管段实际压力损失 $\Delta p-\Delta p_h$ /Pa	管段局部阻力系数计算及其他说明
1-2	1.92	1.00	1.92	1.50	15	8.4	0.42	3.53	5.03	4.82	24.24	-1.50	-12.65	36.89	90°直角弯头 2×2.2=4.4,旋塞=4 $\frac{\Delta p}{L}=10.71\times0.45=4.82$
2-3	1.92	1.00	1.92	2.7	20	14.6	0.42	6.13	8.83	1.53	13.51			13.51	90°直角弯头 6×2.1=12.6,旋塞=2 $\frac{\Delta p}{L}=3.4\times0.45=1.53$
3-4	1.92	1.00	1.92	2.90	25	1.0	0.42	0.42	3.32	0.62	2.06	2.90	24.45	-22.39	三通直流=1
4-5	3.84	1.00	3.84	2.90	25	1.0	0.79	0.79	3.69	1.37	5.06	2.90	24.45	-19.39	三通直流=1
5-6	5.76	0.85	4.90	2.90	25	1.0	0.65	0.65	3.55	2.69	9.55	2.90	24.45	-14.90	三通直流=1
6-7	7.68	0.75	5.76	2.90	25	1.35	0.62	0.84	3.74	3.91	14.62	2.90	24.45	-9.83	三通直流=1,变径管=0.35
7-8	9.60	0.68	6.53	0.70	40	1.5	1.17	1.76	2.46	0.41	1.01	0.70	5.90	-4.89	三通分流=1.5
8-9	11.52	0.64	7.37	4.54	40	4.7	1.07	5.03	9.57	0.56	5.36			5.36	90°直角弯头 2×1.6=3.2, 三通分流=1.5
9-10	21.12	0.53	11.19	2.20	40	1.0	0.96	0.96	3.16	1.44	4.55	2.20	18.55	-14.00	三通直流=1
10-11	23.04	0.52	11.98	4.48	40	9.7	0.97	9.41	13.89	1.63	22.64	4.15	34.98	-12.34	90°直角弯头 2×1.6=3.2,三通分流= 3×1.5=4.5,旋塞=2
管道 1-2-3-4-5-6-7-8-9-10-11 总压力降 $\Delta p=-41.98$Pa															
14-13	1.92	1.00	1.92	1.50	15	8.4	0.42	3.53	5.03	4.82	24.24	-1.50	-12.65	36.89	90°直角弯头 2×2.2=4.4,旋塞=4
13-12	1.92	1.00	1.92	2.7	20	14.6	0.42	6.13	8.83	1.53	13.51			13.51	90°直角弯头 6×2.1=12.6,旋塞=2
12-8	1.92	1.00	1.92	2.20	40	1.5	0.42	0.63	2.83	0.10	0.28	-2.20	-18.55	18.83	三通分流=1.5
管道 14-13-12-8-9-10-11 总压力降 $\Delta p=69.23$Pa															

5.3 燃气输配管道的计算流量

5.3.1 燃气输配管道的分类

在燃气输配管道中，由管段始端输入的流量为 Q_N，沿程输出的流量称为途泄流量 Q_1；流经管段，由始端送至末端的流量称为转输流量 Q_2。

按照管段所具有的途泄流量和转输流量不同，燃气输配管道可分为以下几类：

（1）只有转输流量的管段。如图 5-8a 所示。用户连接在管段的末端，沿程没有燃气输出，即 $Q_1=0$，管段中燃气流量是个常数，它等于管段始端输入的流量 Q_N，也等于该管段的转输流量 Q_2，因而其计算流量即为 $Q_N=Q_2$。

（2）只有途泄流量的管段。如图 5-8b 所示。管段与大量居民用户、小型公共建筑用户相连，由管段始端进入的燃气沿途全部供给各个用户，这种管段只有途泄流量 Q_1，并且 $Q_1=Q_N$，没有转输流量，即 $Q_2=0$。

（3）既有途泄流量又有转输流量的管段。如图 5-8c 所示。由管段始端进入的燃气，一部分沿途供给各个用户，另一部分由管段始端送至末端，即管段既具有途泄流量 $0<Q_1<Q_N$，又有转输流量 $0<Q_2<Q_N$，这种管段是输配管段最常见的供气情况。

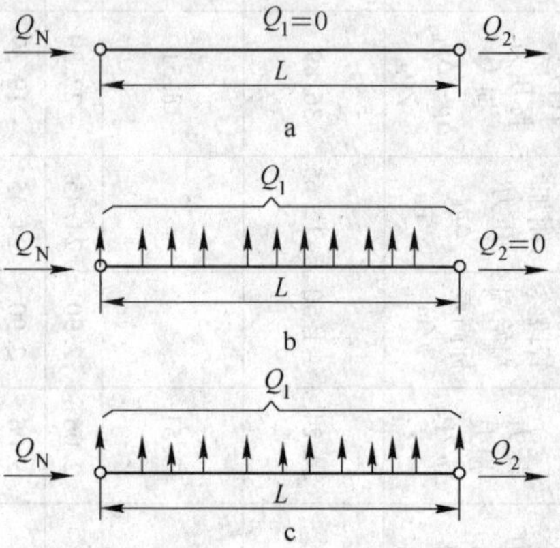

图 5-8　燃气管道的计算流量类型

a—只有转输流量的管段；b—只有途泄流量的管段；c—有途泄流量和转输流量的管段

由此可见，在图 5-8b、c 两种情况下，管段中的流量沿程不断发生变化，在管网水力计算时，应根据实际情况确定合适的计算流量进行计算。

5.3.2 变负荷低压分配管段计算流量

在设计低压分配管网时，一般只能获得街坊或区域总的用气负荷，各用户用气的原始资料通常很难详尽和确切。在确定管段计算流量时，一般应首先确定途泄流量的大小。

5.3.2.1　途泄流量 Q_1 的确定

在城镇燃气管网计算途泄流量时，可作如下假设：

（1）途泄流量 Q_1 沿管段均匀输出。

（2）途泄流量只包括大量的居民用户和小型公共建筑类商业用户。若该管段上连有负荷较大的用户，应当作集中负荷进行计算。

（3）供气区域内居民用户和小型公共建筑类商业用户的负荷是均匀分布的。

按此假设，途泄流量可按下述方法确定：

1）在供气范围内按不同居民人口密度划分成小区。

2）分别计算各小区用气量，即

$$Q_z = Ne \tag{5-20}$$

式中 Q_z——小区用气量，m^3/h；

N——小区人口数；

e——每人每小时的燃气计算流量，m^3/h。其值与居民生活水平、用气设备类型、有无集中采暖和热水供应等因素有关。

3）计算各小区管段单位长度途泄流量为

$$q_z = \frac{Q_z}{\Sigma L} \tag{5-21}$$

式中 q_z——该小区需要的管段单位长度的途泄流量，m^2/h；

ΣL——供应该小区管段总长度，m。

4）求各管段的途泄流量，即

$$Q_1 = \Sigma q_z \cdot L \tag{5-22}$$

式中 Q_1——某管段的途泄流量，m^3/h；

L——某管段长度，m；

Σq_z——某管段单位长度的途泄流量，m^2/h。

若该管段向一侧小区均匀供气，则 Σq_z 为这个小区需要的管段单位长度的途泄流量；若该管段向两侧小区均匀供气，则 Σq_z 应为这两个小区需要的管段单位长度的途泄流量之和。

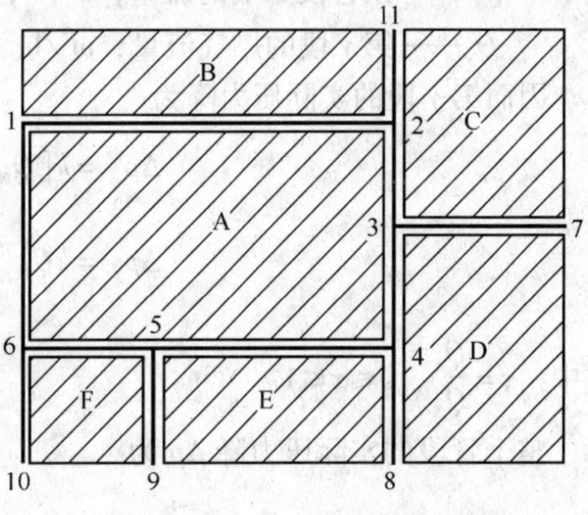

图 5-9 各管段途泄流量计算示意图

以图 5-9 为例，依据式（5-22）计算。

1－2管段的途泄流量为

$$Q_1^{1-2} = (q_B + q_A)L_{1-2} = \left[\frac{Q_B}{L_{1-2-11}} + \frac{Q_A}{L_{1-2-3-4-5-6-1}}\right]L_{1-2}$$

2－3 管段的途泄流量为

$$Q_1^{2-3} = (q_C + q_A)L_{2-3} = \left[\frac{Q_C}{L_{11-2-3-7}} + \frac{Q_A}{L_{1-2-3-4-5-6-1}}\right]L_{2-3}$$

4－8 管段的途泄流量为

$$Q_1^{4-8} = (q_D + q_E)L_{4-8} = \left[\frac{Q_D}{L_{7-3-4-8}} + \frac{Q_E}{L_{8-4-5-9}}\right]L_{4-8}$$

6－10 管段的途泄流量为

$$Q_1^{6-10} = q_F L_{6-10} = \frac{Q_F}{L_{9-5-6-10}} L_{6-10}$$

其余管段依此类推。

5.3.2.2 变负荷管段的计算流量的确定

变负荷管段计算流量的确定原则是用计算流量 Q 求得的管段压力降应与变负荷管段的实际压力降相等。计算流量 Q 可用式（5-23）表示，即

$$Q = \alpha Q_1 + Q_2 \tag{5-23}$$

式中　Q_1——途泄流量，m^3/h；

Q_2——转输流量，m^3/h；

α——系数，与 Q_1、Q_2 之比及沿途支管数有关。

如图 5-10 所示。某管段直径为 d，长度为 L，其上有 n 个分支管，将管段分成 $n+1$ 段，假定相邻分支管的间距 l 相等。

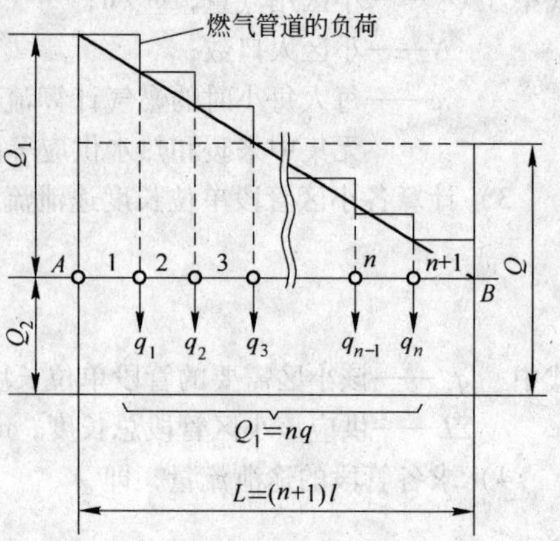

图 5-10　燃气分配管段的负荷变化示意图

各管段的实际压力降为

$$\Delta p = kQ^{1.75}l \tag{5-24}$$

管段上第 y 段的燃气流量为

$$Q_y = Q_N - (y-1)q \tag{5-25}$$

式中　Q_N——该管段始端的流量，m^3/h；

Q_y——第 y 段的燃气流量，m^3/h。

因而第 y 段的实际压力降为

$$\Delta p_y = k[Q_N - (y-1)q]^{1.75}l$$

$$\Delta p_y = kQ_N^{1.75}l\left[1-(y-1)\frac{x}{n}\right]^{1.75}$$

式中　$x=\dfrac{Q_1}{Q_N}$，$0 \leqslant x \leqslant 1$。

整个管段的实际压力降 Δp 为

$$\Delta p = \sum_{y=1}^{n+1}\Delta p_y = kQ_N^{1.75}\frac{L}{n+1}\sum_{y=1}^{n+1}\left[1-(y-1)\frac{x}{n}\right]^{1.75}$$

将上式括号内各项以麦克劳林级数展开，并经整理得

$$\Delta p = kQ_N^{1.75}L\left(1-0.88x+0.11\frac{2n+1}{n}x^2\right) \tag{5-26}$$

用式（5-23）所示的计算流量代入式（5-24），得管段的压力降为

$$\Delta p = k(\alpha Q_1 + Q_2)^{1.75}L = kQ_N^{1.75}L\left(\frac{\alpha Q_1}{Q_N}+\frac{Q_N-Q_1}{Q_N}\right)^{1.75} = kQ_N^{1.75}L(\alpha x + 1 - x)^{1.75} \tag{5-27}$$

根据变负荷管段计算流量的确定原则，式（5-26）和式（5-27）表示的压力应相等，从而可求得 α 值为

$$\alpha = \frac{\sqrt[1.75]{1-0.88x+0.11\dfrac{2n+1}{n}x^2}}{x} - \frac{1-x}{x} \tag{5-28}$$

取不同的 n 和 x 所得的 α 值列于表5-3 中。由表可见，当 $x=0$，即途泄流量为零时，α 没有物理意义，由式（5-28）得其极限值为0.5；当 $x=1$，即转输流量为零，并且 $n=\infty$ 时，$\alpha=0.562$。

燃气分配管道，一个管段上的分支管数一般不少于5～10个，x 值在0.3～1.0 范围内，此

时 α 在0.5~0.6之间，一般取其平均值，$\alpha=0.55$。

表 5-3 水力计算公式中幂指数为 1.75 时所得 α 值

x	支管数 n		
	1	5	∞
0	0.5	0.5	0.5
1	0.674	0.59	0.562

如用式 $\Delta p = kQ^2 l$ 代替式（5-24）进行上述计算，其结果见表5-4。

表 5-4 水力计算公式中幂指数为 2.0 时所得 α 值

x	支管数 n				
	1	5	10	100	∞
0	0.5	0.5	0.5	0.5	0.5
0.5	0.582	0.538	0.534	0.528	0.528
1	0.707	0.606	0.592	0.577	0.577

由表5-3和表5-4中的数值可见，压降计算公式中的幂指数等于1.75~2.0时，α 值的变化并不大，实际计算中均可采用平均值 $\alpha=0.55$。

因而，变负荷分配管段计算流量的公式为

$$Q = 0.55Q_1 + Q_2 \tag{5-29}$$

由此可见，变流量分配管段可看作沿途没有流量泄出，只在管段终端有一集中负荷的管段，其流量为 Q，此时该管段的压力降等于实际上既有转输流量又有途泄流量的该管段的压力降。这样途泄流量被看成了两个集中流量，即在管段始端为 $0.45Q_1$，管段终端为 $0.55Q_1$。

5.3.3 节点流量

在燃气管网计算时，特别是在用计算机进行燃气环状管网水力计算时，常把途泄流量转化成节点流量来表示。这样，假设沿管线不再有流量流出，即管段中的流量不再沿管线变化，它产生的管段压力降与实际压力降相等。由上述分析可知，管道的计算流量可由管道终端节点流量 αQ_1 和始端节点流量（$1-\alpha$）Q_1 来代替。

（1）当 α 取0.55时，管道始端 i、终端 j 的节点流量分别为

$$q_i = 0.45Q_1^{i-j} \tag{5-30}$$

$$q_j = 0.55Q_1^{i-j} \tag{5-31}$$

式中 Q_1^{i-j}——从 i 节点到 j 节点管道的途泄流量，m^3/h；

q_i，q_j——i 节点、j 节点的流量，m^3/h。

对于连接多根管道的节点，其节点流量等于燃气流入节点（管段终端）的所有管段的途泄流量的0.55倍，与流出节点（管段始端）的所有管段的途泄流量的0.45倍之和，再加上相

应的集中流量。如图 5-11 所示，各节点流量为

$$q_1 = 0.55Q_1^{6-1} + 0.45Q_1^{1-2}$$

$$q_2 = 0.55Q_1^{1-2} + 0.55Q_1^{5-2} + 0.45Q_1^{2-3}$$

$$q_3 = 0.55Q_1^{2-3} + 0.55Q_1^{4-3}$$

$$q_4 = 0.55Q_1^{5-4} + 0.45Q_1^{4-3}$$

$$q_5 = 0.55Q_1^{6-5} + 0.45Q_1^{5-2} + 0.45Q_1^{5-4}$$

$$q_6 = 0.45Q_1^{6-5} + 0.45Q_1^{6-1}$$

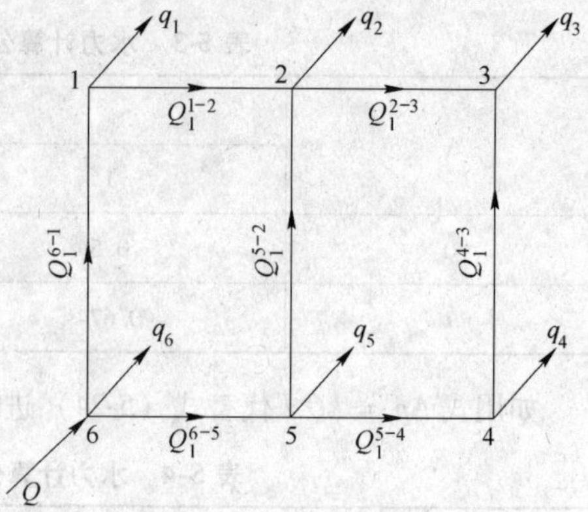

图 5-11　节点流量图

管网各节点流量的总和应与管网区域的总计算流量相等，即

$$Q = q_1 + q_2 + q_3 + q_4 + q_5 + q_6$$

（2）当 α 取 0.5 时，管道始端 i、终端 j 的节点流量均为

$$q_i = q_j = \frac{1}{2}Q_1^{i-j} \tag{5-32}$$

则管网各节点的节点流量等于该节点所连接的各管段的途泄流量之和的一半。

（3）管段上所接的大型用户为集中流量，也可转化为节点流量。根据集中流量离该管段两端节点的距离，近似地按反比例分配于两端节点上。对于特大型用户，应在用户所在处增设节点。

5.4　燃气管网的水力计算

5.4.1　枝状燃气管网的水力计算

5.4.1.1　枝状燃气管网水力计算的特点

枝状管网是由输气管段和节点组成。任何形状的枝状管网，其管段数 P 和节点数 m 的关系均符合 $P = m - 1$。

燃气在枝状管网中从气源至各点只有一个固定流向，输送至某管段的燃气只能由一条管道供气，流量分配方案也是唯一的，枝状管道的转输流量只有一个数值，任一管段的流量等于该管段以后（顺气流方向）所有节点流量之和，因此每一管段只有唯一的流量值。

此外，枝状管网中变更某一管段的直径时，不影响管段的流量分配，只导致管道终点压力的改变。因此，枝状管网水力计算中各管段只有直径 d_i 与压力降 Δp_i 两个未知数。

5.4.1.2　枝状燃气管网水力计算的步骤

（1）对管网的节点和管道编号。

（2）确定气流方向，从主干线末梢的节点开始，利用 $\Sigma Q_i = 0$ 的关系，求得管网各管段的计算流量。

（3）根据确定的允许压力降，计算管线单位长度的允许压力降。

（4）根据管段的计算流量及单位长度允许压力降预先选管径。

（5）根据所选定的管径，求沿程阻力损失和局部阻力损失，计算总的压力降。

(6) 检查计算结果。若总的压力降超出允许的精度范围，则适当变动管径，直至总压力降小于并趋近于允许值为止。

5.4.2 环状燃气管网水力计算

5.4.2.1 环状燃气管网水力计算的特点

环状管网是由一些封闭成环状的输气管段与节点组成。任何形状的环状管网，其管段数 P、节点数 m、环数 n 的关系均符合下式

$$P = m + n - 1$$

环状管网任何一个节点均可由两向或多向供气，输送至某管段的燃气同时可由一条或几条管道供气，可以有许多不同的流量分配方案。分配流量时，在保证供给用户所需燃气量的同时，必须保持每一节点的燃气连续流动，也就是流向任一节点的流量必须等于流离该节点的流量。

此外，环状管网中变更某一管段的直径时，就会引起所有管段流量的重新分配，并改变管网各节点的压力值。因此，环状管网水力计算中各管段有 3 个未知量：直径 d_i，压力降 Δp_i 和流量 Q_i，即管网未知量总数等于管段数的 3 倍，设管段数为 P，则未知量总数等于 $3P$。

为了求解环状管网，需列出足够的方程式。

(1) 每一管段的压力降 Δp_i 计算公式为

$$\Delta p_i = K_i \frac{Q_i^{\alpha}}{d_i^{\beta}} l_i \qquad (i = 1,2,\cdots,P) \tag{5-33}$$

式中，α 和 β 值与燃气流动状况及管道粗糙度有关，而常数 K_i 则与燃气性质有关。一共可得 P 个公式。

(2) 每一节点处流量的代数和为零。即

$$\Sigma Q_i = 0 \qquad (i = 1,2,\cdots,m-1) \tag{5-34}$$

因为最后一个节点的方程式在各流量均为已知值的情况下不能成为一个独立的方程式，故所得的方程式数等于节点数减 1，共可得 $m-1$ 个方程式。

(3) 对于每一个环，燃气按顺时针方向流动的管段的压力降定为正值，逆时针方向流动的管段的压力降定为负值，则环网的压力降之和为零，即

$$\Sigma p_n = 0 \qquad (n = 1,2,\cdots,n) \tag{5-35}$$

所得的方程式数等于环数，故可得 n 个方程式。

(4) 燃气管网的计算压力降 Δp 等于从管网源点至零点各管段压力降之和 $\Sigma\Delta p_i$，即

$$\Sigma\Delta p_i - \Delta p = 0 \tag{5-36}$$

所得的方程式数等于管网的零点数 q。零点是环网最末管段的终点，是除气源点外管网中已知压力值的节点。

至此，已得到 $2P+q$ 个方程，而未知量的个数为 $3P$ 个，尚需补充 $P-q$ 个方程。为了求解，我们按供气可靠性原则预先分配流量，按经济性原则采用等压力降法选取管径作为补充条件求解。

5.4.2.2 环状燃气管网水力计算的步骤

环状管网水力计算可采用解管段方程组、解环方程组和解节点方程组的方法。不管用哪种

解法，总是对压力降方程、连续性方程和能量方程联立求解，以求得未知的管径及压力降。在进行燃气管道水力计算时，常利用单位长度平均压力降来确定管径。这个方法既适用于枝状管道，也适用于环状管网，求得的管径接近于经济管径。另外，次高压、中压环网和低压环网的计算方法没有原则性的区别。

本节着重介绍用手工方法解环方程的计算方法。环状管网在初步分配流量时，必须满足连续性方程 $\Sigma Q_i = 0$ 的要求，但按该设定流量选定管径求得各管段压力降以后，每环往往不能满足能量方程 $\Sigma \Delta p_n = 0$ 的要求。因此，解环方程的环状管网计算过程，就是重新分配各管段的流量，反复计算，直到同时满足连续性方程组和能量方程组为止，这一计算过程称为管网平差。最终计算是确定每环的校正流量，使压力闭合差尽量趋近于零。若最终计算结果未能达到各种技术经济要求，还需要调整管径，进行反复运算，以确定比较经济合理的管径。具体步骤如下：

（1）参照管网平面布置图绘制管网水力计算用草图。

（2）编环号、节点号，标注管段长度、燃气负荷、气源及调压站位置，确定集中负荷用户的位置。

（3）在已知用户用气量和已定管网布置图的基础上，计算整个供气范围内集中负荷的用气量和单位长度的途泄流量。

（4）定零点，选择零点时应使从供气点到用户的燃气流经的距离最短，且自供气点流经各管段至零点的水力半径基本相等。

（5）确定各管段中的燃气流向，气流方向总是流离供气点，不应逆向。

（6）计算管网各管段的途泄流量、转输流量和计算流量。

（7）由已知的管网计算压力降和供气点至零点的管道长度，求得单位长度平均压力降 $\frac{\Delta p}{L}$，选择各管段的管径。局部阻力损失通常取沿程阻力损失的10%。

（8）进行校正计算（即水力平差计算），使所有封闭环网压力降的代数和等于零或接近于零，直至达到工程允许的误差范围。在管网校正计算时，常采用逐次渐近法。

如图5-12所示的环状燃气管网，取顺时针方向流动的燃气为正方向，为正号；逆时针方向流动的燃气为反方向，为负号。经初步计算后，环网中各管段的管径已定，但Ⅰ、Ⅱ环压力降的代数和均不等于零，设Ⅰ、Ⅱ环压力降的闭合差分别为 Δp_{I} 和 Δp_{II}，对于低压管段，假定管网所有管段的流动状态均处于水力光滑区，则其压力降可由式（5-37）计算，即

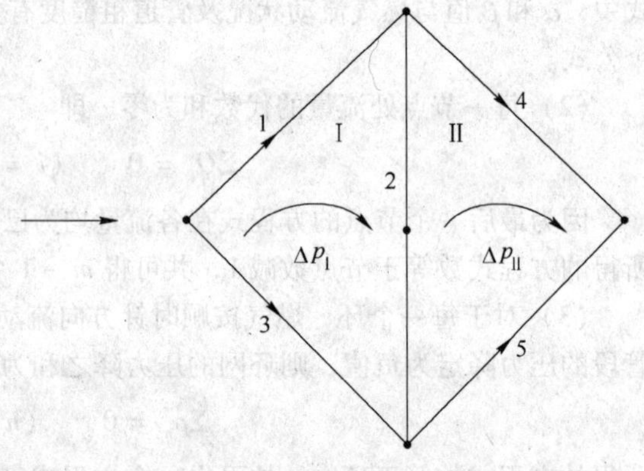

图5-12　环状管网示意图

$$\Delta p = aQ^{1.75} \tag{5-37}$$

式中　Δp——管段的压力降；

Q——燃气流量；

a——管道阻抗。

为消除初步计算后的闭合差，必须进行管网流量的再分配，使管网各环的水力闭合差为零或达到允许的计算精度。为了不破坏节点上的流量平衡，采用校正流量来消除闭合差。

为使各环压力降的代数和等于零，各环的校正流量可近似地由两项表示

$$\Delta Q = \Delta Q' + \Delta Q'' \tag{5-38}$$

式中 $\Delta Q'$——未考虑邻环校正流量的影响而得到的计算环的校正流量值；

$\Delta Q''$——为使结果更为精确，考虑了邻环校正流量对计算环的影响而加于 $\Delta Q'$ 上的附加项。

对于任意一个环，$\Delta Q'$ 这个近似值的一般形式为

$$\Delta Q' = -\frac{\Sigma \Delta p}{1.75 \Sigma \dfrac{\Delta p}{Q}} \tag{5-39}$$

$\Delta Q''$ 的一般形式表示为

$$\Delta Q'' = \frac{\Sigma \Delta Q'_{\mathrm{nn}} \left(\dfrac{\Delta p}{Q}\right)_{\mathrm{ns}}}{\Sigma \dfrac{\Delta p}{Q}} \tag{5-40}$$

式中 $\Sigma \Delta p$——计算环的压力闭合差；

$\dfrac{\Delta p}{Q}$——计算环的各管段的压力降与流量之比；

$\Delta Q'_{\mathrm{nn}}$——邻环校正流量的第一个近似值（即邻环路的 $\Delta Q'$）；

$\left(\dfrac{\Delta p}{Q}\right)_{\mathrm{ns}}$——该环路中与邻环共用的管段的压力降与计算流量之比。

式（5-40）中，$\dfrac{\Delta p}{Q}$ 和 $\left(\dfrac{\Delta p}{Q}\right)_{\mathrm{ns}}$ 始终为正值，$\Sigma \Delta p$ 内各项的符号由计算确定，一般取顺时针时为正，逆时针时为负，ΔQ 的符号与 $\Sigma \Delta p$ 的符号相反。

当计算环有几个邻环，相应有多个共用管段时，各邻环的 $\Delta Q'_{\mathrm{nn}}$ 与 $\left(\dfrac{\Delta p}{Q}\right)_{\mathrm{ns}}$ 需一一对应。

鉴于次高压、中压燃气管网多处于紊流状态，压力降表达式为

$$\delta p^2 = p_1^2 - p_2^2 = aQ^2 \tag{5-41}$$

式中 δp^2——管段的压力平方差。

其环网的校正流量为

$$\Delta Q = \Delta Q' + \Delta Q'' = -\frac{\Sigma \delta p^2}{2\Sigma \dfrac{\delta p^2}{Q}} + \frac{\Sigma \Delta Q'_{\mathrm{nn}} \left(\dfrac{\delta p^2}{Q}\right)_{\mathrm{ns}}}{\Sigma \dfrac{\delta p^2}{Q}} \tag{5-42}$$

先计算各环的 $\Delta Q'$，进而才能求出考虑邻环影响的 $\Delta Q''$，令 $\Delta Q = \Delta Q' + \Delta Q''$，一次校正每环各管段的计算流量。若校正后闭合差仍未达到精度要求，则需再一次计算校正流量 $\Delta Q'$、$\Delta Q''$ 及 ΔQ，使之逐次逼近并达到允许的要求精度为止。

压力闭合差的精度要求为

（1）低压管网：

$$\frac{|\Sigma \Delta p|}{0.5\Sigma |\Delta p|} \times 100\% < \varepsilon \tag{5-43}$$

（2）次高压、中压管网：

$$\frac{|\Sigma \delta p^2|}{0.5\Sigma |\delta p^2|} \times 100\% < \varepsilon \tag{5-44}$$

式中　Δp 或 δp^2——环网内各管段的压力降或压力平方差（顺时针为正，逆时针为负）；

$|\Delta p|$ 或 $|\delta p^2|$——环网内各管段的压力降或压力平方差的绝对值；

ε——工程计算的精度要求（容许误差），一般人工计算 $\varepsilon<10\%$。

【例 5-2】 如图 5-13 所示低压燃气管网，图中注有环网各边长度。人口密度为 600 人/hm²，用气定额 2600MJ/(人·a)，$K_m^{max}K_d^{max}K_h^{max}=3.64$，有一个集中用户，用气量为 100m³/h。A 为调压站。管网输送人工燃气，燃气热值为 18MJ/m³，燃气密度为 0.45kg/m³，运动黏度为 25×10^{-6}m²/s，输送温度 $T=273.15$K。管材为钢管，允许压力降为550Pa。试进行水力计算。

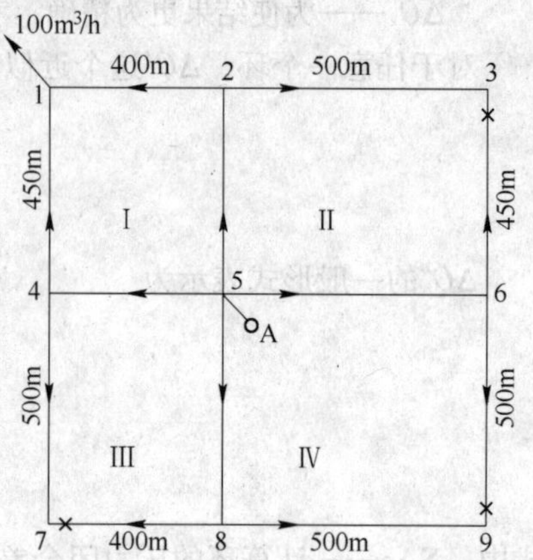

图 5-13　环形管网计算简图

【解】　(1) 计算各环的单位长度途泄流量：

1) 按管网布置将供气区分成小区；

2) 计算各环内的最大小时用气量；

3) 计算供气环周边的总长；

4) 计算各环单位长度的途泄流量。

上述计算结果列于表 5-5 中。

表 5-5　各环的单位长度途泄流量

环　号	面积 /hm²	居民数 /人	平均的最大小时用气量 /m³·(人·h)⁻¹	本环供气量 /m³·h⁻¹	环周边长 /m	单位长度途泄流量 /m²·h⁻¹
Ⅰ	18.0	10800	0.06	648	1700	0.3811
Ⅱ	22.5	13500	0.06	810	1900	0.4263
Ⅲ	20.0	12000	0.06	720	1800	0.4000
Ⅳ	25.0	15000	0.06	900	2000	0.4500
				$\Sigma Q=3078$		

(2) 确定各管段的计算流量：

1) 在管网的计算简图上将各管段依次编号，在距供气点（调压站 A）最远处，假定零点（1、3、7 和 9）的位置，同时决定气流的方向。

2) 计算各管段的途泄流量。

3) 计算各管段的转输流量，计算由零点开始，与气流相反方向推算到供气点。当集中负荷由两侧管段供气时，转输流量以各分担一半左右为宜。

4) 计算各管段的计算流量 $Q=0.55Q_1+Q_2$。

校验转输流量的总和，调压室由 1－2、1－4 和 1－6 管段输出的燃气量为

$$(363.33+415.59)+(312.44+421.50)+(438.15+416.84)+(425.00+385.00)$$

$$=3177.85\text{m}^3/\text{h}$$

由各环的供气量及集中负荷得

$$3078+100=3178\text{m}^3/\text{h}$$

考虑到进位，两值基本相符。

计算结果列于表 5-6 中。

表 5-6 各管段的计算流量

环 号	管段号	管段长度 L/m	单位长度途泄流量 q/$m^2 \cdot h^{-1}$	流量/$m^3 \cdot h^{-1}$				附 注
				途泄流量 Q_1	$0.55Q_1$	转输流量 Q_2	计算流量 Q	
Ⅰ	5-4	400	0.3811+0.4000=0.7811	312.44	171.84	421.50	593.34	集中负荷预定由 4-1 及 2-1 管段各供 $50m^3/h$
	4-1	450	0.3811	171.50	94.32	50.00	144.32	
	5-2	450	0.3811+0.4263=0.8074	363.33	199.83	415.59	615.42	
	2-1	400	0.3811	152.44	83.84	50.00	133.84	
Ⅱ	5-2	450	0.8074	363.33	199.83	415.59	615.42	
	2-3	500	0.4263	213.15	117.23	0.00	117.23	
	5-6	500	0.4263+0.4500=0.8763	438.15	240.98	416.84	657.82	
	6-3	450	0.4263	191.84	105.51	0.00	105.51	
Ⅲ	5-8	500	0.4000+0.4500=0.8500	425.00	233.75	385.00	618.75	
	8-7	400	0.4000	160.00	88.00	0.00	88.00	
	5-4	400	0.7811	312.44	171.84	421.50	593.34	
	4-7	500	0.4000	200.00	110.00	0.00	110.00	
Ⅳ	5-6	500	0.8763	438.15	240.98	416.84	657.82	
	6-9	500	0.4500	225.00	123.75	0.00	123.75	
	5-8	500	0.8500	425.00	233.75	385.00	618.75	
	8-9	500	0.4500	225.00	123.75	0.00	123.75	

（3）确定各管段的管径：

1）预定沿程阻力的单位长度计算压力降，取局部阻力损失为沿程阻力损失的10%。经计算，由供气点至零点的平均距离为925m。则单位长度计算压力降为

$$\frac{\Delta p}{L}=\frac{550}{925\times1.1}=0.541\text{Pa/m}$$

2）确定管径，由图5-3，根据初步流量分配及单位长度计算压力降选择各管段管径，由于燃气的密度为0.45kg/m^3，因而在查图5-3时需要进行修正，即

$$\left(\frac{\Delta p}{L}\right)_{\rho=1}=\frac{\left(\frac{\Delta p}{L}\right)}{0.45}=\frac{0.541}{0.45}=1.202\text{Pa/m}$$

选定管径后，由图5-3查出该管段的实际沿程阻力单位长度压力降$\left(\frac{\Delta p}{L}\right)_{\rho=1}$值，并修正，即

$$\frac{\Delta p}{L}=\left(\frac{\Delta p}{L}\right)_{\rho=1}\times0.45$$

3）计算各环的闭合差，即

$$\frac{|\Sigma\Delta p|}{0.5\Sigma|\Delta p|}\times100\%$$

闭合差的允许差值在10%以内，超过10%应进行校正计算。

计算结果列于表5-7中。

表 5-7 低压环网水力计算

环号	管段号	邻环号	长度 L/m	管段流量 Q /$m^3 \cdot h^{-1}$	管径 d/mm	单位压力降 $\frac{\Delta p}{L}$ /$Pa \cdot m^{-1}$	管段压力降 Δp/Pa	$\frac{\Delta p}{Q}$ /$Pa \cdot hm^{-3}$	$\Delta Q'$	$\Delta Q''$	$\Delta Q=\Delta Q'+\Delta Q''$	管段校正流量 ΔQ_n /$m^3 \cdot h^{-1}$	校正后管段流量 Q' /$m^3 \cdot h^{-1}$	$\frac{\Delta p'}{L}$ /$Pa \cdot m^{-1}$	管段压力降 $\Delta p'$/Pa	考虑局部阻力后压力损失 $1.1\Delta p'$/Pa
Ⅰ	5-4	Ⅲ	400	593.34	205	0.668	267.20	0.450	6.45	0.21	6.66	21.38	614.72	0.712	284.80	313.28
	4-1		450	144.32	147	0.261	117.45	0.814				6.24	150.56	0.282	126.90	139.59
	5-2	Ⅱ	450	-615.42	205	0.714	-321.30	0.522				-6.22	-621.64	0.727	-327.15	359.87
	2-1		400	-133.84	147	0.228	-91.20	0.681				6.24	-127.60	0.210	-84.00	92.40
							-27.85 (7.0%)	2.467							0.55 (0.13%)	
Ⅱ	5-2	Ⅰ	450	615.42	205	0.714	321.30	0.522	13.23	-0.77	12.46	6.22	621.64	0.727	327.15	359.87
	2-3		500	117.23	147	0.180	90.00	0.768				12.46	129.69	0.216	108.00	118.80
	5-6	Ⅳ	500	-657.82	205	0.806	-403.00	0.613				21.21	-636.61	0.759	-379.50	417.45
	6-3		450	-105.51	147	0.149	-67.05	0.635				12.46	-93.05	0.119	-53.55	58.91
							-58.75 (13.3%)	2.538							2.10 (0.48%)	
Ⅲ	5-8	Ⅳ	500	618.75	205	0.721	360.50	0.583	-14.18	-0.96	-15.14	-6.39	612.36	0.707	353.50	388.85
	8-7		400	88.00	147	0.108	43.20	0.491				-15.14	72.86	0.077	30.80	33.88
	5-4	Ⅰ	400	-593.34	205	0.668	-267.20	0.450				-21.38	-614.72	0.712	-284.80	313.28
	4-7		500	-110.00	147	0.161	-80.50	0.732				-15.14	-125.14	0.202	-101.00	111.10
							56.00 (14.9%)	2.256							-1.50 (0.39%)	
Ⅳ	5-6	Ⅱ	500	657.82	205	0.806	403.00	0.613	-8.69	-0.06	-8.75	-21.21	636.61	0.759	379.50	417.67
	6-9		500	123.75	147	0.198	99.00	0.800				-8.75	115.00	0.174	87.00	95.70
	5-8	Ⅲ	500	-618.75	205	0.721	-360.50	0.583				6.39	-612.36	0.707	-353.50	388.85
	8-9		500	-123.75	147	0.198	-99.00	0.800				-8.75	-132.50	0.224	-112.00	123.20
							42.5 (8.8%)	2.796							1.00 (0.21%)	

(4) 校正计算。由表5-7的初步计算可见，有一个环的闭合差大于10%，另两个环的闭合差符合要求，应对全部环网进行校正计算。

1）计算各环的$\Delta Q'$，即

$$\Delta Q'_{\mathrm{I}} = -\frac{\Sigma \Delta p}{1.75\Sigma \dfrac{\Delta p}{Q}} = -\frac{-27.85}{1.75 \times 2.467} = 6.45$$

$$\Delta Q'_{\mathrm{II}} = -\frac{-58.75}{1.75 \times 2.538} = 13.23$$

$$\Delta Q'_{\mathrm{III}} = -\frac{56.00}{1.75 \times 2.256} = -14.18$$

$$\Delta Q'_{\mathrm{IV}} = -\frac{42.5}{1.75 \times 2.796} = -8.69$$

2）计算各环的$\Delta Q''$，即

$$\Delta Q''_{\mathrm{I}} = \frac{\Sigma \Delta Q'_{\mathrm{nn}}\left(\dfrac{\Delta p}{Q}\right)_{\mathrm{ns}}}{\Sigma \dfrac{\Delta p}{Q}} = \frac{13.23 \times 0.522 - 14.18 \times 0.450}{2.467} = 0.213$$

$$\Delta Q''_{\mathrm{II}} = \frac{6.45 \times 0.522 - 8.69 \times 0.613}{2.538} = -0.772$$

$$\Delta Q''_{\mathrm{III}} = \frac{6.45 \times 0.450 - 8.69 \times 0.583}{2.256} = -0.959$$

$$\Delta Q''_{\mathrm{IV}} = \frac{13.23 \times 0.613 - 14.18 \times 0.583}{2.796} = -0.056$$

3）计算各环的校正流量ΔQ，即

$$\Delta Q_{\mathrm{I}} = \Delta Q'_{\mathrm{I}} + \Delta Q''_{\mathrm{I}} = 6.45 + 0.213 = 6.663$$

$$\Delta Q_{\mathrm{II}} = 13.23 - 0.772 = 12.46$$

$$\Delta Q_{\mathrm{III}} = -14.18 - 0.959 = -15.14$$

$$\Delta Q_{\mathrm{IV}} = -8.69 - 0.056 = -8.75$$

4）确定各管段的校正流量ΔQ_{n}。非共用管段的校正流量为所在环的校正流量，共用管段的校正流量为所在环的校正流量减去邻环的校正流量。

5）确定校正后各管段的流量Q'，它等于各管段初步预定流量与各管段的校正流量之和，即

$$Q' = Q + \Delta Q_{\mathrm{n}}$$

按照与初步计算相同的方法进行管网的校正水力计算。

在本例中，经过一次校正计算，各环的闭合差均在10%以内，计算符合要求。若一次校正后仍未达到允许的误差范围要求，则应用同样方法再次进行校正计算或更换部分管段的管径，直至达到要求为止。

计算结果均填入表5-7中。

(5) 零点移动。经校正计算，管网中的流量进行了重新分配，因此集中负荷的预分配量有所调整，并且原定的零点位置有了移动。

集中负荷由 4-1 管段供气量变为 56.24m^3/h，由 2-1 管段供气量变为 43.76m^3/h，Ⅰ环零点位置不变。

Ⅱ环的校正流量为 12.46m^3/h，原定零点从 3 移动了 $\Delta L_{Ⅱ}$，即

$$\Delta L_{Ⅱ} = \frac{12.46}{0.4263} = 29.23\text{m}$$

即零点由 3 向 6 方向移动了 29.23m。

Ⅲ环的校正流量为 −15.14m^3/h，原定零点从 7 移动了 $\Delta L_{Ⅲ}$，即

$$\Delta L_{Ⅲ} = \frac{-15.14}{0.4000} = -37.85\text{m}$$

即零点由 7 向 8 方向移动了 37.85m。

Ⅳ环的校正流量为 −8.75m^3/h，原定零点从 9 移动了 $\Delta L_{Ⅳ}$，即

$$\Delta L_{Ⅳ} = \frac{-8.75}{0.4500} = -19.44\text{m}$$

即零点由 9 向 6 方向移动了 19.44m。

新的零点位置用记号“×”表示在图 5-13 中。这些点是环网在计算工况下的压力最低点。

（6）校核压力降。校核压力降从供气点至零点的压力降为

$$\Delta p_{5-4-2-1} = \frac{313.28 + 139.59 + 359.87 + 92.40}{2} = 452.57\text{Pa}$$

$$\Delta p_{5-6-2-3} = \frac{359.87 + 118.80 + 417.45 + 58.91}{2} = 477.52\text{Pa}$$

$$\Delta p_{5-4-8-7} = \frac{388.85 + 33.88 + 313.28 + 111.10}{2} = 423.56\text{Pa}$$

$$\Delta p_{5-6-8-9} = \frac{417.67 + 95.70 + 388.85 + 123.20}{2} = 512.71\text{Pa}$$

本例题中允许的压力降为 550Pa，以上计算满足要求。

参 考 文 献

[1] 哈尔滨建筑工程学院等. 燃气输配[M]. 2 版. 北京：中国建筑工业出版社，1988.

[2] 段长贵主编. 燃气输配[M]. 3 版. 北京：中国建筑工业出版社，2001.

[3] 马良涛主编. 燃气输配[M]. 北京：中国电力出版社，2004.

[4] 张浩然主编. 城市燃气输配工程设计、施工技术工艺与验收规范实用手册 [M]. 北京：北京科大出版社，2005.

[5] 姜正侯主编. 燃气工程技术手册[M]. 上海：同济大学出版社，1993.

[6] 中国市政工程华北设计研究院. GB 50028—2006，城镇燃气设计规范[S]. 北京：中国建筑工业出版社，2006.

[7] 建设部科技发展促进中心. CJJ 63—2008，聚乙烯燃气管道工程技术规程[S]. 北京：中国建筑工业出版社，2008.

6 燃气管网的水力工况

本章分析了燃气用户压力的波动及其影响因素，燃气管网计算压力降的确定方法，低压燃气管网在不同情况下的水力工况。

6.1 管网计算压力降的确定

由于低压管网和次高压、中压管网压力降的影响因素不同，因而其计算压力降的确定方法也不同。

6.1.1 低压管网计算压力降的确定

6.1.1.1 *用户的压力（即用户燃具前的压力）波动及其影响因素*

用户与城镇燃气管网的连接方式不同，其压力波动情况也不相同。用户连接到管网上的方法一般有两种：一种是通过用户调压器连接，燃具在比较恒定的压力下工作；另一种是用户直接连接到城镇低压管网上，燃具处的压力就要受到低压管网的影响，靠近调压站和远离调压站的用户，其燃具前的压力相差很大。

图 6-1 为直接连接用户的低压燃气管线的压力曲线。A 为管网的起点，B 为干管的终点，E、F、G、B 为用户 C_1、C_2、C_3、C_4 与干管的连接点。p_1 为管网起点压力（即调压器的出口压力），p_2 为用户燃具前压力。A″-B′为计算工况时干管 A-B 的压力线。计算工况是指管道系统的流量满足最大负荷（即计算流量 Q）、燃具前的压力为额定压力 p_n、燃具的流量为额定流量

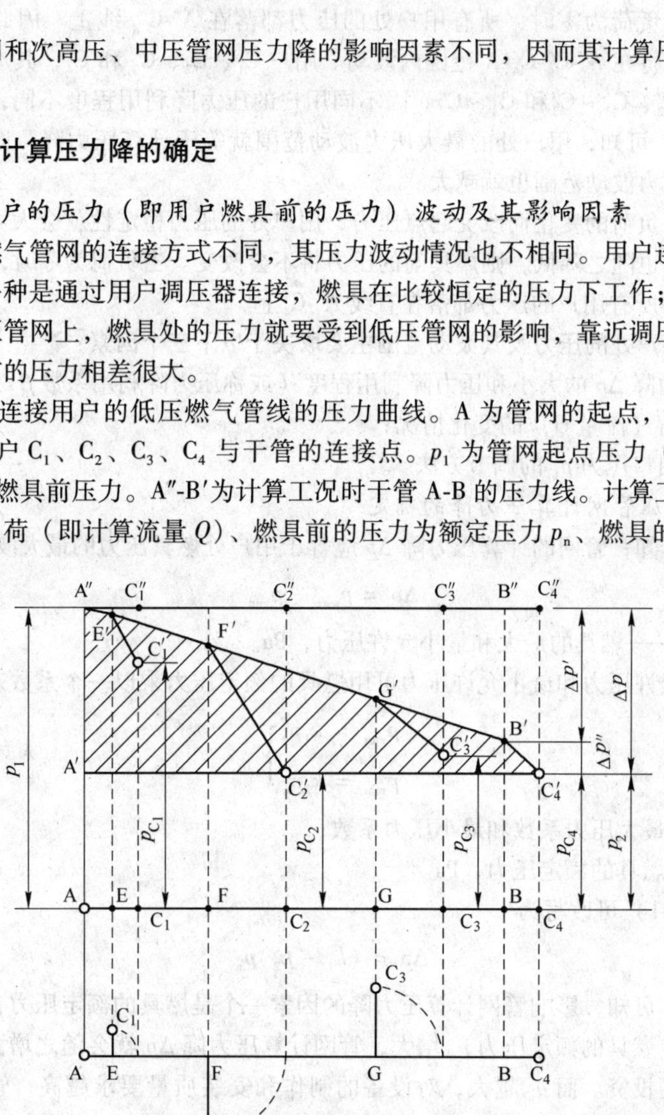

图 6-1 计算工况下管网的压力曲线

Q_n 时的工况。$\Delta p'$为干管 A-B 在计算工况时的压力降，$\Delta p''$为末端用户 C_4 的支管（包括室内管）在计算工况时的压力降，Δp 为管网计算压力降，$\Delta p = \Delta p' + \Delta p''$。图 6-1 上 E'-C'_1、F'-C'_2、G'-C'_3、B'-C'_4 为支管在计算工况时的压力线，p_{C_1}、p_{C_2}、p_{C_3}、p_{C_4} 分别为计算工况时用户 C_1、C_2、C_3、C_4 处的压力。由图 6-1 可见，在计算工况时，从调压器出口 A 到各用户管道的压力降是不同的，这就使用户处出现不同的压力。由 A 点到用户 C_2 和 C_4 的压力降均为计算压力降 Δp，即计算压力降全被利用，而由 A 到用户 C_1 与 C_3 的实际压力降均小于计算压力降 Δp，这样 C_1 与 C_3 燃具前的压力均大于 p_2（$p_{C_1} > p_2$、$p_{C_3} > p_2$）。因此，直接连在管网上的用户，其燃具前的燃气压力随计算压力降利用程度不同而不同。

图 6-1 中的 A''-B'为计算工况时的压力曲线，而管网负荷是随时间而不断变化的。当调压器出口压力为定值时，随着负荷的降低，管道中流量减小，压力降就会随之减小，因而用户处的压力将增大。当负荷为零时，所有用户处的压力都落在 A''-C''_4 线上。因此，随着负荷的变化，用户处的压力将在 A''-C''_4-C'_4-A'范围内波动。用户 C_1、C_2、C_3 和 C_4，其压力波动范围分别为 $C'_1 \sim C''_1$、$C'_2 \sim C''_2$、$C'_3 \sim C''_3$和 $C'_4 \sim C''_4$。因不同用户的压力降利用程度不同，其压力波动范围也不同。由图 6 – 1 可知，用户处的最大压力波动范围就等于计算压力降，即所取的计算压力降越大，用户处压力波动范围也就越大。

若根据系统中负荷的变化而改变起点压力，用户处的压力稳定性就会大大提高。当负荷降低时，使起点压力也随之降低，则燃具前的压力将不会改变。当负荷为零时，把起点压力由 p_1 降至 p_2，则干管和所有用户的压力都落在直线 A'-C'_4上。

综上所述，用户处的压力及其波动范围主要取决于以下三个因素：

（1）计算压力降 Δp 的大小和压力降利用程度（或称压力降利用系数 β）；

（2）系统负荷（流量 Q）的变化情况；

（3）调压器出口压力 p_1 的调节方法。

6.1.1.2 低压管网计算压力降的确定

由上述分析可知，管网的计算压力降 Δp 应等于用户处燃具压力的最大波动范围，即

$$\Delta p = p_{max} - p_{min} \tag{6-1}$$

式中 p_{max}，p_{min}——燃具的最大和最小允许压力，Pa。

燃具的最大允许压力和最小允许压力可用燃具的额定压力乘以一个系数来表示，即

$$\left.\begin{aligned} p_{max} &= k_1 p_n \\ p_{min} &= k_2 p_n \end{aligned}\right\} \tag{6-2a}$$

式中 k_1，k_2——最大压力系数和最小压力系数；

p_n——燃具的额定压力，Pa。

这样，式（6-1）可改写为

$$\Delta p = (k_1 - k_2) p_n \tag{6-2b}$$

由式（6-2b）可知，影响管网计算压力降的因素一个是燃具的额定压力 p_n，另一个是燃具的压力波动范围。燃具的额定压力 p_n 增大，管网计算压力降 Δp 就会随之增大，从而可降低金属用量，节约管网投资。而 p_n 越大，对设备的制作和安装质量要求越高，管网的运行费用也越大；若 p_n 取得过小，运行费用降低，但管网的投资会增加。因此，在选取 p_n 时要进行综合的技术经济比较。燃具的正常工作要求其压力波动不超过一定的范围。当压力超过 p_n 时，燃具在超负荷下工作会产生不完全燃烧，使燃烧产物中出现过多的一氧化碳等有害气体，燃具的

热效率会降低；当压力低于 p_n 时，将导致燃具热强度降低，加热过程延长或达不到工艺要求的燃烧温度。因此，燃具前的压力不允许有很大的波动。

实际测定表明，一般民用燃具，当燃具前压力波动为 $0.5p_n \sim 1.5p_n$ 时，燃烧器的性能能够达到燃具质量标准的要求，即 $k_1 = 1.5$，$k_2 = 0.5$。但实际使用中，不宜把燃具长期置于 $0.5p_n$ 下工作，因为这样不符合中国人的炒菜习惯，且做饭时间加长，实践表明 $k_2 = 0.75$ 是可行的，基本能满足用户使用的要求。因此燃具前的实际压力允许波动范围为 $0.75p_n \sim 1.5p_n$ 是比较合适的。这样，考虑到从调压器出口到最近的燃气用户的压力降要有150Pa，低压燃气管网（包括庭院和室内管）总的计算压力降为

$$\Delta p = (k_1 - k_2)p_n + 150 = (1.5 - 0.75)p_n + 150 = 0.75p_n + 150 \tag{6-3}$$

一些城市低压燃气管道压力降见表6-1。由表6-1可见，国内不同城镇采用的燃气管道的压力降不同。为了保证燃烧器的燃烧性能，提高燃烧效率，节约钢材，推荐的低压燃气管道压力降见表6-2，表6-2中室内允许的压力降应包括燃气表的压力降。

表6-1 一些城市低压燃气管道压力降 (Pa)

项目		城市名称					
		北京	上海	沈阳	鞍山		天津
		人工燃气	人工燃气	人工燃气	人工燃气	天然气	天然气
燃具额定压力 p_n		800	900	800	1000	2000	2000
调压站出口压力		1100~1200	1500	1800~2000	1750~2500	2250~3000	3150
燃具前最低压力		600	600	600	750	1500	1500
低压管道总压力降 Δp		550	900	1300	1250	1250	1650
低压管道总压力降	干管	150	500	1000	1000	1000	1100
	支管	200	200	100	50	50	300
	户内管	100	80	80	50	50	100
	燃气表	100	120	120	150	150	150

表6-2 推荐的低压燃气管道压力降分配 (Pa)

燃气种类及燃具额定压力		总压力降	街区	单层建筑		多层建筑	
				庭院	室内	庭院	室内
人工燃气	800	750	400	200	150	100	250
	1000	900	500	200	200	100	300
天然气、液化石油气混空气	2000	1650	1050	300	300	200	400
液化石油气	2800 (5000)	2250	1350	500	400	400	500

6.1.2 次高压、中压燃气管网计算压力降的确定

次高压、中压燃气管网只有通过调压器才能与低压燃气管网或用户相连。因此，次高压、中压燃气管网中的压力波动，并不影响低压用户处的燃气压力。

次高压、中压燃气管网的压力降，即管网始、末端压力之差，应按管网的投资和运行费用

进行技术经济比较后确定。此外，还应考虑城镇规模，远、近期城镇燃气的发展状况和现有压缩机运行能力等。

次高压、中压燃气管网末端压力主要由管网末端调压器的最小进口压力和过滤器的阻力确定。当管网末端有大型工业用户时，应按工业用户专用调压器的出口压力（即用户需要的压力）、调压器和过滤器的阻力确定，过滤器的阻力一般为 8 ~ 10kPa。采用箱式调压器的供气系统，仍按上述原则确定末端压力。

在具体设计时，应考虑到个别管段可能发生故障，故在选择计算压力降时应根据具体情况留有适当的压力储备。

6.1.3 工业企业燃气管道计算压力降的确定

厂区和车间燃气管道的计算压力降与下列因素有关：供气方案、燃烧器前所需燃气压力的稳定程度和管道可能出现的最小流量与最大流量之比。

设有总调压装置的一级系统，要统一考虑厂区和车间管道的压力降。燃烧器前燃气压力的稳定性，取决于所选压力降的数值。工业企业一级管网的计算压力降可用下式求得

$$\Delta p = p_{\mathrm{m}} - p_{\mathrm{n}} \tag{6-4}$$

式中 Δp——工厂引入管至燃烧器的总计算压力降；

p_{m}——工厂引入管的起点压力；

p_{n}——燃烧器的额定压力。

对于设有总调压装置的一级系统来说，总调压站后的起点压力取决于燃烧器所需要的压力值、厂内管道要求的压力工况和稳定性。

计算压力降与燃烧器前燃气压力的比值与加热工艺所要求的热负荷的稳定性有关，稳定性要求越高，则压力降值就越小。

以 α_1 表示用气设备允许最大负荷 $Q_{\mathrm{b}}^{\max}$ 与额定负荷 Q_{n} 的比值

$$\alpha_1 = \frac{Q_{\mathrm{b}}^{\max}}{Q_{\mathrm{n}}} \tag{6-5}$$

α_1 取决于生产工艺的要求，在大多数情况下，$\alpha_1 = 1.05 \sim 1.20$。

燃烧器喷嘴前的燃气压力与其流量成平方关系，即

$$\frac{p_{\mathrm{b}}^{\max}}{p_{\mathrm{n}}} = \left(\frac{Q_{\mathrm{b}}^{\max}}{Q_{\mathrm{n}}}\right)^2 = \alpha_1^2 \tag{6-6}$$

式中 $p_{\mathrm{b}}^{\max}$——燃烧器前的最大燃气压力。

从管道内燃气压力最大可能的波动来考虑，管道输送的燃气量可能从最大值到接近于零的最小值，则燃烧器的最大和最小负荷相应于管道的最大和最小流量。当管道是最大流量 $Q_{\max}$ 时，燃烧器前是额定压力 p_{n}；而当最小流量 $Q_{\min} = 0$ 时，燃烧器前的压力是最大值 $p_{\mathrm{b}}^{\max}$

$$p_{\mathrm{b}}^{\max} = p_{\mathrm{n}} + \Delta p = p_{\mathrm{m}} \tag{6-7}$$

在生产工艺正常进行的情况下，管道的最小流量不可能接近于零。因为工作时间内大多数用气设备都不工作是不可能的。将管道的最小流量 $Q_{\min}$ 与最大流量 $Q_{\max}$ 之比用 α_2 表示，则得

$$Q_{\min} = \alpha_2 Q_{\max} \tag{6-8}$$

对于大多数工业企业来说，$\alpha_2 = 0.5 \sim 0.7$。图6-2为工厂供气系统的压力分布。在管道燃气最大和最小流量范围内燃烧器前燃气压力的波动范围 Δp_1 为

$$\Delta p_1 = \Delta p - \Delta p_{min} = aQ^n_{max} - aQ^n_{min}$$

$$\Delta p_1 = aQ^n_{max}(1-\alpha_2^n) = \Delta p(1-\alpha_2^n) \quad (6\text{-}9)$$

式中 a——管道的阻抗；

n——管道特性指数。

而燃烧器前燃气压力的允许波动范围 Δp_1 与 α_1 有关

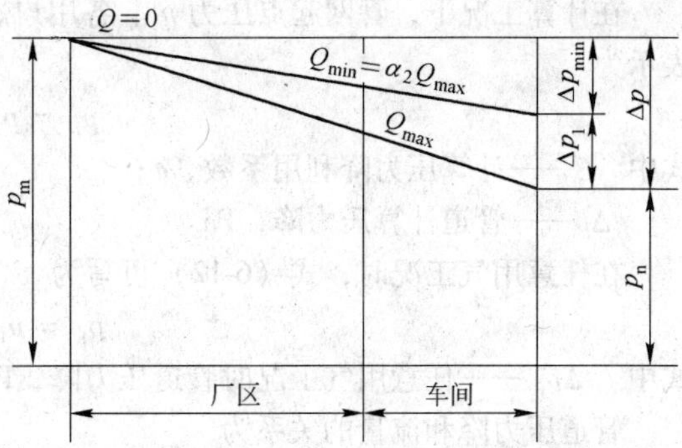

图 6-2 工业企业供气系统压力分布图

$$\frac{\Delta p_1}{p_n} = \frac{p_b^{max} - p_n}{p_n} = \alpha_1^2 - 1 \quad (6\text{-}10)$$

合并式（6-9）和式（6-10）两式，则得

$$\frac{\Delta p}{p_n} = \frac{\alpha_1^2 - 1}{1 - \alpha_2^n} \quad (6\text{-}11)$$

可见，管道内燃气流量的波动越小（即 α_2 接近于1），则工厂燃气管道的计算压力降可选取的值越大，即敷设管道所用的金属量越小。

例如，$p_n = 30\text{kPa}$，$\alpha_1 = 1.1$，$\alpha_2 = 0$，取 $n = 2$，此时

$$\Delta p = p_n\frac{\alpha_1^2 - 1}{1 - \alpha_2^n} = 30 \times \frac{1.1^2 - 1}{1 - 0} = 6.3\text{kPa}$$

若其他条件相同，而 $\alpha_2 = 0.5$，此时

$$\Delta p = p_n\frac{\alpha_1^2 - 1}{1 - \alpha_2^n} = 30 \times \frac{1.1^2 - 1}{1 - 0.5^2} = 8.4\text{kPa}$$

第二种情况与第一种情况相比，计算压力降约提高25%。

上述决定压力降的方法，用于调压站和燃烧器之间没有其他调压装置的情况。对于二级管网系统，当一个车间没有调压装置并直接连于厂区管道时，其压力降也可用此法求得。

不设总调压站的二级系统中，厂内燃气管道的总压力降，取决于城镇燃气管网连接点处的燃气压力、车间燃气管道的起点压力和调压装置的压力降。在厂区管道和调压装置中压力降的分配应根据技术经济比较确定。

在工厂引入口设总调压站的二级管网系统中，从城镇管网到车间燃气管道引入口处的计算压力降，要在工厂引入口总调压站、厂区管道与车间调压装置之间合理地分配。

6.2 低压管网的水力工况

用户和低压管网直接连接，在任意工况下系统起点压力不同时，管网的水力工况也不同。

6.2.1 低压管网起点压力为定值时的水力工况

由上节的分析可知，管网系统起点压力（即调压器的出口压力）为定值时，随着负荷的降低，管道中的实际压力降减少，用户燃具前的压力增高。

在计算工况下，管网起点压力 p_1、各用户燃具前的压力 p_b 和管道压力降 Δp 之间的关系可表示为

$$p_b = p_1 - \beta\Delta p \tag{6-12}$$

式中　β——计算压力降利用系数,%；

Δp——管道计算压力降，Pa。

在任意用气工况时，式（6-12）可写为

$$p_b = p_1 - \beta\Delta p_p \tag{6-13}$$

式中　Δp_p——任意用气工况时管道压力降，Pa。

管道压力降和流量的关系为

$$\frac{\Delta p_p}{\Delta p} = \left(\frac{Q_p}{Q}\right)^{1.75} = x^{1.75} \tag{6-14}$$

式中　Q——管道计算流量，m^3/h；

Q_p——任意用气工况时管道流量，m^3/h；

x——流量比。

由式（6-13）和式（6-14）可得

$$p_1 = p_b + \beta\Delta p x^{1.75} \tag{6-15}$$

式（6-15）是管网压力的基本方程式。式中包括了压力降利用系数 β，所以可用此方程式绘制任何用户处的压力曲线。系统起点压力为定值，取 $p_1 = 1.5p_n$，取计算压力降 $\Delta p = 0.75p_n$（为方便分析，不考虑从调压器出口到最近的燃气用户 150Pa 的压力降），代入式（6-15），整理得

$$\frac{p_b}{p_n} = 1.5 - 0.75\beta x^{1.75} \tag{6-16}$$

式（6-16）反映了在一定 β 值情况下，任意用户燃具前的压力比 $\frac{p_b}{p_n}$ 和流量比 x 的函数关系。利用式（6-16）绘出曲线，见图 6-3。图中绘出了 $\beta = 1$、$\beta = 0.5$ 和 $\beta = 0$ 时的压力曲线 3、曲线 4 和直线 1。

当 $\beta = 1$ 和燃具前出现额定压力（$\frac{p_b}{p_n} = 1$）时，$x = 0.794$，即管道中的流量为最大流量的 79.4%。因而当流量比 $x = 0 \sim 0.794$ 时，燃具前的压力将大于额定压力；当 $x = 0.794 \sim 1$ 时，燃具前压力将小于额定压力；而 $x = 1$，$\frac{p_b}{p_n} = 0.75$，即高峰负荷时，燃具前将出现最小压力。

$\beta = 0 \sim 1$ 的所有压力曲线都将落在直线 1 和曲线 3 之间的斜线区域内，这也是燃具前压力的波动范围。对大多数用户来说，其压力降利用系数 β 在 0.5 ~ 1 的范围内（双斜线区内）。由图 6-3 可见，在系统起点压力 p_1 为定值的情况下，燃具大部分时间在超出额定压力的情况下工作。因此，调压器出口压力若不随燃气用量的变化而进行相应调节，那

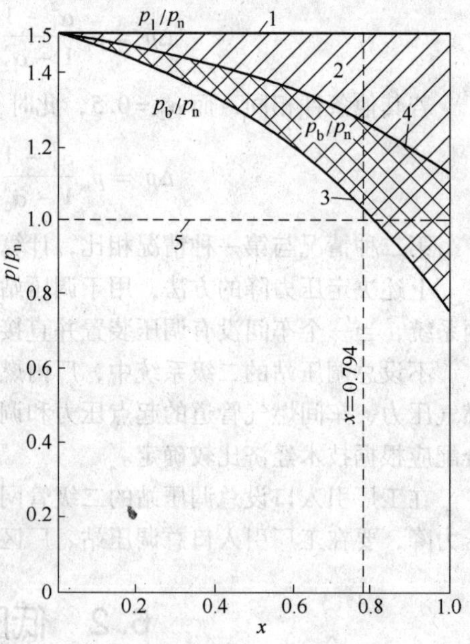

图 6-3　起点压力 p_1 为定值时，燃具压力 p_b 随流量的变化曲线

1—调压器出口压力线；2—燃具前压力波动区；3—$\beta = 1$ 时燃具前压力波动曲线；4—$\beta = 0.5$ 时燃具前压力波动曲线；5—燃具的额定压力线

么燃具就不能在良好的状况下工作。如果调压器的出口压力按用气负荷的变化进行相应调节，就可以减小燃具前的压力波动范围，提高燃具工作的稳定性。

6.2.2 按月（或季节）调节调压器出口压力时的水力工况

按月（或季节）调节调压器的出口压力，即在用气量较低的月份降低调压器出口压力，可以缩短燃具在超负荷情况下的工作时间，提高燃具工作的稳定性。调压器出口压力的调整值使该月最大小时用气量时燃具前的压力为额定压力。

各月最大小时用气量可用不均匀系数法确定，即

$$Q_m = \frac{Q_y}{365 \times 24} K_m K_d^{max} K_h^{max} \tag{6-17}$$

式中 Q_m——该月最大小时用气量，m^3/h；

Q_y——年用气量，m^3/a；

K_m——该月的月不均匀系数；

K_d^{max}——该月最大日不均匀系数；

K_h^{max}——该月中最大日最大小时不均匀系数。

各月调压器的出口压力 p_1 可按下述步骤确定：

（1）确定各月最大小时流量与管道计算流量的比值 x_m。

通常各月的最大日不均匀系数与最大小时不均匀系数变化很小，计算中可近似认为相等，则各月最大小时流量 Q_m 与管道小时计算流量 Q 的比值 x_m 可用该月的月不均系数 K_m 与该年的月高峰系数 K_m^{max} 的比值求得，即

$$x_m = \frac{Q_m}{Q} = \frac{K_m}{K_m^{max}} \tag{6-18}$$

式中 Q——管道小时计算流量，m^3/h；

K_m^{max}——该年的月高峰系数。

（2）根据各月的 x_m 值，由式（6-14）计算管道压力降，则

$$\Delta p_p = \Delta p (x_m)^{1.75}$$

（3）确定各月调压器的出口压力 p_1，即

$$p_1 = p_n + \Delta p_p$$

【例6-1】 已知某市一年中各月的月不均匀系数见表2-3。燃具的额定压力 $p_n = 2000Pa$，按月调节调压器出口压力，试求：

（1）各月的调压器出口压力。

（2）在 $\beta = 1$ 时，作图比较冬、夏季（以8月份为例）燃具前压力在不同流量比时的波动范围。

【解】 （1）计算各月调压器出口压力。由式（6-3）可得管道的计算压力降为

$$\Delta p = 0.75 p_n + 150 = 0.75 \times 2000 + 150 = 1650Pa$$

由式（6-18）计算各月的流量比

$$x_m = \frac{K_m}{K_m^{max}} = \frac{K_m}{1.32}$$

由式（6-14）计算各月最大小时流量时的实际压力降

$$\Delta p_p = \Delta p (x_m)^{1.75}$$

确定各月调压器的出口压力为

$$p_1 = p_n + \Delta p_p = 2000 + \Delta p_p$$

调压器的出口压力 p_1 等于该月最大小时用气量时实际压力降 Δp_p 与燃具的额定压力 p_n 之和。当两项压力之和大于3150Pa($1.5p_n + 150$Pa)时,调压器出口压力仍取3150Pa,这样,在用气高峰时,所有燃具前的压力总是小于或等于 $1.5p_n$,但大于 $0.75p_n$。以上计算结果列于表6-3中。

表 6-3　调压器出口压力计算

月 份	1	2	3	4	5	6	7	8	9	10	11	12
x_m	0.848	1	0.848	0.780	0.735	0.689	0.689	0.689	0.689	0.697	0.689	0.742
$x_m^{1.75}$	0.750	1	0.750	0.648	0.583	0.522	0.522	0.522	0.522	0.532	0.522	0.594
Δp_p /Pa	1238	1650	1238	1069	962	861	861	861	861	878	861	980
p_1/Pa	3150	3150	3150	3069	2962	2861	2861	2861	2861	2878	2861	2980

(2) 当 $\beta = 1$ 时，冬季燃具前的压力为

$$p_b = p_1 - \beta \Delta p_p = 3150 - 1650x^{1.75}$$

夏季燃具前的压力为

$$p_b = p_1 - \beta \Delta p_p = 2861 - 1650x^{1.75}$$

根据以上两式绘出燃具前压力随 x 的变化曲线，见图6-4。

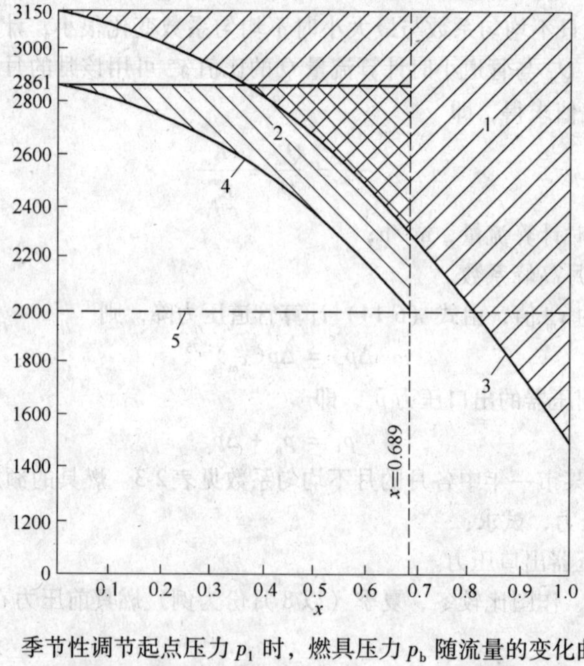

图 6-4　季节性调节起点压力 p_1 时，燃具压力 p_b 随流量的变化曲线

1—p_1 为3150Pa时燃具前压力的波动范围；2—p_1 为2861Pa时燃具前压力的波动范围；

3，4—$\beta = 1$ 时燃具前压力波动曲线；5—燃具的额定压力线 $p_n = 2000$Pa

由图6-4可见，通过按月调节调压器出口压力可缩小燃具前的压力波动范围。其缩小程度取决于各月的月不均匀系数相差程度。

6.2.3　随管网负荷变化调节调压器出口压力时的水力工况

随管网负荷变化调节调压器出口压力时，管网起点压力是根据在任意工况下，燃具前的压力

等于或接近额定压力而确定的。由式（6-15）知

$$p_1 = p_b + \beta\Delta p_p = p_b + \beta\Delta p x^{1.75}$$

取 $\beta = 1$、$p_b = p_n$、$\Delta p = 0.75p_n$，则

$$\frac{p_1}{p_n} = 1 + 0.75x^{1.75} \qquad (6\text{-}19)$$

根据式（6-19）可绘制出 $\beta = 1$ 时管网起点的最佳调节曲线和用户燃具的压力曲线，见图6-5中曲线1、2。

在 $0 \leqslant x \leqslant 0.794$ 时，为保持燃具前的压力 $p_b = p_n$，调压器出口压力应按曲线1进行调节。当 $x > 0.794$ 时，调压器出口压力 p_1 达到最大值 $1.5p_n$，并应维持 p_1 为 $1.5p_n$ 不变，而随着 x 的增大，即 $x = 0.794 \sim 1$，燃具前的压力将逐渐减小。

这种调节方法是假设所有用户的 β 值均相同的理想情况下来确定调压器出口压力的最佳曲线。

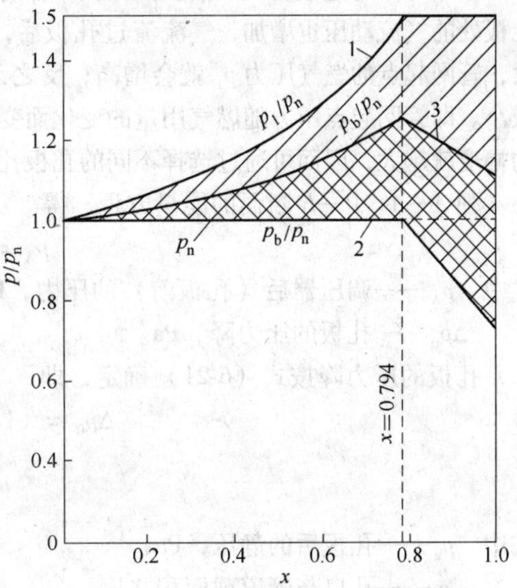

图 6-5 起点压力 p_1 与燃具压力 p_b 的最佳压力调节曲线

1—调压器出口压力曲线；2—$\beta = 1$ 时燃具前压力曲线；3—$\beta = 0.5$ 时燃具前压力曲线

当 $\beta < 1$ 时，燃具前的压力曲线将高于 $\beta = 1$ 时的压力曲线。图6-5中曲线3为 $\beta = 0.5$ 时的燃具前压力曲线，斜线区表示随着 β 值的不同燃具前压力的变化范围。

要使调压器的出口压力随着负荷的变化而进行调节的方法有多种，以下介绍一种简便的在调压器出口安装节流孔板的方法，如图6-6所示。

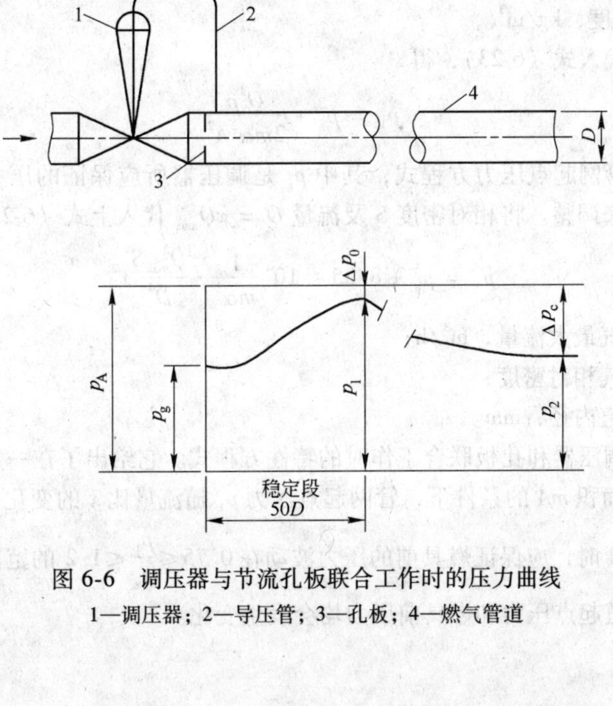

图 6-6 调压器与节流孔板联合工作时的压力曲线

1—调压器；2—导压管；3—孔板；4—燃气管道

由于导压管连接在孔板后，因而调压器将以孔板后的静压 p_g 为定值。当燃气用量增加时，在孔板处的气流动压也增加，气流流过孔板后，过流断面逐渐扩大，动压逐渐减小，静压逐渐增大，管网起点的燃气压力 p_1 就会增高；反之，当燃气用量减少时，管网起点的燃气压力 p_1 就会减小。即管网起点压力随燃气用量的变化而变化。显然，孔板的孔径 d_0 越小，管网起点压力变化的幅度就越大，因而可通过选择不同的孔板孔径 d_0，得到不同变化幅度的管网起点压力 p_1。

列 A—A、B—B 断面的能量方程，得

$$p_A = p_1 + \Delta p_0 \tag{6-20}$$

式中　p_A——调压器后（孔板前）的压力，Pa；

Δp_0——孔板的压力降，Pa。

孔板的压力降按式（6-21）确定，即

$$\Delta p_0 = (1 - m)(p_A - p_g) \tag{6-21}$$

$$m = \frac{A_0}{A} \tag{6-22}$$

式中　p_g——孔板后的静压，Pa；

m——孔口与管道截面积之比；

A_0——孔口截面积，cm^2；

A——管道截面积，cm^2。

由式（6-20）、式（6-21）可得

$$p_1 = p_g + m(p_A - p_g) \tag{6-23}$$

由孔板流量计算公式

$$Q = \alpha A m \sqrt{2\frac{p_A - p_g}{\rho}}$$

可得

$$p_A - p_g = \frac{Q^2\rho}{2m^2\alpha^2A^2} \tag{6-24}$$

式中　α——孔板流量系数；

ρ——燃气密度，kg/m^3。

将式（6-24）代入式（6-23），得

$$p_1 = p_g + \frac{Q^2\rho}{2m\alpha^2A^2} \tag{6-25}$$

式（6-25）为管网起点压力方程式，其中 p_g 是调压器所应保证的压力，可用改变调压器薄膜上荷重的方法来调整。将相对密度 S 及流量 $Q = xQ_{max}$ 代入上式（6-25），得

$$p_1 = p_g + 8.25 \times 10^4 \frac{1}{m\alpha^2} \cdot \frac{Q_{max}^2 S}{D^4} x^2 \tag{6-26}$$

式中　Q_{max}——燃气最大流量，m^3/h；

S——燃气相对密度；

D——管道内径，mm。

式（6-26）是调压器和孔板联合工作时的特性方程式。它给出了在一定的调压器出口压力 p_g 和一定的孔口截面积 mA 的条件下，管网起点压力 p_1 随流量比 x 的变化关系。

在选择 p_g 和 mA 时，应保证燃具前的压力波动在 $0.75 \leqslant \frac{p_b}{p_n} \leqslant 1.2$ 的范围内，这时，随着流量比 x 的变化，管道起点压力和燃具前压力均会发生变化。

管网流量为零（$x=0$）时，由式（6-26）可知，管道的起点压力 $p_1=p_g$，同时，燃具前的压力达到最大，并等于起点压力，即

$$p_1 = p_g = p_b = 1.2p_n \tag{6-27}$$

管网流量达到最大（$x=1$）时，燃具前压力最小，即 $p_b=0.75p_n$，此时，管道起点压力应为 $1.5p_n$（取 $\beta=1$）。

由以上分析可知，系统起点压力变化范围应是 $1.2p_n \sim 1.5p_n$，而相应的燃具前压力变化范围为 $0.75p_n \sim 1.2p_n$。

$x=1$ 时，由式（6-26）、式（6-27）可得

$$1.5p_n = 1.2p_n + 8.25 \times 10^4 \times \frac{Q_{max}^2 S}{m\alpha^2 D^4} \tag{6-28}$$

因而

$$\alpha^2 m = 27.5 \times 10^4 \times \frac{Q_{max}^2 S}{D^4 p_n} \tag{6-29}$$

式（6-29）为孔板的计算公式。由式（6-29）求出 $\alpha^2 m$，然后由表 6-4 或图 6-7 求出孔板直径 d_0（曲线和表是按标准流量系数作出的）。

表 6-4　孔板直径计算

$\alpha^2 m$	0.0037	0.0146	0.06	0.154	0.236	0.379
$\sqrt{m}=\frac{d_0}{D}$	0.1	0.2	0.4	0.6	0.7	0.8

把式（6-27）和式（6-29）代入式（6-26）得

$$\frac{p_1}{p_n} = 1.2 + 0.3x^2 \tag{6-30}$$

由式（6-15）和式（6-30）求出用户燃具前压力随负荷变化的关系式，即

$$\frac{p_b}{p_n} = 1.2 + 0.3x^2 - 0.75x^{1.75}\beta \tag{6-31}$$

由式（6-30）、式（6-31）绘出调压站和孔板联合工作，β 值取 1 或 0.5 时，$\frac{p_1}{p_n}$ 和 $\frac{p_b}{p_n}$ 随 x 变化的曲线，如图 6-8 所示。

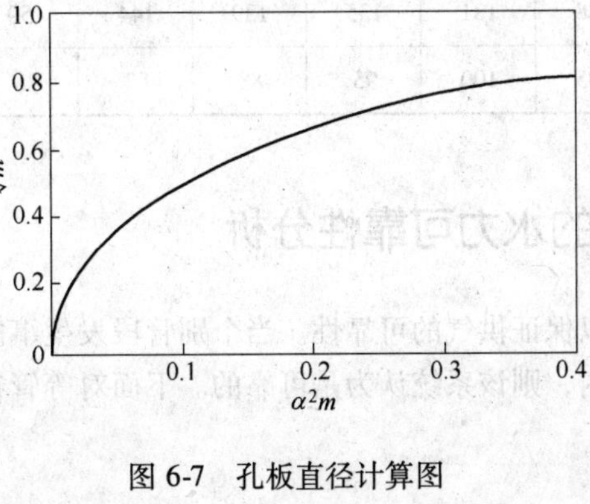

图 6-7　孔板直径计算图

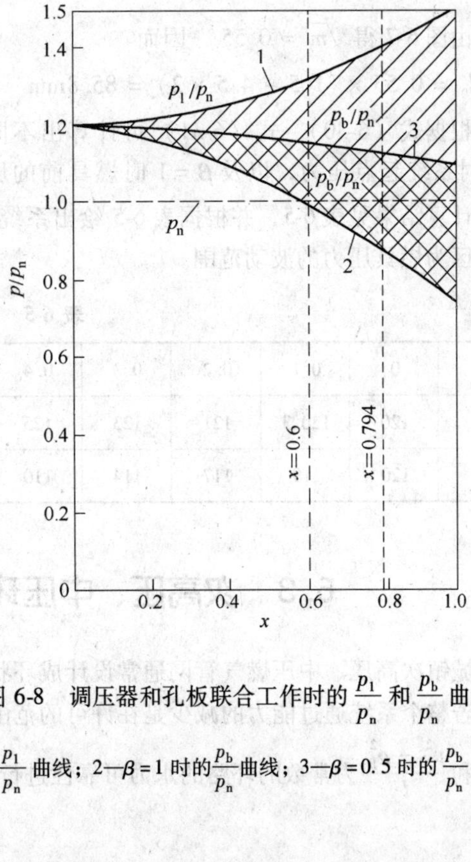

图 6-8　调压器和孔板联合工作时的 $\frac{p_1}{p_n}$ 和 $\frac{p_b}{p_n}$ 曲线

1—$\frac{p_1}{p_n}$ 曲线；2—$\beta=1$ 时的 $\frac{p_b}{p_n}$ 曲线；3—$\beta=0.5$ 时的 $\frac{p_b}{p_n}$ 曲线

用孔板调节管网起点压力改善了燃具的工况，缩小了燃具前压力的波动范围。图6-8中斜线区为β取任意值时p_b的波动范围。燃具前的最大压力由$1.5p_n$降到$1.2p_n$，其相应的最大超负荷由+22%降到+10%，这就大大地降低了燃具可能发生超负荷工作程度。在$\beta=1$时燃具流量在10%～30%内波动，而绝大部分用户的压力降利用系数是在0.5～1之间，故流量偏离额定值在-13%～10%范围内（即图6-8中的双斜线区）。应当指出，由于调压器出口压力调节曲线比较平缓，与图6-5所示的最佳调节曲线相比，低于额定压力的用户有所增加。如$\beta=1$的压力曲线中，当$x>0.6$时，燃具前压力就小于额定压力；当$x=0.6\sim0.794$时，燃具前压力将在$0.89p_n\sim p_n$范围内变化，与此相应的燃具流量在$0.94Q_n\sim Q_n$范围内变化，燃气量减少得不大。

【例6-2】 已知人工燃气燃烧器的额定压力$p_n=1000$Pa，管径为$D165\times4.5$，燃气的相对密度$S=0.328$，$Q_{max}=1000m^3/h$，试确定调压器出口压力p_g和孔板直径d_0，并绘图表示$\beta=1$时燃烧器前压力的波动范围。

【解】 调压器出口压力由式（6-27）计算，即：

$$p_g = 1.2p_n = 1.2\times1000 = 1200\text{Pa}$$

孔板直径由式（6-29）得

$$\alpha^2 m = 27.5\times10^4\frac{Q_{max}^2 S}{D^4 p_n}$$

$$=27.5\times10^4\frac{1000^2\times0.328}{156^4\times1200} = 0.13$$

由图6-7得$\sqrt{m}=0.55$，因而

$$d_0 = 0.55\times(165-4.5\times2) = 85.8\text{mm}$$

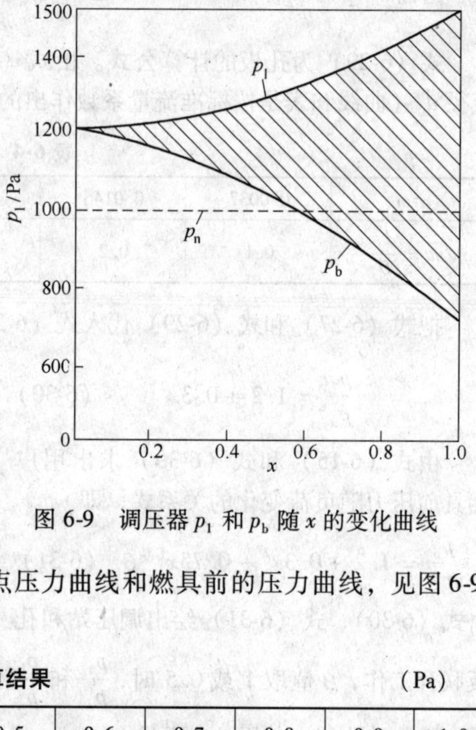

图6-9　调压器p_1和p_b随x的变化曲线

根据式（6-30）、式（6-31）可计算出不同x值时系统起点压力，以及$\beta=1$时燃具前的压力。计算结果见表6-5，并根据表6-5绘出系统起点压力曲线和燃具前的压力曲线，见图6-9，斜线区为燃具压力的波动范围。

表6-5　计算结果　　(Pa)

x	0	0.1	0.2	0.3	0.4	0.5	0.6	0.7	0.8	0.9	1.0
p_1	120	120.3	121	123	125	128	131	135	139	144	150
p_2	120	119	117	114	110	105	100	95	88	82	75

6.3　次高压、中压环网的水力可靠性分析

城镇次高压、中压燃气管网通常设计成环状，以保证供气的可靠性。当个别管段发生事故时，若整个系统通过能力的减少是在许可的范围以内，则该系统认为是可靠的。下面对等管径环路和$\frac{p_A^2-p_B^2}{l}$为常数的环路的水力可靠性进行分析。

6.3.1　等管径环路事故工况下的供气能力

次高压、中压管网水力计算公式为

$$p_{\mathrm{A}}^2 - p_{\mathrm{B}}^2 = k\frac{l}{d^{5.25}}Q^2 = a_0Q^2$$

式中　p_{A}，p_{B}——管段起点和终点的燃气压力；

k——与燃气性质有关的系数；

a_0——管段的阻抗。

在计算工况中，各管段的直径均为 d，长度为 l，各管段的计算流量和节点流量如图 6-10a 所示。管段 1－4－3 和管段 1－2－3 是对称的。

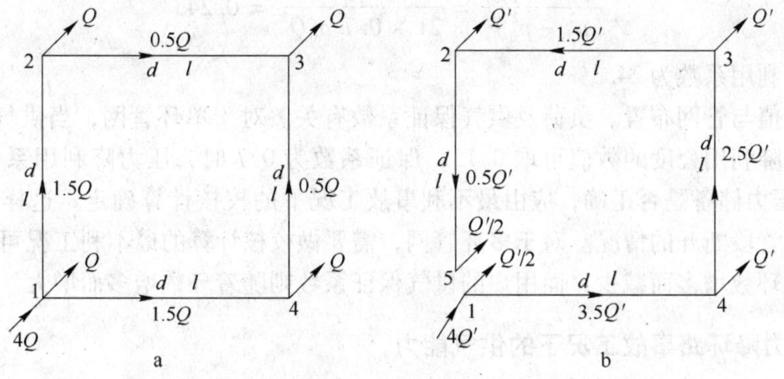

图 6-10　等管径次高压、中压环网的计算简图

a—计算工况；b—事故工况

分析半环的压力损失：

$$p_2^2 - p_3^2 = a_0(0.5Q)^2 = 0.25a_0Q^2$$

$$p_1^2 - p_2^2 = a_0(1.5Q)^2 = 2.25a_0Q^2$$

所以，半环的压力损失为

$$p_1^2 - p_3^2 = (p_{\mathrm{A}}^2 - p_{\mathrm{B}}^2)_l = 2.5a_0Q^2$$

式中　$(p_{\mathrm{A}}^2 - p_{\mathrm{B}}^2)_l$——半环的压力损失。

在事故工况中，假设在最不利点即靠近供气点出现事故，则环路的气流方向是 1－4－3－2－5，各流量如图 6-10b 所示。假设所有用户的供气量都均匀下降，其流量以节点流量乘 x 表示，即 $Q' = xQ$，则事故工况下环网的压力损失为

$$p_2^2 - p_5^2 = a_0(0.5xQ)^2 = 0.25x^2a_0Q^2$$

$$p_3^2 - p_2^2 = a_0(1.5xQ)^2 = 2.25x^2a_0Q^2$$

$$p_4^2 - p_3^4 = a_0(2.5xQ)^2 = 6.25x^2a_0Q^2$$

$$p_1^2 - p_4^2 = a_0(3.5xQ)^2 = 12.25x^2a_0Q^2$$

$$p_1^2 - p_5^2 = a_0(p_{\mathrm{A}}^2 - p_{\mathrm{B}}^2)_{\mathrm{s}} = 21.00x^2a_0Q^2$$

式中　$(p_{\mathrm{A}}^2 - p_{\mathrm{B}}^2)_{\mathrm{s}}$——事故工况下的总压力损失。

如果计算工况和事故工况的起点压力和终点压力相同，则

$$(p_A^2 - p_B^2)_l = (p_A^2 - p_B^2)_s$$

$$2.5a_0Q^2 = 21.00x^2a_0Q^2$$

$$x = 0.345$$

这就是说，在事故工况时，用户能够得到的燃气量将减少到计算流量的34.5%，这当然不能保证系统供应的可靠性。其解决办法是在系统中有一定的压力储备，以便在事故发生时，增加允许压力降，从而增加流量，使燃气量不低于流量的70%，即所有用户的供气保证系数为0.7。

这时计算压力降的利用程度应为

$$\frac{(p_A^2 - p_B^2)_l}{(p_A^2 - p_B^2)_s} = \frac{2.5a_0Q^2}{21 \times 0.7^2a_0Q^2} = 0.243$$

即计算压力降利用系数为24.3%。

压力储备值与管网布置、负荷及供气保证系数有关。对于单环管网，当供气保证系数为1时，计算压力降利用程度的数值可取0.15；保证系数为0.7时，压力降利用系数可取0.25～0.3。所选的压力储备是否正确，应由最不利事故工况下的校核计算确定。这样的工况通常发生于管网起始管段断开的情况。对于多环管网，需要做校核计算的最不利工况可能有几个。压力储备随管网环数增多而减少，而用户的供气保证系数则随着环数增多而增大。

6.3.2　等压力降环路事故工况下的供气能力

如图6-11a所示，由于环中各管段长度一致，因此

$$p_1^2 - p_2^2 = p_2^2 - p_3^2 = p_1^2 - p_4^2 = p_4^2 - p_3^2$$

由于各段管径不同，管段的阻抗也不同。

$$p_2^2 - p_3^2 = a_{2-3}(0.5Q)^2 = 0.25a_{2-3}Q^2$$

$$p_1^2 - p_2^2 = a_{1-2}(1.5Q)^2 = 2.25a_{1-2}Q^2$$

因

$$p_2^2 - p_3^2 = p_1^2 - p_2^2$$

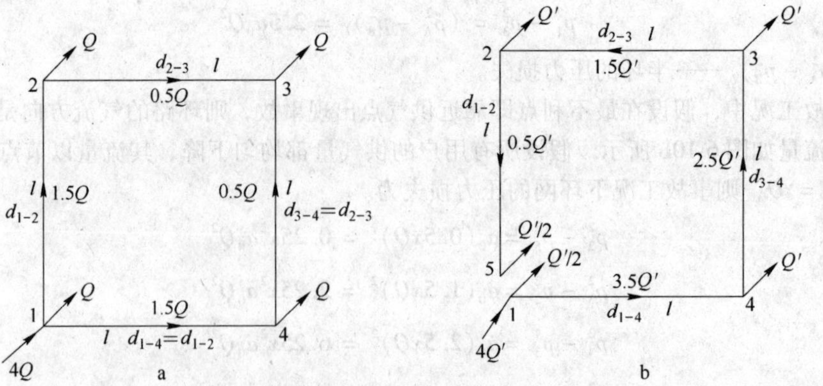

图6-11　$\frac{p_A^2 - p_B^2}{l}$为常数的次高压、中压环网的计算简图

a—计算工况；b—事故工况

所以 $$0.25a_{2-3}=2.25a_{1-2}$$

$$a_{2-3}=9a_{1-2}$$

得 $$p_1^2-p_3^2=(p_A^2-p_B^2)_l=4.5a_{1-2}Q^2$$

事故工况见图 6-11b，其压力损失计算如下：

$$p_2^2-p_5^2=a_{1-2}(0.5xQ)^2=0.25x^2a_{1-2}Q^2$$

$$p_3^2-p_2^2=a_{2-3}(1.5xQ)^2=2.25x^2\times 9a_{1-2}Q^2$$

$$p_4^2-p_3^2=a_{4-3}(2.5xQ)^2=6.25x^2\times 9a_{1-2}Q^2$$

$$p_1^2-p_4^2=a_{1-4}(3.5xQ)^2=12.25x^2a_{1-2}Q^2$$

$$p_1^2-p_5^2=(p_A^2-P_B^2)_s=89x^2a_{1-2}Q^2$$

假设事故工况和计算工况起点压力和终点压力相同，则

$$4.5a_{1-2}Q^2=89x^2a_{1-2}Q^2$$

$$x=0.225$$

这表明在事故工况中，若起点压力不变，则燃气量将减少到计算流量的22.5%。

由以上分析可以看出，在事故工况时，等管径环路用户能够得到的燃气量将减少到计算流量的34.5%；而等压力降环路用户能够得到的燃气量会减少到计算流量的22.5%。因而在管网布置时，应尽量采用相同或相近的管径。

以上计算是假定在事故工况下各用户负荷是均匀降低的，这只能发生在下列情况：

(1) 事故工况不与用气高峰期相重合，而发生在用气量较低的季节，季节性用气量的减少比由于个别管段损坏所引起的管网通过能力的降低还要大。这样，事故工况并不影响用户的正常工作，在这种情况下各用户负荷的降低是均匀的。因此，可安排管网的大修在用气量较低的季节进行。

(2) 在管段发生事故时，通过调度管理缩减部分车间和工厂的燃气用量。在这种情况下，用户的负荷是均匀降低的。在进行事故计算时，应掌握这些大用户的用气资料，以作为事故工况计算时的依据。

6.4 低压环网的水力可靠性分析

低压管网和用户直接相连时，因为用户的燃气量是无法调节的，在发生事故工况下，各用户供气量的减少是不同的，其供气量的减少取决于支管压力降和用户支管与环网连接点的压力。显然，连接点的压力降低，则供气量就随之减少。这一点是计算低压环网事故工况的基础。压力损失按阻力平方区计算对水力可靠性的分析来说已足够精确。

下面对等管径环网系统作水力可靠性的分析。

图 6-12 为低压环网的计算工况和事故工况计算简图，所有环的各管段阻抗均为 a_0，节点负荷均为 Q，低压环网的计算压力为 $0.75p_n$（p_n 为燃具的额定压力），其中干管的计算压力降取 $0.5p_n$，支管（包括庭院支管、引入管、室内管的压力降和燃具前的压力）的计算压力降取 $0.25p_n$，最远用户燃具前的压力为 $0.75p_n$，因此管网的起点压力为

$$p_1=0.5p_n+0.25p_n+0.75p_n=1.5p_n$$

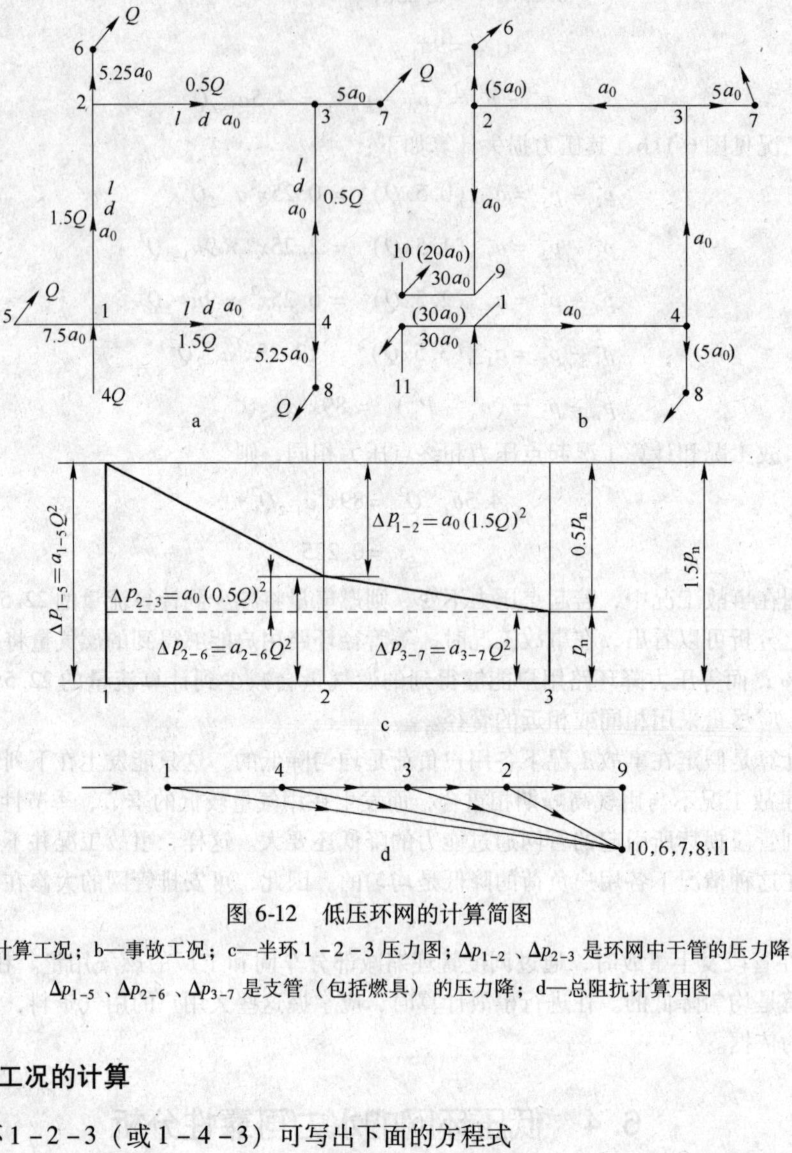

图 6-12　低压环网的计算简图

a—计算工况；b—事故工况；c—半环 1-2-3 压力图；Δp_{1-2}、Δp_{2-3} 是环网中干管的压力降；Δp_{1-5}、Δp_{2-6}、Δp_{3-7} 是支管（包括燃具）的压力降；d—总阻抗计算用图

6.4.1　计算工况的计算

对于半环 1-2-3（或 1-4-3）可写出下面的方程式

$$p_1 - p_3 = a_0(0.5Q)^2 + a_0(1.5Q)^2 = 2.5a_0Q^2$$

由于干管的计算压力降为 $0.5p_n$，因此得

$$2.5a_0Q^2 = 0.5p_n$$

$$p_n = 5a_0Q^2$$

$$a_0Q^2 = 0.2p_n$$

下面确定环路与各支管连接点的压力和各支管的压力降。

6.4.1.1　p_3 和 Δp_{3-7} 的计算

点 3 的压力应为支管压力降 $0.25p_n$ 和燃具前压力 $0.75p_n$ 之和，即

$$p_3 = 0.25p_n + 0.75p_n = p_n$$

$$\Delta p_{3-7} = p_3 = p_n = a_{3-7}Q^2$$

$$a_{3-7} = \frac{p_n}{Q^2} = \frac{5a_0Q^2}{Q^2} = 5a_0$$

6.4.1.2 p_2 和 Δp_{2-6}（p_4 和 Δp_{4-8}）的计算

$$\Delta p_{2-6} = p_2 = \Delta p_{2-3} + p_3$$

而由于 $\Delta p_{2-3} = a_{2-3}Q_{2-3}^2 = a_0(0.5Q)^2 = 0.25a_0Q^2$

所以 $\Delta p_{2-6} = 0.25a_0Q^2 + p_n = 0.25a_0Q^2 + 5a_0Q^2 = 5.25a_0Q^2$

又 $\Delta p_{2-6} = a_{2-6}Q^2$

所以 $a_{2-6} = 5.25a_0 = a_{4-8}$

6.4.1.3 p_1 和 Δp_{1-5} 的计算

$$\Delta p_{1-5} = p_1 = 1.5p_n = 1.5 \times 5a_0Q^2 = 7.5a_0Q^2$$

$$\Delta p_{1-5} = a_{1-5}Q^2$$

$$a_{1-5} = 7.5a_0$$

6.4.1.4 整个系统（环路和用户支管）总压力降的计算

$$\Delta p_s = a_s(4Q)^2$$

$$\Delta p_s = p_1 = 1.5p_n$$

由此得总阻抗为

$$a_s = \frac{1.5p_n}{(4Q)^2} = \frac{1.5 \times 5a_0Q^2}{16Q^2} = 0.469a_0$$

6.4.2 事故工况的计算

最不利的情况是在节点1发生事故，如图6-12b，这时用两个相同的平行管段1－11、9－10代替管段1－5，每根管段的流量为0.5Q。

管段的流量：

$$Q = \frac{1}{\sqrt{a_0}}\sqrt{\Delta p}$$

并联管段的总流量等于各并联管段流量之和：

$$Q = \left(\frac{1}{\sqrt{a_1}} + \frac{1}{\sqrt{a_2}} + \cdots + \frac{1}{\sqrt{a_n}}\right)\sqrt{\Delta p}$$

即

$$\frac{1}{\sqrt{a_0}} = \frac{1}{\sqrt{a_1}} + \frac{1}{\sqrt{a_2}} + \cdots + \frac{1}{\sqrt{a_n}}$$

管段1－5的流量等于管段1－11、管段9－10流量之和，并由于管段1－11和管段9－10的流量相等，则可得

$$a_{1-11} = a_{9-10} = (2\sqrt{a_{1-5}})^2 = 4 \times 7.5a_0 = 30a_0$$

因为所有终点（6、7、8、10、11）的压力均相等并等于大气压，故整个系统的总阻抗可

通过计算并联管线的阻抗来求得，如图 6-12d 所示。

6.4.2.1 管段 2－6 和管段 2－9－10 的并联阻抗 a_2 的计算

由前面计算已知 $a_{2-6}=5.25a_0$。管段 2－9 和管段 9－10 是串联的，串联管段的总压力降为各串联管段压力降之和，即

$$\Delta p=(a_1+a_2+\cdots+a_n)Q^2$$

所以

$$a_{2-9-10}=a_{2-9}+a_{9-10}=a_0+30a_0=31a_0$$

管段 2－6 和管段 2－9－10 为并联管段，由点 2 开始的并联阻抗 a_2 计算如下：

$$\frac{1}{\sqrt{a_2}}=\frac{1}{\sqrt{a_{2-6}}}+\frac{1}{\sqrt{a_{2-9-10}}}=\frac{1}{\sqrt{5.25a_0}}+\frac{1}{\sqrt{31a_0}}=\frac{0.616}{\sqrt{a_0}}$$

$$a_2=2.635a_0$$

6.4.2.2 管段 3－7 和管段 3－2－6（管段 3－2－10）并联阻抗 a_3 的计算

$$a_{3-7}=5a_0$$

$$a_{3-2-6}=a_{3-2}+a_2=a_0+2.635a_0=3.635a_0$$

由点 3 开始的并联阻抗 a_3 计算如下：

$$\frac{1}{\sqrt{a_3}}=\frac{1}{\sqrt{a_{3-7}}}+\frac{1}{\sqrt{a_{3-2-6}}}=\frac{1}{\sqrt{5a_0}}+\frac{1}{\sqrt{3.635a_0}}=\frac{0.972}{\sqrt{a_0}}$$

$$a_3=1.059a_0$$

6.4.2.3 管段 4－8 和管段 4－3－7（管段 4－3－10）并联阻抗 a_4 的计算

$$a_{4-8}=a_{2-6}=5.25a_0$$

$$a_{4-3-7}=a_{4-3}+a_3=a_0+1.059a_0=2.059a_0$$

由点 4 开始的并联阻抗 a_4 计算如下：

$$\frac{1}{\sqrt{a_4}}=\frac{1}{\sqrt{a_{4-8}}}+\frac{1}{\sqrt{a_{4-3-7}}}=\frac{1}{\sqrt{5.25a_0}}+\frac{1}{\sqrt{2.059a_0}}=\frac{1.133}{\sqrt{a_0}}$$

$$a_4=0.779a_0$$

6.4.2.4 管段 1－11 和管段 1－4－8（1－4－10）并联阻抗 a_1 的计算

$$a_{1-11}=30a_0$$

$$a_{1-4-8}=a_0+0.779a_0=1.779a_0$$

由点 1 开始的并联阻抗即总阻抗 a_1 计算如下：

$$\frac{1}{\sqrt{a_1}}=\frac{1}{\sqrt{a_s}}=\frac{1}{\sqrt{a_{1-11}}}+\frac{1}{\sqrt{a_{1-4-8}}}=\frac{1}{\sqrt{30a_0}}+\frac{1}{\sqrt{1.779a_0}}=\frac{0.932}{\sqrt{a_0}}$$

$$a_1=a_s=1.15a_0$$

6.4.3 事故工况下的供气量

6.4.3.1 用全压降计算支管时用户供气量

如在事故工况下，系统起点压力 p_1 和计算工况时相同，流入点 1 的流量为 xQ'（Q'为计算工况下流入点 1 的流量，$Q'=4Q$），则事故工况下的供气量 xQ'为

$$p_1 = 1.5p_n = a_1(xQ')^2 = 1.15a_0(xQ')^2$$

把 $p_n = 5a_0Q^2$ 代入，可得

$$xQ' = 2.554Q$$

$$x = \frac{2.554Q}{Q'} = \frac{2.554Q}{4Q} = 0.638$$

因此，在事故工况下流进管内的燃气量是计算流量的63.8%，大大超过了次高压、中压环网在事故工况下的过流能力。

以下求各用户在事故工况下得到的燃气量。对于并联管段由于 Δp 相等，而 $Q = \frac{1}{\sqrt{a_0}}\sqrt{\Delta p}$，故

$$\frac{Q_1}{Q_2} = \frac{\sqrt{a_2}}{\sqrt{a_1}} \quad 或 \quad \frac{Q_1}{Q_s} = \frac{\sqrt{a_s}}{\sqrt{a_1}}$$

式中 Q_s——通过并联管段的总流量；

a_s——并联管段作为单一管段的阻抗。

节点1

事故工况下用户11得到的燃气量为 $0.5Q$，这是因为事故工况下点1的压力不变，则沿管段1-4所通过的流量为

$$Q_{1-4} = 2.554Q - 0.5Q = 2.054Q$$

节点4

$$Q_{4-8} = Q_{1-4}\frac{\sqrt{a_4}}{\sqrt{a_{4-8}}} = 2.054Q\frac{\sqrt{0.779a_0}}{\sqrt{5.25a_0}} = 0.791Q$$

即事故工况下的流量为计算流量的79.1%。

管段3-4的流量为

$$Q_{3-4} = Q_{1-4} - Q_{4-8} = 2.054Q - 0.791Q = 1.263Q$$

节点3

$$Q_{3-7} = Q_{3-4}\frac{\sqrt{a_3}}{\sqrt{a_{3-7}}} = 1.263Q\frac{\sqrt{1.059a_0}}{\sqrt{5a_0}} = 0.581Q$$

即事故工况下的流量为计算流量的58.1%。

管段2-3的流量为

$$Q_{2-3} = Q_{3-4} - Q_{3-7} = 1.263Q - 0.581Q = 0.682Q$$

节点2

$$Q_{2-6} = Q_{2-3}\frac{\sqrt{a_2}}{\sqrt{a_{2-6}}} = 0.682Q\frac{\sqrt{2.635a_0}}{\sqrt{5.25a_0}} = 0.483Q$$

即事故工况下的流量为计算流量的48.3%。

节点9

管段2-9的流量等于由节点9送往用户10的燃气量

$$Q_{10} = Q_{2-9} = Q_{2-3} - Q_{2-6} = 0.682Q - 0.483Q = 0.199Q$$

即用户 10 在事故工况下的流量等于计算流量的 39.8%（计算工况为 $0.5Q$）。

全部用户的燃气耗量为

$$(0.5 + 0.791 + 0.581 + 0.483 + 0.199)Q = 2.554Q$$

这就是事故工况下送进管网的总燃气量。

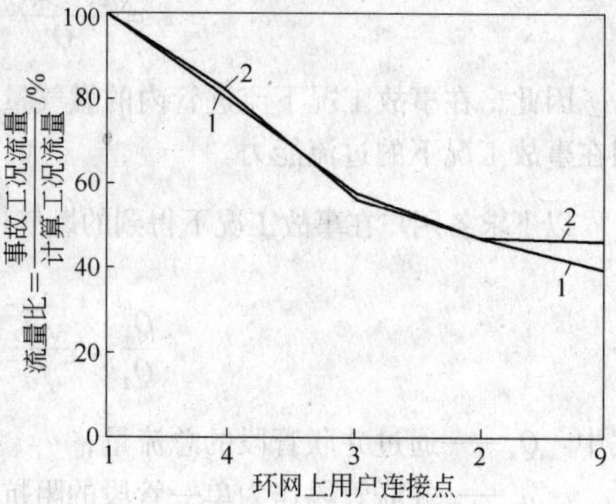

图 6-13　事故工况下的供气量曲线

1—用全压降计算用户支管时用户供气量曲线；

2—用等压降计算用户支管时用户供气量曲线

由以上计算可知，在事故工况下，不同用户的燃气量减少程度是有显著差别的，离环网的供应点（调压装置）越近，燃气量减少得越少，反之，越远则减少得越多。

图 6-13 中曲线 1 表示了事故工况下环网不同连接点处的燃气供应量曲线。由图 6-13 可见，等管径低压环网的水力可靠性比次高压、中压环网要高得多。这是因为在低压系统中用户和管网直接连接，发生事故时用户的燃气量减少，燃具前的压力下降，从而管网允许压力降增大。如本例中通往用户 10 的节点 9 的压力为

$$p_9 = \Delta p_{9-10} = a_{9-10}(Q_{10})^2 = 30a_0(0.199Q)^2$$

$$= 1.188a_0Q^2 = 1.188 \times 0.2p_n = 0.238p_n$$

这就可得出点 1 到点 9 的管道压力降为

$$1.5p_n - 0.238p_n = 1.262p_n$$

$$\frac{1.262p_n - 0.5p_n}{0.5p_n} \times 100\% = 152.4\%$$

比计算压力降多 1.52 倍。

下面进一步讨论在事故工况时通往用户的支管压力降的作用问题。在事故发生前，用户 10 靠近供气点，它的支管压力降是按 $0.75p_n$ 来计算的（$p_1 = 1.5p_n$，$p_b = 0.75p_n$）。事故工况下，用户 10 距供气点最远，而由上述计算已知它能得到的燃气量为计算流量的 39.8%，其支管的压力降为 $0.238p_n$，这个值仅占 $1.5p_n$ 的 15.9%，因此，虽然较近的支管是以全部压力降（$1.5p_n$）计算的，但这个支管的阻力在发生事故时的影响并不大。对于管段 1－4 的影响就很大，因为在计算工况时，$\Delta p_{1-4} = a_0(1.5Q)^2 = 2.25a_0Q^2$，事故工况时 $\Delta p_{1-4} = a_0(2.054Q)^2 = 4.22a_0Q^2$，这样，事故工况时的压力降比原来增大下列数值：

$$\frac{4.22 - 2.25}{2.25} \times 100\% = 87.6\%$$

6.4.3.2　用等压降计算支管时用户供气量

以下计算所有通往用户的支管压力降均相同（本计算中取 $0.25p_n$）情况下的供气量。

支管压力降（包括燃具前的压力 $0.75p_n$）得

$$0.25p_n + 0.75p_n = p_n$$

由于　$\Delta p_{4-8} = \Delta p_{3-7} = \Delta p_{2-6} = \Delta p_{9-10} = p_n$

即　$a_{4-8}Q^2 = a_{3-7}Q^2 = a_{2-6}Q^2 = a_{9-10}(0.5Q)^2 = 5a_0Q^2$

因此　$a_{4-8} = a_{3-7} = a_{2-6} = 5a_0$

$$a_{9-10} = 20a_0$$

这里，用户 11 的支管压力降不能和其他支管压力降相等，因为点 1 不论在计算工况或事故工况下其压力均为 $1.5p_n$。因此

$$\Delta p_{1-11} = 1.5p_n = a_{1-11}(0.5Q)^2$$

$$1.5 \times 5a_0Q^2 = a_{1-11}(0.5Q)^2$$

$$a_{1-11} = 30a_0$$

上述各支管阻抗值标于图 6-12b 中的括号内。

按支管压力降相等的方法进行计算时，在用户 6、8、10、11 处会出现剩余压力。这种剩余压力可用阀门来消除，而在事故工况下，剩余压力就能增大用户的供气量。

下面计算管段阻抗。

节点 2

从节点 2 开始的管段 2－9－10 和管段 2－6 为并联管段，其管段的阻抗为

$$a_{2-9-10} = a_0 + 20a_0 = 21a_0$$

$$a_{2-6} = 5a_0$$

$$\frac{1}{\sqrt{a_2}} = \frac{1}{\sqrt{a_{2-6}}} + \frac{1}{\sqrt{a_{2-9-10}}} = \frac{1}{\sqrt{5a_0}} + \frac{1}{\sqrt{21a_0}} = \frac{0.665}{\sqrt{a_0}}$$

$$a_2 = 2.258a_0$$

节点 3

$$a_{3-2-6(10)} = a_0 + 2.258a_0 = 3.258a_0$$

$$a_{3-7} = 5a_0$$

$$\frac{1}{\sqrt{a_3}} = \frac{1}{\sqrt{a_{3-7}}} + \frac{1}{\sqrt{a_{3-2-6}}} = \frac{1}{\sqrt{5a_0}} + \frac{1}{\sqrt{3.26a_0}} = \frac{1.001}{\sqrt{a_0}}$$

$$a_3 = 0.998a_0$$

节点 4

$$a_{4-3-7(10)} = a_0 + 0.998a_0 = 1.998a_0$$

$$a_{4-8} = 5a_0$$

$$\frac{1}{\sqrt{a_4}} = \frac{1}{\sqrt{a_{4-8}}} + \frac{1}{\sqrt{a_{4-3-7}}} = \frac{1}{\sqrt{5a_0}} + \frac{1}{\sqrt{1.998a_0}} = \frac{1.155}{\sqrt{a_0}}$$

$$a_4 = 0.75a_0$$

节点 1

$$a_{1-4-8(10)} = a_0 + 0.75a_0 = 1.75a_0$$

$$a_{1-11} = 30a_0$$

$$\frac{1}{\sqrt{a_1}} = \frac{1}{\sqrt{a_{1-11}}} + \frac{1}{\sqrt{a_{1-4-8}}} = \frac{1}{\sqrt{30a_0}} + \frac{1}{\sqrt{1.75a_0}} = \frac{0.939}{\sqrt{a_0}}$$

$$a_1 = 1.135a_0$$

在事故工况下的总供气量为

$$p_1 = 1.5p_n = a_1(xQ')^2 = 1.135a_0(xQ')^2$$

$$1.5 \times 5a_0Q^2 = 1.135a_0(xQ')^2$$

$$xQ' = 2.571Q$$

$$x = \frac{2.571Q}{4Q} = 0.643$$

这说明事故工况下的供气量为计算工况下供气量的64.3%。用等压力降计算支管和用全压力降计算支管，其总供气量是十分接近的（全压力降计算支管时 x=63.8%）。

计算各用户在事故工况下所得到的燃气量。

节点1

$$Q_{1-11} = 0.5Q$$

$$Q_{1-4} = 2.571Q - 0.5Q = 2.071Q$$

节点4

$$Q_{4-8} = Q_{1-4}\frac{\sqrt{a_4}}{\sqrt{a_{4-8}}} = 2.071Q\frac{\sqrt{0.75a_0}}{\sqrt{5a_0}} = 0.802Q$$

即管段4－8在事故工况下的流量等于计算流量的80.2%。

$$Q_{4-3} = 2.071Q - 0.802Q = 1.269Q$$

节点3

$$Q_{3-7} = Q_{4-3}\frac{\sqrt{a_3}}{\sqrt{a_{3-7}}} = 1.269Q\frac{\sqrt{0.998a_0}}{\sqrt{5a_0}} = 0.567Q$$

即管段3－7在事故工况下的流量为计算流量的56.7%。

$$Q_{2-3} = 1.269Q - 0.567Q = 0.702Q$$

节点2

$$Q_{2-6} = Q_{2-3}\frac{\sqrt{a_2}}{\sqrt{a_{2-6}}} = 0.702Q\frac{\sqrt{2.258a_0}}{\sqrt{5a_0}} = 0.472Q$$

即管段2－6在事故工况下的流量为计算流量的47.2%。

节点9

$$Q_{2-9} = 0.702Q - 0.472Q = 0.23Q$$

即用户10所得的燃气量等于计算流量0.5Q的46%。

全部用户的燃气耗量为

$$(0.5 + 0.802 + 0.567 + 0.472 + 0.23)Q = 2.571Q$$

图6-13中曲线2是用等压力降计算支管时用户的供气量曲线。1与2两条曲线是很接近的，大多数用户得到的燃气量几乎相同，只有末端用户用等压力降计算支管时的供气量为46%，大于用全压力降计算支管的供气量（39.8%）。由于采用支管压力降相等的计算系统只是对少数用户供气量略有增大，却不能充分利用支管中的允许压力降，从而增大了管道的金属耗量，因而这种方法是不可取的。

通过对低压环形管网水力可靠性的分析可知，等管径低压环网在事故工况下大部分用户燃气量的降低并不太多，因而它是可以满足水力可靠性要求的。当然，如果供气点越多，或者由一个供气点供气时环数越多，其水力可靠性也越大。

6.4.4 提高燃气管网水力可靠性的途径

为提高管网系统的水力可靠性，在确定城镇燃气供应系统时应采取以下措施：

（1）管网系统应有两个或两个以上的供气点以防供气中断。向大用户、调压站供气时，应双侧供气，次高压、中压管网应尽量连成环形。如果管网系统是由几个压力级组成，则应设一定数量的连接点（即调压站）以保证多点供气。

（2）如果存在天然或人工障碍，低压管网最好分区布置，而不要连成整体系统，但每一独立区至少应有两个调压站。各调压站的出口可用同径管道以最短的线路互相连接，以保证当一个调压站关断时由另一个调压站供给必要数量的燃气。

（3）次高压、中压管网只有一个环时，可采用相同或相近的管径，并留有一定压力储备，以提高事故情况下的通过能力。对由许多环路组成的管网，整个压力降应当在沿燃气流动方向依次布置的各环路之间均匀地分配，并且每个环由管径相同的管道构成。若管网中环路较多，则压力储备可以减少。

（4）低压环网相邻管段直径不能相差很大，否则在事故情况下就不能保证一定的燃气量。

参 考 文 献

[1] 哈尔滨建筑工程学院等．燃气输配[M].2版．北京：中国建筑工业出版社，1988.

[2] 段长贵主编．燃气输配[M].3版．北京：中国建筑工业出版社，2001.

[3] 马良涛主编．燃气输配[M]．北京：中国电力出版社，2004.

[4] 张浩然主编．城市燃气输配工程设计、施工技术工艺与验收规范实用手册[M]．北京：北京科大出版社，2005.

[5] 姜正侯主编．燃气工程技术手册[M]．上海：同济大学出版社，1993.

[6] 中国市政工程华北设计研究院．GB 50028—2006，城镇燃气设计规范[S]．北京：中国建筑工业出版社，2006.

7　燃气的调压与计量

燃气输配系统包括有不同压力等级的输配管网，并连接有不同使用压力要求的用户，要使输配系统终端使用压力不随用气量的变化而保持稳定，必须根据使用压力要求设置压力调节装置。同时，通常还需对调压后送出的燃气进行计量。

本章主要介绍燃气的压力调节过程、常用调压器、调压站（装置）的布置和燃气计量及其装置。

7.1　燃气调压器

燃气调压器的主要功能是为了将较高的入口压力调至较低的出口压力，使燃气流量与系统的燃气负荷相匹配，并根据燃气需用工况的变化自动保持系统所需的压力在一个可接受的范围内。

7.1.1　燃气调压器的组成

常用的调压器一般由三部分组成：

（1）敏感元件：薄膜、导压管等。

（2）给定压力部件：重块、弹簧等。

（3）可调节流阀：提升阀、滑动阀、活塞阀、蝶阀、旋塞阀等。

7.1.2　燃气调压器的基本工作原理

调压器通常安设在输配系统燃气压力需要调节和稳定处（气源厂、储配站、输配管网和用户等处），其工作原理如图 7-1 所示。图中 p_1 为调压器进口压力，当出口燃气用量或燃气的出口压力 p_2 变化时，通过导压管 5 使 p_2 压力作用到薄膜 3 的下方，由于它与薄膜上方重块 2 的给定压力值不相等，故薄膜失去平衡，使薄膜移动，并通过阀杆带动调节阀芯 4 改变流经孔口的燃气量，从而使压力恢复平衡。

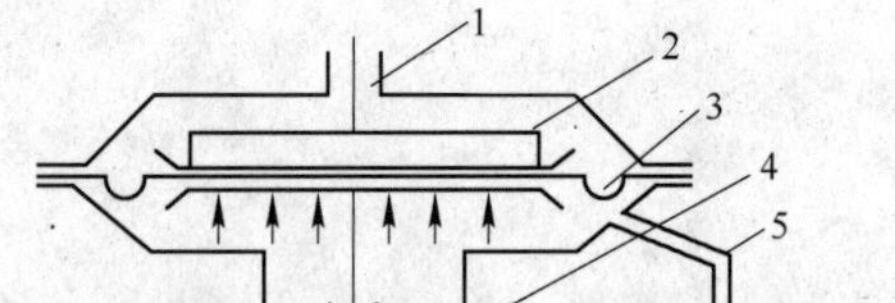

图 7-1　调压器的基本工作原理

1—气孔；2—重块；3—悬吊阀杆的薄膜；4—阀芯；5—导压管

由此看出，在一定范围内，无论用气量及进口压力如何变化，调压器都可以通过给定压力部件的调节作用，自动保持稳定的供气压力。所以，调压器和与其相连的管网是一个自调系统。

气体作用在薄膜上的力可按式（7-1）计算，即

$$F = A_a p_2$$

$$A_a = CA \tag{7-1}$$

式中 F——气体作用于薄膜上的力，N；

A_a——薄膜的有效面积，m^2；

p_2——调压器设定出口压力，Pa；

C——薄膜有效系数；

A——薄膜表面在固定端的投影面积，m^2。

为了更清楚地描述该自调系统的各个组成环节之间的相互影响和信号联系，现用方框图7-2来表示调压器的工作原理。

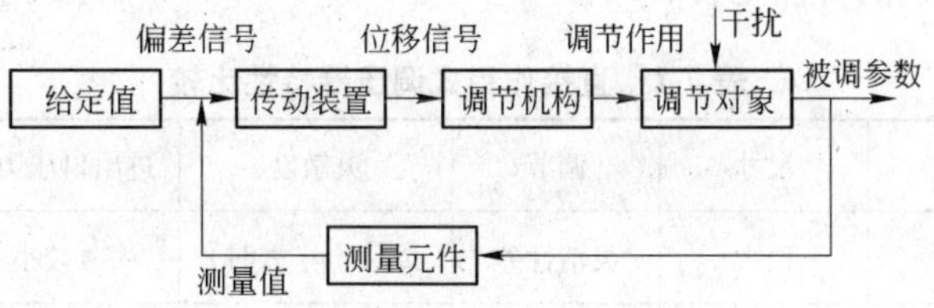

图 7-2 调压器自调系统方框图

当外界给一个干扰信号时，被调参数就发生变化并传给测量元件。测量元件发出一个信号与给定值进行比较，得到偏差信号，并送给传动装置。传动装置根据偏差信号发出位移信号送至调节机构，使阀门动作起来，并向调节对象输出一个调节作用信号克服干扰影响。

在燃气管网压力的调节过程中，最常使用的是定值调节系统，即给定值是一个常数。但为了改善管网的水力工况，有时需要用到随动调节系统和程序调节系统。随动调节系统，是在调压器出口增设孔板，使压力给定值随着用气量及时间的改变而变化。程序调节系统，是在调压器处设置凸轮机构，使压力给定值随着用气量及时间的改变而变化。

7.1.3 燃气调压器的分类

燃气调压器有如下几种分类方式：

(1) 按作用原理，通常可分为直接作用式和间接作用式两种。

(2) 按用途或使用对象可以分为区域调压器、专用调压器和用户调压器。

(3) 按进出口压力分为低-低压调压器、中-低压调压器、中-中压调压器、高-低压调压器、高-中压调压器及高-高压调压器等。

(4) 按结构可以分为浮筒式和薄膜式调压器，后者又可分为重块薄膜式和弹簧薄膜式调压器。

7.1.4 燃气调压器产品型号组成

燃气调压器的名称用汉语拼音字头表示。产品型号分为两节，两节之间用连接符号“-”隔开。第一节前两位符号“RT”代表燃气调压器，第三位符号表示工作原理，“Z”代表直接作用式，“J”代表间接作用式；第二节第一位数字代表调压器公称尺寸，第二位数字代表调压器最大进口压力，标出以 MPa 为单位的压力值。最大进口压力 p_1^{max} 按 0.01MPa、0.2MPa、0.4MPa、0.8MPa、1.6MPa、2.5MPa 和 4.0MPa 分 7 级进行选用，第三位数字为自定义代号。

例如：RTJ-100/0.8 表示间接作用式、公称尺寸为 DN100、最大进口压力为 0.8MPa 的燃气调压器；RTZ-150/0.4A 表示直接作用式、公称尺寸为 DN150、最大进口压力为 0.4MPa、自定义号为 A 的燃气调压器。

7.1.5　直接作用式调压器

直接作用式调压器只依靠敏感元件（薄膜）所感受的出口压力的变化移动节流阀进行调节，不需要利用外部能源。敏感元件就是传动装置的受力元件。

根据作用在薄膜上的给定压力部件，直接作用式调压器可分为三种形式：重块式、弹簧式、压力作用式。它们的特性见表 7-1。

表 7-1　直接作用式调压器特性比较

调压器类型	质量	尺寸	调节	灵敏度	进出口压力范围	适用范围
重块式	较大	稍大	灵活性差	受限（p_2 大时）	较小	低压
弹簧式	轻	较小	灵活	受限（p_2 大时）	稍大	低压
压力作用式	轻	较小	灵活	高	较大	压力范围广

图 7-3 所示为弹簧式调压器。调节弹簧的调节螺丝可增加或减少给定压力值。当出口压力发生变化时，通过导压管 7 使 p_2 作用于薄膜 1 的下方，由于它与薄膜上方的弹簧给定压力不等，薄膜失去平衡，发生移动，带动节流阀，改变通过孔口的燃气量，从而恢复压力的平衡。

图 7-4 所示为压力作用式调压器。当进口压力增大时，经过阀孔的流量随之增加，出口压力也增高，经导压管 6 使薄膜 1 下方小室的压力上升，则薄膜上下的作用力失去平衡，薄膜上移，带动阀芯 4 向上，节流阀关小，出口压力下降，恢复至被调值。压力作用式调压器给定压力由薄膜上方小室的压力 p 确定，克服了重块式与弹簧式调压器的不足，适用较高的出口压力，并达到足够的灵敏度。

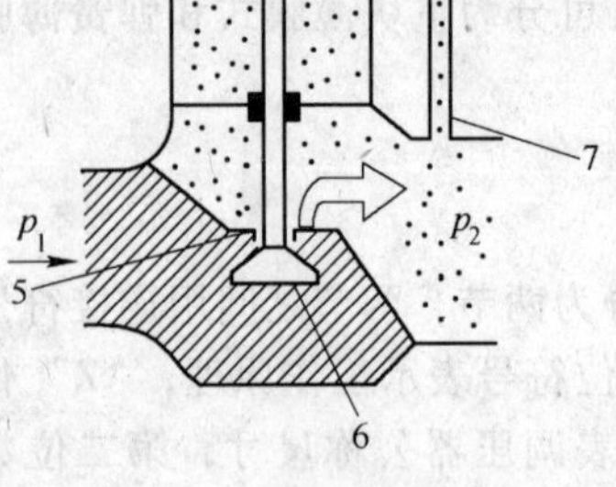

图 7-3　弹簧式调压器

1—薄膜；2—弹簧；3—弹簧调节螺钉；4—阀杆；5—阀座；6—阀芯；7—导压管

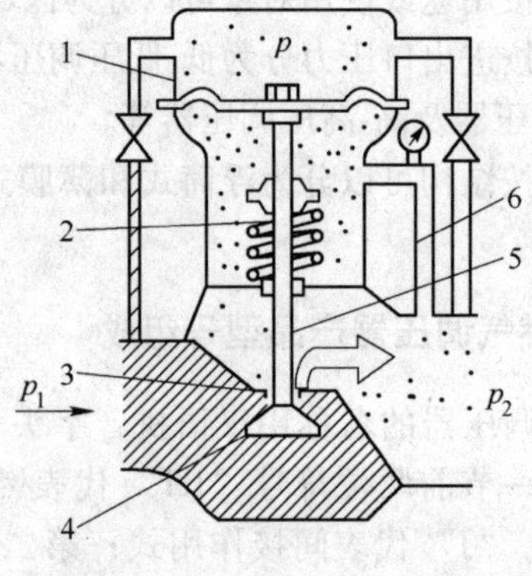

图 7-4　压力作用式调压器

1—薄膜；2—弹簧；3—阀座；4—阀芯；5—阀杆；6—导压管

常用的直接作用式调压器有液化石油气减压器、用户调压器。

7.1.5.1 液化石油气减压器

A 结构

目前常用的液化石油气减压器，是国产的一种小型家用直接作用式调压设备。它直接连接在液化石油气钢瓶的角阀上，流量在 0～0.6m^3/h 范围内变化，能保证有稳定的出口压力，工作安全可靠。液化石油气减压器构造如图 7-5 所示。

减压器的进口接头由手轮旋入角阀，压紧于气瓶出口上。出口用耐油橡胶软管与燃烧器相连。

B 工作特点

这种减压器是弹簧薄膜结构，随着流量的增加，弹簧伸长，弹簧力减弱，给定值也会稍有降低；同时随着流量的增加，薄膜挠度减小，有效面积增加；气流直接冲击在薄膜上，将抵消一部分弹簧力。所有这些因素都将使减压器随着流量的增加而使出口压力降低。

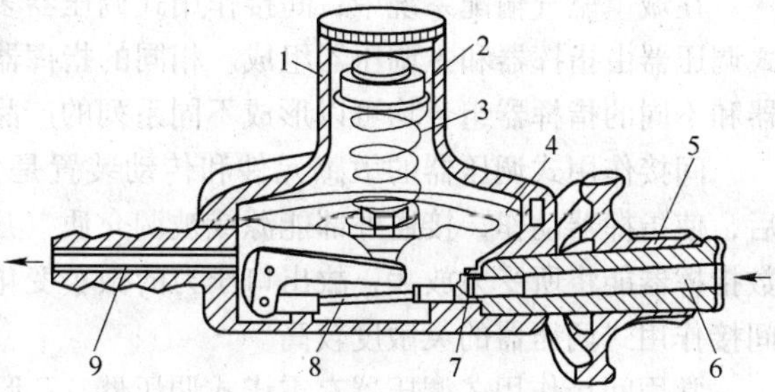

图 7-5 液化石油气减压器

1—壳体；2—调节螺丝；3—调节弹簧；4—薄膜；5—手轮；6—入口；7—阀口；8—横轴；9—出口

7.1.5.2 用户调压器

A 结构及工作特点

用户调压器构造如图 7-6 所示。用户调压器具有体积小、质量轻、性能可靠、安装方便等优点。通过调节阀门的气流不直接冲击到薄膜。为减少弹簧力变化对出口压力的影响，提高调节质量，可通过增加薄膜上托盘的重量实现。导压管引入点置于调压器出口管流速的最大处，当出口流量增加时，该处动压增大而静压减小，使阀门有进一步开大的趋势，能够抵消由于流量增加弹簧推力降低和薄膜有效面积增加而造成的出口压力降低的现象。

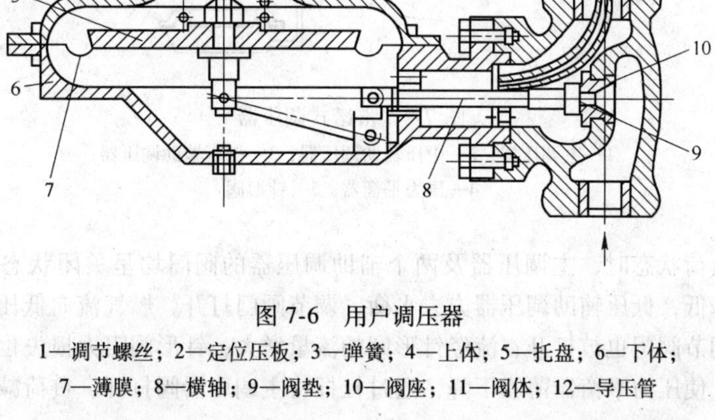

图 7-6 用户调压器

1—调节螺丝；2—定位压板；3—弹簧；4—上体；5—托盘；6—下体；7—薄膜；8—横轴；9—阀垫；10—阀座；11—阀体；12—导压管

B　应用范围

这种调压器可以直接和中压或次高压管道相连，将燃气减压至低压送入用户，便于进行“楼栋调压”。它还适用于集体食堂、饮食服务行业、小型工业用户及居民点。该调压器可以安装在燃烧设备附近挂在墙上的金属箱中，也可作为楼栋调压安装在箱式调压装置中。

7.1.6　间接作用式调压器

在城镇燃气输配系统中，间接作用式调压器多用于流量比较大的区域调压站中。间接作用式调压器由指挥器和主调压器组成。相同的指挥器和不同结构的主调压器或者是相同的主调压器和不同的指挥器组合均可以形成不同系列的产品。

间接作用式调压器的敏感元件和传动装置是分开的。当敏感元件感受到出口压力的变化后，使指挥器动作，接通外部能源或被调介质（压缩空气或燃气），使调节阀门动作。由于多数指挥器能将所受力放大，故出口压力的微小变化，也会导致主调压器的调节阀门动作。因此间接作用式调压器的灵敏度较高。

常用间接作用式调压器有雷诺式调压器、T形调压器、轴流式调压器、曲流式调压器、自力式调压器五种。

7.1.6.1　雷诺式调压器

A　结构及工作原理

雷诺式调压器由主调压器、中压辅助调压器、低压辅助调压器、压力平衡器及针形阀组成，如图7-7所示。中压辅助调压器是个弹簧薄膜结构的调压器，其作用是将一部分中压燃气引入，并使其出口压力保持一定。低压辅助调压器是个重块薄膜结构的调压器，其作用是将出口压力调节至规定的供气压力。自中压辅助调压器至压力平衡器及低压辅助调压器之间的压力称为中间压力(指挥压力),通常为5kPa左右。利用中间压力的变化可以自动地调节主调压器阀门的开启度。

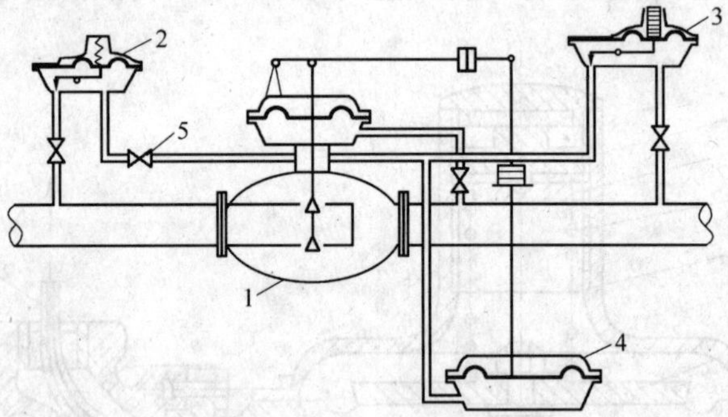

图7-7　雷诺式调压器

1—主调压器；2—中压辅助调压器；3—低压辅助调压器；
4—压力平衡器；5—针形阀

当处于无负荷状态时，主调压器及两个辅助调压器的阀门均呈关闭状态。随着负荷的增大，出口压力降低，低压辅助调压器失去平衡，调节阀门打开，燃气流向低压管道；同时，中压辅助调压器调节阀门也被打开；流经针形阀的流量增大，针形阀阻力损失也增大，针形阀后中间压力降低，使压力平衡器薄膜下降，通过杠杆将主调压器阀打开。负荷减小时，调压器动作与上述情况相反。

B 特点及应用

雷诺式调压器占地面积较大，但通过流量大，调节性能好，有较好的关闭性能和较高的稳压精度，但对燃气的净化要求较高，对操作技术要求高，维修保养工作量大。雷诺式调压器在中低压配气系统中应用较广，且有多年历史。主要用于区域调压和大用户专用调压。

7.1.6.2 T形调压器

A 结构及工作原理

T形调压器由主调压器、指挥器和排气阀三部分组成，其工作原理如图7-8所示。

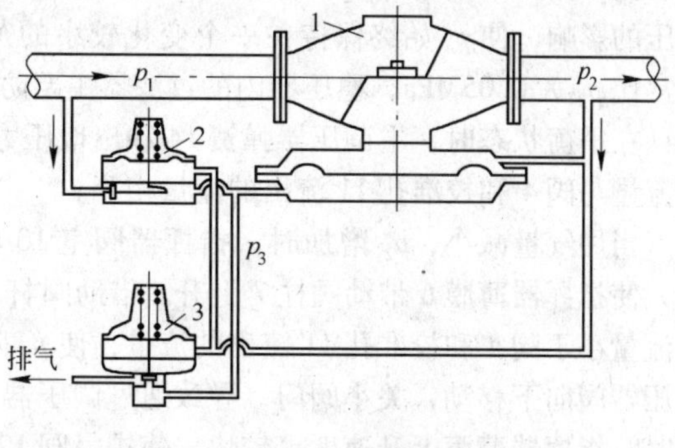

图7-8 T形调压器

1—主调压器；2—指挥器；3—排气阀

T形调压器开始启动运行时，首先按调压器出口压力调节指挥器弹簧，调到给定值，同时调节排气阀的排气压力略高于给定值。

当流量增大，出口压力 p_2 低于给定值时，指挥器薄膜下压力 p_2 小于薄膜上弹簧力，指挥器薄膜向下移动，开启指挥器阀门，向主调压器薄膜下腔补充，使 $p_3>p_2$，此时主调压器薄膜向上移动，阀门开度增加，流量增大，出口压力 p_2 值亦随之增高而恢复到 p_2 给定值。同时，指挥器薄膜上、下弹簧力和 p_2 相平衡，薄膜恢复原位，指挥器进口阀门关闭，仍使 p_3 值保持定值。

当流量减少时，出口压力 p_2 超过给定值时排气阀薄膜下压力 p_2 大于膜上弹簧力，薄膜上升而开启排气阀，使主调压器薄膜下燃气压力 p_3 经循环管排除一部分，从而使主膜向下移动，关小主阀门开度，减少流量，恢复 p_2 给定值。同时，排气阀薄膜上下的压力平衡而使排气阀关闭。

当流量为零时，调压器出口压力值为最大值 p_2^{max}，指挥器薄膜下腔在 p_2^{max} 的作用下，使其进气阀门关闭。排气阀薄膜在 p_2^{max} 的作用下，薄膜向上位移到最大限度，完全开启排气阀，使主膜下腔的燃气 p_3 经循环管、排气管最大限度地排气，主调压器薄膜下移。

B 特点及应用

T形调压器体积小，流量大，安装、调试和检修方便。它的适用范围广，根据进口压力的不同，可作为高-中压调压器、中-中压调压器、中-低压调压器。另外，它还适用于杂质含量较高的燃气，如煤制气，但在小流量时，有喘、跳现象。

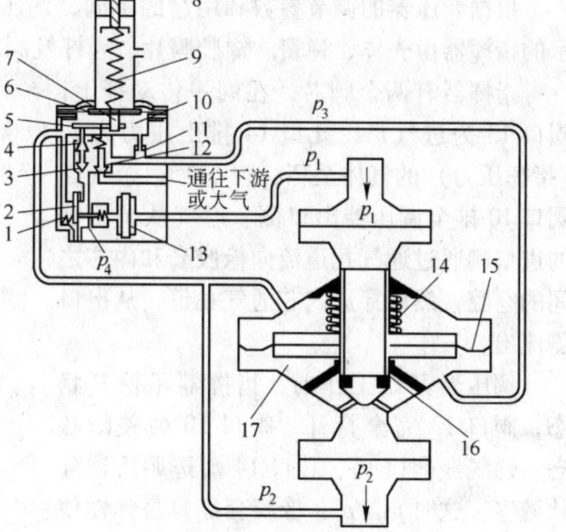

图7-9 轴流式间接作用调压器

1—弹簧；2—皮膜；3，4—指挥器阀；5—阀杆；6—指挥器薄膜；7—阀柱；8—调节螺丝；9—指挥器弹簧；10—指挥器阀室；11—校准孔；12—排气阀；13—带过滤器的稳压器；14—主调压器弹簧；15—主调压器薄膜；16—主调压器阀；17—主调压器阀室

7.1.6.3 轴流式调压器

A 结构及工作原理

该调压器结构如图7-9所示。进口压

力为 p_1，进出口流线是直线，故称为轴流式。

调压器的出口压力 p_2 是由指挥器的调节螺丝 8 给定。稳压器 13 的作用是消除进口压力对调压的影响，使 p_4 始终保持在一个变化较小的范围。p_4 的大小取决于弹簧 1 和出口压力 p_2，通常比 p_2 大 0.05MPa，稳压器内的过滤器主要防止指挥器气流孔阻塞，避免操作故障。

在平衡状态时，主调压器弹簧 14 和出口压力 p_2 平衡，因此 $p_3 > p_2$，指挥器内由阀 3 流进的流量与阀 4 和校准孔 11 流出的流量相等。

当用气量减小，p_2 增加时，指挥器阀室 10 内的压力 p_2 增加，破坏了和指挥器弹簧的平衡，使指挥器薄膜 6 带动阀柱 7 上升。借助阀杆 5 的作用，阀 4 开大，阀 3 关小，使阀 3 流进的流量小于阀 4 和校准孔 11 流出的流量，使 p_3 降低，主调压器膜上、膜下压力失去平衡。主调压器阀向下移动，关小阀门，导致通过调压器的流量减小，因此使 p_2 下降。如果 p_2 增加较快时，指挥器薄膜上升速度也较快，使排气阀 12 打开，加快了降低 p_3 的速度，主调压器阀尽快关小甚至完全关闭。当用气量增加，p_2 降低时，其各部分的动作相反。

B　特点及应用

该系列调压器流量 160 ~ 1.5 × $10^5 m^3/h$，进口压力范围 0.01 ~ 1.6MPa，出口压力范围 0.005 ~ 0.8MPa。燃气通过阀门时阻力损失小，在进出口压力较低的情况下通过较大的流量。所以该调压器可用于大流量、压力变化范围大的场合。

7.1.6.4　曲流式调压器

A　结构及工作原理

曲流式调压器结构及工作原理如图 7-10 所示。主调压器主要由外壳 1、橡胶套 2、内芯 3、阀盖 4 组成。在内芯的周围有若干个长条形缝隙作为通气孔道。调压器内腔用椭圆形金属板分成两部分，一侧为进口，另一侧为出口。橡胶套用腈基橡胶制作，呈筒状，是曲流调压器的关键部件，具有耐摩擦、耐腐蚀、不易变形等性能，同时还要有很好的弹性。

根据调压器的调节参数和用途的不同，调压器配置的指挥器构造也不相同。图 7-10 中所示的指挥器由壳体、弹簧、橡胶膜片、阀杆及阀芯等零件组成。

指挥器有两个阀芯，在同一传动杆上，阀口 13 为进气口，孔口 14 排出压力为 p_2（指挥压力）的气体至环状腔室 15，余气经阀口 10 排至调压器出口侧。燃气从调压器的进口侧通过通气孔道流向橡胶套和内芯之间的空腔，然后穿进内芯通气孔道，从出口侧流出。

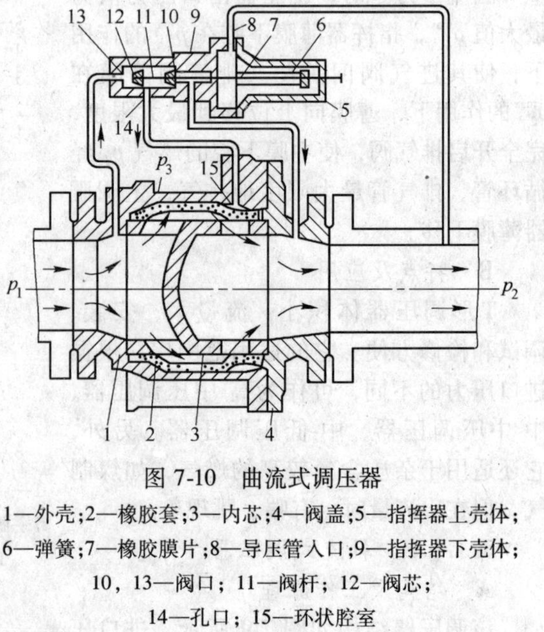

图 7-10　曲流式调压器

1—外壳；2—橡胶套；3—内芯；4—阀盖；5—指挥器上壳体；6—弹簧；7—橡胶膜片；8—导压管入口；9—指挥器下壳体；10，13—阀口；11—阀杆；12—阀芯；14—孔口；15—环状腔室

调压器开始工作前，指挥器呈松开状态，阀口 13 完全打开，阀口 10 为关闭状态。燃气经阀口 13、孔口 14 流进调压器环状腔室，这时 $p_1 = p_3$，橡胶套靠自身弹性使调压器呈关闭状态。

调压器启动时，调节指挥器弹簧，阀杆向左侧移动，阀口 13 关小，阀口 10 打开，调压器环状腔室内的指挥压力 p_3 降低，依靠压力差（$p_1 - p_3$），使橡胶套开启，调压器启动。继续调节指挥器弹簧，

将出口压力 p_2 调至所需数值。

当进口压力 p_1 降低或负荷增加时，出口压力 p_2 降低，因此作用在指挥器橡胶套膜片上的压力降低，橡胶膜片带动阀杆向左侧移动，阀口 13 开度减小，阀口 10 开度增大，使得指挥器压力 p_3 减小，橡胶套和内芯之间的距离增大。流量增加，出口压力 p_2 升高，恢复到给定值。当进口压力 p_1 升高或负荷减小时，出口压力 p_2 升高，则调节过程向相反方向进行。这种指挥器的导压管和出气管是分开的，称三通道指挥器，排除了导压管的压力损失，提高了调节的灵敏度。

B 特点及应用

曲流式调压器具有运转无声、关闭严密、调节范围广、结构紧凑等优点，可供城镇燃气输配系统、配气站（门站）、区域调压及用户调压使用。

7.1.6.5 自力式调压器

A 结构及工作原理

自力式调压器的工作原理如图 7-11 所示。自力式调压器由主调压器、指挥器、信号管三部分组成。调压器开始启动运行时，操作指挥器的手轮给定压力。当主调压器出口压力高于给定值时，指挥器薄膜下的作用力克服膜上弹簧力，使薄膜组上升，密封垫片靠近喷嘴，使喷嘴喷出的燃气量减少，引起主调压器膜上腔室的压力下降。由于薄膜上、下腔压力差与主调压器弹簧力平衡关系被破坏，使调压器阀门随着薄膜上升而关小，通过阀口的气量减少，调压器后的压力又恢复到给定值。当调压器的出口压力低于给定值时，调节过程将按相反的方向进行调节。

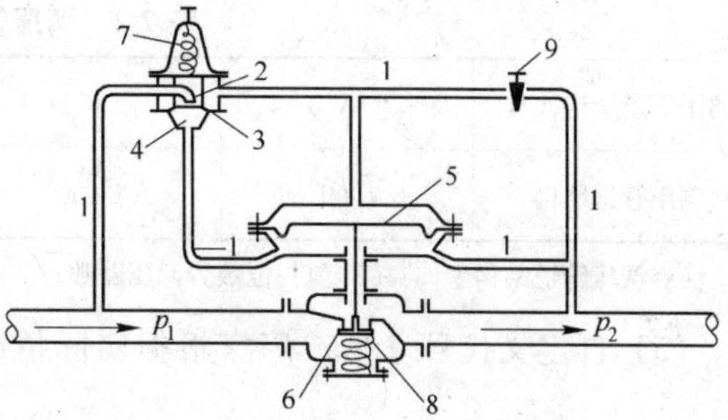

图 7-11 自力式调压器

1—导压管；2—指挥器喷嘴；3—指挥器挡板；4—底部气室；5—主调压器薄膜；6—主调压器阀门；7—指挥器弹簧；8—主调压器弹簧；9—针形阀

B 特点及应用

该调压器结构简单，操作维护方便，无需外来能源，只需用天然气自身压力进行调节。

自力式调压器广泛用于天然气供应系统的门站、分配站、区域调压站及用户专用调压站。

7.1.7 箱式调压器（调压柜）

随着技术的进步，调压设备的更新换代很快，逐步向带安全切断和监控装置等设施和小型化方向发展。

图 7-12 所示为箱式调压器。一般用在燃气直接由中压管网（或压力较高的低压管网）供给用户时，可将燃气压力通过用户调压器直接降至燃具正常工作时的额定压力。当箱式调压装置设在密集的楼群中时，安全放散阀可以不用，只用安全切断阀。

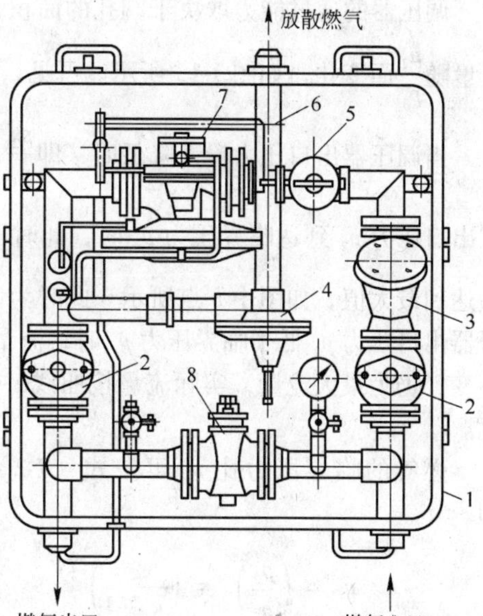

图 7-12 箱式调压器

1—金属箱；2—关闭旋塞；3—过滤器；4—安全放散阀；5—安全切断阀；6—放散管；7—调压器；8—旁通管阀门

调压箱的型号编制包括以下内容：

（1）调压箱代号 RX。

（2）公称流量，单位 m^3/h。其值为设计流量的前两位流量值，多余数字舍去，如果不足原数字位数的，则用“0”补足。如：调压箱的设计流量为 $1.65m^3/h$，则型号标识的公称流量为 $1.6m^3/h$；调压箱的设计流量为 $4567m^3/h$，则型号标识的公称流量为 $4500m^3/h$。

（3）最大进口压力 p_1^{max} 按 0.01MPa、0.2MPa、0.4MPa、0.8MPa、1.6MPa 分 5 级进行选用，以其数值表示。

（4）调压管道结构代号，见表 7-2。

表 7-2　调压管道结构代号

调压管道结构代号	A	B	C	D	E
调压管道结构	1+0	1+1	2+0	2+1	其　他

注：调压管道结构中，“+”前一位数为调压路数；“+”后一位数为调压旁通数。

（5）自定义代号。生产厂家根据实际情况自定义的功能，用大写字母表示，不限位数。

例如：RX300/0.4B 表示公称流量为 $300m^3/h$，最大进口压力为 0.4MPa，调压管道结构为“1+1”的调压箱；RX600/1.6C-M 表示公称流量为 $600m^3/h$，最大进口压力为 1.6MPa，调压管道结构为“2+0”，带计量功能的调压箱。

7.2　调压器的通过能力和选型计算

7.2.1　影响调压器通过能力的因素

调压器的通过能力取决于阀孔的面积、阀门前后压力降及燃气的性质。通过调压器阀孔的流量随 $\frac{p_2}{p_1}$ 而变化，如图 7-13 所示。可见，$\frac{p_2}{p_1}=1$，即 $p_2=p_1$ 时，$Q=0$，见 a 点。

当调压器出口压力慢慢降低时，即 $\frac{p_2}{p_1}<1$，则燃气流量逐渐增加，由抛物线 $a-b$ 段所示。在出口压力 p_2 到达临界压力 p_c 时，此时压力比 $\left(\frac{p_2}{p_1}\right)_c=\left(\frac{p_c}{p_1}\right)=\nu_c$ 称为临界压力比，则燃气流量达到最大值，如图中 b 点所示。此时为调压器最大流量，也称临界流量，用 Q_{max} 表示。当调压器出口压力 p_2 低于临界压力 p_c 时，流量也保持不变，仍为最大流量，实际流量按曲线 $a-b-c$ 变化。

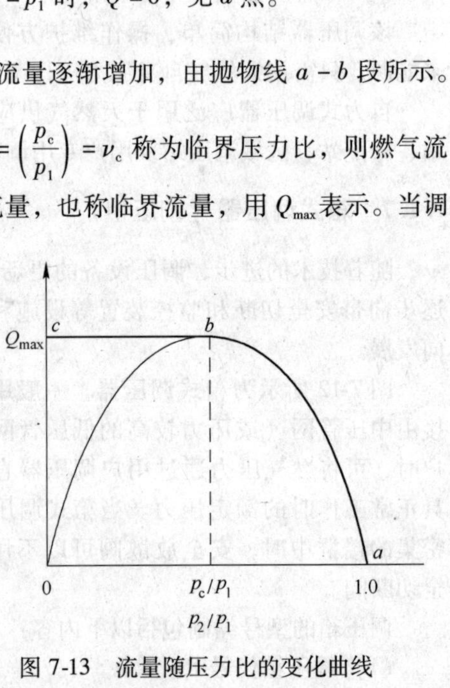

图 7-13　流量随压力比的变化曲线

燃气的临界压力比 ν_c 可按式（7-2）计算，即

$$\nu_c=\left(\frac{p_2}{p_1}\right)_c=\left(\frac{2}{\kappa+1}\right)^{\frac{\kappa}{\kappa-1}} \tag{7-2}$$

式中　κ——燃气的绝热指数。

空气流经节流阀时，$\nu_c=0.48$；焦炉煤气 $\kappa=1.4$，$\nu_c=0.528$；天然气 $\kappa=1.3$，$\nu_c=0.548$。

在确定调压器的通过能力时，应参照调压器

前后的压力比，当$\frac{p_2}{p_1}>\nu_c$，即$p_2>p_c$时，为亚临界流动状态；当$\frac{p_2}{p_1}\leqslant\nu_c$，即$p_2\leqslant p_c$时为临界流动状态。

7.2.2 调压器通过能力的计算

调压器的通过能力有两个等级表示，即最大通过能力（最大流量）和额定通过能力（额定流量）。

7.2.2.1 最大能力和额定能力

A 最大能力

当上游管道中燃气的耗气量最小时，则调压器的入口压力p_1最大，而调压器的出口压力p_2（即控制压力）期望为常量，这时的压差p_1-p_2为最大值，在这一工况下通过全开节流阀时的流量即最大流量。调压器的最大能力计算是为选择超压保护装置服务的，它不涉及调压器的性能。如采用放散阀作为超压保护的方法，则在选择安全放散阀的规格时，必须已知阀门全开时未经控制的燃气流量，即调压器的最大能力值。

调压器的最大能力决定于流量通路的自然节流状况。流量可按阀门全开时调压器进出口的压差确定。计算最大能力时，燃气的压力参数应和调压器上游的压力工况统一考虑。

B 额定能力

调压器的额定能力（额定流量）也是一个流量等级，它相当于出口压力p_2下降量满足规定要求时的流量，这一流量决定于调压器的性能要求。当进口压力p_1为最小时（相当于上游管道中耗气量最大时的工况），出口压力p_2的下降量也能满足稳压精度要求时的流量。

额定能力比最大能力要小得多，但却是选择调压器的依据，且已经考虑了最不利的压力工况。当调压器的设定压力p_2确定后，如果p_1增加，流量也增加，p_2随之增加，直至达到出口压力p_2规定的允许上升量为止。如果提高p_1，p_2超过规定值，就必须设超压保护装置。

7.2.2.2 调压器能力的计算

燃气调压器的通过能力应按是否忽略燃气的压缩性分两种情况计算。

A 对于不可压缩流体的计算

燃气通过调压器的节流机构时，压力损失是由摩擦阻力和气流不断改变流动方向造成的。在通过阀孔时，如压降不大，燃气密度的变化可忽略不计，在计算时可看作不可压缩流体。这时压降完全取决于节流机构的水力阻力。

Δp是调压器的压力降，p_1是调压器的入口压力，p_2是调压器的出口压力。

当$\frac{\Delta p}{p_1}\leqslant0.08$，且$p_2\leqslant10\text{kPa}$时，按不可压缩流体计算，即

$$Q=509\frac{A}{\sqrt{\zeta}}\sqrt{\frac{\Delta p}{\rho}} \tag{7-3}$$

式中 Q——调压器的通过能力，m^3/h；

A——调压器连接管的断面面积，cm^2；

ζ——调压器调节机构的局部阻力系数；

ρ——燃气密度，kg/m^3。

在计算调节阀门时，常引入调压器的流量系数C。C值和流通断面、局部阻力系数有关，

C 是 $\rho = 1000\text{kg/m}^3$，压力降 Δp 为 0.0981MPa 时，流经调节阀门的小时流量。

将上述数据代入式（7-3），得

$$Q = C = \frac{5.04A}{\sqrt{\zeta}} \tag{7-4}$$

B　对于可压缩流体的计算

如压降相当大时，则应考虑燃气密度的变化，不能忽略燃气的可压缩性。燃气流经节流机构是一个复杂的物理过程，因为当压力降低时，燃气要膨胀，通过阀孔时需损失附加的能量。同时燃气的温度也要改变，这就引起气流与其周围壁面之间的热交换。所以在计算通过节流机构的流量时，应以简化的物理模型为出发点。

当 $\dfrac{\Delta p}{p_1} > 0.08$，且入口压力 p_1 较大时，按可压缩流体计算，即

$$Q_0 = 5260C\varepsilon\sqrt{\frac{\Delta p p_1}{\rho_0 T_1 Z_1}} \tag{7-5}$$

式中　Q_0——标准状态下燃气的体积流量，m^3/h；

ρ_0——标准状态下燃气的密度，kg/m^3；

p_1——调压器入口燃气绝对压力，MPa；

T_1——调压器入口燃气温度，K；

Z_1——调压器入口燃气的压缩因子；

ε——燃气流经节流机构时密度变化的膨胀系数。

$$\varepsilon = \sqrt{\frac{\kappa}{\kappa - 1} \cdot \frac{\left(\frac{p_2}{p_1}\right)^{\frac{2}{\kappa}} - \left(\frac{p_2}{p_1}\right)^{\frac{\kappa+1}{\kappa}}}{1 - \frac{p_2}{p_1}}} \tag{7-6}$$

式中　κ——绝热指数；

$\dfrac{p_2}{p_1}$——调压器出口燃气压力与入口燃气压力之比。

由于实际气体流经阀门时的节流过程与绝热过程不完全一样，因此在计算中 ε 通常采用实验数据，如图 7-14 所示。

C　临界状态时的计算

当临界状态时，即 $\dfrac{p_2}{p_1} \leqslant \dfrac{p_c}{p_1}$，按式（7-7）计算，即

$$Q_0 = 5260C\varepsilon p_1\sqrt{\frac{1 - \nu_c}{\rho_0 T_1 Z_1}} \tag{7-7}$$

式中　ν_c——临界压力比。

$$1 - \nu_c = 1 - \left(\frac{p_2}{p_1}\right)_c = \left(\frac{\Delta p}{p_1}\right)_c$$

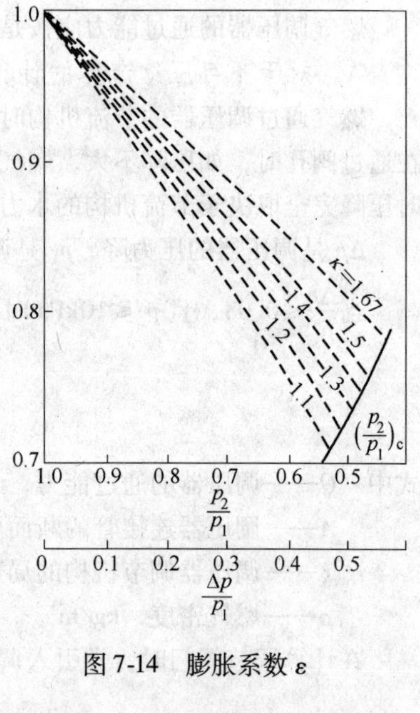

图 7-14　膨胀系数 ε

7.2.3　选择调压器应考虑的因素

7.2.3.1　流量

所选调压器的尺寸既要满足最大进口压力时通过最

小流量，又要满足进口压力最小时通过最大流量。调压器应在其整个工作范围内保证出口压力的下降量在允许的范围内。如果选择较大的调压器，其内部调节阀的运行在小流量时常处于关闭状态，易于产生颤振、脉振和错误的流量控制。为了保证调节阀出口压力的稳定，调节阀应在最大流量的20%～80%之间工作，其运行流量不应小于最大能力的10%。

7.2.3.2 燃气的种类

燃气种类影响所选调压器类型、尺寸及材料。如人工燃气含杂质较多，有一定的腐蚀作用，故所选调压器的阀体宜为灰铸铁，阀座宜为不锈钢，薄膜、阀垫及其他橡胶件应采用耐腐蚀的腈基橡胶，并用合成纤维加强。天然气较洁净，常用合成橡胶制成的软阀座，皮革也可使用。对于液化石油气，则应采用经过特殊处理的薄膜，因为液化石油气常会将处理皮革的油料带走。

7.2.3.3 进出口压力

进口压力对调压器的类型和规格的选择影响很大。调压装置必须能承受压力的作用，并使高速燃气引起的磨损达到最小值。所要求的出口压力值决定了调压器薄膜的尺寸。薄膜愈大，对压力的反应愈灵敏。

当进出口压力降太大时，可以采用串联两个调压器的方式进行调压。如进口压力为8.3MPa，一般要用两级，但不希望大于两级。第二级调压器应能承受第一级调压器失效时的最大压力。

7.2.3.4 调节精度

调节精度即稳压精度，是调压器出口压力偏离额定出口压力的偏差与额定出口压力的比值。所选调压器，还需满足调节精度要求，一般稳压精度值为±5%～±15%。

7.2.3.5 阀座的形式

当有完全切断气流要求时，以选用柔性单阀座为宜；而当气流压力过高时选用硬性阀座更为适宜，可以减少高速气流引起的磨损。

7.2.3.6 连接方式

调压器应按标准螺纹或法兰连接，调压器通常均规定有连接的公称尺寸。

7.2.4 调压器选型计算

在实际工程中，常应用产品样本来选择调压器，产品样本中给出的调压器通过能力是在一定压降和试验气条件下得出的，在使用时要根据选择调压器时给定的参数进行换算。

如果产品样本中给出的试验参数为 Q_0'(m^3/h)、出口压力 p_2'(绝对压力 Pa)、压力降 $\Delta p'$(Pa)、气体密度 ρ_0'(kg/m^3)，则换算公式为式（7-8）和式（7-9）。

（1）亚临界状态 $\frac{p_2}{p_1} > \nu_c$ 时，

$$Q_0 = Q_0' \sqrt{\frac{\Delta p p_2 \rho_0'}{\Delta p' p_2' \rho_0}} \tag{7-8}$$

式中 Q_0——调压器实际最大通过能力，m^3/h；

Δp——调压器实际压力降，Pa；

p_2——调压器出口燃气绝对压力，Pa；

ρ_0——燃气实际密度，kg/m^3。

（2）临界状态 $\frac{p_2}{p_1} \leqslant \nu_c$ 时，

$$Q_0 = 0.5Q'_0 p_1 \sqrt{\frac{\rho'_0}{\Delta p' p'_2 \rho_0}} \tag{7-9}$$

式中 p_1——调压器入口燃气绝对压力，Pa。

由上述公式计算所得调压器的通过能力，是在可能的最小压力降和阀门完全开启条件下的最大流量。但在实际运行时，调压器阀门不宜在完全开启状态下工作。在选用调压器时，调压器的最大流量与调压器的计算流量（额定流量）有下列关系，即

$$Q_0^{\max} = (1.15 \sim 1.2) Q_p \tag{7-10}$$

式中 $Q_0^{\max}$——调压器的最大流量，m^3/h；

Q_p——调压器的计算流量，m^3/h。

调压器的计算流量 Q_p 按该调压器所承担的管网小时最大输送量 Q 的 1.2 倍确定。调压器的压力降应根据调压器前燃气管道的最低设计压力与调压器后燃气管道的设计压力之差值确定。调压器应能满足进口燃气的最高、最低压力的要求。

【例 7-1】 已知调节机构为双座直通阀，阀门前后绝对压力分别为 $p_1 = 0.32$MPa、$p_2 = 0.22$MPa，燃气密度 $\rho_0 = 0.68kg/m^3$，绝热指数 $\kappa = 1.3$，温度为 10℃，C 值为 160。试确定接管直径 $D = 100$mm，阀门直径 $D_V = 100$mm 的调压器全开时的最大通过能力。

【解】 （1）临界压力比：$\nu_c = \left(\frac{2}{\kappa+1}\right)^{\frac{\kappa}{\kappa-1}} = 0.546$

（2）判断流动状态：$\nu = \frac{p_2}{p_1} = \frac{0.22}{0.32} = 0.688 > \nu_c$

故流动处于亚临界状态。

（3）根据$\frac{p_2}{p_1}$查图 7-14，得 $\varepsilon = 0.842$。取 $Z_1 = 1$。

（4）因 $\frac{\Delta p}{p_1} = \frac{0.32 - 0.22}{0.32} = 0.313 > 0.08$，按式（7-5）计算调压器的最大通过能力为

$$Q_0 = 5260 C\varepsilon \sqrt{\frac{\Delta p p_1}{\rho_0 T_1 Z_1}} = 5260 \times 160 \times 0.842 \sqrt{\frac{0.1 \times 0.32}{0.68 \times 283}} = 9137.9 m^3/h$$

【例 7-2】 已知调压器实验数据为 $Q'_0 = 120m^3/h$，$\Delta p' = 0.0002$MPa、$p'_2 = 0.1033$MPa、$\rho'_0 = 0.6kg/m^3$，绝热指数 $\kappa = 1.3$，选用调压器的压力差 $\Delta p = 0.048$MPa，出口绝对压力 $p_2 = 0.1053$MPa、$\rho_0 = 0.68kg/m^3$，试求选用调压器的流量 Q_0。

【解】 （1）计算临界压力比：$\nu_c = \left(\frac{2}{\kappa+1}\right)^{\frac{\kappa}{\kappa-1}} = 0.546$

（2）判断流动状态：$\nu = \frac{p_2}{p_1} = \frac{0.1053}{0.1053 + 0.048} = 0.687 > \nu_c$

因此流动为亚临界状态。

（3）按式（7-8）计算调压器的通过能力

$$Q_0 = Q'_0 \sqrt{\frac{\Delta p p_2 \rho'_0}{\Delta p' p'_2 \rho_0}} = 120 \sqrt{\frac{0.048 \times 0.1053 \times 0.6}{0.0002 \times 0.1033 \times 0.68}} = 1763.1 m^3/h$$

7.2.5 欧美通用的计算调压器通过能力的公式

（1）亚临界状态$\frac{p_2}{p_1} > 0.55$ 时，

$$Q_0 = k_1 \sqrt{p_2(p_1 - p_2)} \tag{7-11}$$

（2）临界状态$\frac{p_2}{p_1} \leqslant 0.55$时，

$$Q_0 = \frac{k_1 p_1}{2} \tag{7-12}$$

式中 k_1——调压器系数。

k_1值与调压器种类及阀孔直径有关，在产品样本上均可查到。制造厂通常将C与S、T合并为k_1。

$$k_1 = \frac{C}{\sqrt{ST}} \tag{7-13}$$

式中 S——燃气的相对密度，空气为1；
T——燃气的温度，K。

7.3 燃气调压站与调压装置

调压装置是将较高燃气压力降至所需的较低压力调压单元总称。包括调压器及其附属设备。调压站则包括调压装置及建筑物或构筑物等，将调压装置放置于专用的调压室建筑物或构筑物中，承担用气压力的调节。

7.3.1 调压站（装置）的分类

7.3.1.1 按使用性质分类

A 门站

城镇门站也是长输管线的分配站，接收经长输管线来的燃气，经过滤除尘、调压、稳压、计量、加臭后送入城镇管网。根据进口燃气压力大小和高压储气装置压力以及城镇管网或工业用户所需压力的要求，站内可一级调压或二级调压，出站压力也可不同。

B 区域调压站

区域调压站通常设置在输配管网上，用于连接两个不同压力级制的管网，给某一区域用户供气。

C 专用调压站

在调压装置入口可直接连接较高压力的输气管线，适用于用气量较大的工业企业和大型公共建筑用户内的商业用户。

7.3.1.2 按建筑形式分类

A 地上调压站

地上调压站通常是建筑在地面上的单层建筑物，适用于各级压力管网之间的压力调节。因建于地上，室内通风良好，也比较干燥，发生中毒危险的可能性较小，也易于排除，维护管理方便，安全性好。

B 地下调压站

地下调压站因设在地下，难以保证室内良好的通风和干燥，发生中毒危险的可能性较大，而且操作管理不方便。只有在建设地上调压站有困难，且燃气压力为中压或低压时才选用这种形式。地下调压站不允许用于气态液化石油气管线上。

C 箱式（柜式）调压装置

箱式（柜式）调压装置包括调压装置和铁箱。将调压装置放置于专用箱体中，设于用气建筑物附近，承担用气压力的调节。悬挂式和地下式箱称为调压箱，常用于楼栋调压；落地式箱称为调压柜，常用于区域调压。

在不产生冻结、保证设备正常运行的前提下，调压器及附属设备（仪表除外）也可以设置在露天（应设围墙或围栏）。

7.3.1.3 按调节压力范围分类

燃气调压站（装置）也可以按城镇燃气压力级制分为高-中压调压站（装置）、高-低压调压站（装置）、中-低压调压站（装置）及低-低压调压站（装置）等。

7.3.2 调压站（装置）的工艺设计

调压站内调压器的水平安装高度应便于维护检修。两台以上调压器平行布置时，相邻调压器外缘净距、调压器与墙面之间的净距和室内主要通道的宽度均宜大于0.8m。

在调压器燃气入口（或出口）处，应设防止燃气出口压力过高的安全保护装置，当调压器本身带有安全保护装置时可不设。安全保护装置宜选用人工复位型，在人工复位前应对调压器后的管道设备进行检查，防止发生意外。

安全保护（放散或切断）装置必须设定启动压力值。启动压力应根据工艺要求确定，当工艺无特殊要求时应符合下列要求：当调压器出口为低压时，启动压力应使与低压管道直接相连的燃气用具处于安全工作压力以内；当调压器出口压力 $p_2 < 0.08\text{MPa}$ 时，启动压力不应超过出口工作压力上限的50%；当 $0.08\text{MPa} \leqslant p_2 \leqslant 0.4\text{MPa}$ 时，启动压力不应超过出口工作压力上限的0.04MPa；当 $p_2 > 0.4\text{MPa}$ 时，启动压力不应超过出口工作压力上限的10%。

高压和次高压燃气调压站室外进、出口管道上必须设置阀门；中压燃气调压站室外进口管道上应设置阀门。调压站室外进、出口管道上阀门距调压站的距离：当为地上单独建筑或露天调压装置时，不宜小于10m；当为毗连建筑物或调压柜时，不宜小于5m。其目的是当调压站发生事故时，不必靠近调压站即可关闭阀门，避免事故蔓延和扩大。当通向调压站的支管阀门距调压站小于100m时，室外支管阀门与调压站进口阀门可合为一个。

在调压器燃气入口处应安装过滤器。过滤器前后应设置压差计，以判断过滤器的堵塞情况。在正常工作情况下，燃气通过过滤器的压力损失不得超过10kPa，压力损失过大时应拆下清洗。在含萘较高的人工燃气调压站中的调压器前还应设置脱萘桶。

为了判断调压站中各种装置、设备工作是否正常，调压站内调压器和过滤器前后均应设置指示式压力表，调压器后应设置自动记录式压力仪表。有些调压站还安装流量计。

低压管网不成环的区域调压站和连续生产使用的用户调压装置宜设置备用调压器，调压器的燃气进出口管道之间应设旁通管，用户调压箱（悬挂式）可不设旁通管。燃气通过旁通管供给用户时，管网的压力和流量是由手动调节旁通管上的阀门来实现的。对于高压调压装置，为便于调节，通常在旁通管上设置两个阀门。选择旁通管的管径时，要根据燃气最低的进口压力和需要的出口压力以及管网的最大负荷进行计算。旁通管的管径通常比调压器出口管的管径小2~3号。

放散管管口应高出调压站屋檐1.0m以上。调压柜、地下调压箱和地下调压站的安全放散管管口距地面的高度不应小于4m；设置在建筑物墙上的调压箱的安全放散管管口应高出该建筑物屋檐1.0m。清洗管道吹扫用的放散管、指挥器的放散管与安全水封放散管属于同一工作压力时，允许将它们连接在同一放散管上。

此外，为了改善管网水力工况，需随着燃气管网用气量改变使调压站出口压力相应变化，可在调压站内设置孔板或凸轮装置。当调压站产生较大的噪声时，必须有消声装置。当调压站露天设置时，如调压器前后压差较大，还应设防止冻结的加热装置。

7.3.3 调压站（装置）的布置

7.3.3.1 调压装置设置的一般规定

调压装置的设置形式多种多样，设计时应根据当地具体情况，因地制宜地选择采用。自然条件和周围环境许可时，宜设置在露天，这是较安全和经济的形式。设置在地上单独的调压箱（悬挂式）内时，居民和商业用户燃气进口压力 p_1 不应大于0.4MPa；工业用户（包括锅炉）p_1 不应大于0.8MPa。设置在地上单独的调压柜内时，居民、商业用户和工业用户（包括锅炉）p_1 不宜大于1.6MPa。调压器还可设置在地上单独的建筑物内，以利于安全运行和维护。当受到地上条件限制，且调压装置 $p_1 \leq 0.4$MPa 时，可设置在地下单独的建筑物内或地下单独的箱内。液化石油气和相对密度 $S > 0.75$ 的燃气调压装置不得设于地下室、半地下室内和地下单独的箱内。

7.3.3.2 调压站（装置）与其他建筑物、构筑物的水平净距

调压站（装置）与其他建筑物、构筑物的水平净距应符合表7-3的规定。对于无法达到该表要求又必须建设的调压站（装置），应采取有效的通风（换气次数不小于3次/h），加设燃气泄漏报警器，留有足够的防爆泄压面积（有必要时还应加设隔爆墙），严格控制火源等有效措施，可适当缩小净距。

表7-3 调压站（装置）与其他建筑物、构筑物水平净距 (m)

设置形式	调压装置入口燃气压力级制	建筑物外墙面	重要公共建筑物、一类高层民用建筑	铁路（中心线）	城镇道路	公共电力变配电柜
地上单独建筑	高压A	18.0	30.0	25.0	5.0	6.0
	高压B	13.0	25.0	20.0	4.0	6.0
	次高压A	9.0	18.0	15.0	3.0	4.0
	次高压B	6.0	12.0	10.0	3.0	4.0
	中压	6.0	12.0	10.0	2.0	4.0
调压柜	次高压A	7.0	14.0	12.0	2.0	4.0
	次高压B	4.0	8.0	8.0	2.0	4.0
	中压	4.0	8.0	8.0	1.0	4.0
地下单独建筑	中压	3.0	6.0	6.0	—	3.0
地下调压箱	中压	3.0	6.0	6.0	—	3.0

注：1. 当调压装置露天设置时，则指距离装置的边缘；2. 当建筑物（含重要公共建筑）的某外墙为无门、窗洞口的实体墙，且建筑物耐火等级不低于二级时，燃气进口压力级制为中压的调压柜一侧或两侧（非平行），可贴靠上述外墙设置。

7.3.3.3 箱式（柜式）调压装置的设置要求

安装调压箱（柜）的位置应能满足调压器安全装置的安装要求。应使调压箱（柜）不被碰撞，在开箱（柜）作业时不影响交通。调压柜四周宜设护栏。

A 悬挂式调压箱的设置要求

(1) 调压箱的箱底距地坪的高度宜为1.0～1.2m，可安装在用气建筑物的外墙壁上或悬挂于专用的支架上；当安装在用气建筑物的外墙上时，调压器进出口管径不宜大于DN50。

(2) 调压箱到建筑物的门、窗或其他通向室内的孔槽的水平净距应符合下列规定：当调压器进口燃气压力 $p_1 \leqslant 0.4$MPa 时，不应小于1.5m；当 $p_1 > 0.4$MPa 时，不应小于3.0m。调压箱不应安装在建筑物的窗下或阳台下的墙上，也不应安装在室内通风机进风口所在的墙上。

(3) 安装调压箱的墙体应为永久性的实体墙，其建筑物耐火等级不应低于二级。

(4) 调压箱上应有自然通风孔。

B 调压柜的设置要求

(1) 调压柜应单独设置在牢固的基础上，柜底距地坪高度宜为0.3m。

(2) 体积大于1.5m^3 的调压柜应有爆炸泄压口，爆炸泄压口不应小于上盖或最大柜壁面积的50%（以较大者为准）。爆炸泄压口宜设在上盖上。通风口面积可包括在计算爆炸泄压口面积内。

(3) 调压柜上应有自然通风口。当燃气相对密度 $S > 0.75$ 时，应在柜体上、下各设1%柜底面积的通风口；当燃气相对密度 $S \leqslant 0.75$ 时，可在柜体上部设4%柜底面积的通风口。

此外，地下调压箱上也应有自然通风口，并能满足调压器安全装置的安装要求和方便检修。地下调压箱应有防腐保护。

7.3.3.4 单独用户的专用调压装置设置要求

单独用户的专用调压装置是指该调压装置供给一个专用用气点（如一个锅炉房、一个食堂或一个车间等），并由该用气点兼管调压装置，经常有人照看，且一般用气量较小。可以设在用气建筑物的毗连建筑物内或设置在生产车间、锅炉房及其他生产用气厂房内。对于公共建筑也可设在建筑物的顶层内，或用气建筑物的平屋顶上。

当商业用户调压装置进口压力 $p_1 \leqslant 0.4$MPa，或工业用户（包括锅炉）$p_1 \leqslant 0.8$MPa 时，可设置在用气建筑物专用单层毗连建筑物内。该建筑物与相邻建筑应用无门窗和洞口的防火墙隔开，耐火等级不应低于二级，并应具有轻型结构屋顶爆炸泄压口及向外开启的门窗。室内电气、照明装置应符合现行的国家标准《爆炸和火灾危险环境电力装置设计规范》GB 50058的“1区”设计的规定。地面应采用撞击时不会产生火花的材料。室内通风换气次数不少于2次/h。

当 $p_1 \leqslant 0.2$MPa 时，可设置在公共建筑的顶层房间内。房间应靠建筑外墙，不应布置在人员密集房间的上面或贴邻，地面材料、室内通风、电气照明应满足要求。房间内应设有连续通风装置，并能保证通风换气次数不少于3次/h。房间内应设置可燃气体浓度检测监控仪表及声、光报警装置。该装置应与通风设施和紧急切断阀连锁，并将信号引入该建筑物监控室。调压装置应设有超压自动切断保护装置。调压装置和燃气管道应采用钢管焊接和法兰连接。室外进口管道应设有阀门，并能在地面操作。

当 $p_1 \leqslant 0.4$MPa 且调压器进出口管径不大于DN100时，可设置在用气建筑物的平屋顶上，但应符合下列条件：屋顶承重结构受力允许，且建筑物耐火等级不应低于二级；建筑物应有通向屋顶的楼梯；调压箱、柜（或露天调压装置）与建筑物烟囱的水平净距不应小于5m。

当 $p_1 \leqslant 0.4$MPa 时，可设置在生产车间、锅炉房和其他工业生产用气房间内；当 $p_1 \leqslant 0.8$MPa 时，可设置在独立、单层建筑的生产车间或锅炉房内。建筑物耐火等级、泄压口和室内通风应满足要求。调压器进出口管径不应大于DN80。当调压器进出口管径大于DN80时，应将调压装置设置在用气建筑物的专用单层房间内。调压装置除在室内设进口阀门外，还应在室外引入管上设置阀门。调压装置宜设不燃烧体护栏。

7.3.3.5 调压站的建筑物设计要求

A 地上式调压站

建筑耐火等级不应低于二级。调压器室与毗连房间之间应用实体隔墙隔开，其设计应符合下列要求：隔墙厚度不应小于24cm，且应两面抹灰；隔墙内不得设置烟道和通风设备，调压室的其他墙壁也不得设有烟道；隔墙有管道通过时，应采用填料密封或将墙洞用混凝土等材料填实。

调压室及其他有漏气危险的房间，应采取自然通风措施，换气次数不少于2次/h。城镇无人值守的燃气调压室电气防爆等级应符合现行的国家标准《爆炸和火灾危险环境电力装置设计规范》GB 50058“1区”设计的规定。调压器室内的地坪应采用撞击时不会产生火花的材料。设于空旷地带的调压站或采用高架遥测天线的调压站应单独设置避雷装置，其接地电阻值应小于10Ω。

调压室应有泄压措施，其设计应符合现行的国家标准《建筑设计防火规范》GB 50016的规定。调压室的门、窗应向外开启，窗应设防护栏和防护网。

重要调压站宜设保护围墙。

B 地下式调压站

地下式调压站宜采用混凝土整体浇筑结构，室内净高不应低于2m。室内地坪应采用撞击时不会产生火花的材料，并应在一侧人孔下的地坪上设置集水坑。

调压室顶盖应采用混凝土整体浇筑。调压室顶盖上必须设置两个呈对角位置的人孔，孔盖应能防止地表水浸入。

地下调压站必须采取防水措施，在寒冷地区还应采取防寒措施。

7.3.3.6 其他技术措施

（1）当输送干燃气时，无采暖的调压器的环境温度应能保证调压器的活动部件正常工作；当输送湿燃气时，无防冻措施的调压器的环境温度应大于0℃；当输送液化石油气时，其环境温度应大于液化石油气的露点。

当综合气象条件、燃气性质、控制测量仪表结构和人员工作需要等因素需要采暖时，严禁在调压室内用明火采暖，但可采用集中供热或在调压站内设置燃气、电气采暖系统，其设计应符合下列要求：

1）燃气采暖锅炉可设在与调压室毗连的房间内。调压室的门、窗与锅炉室的门、窗不应设置在建筑的同一侧。对于中、低压调压站，宜采用中压燃烧器作自给燃气式采暖锅炉的燃烧器，可以防止调压器故障引起停止供热事故。燃气采暖锅炉应有熄火保护装置或设专人值班管理。

2）采暖系统宜采用热水循环式。采暖锅炉烟囱排烟温度严禁大于300℃，烟囱出口与燃气安全放散管出口的水平距离应大于5m。

3）采用防爆式电气采暖装置时，可对调压室或单体设备用电加热采暖。电采暖设备的外壳温度不得大于115℃。电采暖设备应与调压设备绝缘。

（2）调压站内外燃气管道为绝缘连接时，室内静电无法排除，极易产生火花引起事故，调压器及其附属设备必须接地，接地电阻应小于100Ω。

（3）调压箱（柜）或调压站的设计，其噪声应符合现行的国家标准《城市区域环境噪声标准》GB 3096的规定。

7.4　燃气的计量

燃气的生产、经营、管理及消费等，都必须依据计量仪表测量值进行核算或结算。燃气计量主要是流量计量，包括产量、供量、销量以及购量的计量，一般多以“体积计量”。

7.4.1　燃气流量计分类

常用燃气流量计种类较多，可以依据不同的标准进行分类，见表 7-4。

表 7-4　燃气流量计分类

按用户类型分	按测量原理分		按计量范围分	按是否加湿分	按进出气管分	
民用表	容积式（按测量元件和测量方式分）	膜式表 回转式 湿式流量计	小流量表	干式表	单管表	
商用表	速度式（按叶轮形式分）	平叶轮式 螺旋叶轮式（涡轮表） 文丘里流量计	大流量表	湿式表		
工业用表	流体振动式	涡街式流量计 射流式流量计			双管表	左进右出表
实验室用表	压差式（按检测件的作用原理分）	节流式、动压头式、水力阻力式、离心式、动压增益式和射流式				右进左出表

7.4.2　常用燃气流量计介绍

7.4.2.1　容积式流量计

容积式流量计是依据流过流量计的液体或气体的体积来测定其流量的，是传统的燃气计量表，目前在燃气系统中仍广泛应用。

A　膜式计量表

膜式计量表的工作原理如图 7-15 所示。

被测量的燃气从表的入口进入，充满表内空间，经过开放的滑阀座孔进入计量室 2 及 4，依靠薄膜两面的气体压力差推动计量室的薄膜运动，迫使计量室 1 及 3 内的气体通过滑阀及分配室从出口流出。当薄膜运动到尽头时，依靠传动机构的惯性作用使滑阀盖反向运动。计量室 1、3 和入口相通，2、4 和出口相通，薄膜往返运动一次，完成一个回转，这时表的读数值就应为表的一回转流量（即计量室的有效体积），膜式计量表的累积流量值即为一回转流量和回转数的乘积。

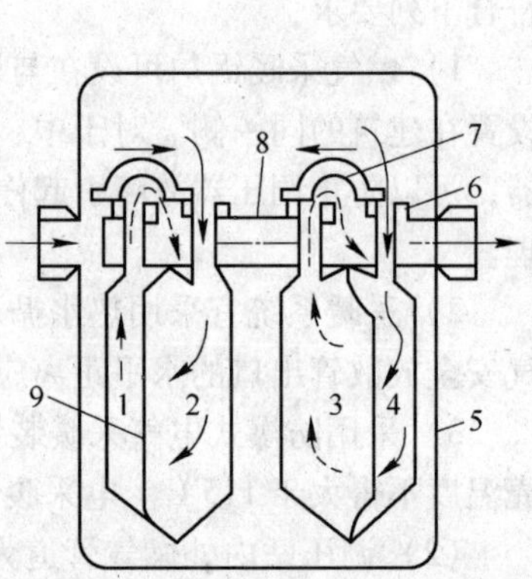

图 7-15　膜式计量表的工作原理
1～4—计量室；5—外壳；6—滑阀座；7—滑阀盖；8—分配室；9—薄膜

目前膜式计量表的结构为装配式，便于维修。外壳耐腐蚀能力强，使用寿命长，计量容积稳定，测量流量范围小。

膜式计量表可以计量人工燃气、天然气和液化石油气。除用于居民用户计量外，也适用于燃气用量不太大的商业用户和工业用户。为了便于收费和管理，配有智能卡的燃气表正得到广泛的应用。

B 罗茨流量计

罗茨流量计主要由壳体、共轭转子、减速计数装置三部分构成，如图 7-16 所示。

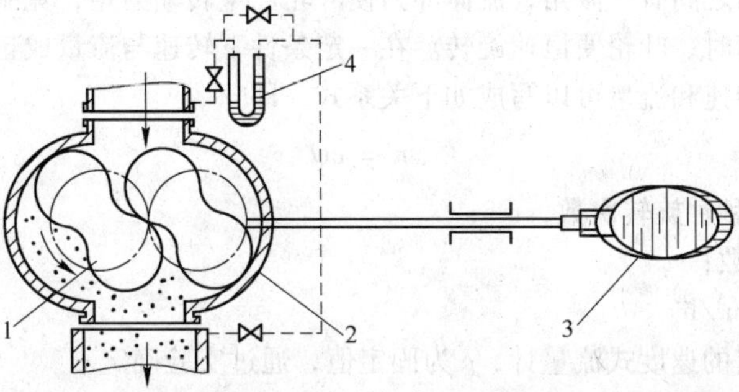

图 7-16 罗茨流量计的构造与原理

1—转子；2—外壳；3—计数机构；4—压差计

被测流体由上面进口管进入外壳内的上部空腔，由于流体本身的压力使转子旋转，使流体经过计量室（转子和外壳之间的密闭空间）之后从出口管排出。8 字形转子回转一周，就相当于流动了 4 倍计量室的体积。这样经过适当设计减速机构的转速比，计数机构就可以显示流量。

这种流量计的优点是体积小、流量大、工作稳定、重复性好，结构可靠，安装、维护方便、使用寿命长，能在较高的压力下计量。但它的测量值是工作状态的体积，测量误差与转子和外壳之间的间隙有关，间隙增大，误差也大。

罗茨流量计不仅可以测量气体，也可以测量液体。测量气体的流量计通常用罗茨流量计，测量液态液化石油气通常用椭圆齿轮流量计，如图 7-17 所示，目前主要用于工业及大型公用事业用户的气体计量。

C 湿式流量计

湿式流量计结构简单、精度高、使用压力低、流量较小。通常用在实验室中或用来校正民用燃气表，其构造如图 7-18 所示。

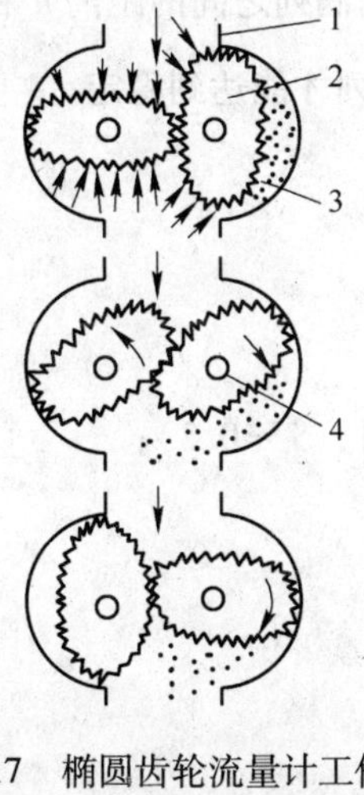

图 7-17 椭圆齿轮流量计工作原理

1—外壳；2—齿轮；3—计量室；4—轴

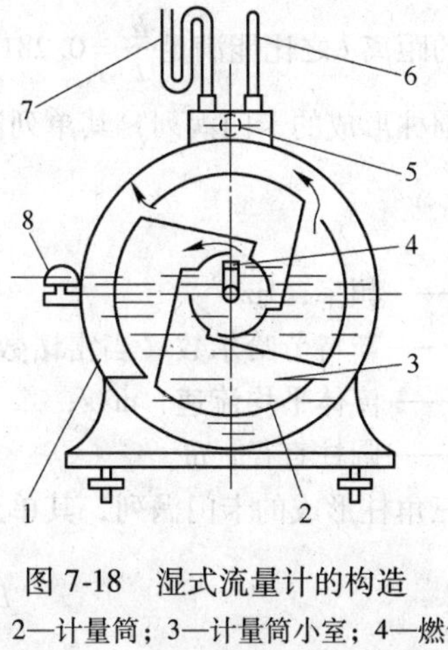

图 7-18 湿式流量计的构造

1—外壳；2—计量筒；3—计量筒小室；4—燃气入口；5—燃气出口；6—温度计；7—压力计；8—液面计

7.4.2.2　速度式流量计

速度式流量计是以直接测量满管流动速度为原理的一类流量计，常用形式有涡轮流量计。

涡轮流量计工作原理是：被测流体以某种速度流过传感器，经过导流体冲击叶轮。由于叶轮的叶片与流体流向之间有一倾角，流体冲力使叶轮产生转动力矩，克服阻力矩后，叶轮开始旋转，当两力矩平衡时，叶轮便恒速旋转。在一定条件下转速与流量成正比，因此测出叶轮转速就可求得流量。转速和流量可以写成如下关系式，即

$$n = cQ \tag{7-14}$$

式中　n——叶轮每秒钟旋转次数，r/s；

c——仪表常数；

Q——流量，m^3/h。

对于每一种固定的速度式流量计，c 为固定值，通过实验确定。

通过式（7-14）可知，如测出转速 n 即可将流量测定出来。测定转速的方法较多：机械方法（齿轮传动机构）测定转速、电磁法测定转速、光电测定转速、放射线测转速等。

7.4.2.3　涡街流量计

涡街流量计是在流体中安放非流线型漩涡发生体（圆柱或三角柱），在一定的流量（雷诺数）范围内，流体在漩涡发生体两侧交替地分离释放出两列不对称而有规律的交替排列的漩涡，习惯上称卡门涡列或卡门涡街，如图 7-19 所示。

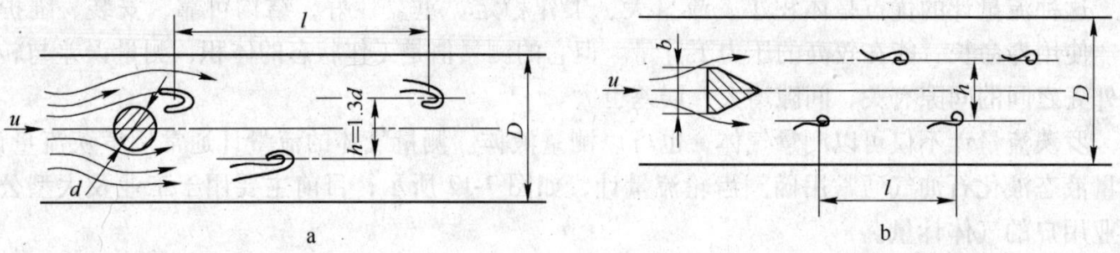

图 7-19　卡门涡列

a—圆柱涡列；b—三角柱涡列

由于漩涡之间的相互影响，漩涡列通常是不稳定的。当两涡列之间的距离 h 和同列的两漩涡之间的距离 l 之比能满足 $\frac{h}{l}=0.281$ 时，所产生的非对称涡列才能达到稳定。

由圆柱形成的卡门涡列，其单列漩涡产生的频率为

$$f = S_r \frac{u}{d} \tag{7-15}$$

式中　f——频率，Hz；

S_r——斯特劳哈尔数（当雷诺数 $Re=5\times10^2\sim15\times10^2$ 时，$S_r\approx0.2$）；

u——流体平均流速，m/s；

d——圆柱直径，m。

由三角柱形成的卡门涡列，其单列漩涡产生的频率为

$$f = \frac{S_r}{1-1.25b/D} \times \frac{u}{b} \tag{7-16}$$

式中　S_r——斯特劳哈尔数（当雷诺数 $Re=2.5\times10^3\sim10^5$ 时，$S_r\approx0.16$）；

u——流体平均流速，m/s；

b——三角柱扁平面宽度，m；

D——管道直径，m。

由式（7-15）和式（7-16）可知，当 S_r 近似为常数时，漩涡产生的频率 f 与流体的平均流速 u 成正比，测得 f 即可求得 u 和体积流量 Q。

涡街流量计结构简单牢固，与节流式压差流量计相比较，安装维护方便，减少泄漏、堵塞和冻结等。与压差式流量计比较，精确度较高，一般为测量值的 ±1% ~ ±2%，量程范围宽度可达 10∶1 ~ 20∶1。压损小，约为孔板流量计 1/4 ~ 1/2。适用流体种类多，如液体、气体、蒸气和部分混相流体皆可。输出与流量成正比的脉冲信号，适于总量计量，无零点漂移；在一定雷诺数范围内，输出频率信号不受流体物性（密度、黏度）和组分的影响，即仪表系数仅与漩涡发生体和管道的形状尺寸有关，故只需在一种典型介质中校验而适用于各种介质。

涡街流量计的局限性是不适用于低雷诺数测量，故在高黏度、低流速、小口径情况下应用受到限制。漩涡分离的稳定性受流速分布畸变及旋转流的影响，应根据上游侧不同形式的阻流件配置足够长的直管段或装设流动调整器（整流器），一般可借鉴节流式压差流量计的直管段长度要求安装，不宜用于强振动场所。与涡轮流量计相比，仪表系数较低，分辨率低，口径愈大愈低，一般满管式流量计用于 DN300 以下。仪表在脉动流、混相流中尚欠缺理论研究和实践经验。

自 20 世纪 70 年代在工业上应用以来，由于涡街流量计具有一些突出的特点，因而受到用户欢迎，并得到迅速发展。

7.4.2.4　压差式流量计

压差式流量计的作用原理是以伯努力方程和流体连续性方程为依据，根据节流原理，当流体通过突然缩小的管道断面时，流体的动能发生变化而产生一定的压力降，压力降的变化和流速有关，此压力降可借助于压差计测出。压差式流量计正是利用动能和压能的转换和守恒原理测定流量的。因此压差流量计又称为节流流量计。孔板流量计的计算公式为

$$Q = \frac{\pi}{4}\alpha\varepsilon d^2\sqrt{\frac{2\Delta p}{\rho_1}} \tag{7-17}$$

$$G = \frac{\pi}{4}\alpha\varepsilon d^2\sqrt{2\rho_1\Delta p} \tag{7-18}$$

式中　Q——流体的体积流量，m^3/s；

G——流体的质量流量，kg/s；

α——工况下的实际流量系数；

ε——膨胀系数，对不可压缩流体，$\varepsilon = 1$；对可压缩流体，$\varepsilon < 1$；

d——节流件的开孔直径，m；

Δp——节流件上、下游侧的压差，Pa；

ρ_1——工况下节流件上游流体的密度，kg/m^3。

流量系数 α 为：

$$\alpha = \frac{C}{\sqrt{1-\beta_d^4}} \tag{7-19}$$

$$\beta_d = d/D \tag{7-20}$$

式中　C——流出系数；

β_d——节流件的直径比；

D——节流件上游管道内径，m。

压差式流量计包括两部分：一部分是与管道连接的节流件，此节流件可以是孔板、喷嘴和文丘里管三种，但在燃气流量的测量中，主要是用孔板；另一部分是压差计，它被用来测量孔板前后的压力差。压差计与孔板上的测压点借助于两根带压管连接，压差计可以制成指示式的或自动记录式的。

其优点是量程宽、结构简单、显示仪表系列化、通用化程度高。不足之处是压力损失大，仪表刻度为非线性，有时维护工作量较大。

压差式流量计适用于流量变化幅度大、允许压力损失小、非单相流气体、高黏度液体，是目前工业上用得最广的一种测量流体流量的仪表。

7.4.3　燃气流量计的发展前景

7.4.3.1　计量方式向自动化、智能化、远程化计量方式发展

由于电子技术、计算机以及互联网技术的迅猛发展，燃气计量已逐步向在线、实时、智能靠近，同时依靠网络技术实现远程化通信、控制和管理，如 SCADA 系统的应用和智能涡轮流量计智能系统。

7.4.3.2　仪表选型从单一仪表向多元化仪表发展

过去流量仪表选型比较单一，近几年随着对流量计的研究和开发，不同的流量计有不同的特点和适应范围，流量仪表选型由此呈现从单一仪表向多元化仪表方向发展。如对中低压、中小流量，可选择智能型速度式流量计；对高压、大流量，可选择气体超声流量计。近期，又出现了一种新型流量计——内文丘里管，它适合流量变化范围大的中低流量工况。

7.4.3.3　计量标准由单一标准向多重标准发展

我国天然气计量标准不断发展、丰富和完善，结合国外标准后我国流量计量标准已基本构成完整的体系，正逐步由单一标准向多重标准发展。

7.4.3.4　计量方式从体积计量向能量计量发展

我国天然气贸易计量方法是在法定的质量指标下按体积计量。随着市场经济的不断完善和 WTO 的加入，要求我国天然气贸易计量方法尽快与国际接轨。有关天然气能量计量成为发展趋势，我国正在加快进程开展相应的工作。

7.4.3.5　单一数据管理向计量系统管理方向发展

单一数据管理具有诸多缺点。计算机技术的发展给天然气计量系统管理创造了良好的条件。天然气计量管理从影响测量结果的各个方面、各个环节进行全过程的、动态的科学管理。

参 考 文 献

[1] 哈尔滨建筑工程学院等. 燃气输配[M]. 2 版. 北京：中国建筑工业出版社，1988.

[2] 段长贵主编. 燃气输配[M]. 3 版. 北京：中国建筑工业出版社，2001.

[3] 马良涛主编. 燃气输配[M]. 北京：中国电力出版社，2004.

[4] 张浩然主编. 城市燃气输配工程设计、施工技术工艺与验收规范实用手册[M]. 北京：北京科大出版社，2005.

[5] 中国市政工程华北设计研究院．GB 50028—2006，城镇燃气设计规范[S]．北京：中国建筑工业出版社，2006.
[6] 中国市政工程华北设计研究院．GB 16802—1997，城镇燃气调压器[S]．北京：中国建筑工业出版社，1997.
[7] 中国市政工程华北设计研究院．CJ 274—2008，城镇燃气调压器[S]．北京：中国标准出版社，2008.
[8] 中国市政工程华北设计研究院．CJ 275—2008，城镇燃气调压箱[S]．北京：中国标准出版社，2008.
[9] 姜正侯主编．燃气工程技术手册[M]．上海：同济大学出版社，1993.
[10] 李猷嘉．燃气输配系统的设计与实践[M]．北京：中国建筑工业出版社，2007.
[11] 张廷元等．城镇燃气输配及应用工程施工图设计技术措施[M]．北京：中国建筑工业出版社，2007.

8 燃气的压送

在燃气输配系统中，燃气的压送是靠压缩机完成的。压缩机是一种以内燃机或电动机为动力，将常压气体压缩成高压气体而使之具有气流能的一种动力装置。

在燃气工程中，压缩机的用途主要有以下几点：

(1) 提高燃气的压力，克服输送管路的阻力损失；

(2) 向高压储气或燃烧设备压送燃气；

(3) 提供清扫燃气管线所需的压缩气体。

压缩机的种类很多。按工作原理可分为两大类：容积式和离心式。

8.1 容积式压缩机

容积式压缩机是靠周期性的改变工作腔的容积来实现气体的压缩和输送的。按照结构形式可以分为活塞式和回转式两类。活塞式压缩机依靠活塞在气缸中的往复运动来实现工作容积的变化；回转式压缩机则依靠转子在气缸内的回转运动来实现工作容积的变化。

8.1.1 活塞式压缩机

8.1.1.1 活塞式压缩机的分类

活塞式压缩机可根据排气压力的高低、输气量的大小及消耗功率的多少进行分类，但通常是按结构形式进行分类，按结构可以把活塞式压缩机分成以下几类：

(1) 卧式。卧式压缩机的气缸中心线和地面平行，分为单列卧式和双列卧式。卧式压缩机管理维护方便，安装拆卸较容易，但惯性力不易平衡，转速受到限制，导致压缩机尺寸和重量较大，占地面积大。

(2) 立式。立式压缩机的气缸中心线与地面垂直，由于活塞环和工作表面不承受活塞的重量，因此活塞和气缸磨损较小，机身质量小，占地面积少，但稳定性差，安装维护比较麻烦。

(3) 角度式。压缩机的各气缸中心线彼此成一定的角，根据各气缸的相互位置的不同，又把它分为L形、V形、W形、扇形等，如图8-1所示。

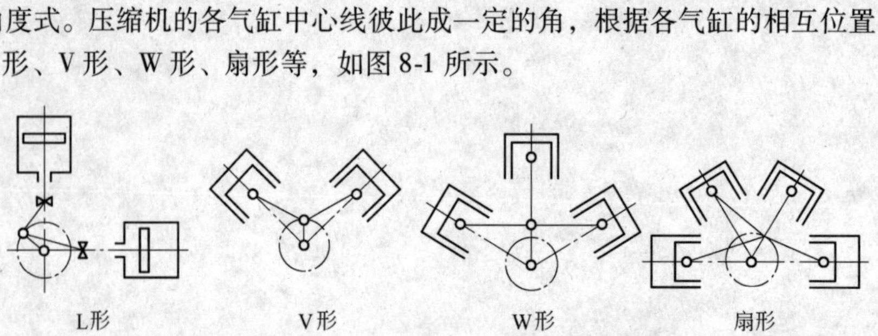

图 8-1 角度式压缩机示意图

(4) 对置型。这种压缩机是卧式压缩机的发展，气缸分布在曲轴的两侧，其结构如图8-2所示。对置型压缩机由于活塞做对称运动，使其惯性力平衡，从而可提高转速，因此其机型、质量都减小。使用较多的是如图 8-2c、d 所示的两种形式。

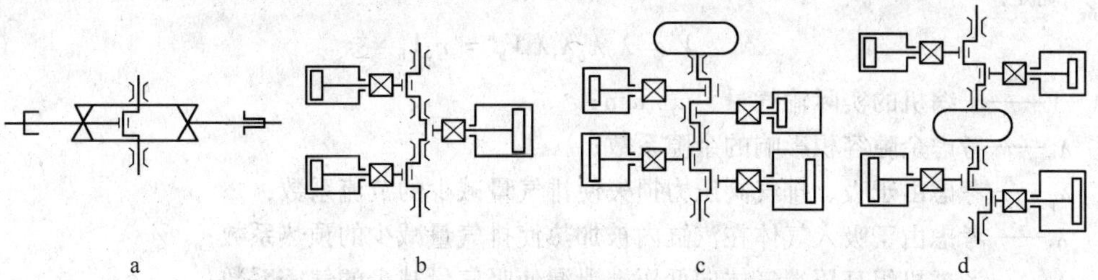

图 8-2 对置型压缩机示意图

a—非平衡式；b—非对称平衡式；c，d—对称平衡式

8.1.1.2 活塞式压缩机的工作过程和输气量

A 工作过程

在活塞式压缩机中，气体是依靠在气缸内做往复运动的活塞进行加压的。图 8-3 为单级活塞式压缩机的示意图。当活塞 2 向右移动时，气缸 1 中活塞左端的压力略低于低压燃气管道内的压力，吸气阀 7 被打开，燃气在压差的作用下进入气缸 1 内，这个过程称为吸气过程；当活塞返行时，吸入的燃气在气缸内被活塞挤压，这个过程称为压缩过程；当气缸内燃气压力被压缩到略高于高压燃气管道内压力后，排气阀 8 即被打开，被压缩的燃气排入高压燃气管道内，这个过程称为排气过程。至此，完成了一个工作循环。活塞再继续运动，则上述工作循环将周而复始地进行，以不断压送燃气。

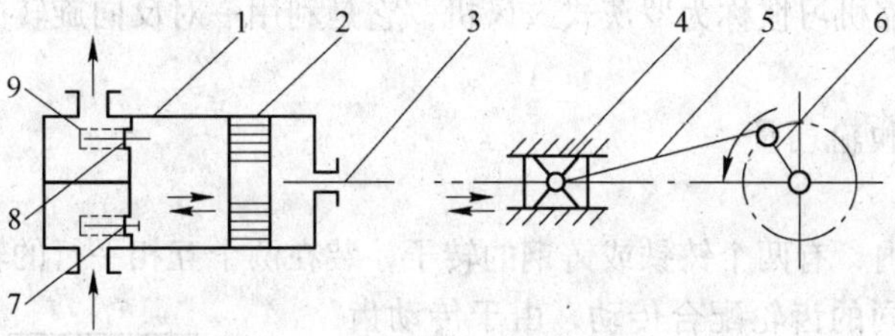

图 8-3 单级活塞式压缩机示意图

1—气缸；2—活塞；3—活塞杆；4—十字头；5—连杆；6—曲柄；7—吸气阀；8—排气阀；9—弹簧

B 输气量

（1）理论输气量。理论输气量也称为活塞排量，是指单位时间内压缩机最大可吸入的燃气体积流量。其值为

$$V_h = \frac{\pi}{4} D^2 S n_z Z \tag{8-1}$$

式中 V_h——压缩机的理论输气量，m^3/min；

D——气缸直径，m；

S——活塞行程，m；

n_z——压缩机的转速，r/min；

Z——气缸数目。

（2）实际输气量。考虑各种损失后活塞式压缩机实际输气量小于理论输气量，其值可用式（8-2）确定

$$V = \lambda_v \lambda_p \lambda_t \lambda_l V_h = \eta_v V_h \tag{8-2}$$

式中　V——压缩机的实际输气量，m^3/min；

λ_v——考虑余隙容积影响的余隙系数；

λ_p——考虑由于吸、排气阀压力损失使排气量减少的节流系数；

λ_t——考虑由于吸入气体在汽缸内被加热使排气量减少的预热系数；

λ_l——考虑机组高压端气体向低压端泄漏使吸气量减少的气密系数；

η_v——活塞式压缩机的容积效率。

8.1.1.3　活塞式压缩机的特性

活塞式压缩机具有高效、耐久、压力调节范围宽和流量调节方便等优点，在气田内部集输和储气库上得到了广泛应用。现在新型的活塞式压缩机更是以效率、可靠性和可维修性作为设计重点，效率超过0.95，具有非常高的可靠性，两次大修之间的不间断运行时间可在3年以上。

活塞式压缩机的缺点是结构复杂、体积庞大、维修工作量大、吸排气阀易于磨损，零部件更换频繁。由于动力不平衡性和气流脉冲作用，要求设备基础和管道均采取抗震措施。

8.1.2　回转式压缩机

常用的回转式压缩机有罗茨式和螺杆式两种。

8.1.2.1　罗茨式回转压缩机

罗茨式回转压缩机习惯称为罗茨式鼓风机，它是利用一对反向旋转的转子来输送气体的设备。

A　工作过程和输气量

a　工作过程

在椭圆形机壳内，有两个铸铁或铸钢的转子，装在两个互相平行的轴上，在轴端装有两个大小及式样完全相同的齿轮配合传动，由于传动齿轮做相反的旋转而带动两个转子也做相反方向的转动，两转子相互之间有一极小的间隙，使转子能自由地运转，而又不引起气体过多的泄漏，如图8-4所示。左边转子做逆时针旋转，则右边的转子做顺时针方向旋转，气体由上边吸入，从下部排出。利用下面压力较高的气体抵消一部分转子与轴的质量，使轴承受的压力减小，以减少磨损。

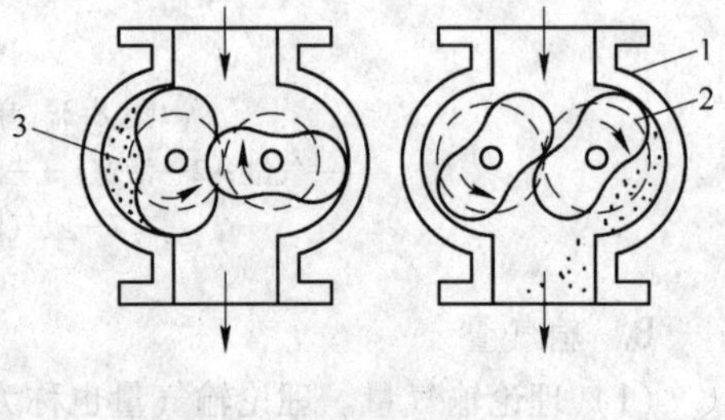

图8-4　罗茨式回转压缩机

1—机壳；2—转子；3—压缩室

b　输气量

罗茨式压缩机每旋转一周的理论输气量为压缩室容积的4倍，而每一个压缩室的截面积与转子横截面的一半近似相等。故压缩机每转一周的排气量近似等于以转子长径为直径所作圆与转子的厚度的乘积，故输气量为

$$V = \eta_v n_z \pi R_l^2 B \tag{8-3}$$

式中　V——输气量，m^3/min；

η_v——容积效率，一般取0.7～0.8；

n_z——压缩机转速，r/min；

R_l——转子长半径，m；

B——转子的厚度，m。

罗茨式回转压缩机的转速一般是随着尺寸的加大而减小的。小型压缩机的转速可达1450r/min，大型压缩机的转速通常不大于960r/min。

B 工作特性

罗茨式回转压缩机的优点是质量轻、价格低，排气量基本不受进口压力波动影响，应用方便。缺点是压缩机有磨损时效率下降很快，当排出的气体受到阻碍时压力逐渐升高。为了保护机器不受损坏，在出气管上必须安装安全阀。

8.1.2.2 螺杆式气体压缩机

A 工作过程和输气量

a 工作过程

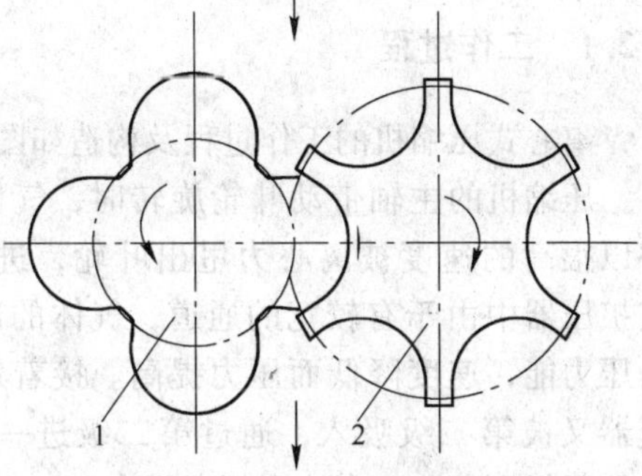

图 8-5 螺杆式回转压缩机

1—阳转子；2—阴转子

螺杆式气体压缩机的气缸成8字形，内装两个转子——阳转子（或称阳螺杆）和阴转子（或称阴螺杆）如图8-5所示。目前转子采用对称型线和非对称型线两种，国内多用钝齿双边对称圆弧形线为转子的端面型线。阳转子有4个凸而宽的齿，为左旋向；阴转子有6个凹而窄的齿，为右旋向。阳转子和阴转子的转数比为1.5∶1。压缩机外壳的两端，设有进气口和排气口，它们分别设在阴阳转子啮合线（密封线）的两侧，成对角线设置。阴阳转子的啮合点随着转子的回转而移动，因此每一对啮合的沟槽和外壳之间形成的密封空间的容积，也随着转子的回转而时刻变化。吸气过程开始时，气体经过吸气口进入密封空间，随着转子的回转，空间容积逐渐增大，这个容积达最大值时，吸入口被遮断。转子继续旋转，容积逐渐减小，气体被压缩。当此空间和排气口接通时开始排气，排气过程一直进行到此空间容积为零时为止。因此，螺杆式压缩机没有余隙容积。

b 输气量

螺杆式气体压缩机输气量为

$$V = (A_1 Z_1 n_1 + A_2 Z_2 n_2) L \eta_v \tag{8-4}$$

式中 V——压缩机输气量，m^3/min；

A_1——阳转子两个齿间面积，m^2；

A_2——阴转子两个齿间面积，m^2；

Z_1，Z_2——阳、阴转子齿数；

n_1，n_2——阳、阴转子转速，r/min；

L——转子长度，m；

η_v——容积效率，一般情况下取0.85~0.92。

B 工作特性

螺杆式压缩机的特点是排气连续，没有脉动和喘振现象，没有余隙容积，排气量容易调节，可以压缩湿气体和有液滴的气体。在构造上由于没有金属的接触摩擦和易损件，因此，转数高、寿命长、维修简单、运行可靠，一般不设备用机。

该压缩机构造较复杂，制造较困难，噪声较大（达 90dB 以上），噪声属于中高频，对人体危害较大。

8.2 离心式压缩机

离心式压缩机是依靠气体在高速旋转叶轮的作用下，得到巨大的动能，随后在扩压器中急剧降速，使气体的动压转变为静压。离心式压缩机有单级和多级之分，单级压缩机用于压比较小的场合，为了提高压比，离心式压缩机可做成多级叶轮。离心压缩机每级压比在 1.1～1.5 之间，出口温度为 205～232℃，吸气量为 14～5660m^3/min。

8.2.1 工作过程

离心式压缩机的工作过程及构造如图 8-6 所示。

压缩机的主轴带动叶轮旋转时，气体自轴向进入并以很高的速度被离心力甩出叶轮，进入扩压器中。在扩压器中由于有较宽的通道，气体的部分动能转变为压力能，速度降低而压力提高。接着通过弯道和回流器又被第二级吸入，通过第二级进一步提高压力。依此逐级压缩，一直达到额定压力。

图 8-6　离心式压缩机

1—主轴；2—叶轮；3—固定壳；4—气体入口；5—扩压器；6—弯道；7—回流器

气体经过每一个叶轮，相当于进行一级压缩，单级叶轮的叶顶速度越高，每级叶轮的压缩比就越大，压缩到额定压力所需的级数就越少。由于材料极限强度的限制，用普通钢制造的叶轮，其叶顶速度为 200～300m/s；用高强度钢制造的叶轮，叶顶速度为 300～450m/s。为了得到较高的压力，需将多个叶轮串联起来压缩。通常在一个缸内叶轮级数不应超过 10 级，叶轮级数较多时，可用两个或两个以上的气缸串联。

8.2.2 离心式压缩机的特性

离心式压缩机的优点是排量大，结构简单紧凑，摩擦部件少，无往复运动，工作时较平稳，无流量脉冲现象，操作灵活，易于实现自动控制，维修工作量大大低于往复式压缩机；由于转速很高，可以采用汽轮机直接带动，比较安全；气缸无需润滑，气体不会被润滑油污染。其缺点是效率较低，当流量降低到某一数值时还会发生喘振现象；高效工作范围窄，相对于往复式压缩机来说调节困难。

在天然气长输系统的压气站及天然气的液化站中，由燃气轮机驱动的离心式压缩机被广泛使用。

8.3 压缩机的选择

压缩机是管道输送的心脏，输气系统安全、可靠运行有赖于机组的性能。

在城镇燃气输配系统中，最常用的压缩机是活塞式压缩机、罗茨式回转压缩机，而在天然气长输系统的压气站中，离心式压缩机被广泛应用。

8.3.1　压缩机的选型

压缩机的选型应根据管网的负荷及压力确定，并应考虑将来发展。燃气输配系统中使用比较广泛的容积式和离心式压缩机的适用范围如图 8-7 所示。

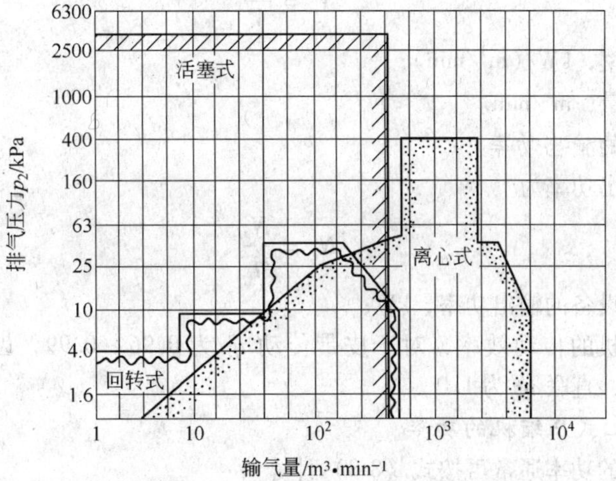

图 8-7　各类压缩机的适用范围

在选型过程中，首先应根据要求的燃气压力和排气量，确定压缩机的类型。排气压力 p_2 较低时，一般选用罗茨式压缩机；排气压力 p_2 较高时，一般选用活塞式压缩机。如果需输送的燃气量较多，宜选用排气量较大的离心式压缩机组。

数量过多的机组需要较多建筑面积和维修费用，因此相同排气量形式的压缩机不宜超过 5 台。当负荷波动较大，最低小时用气量小于单机的输气量时，可以选用输气量大小不同的机组。但同一压力参数的压缩机最好不超过两种型号。

8.3.2　压缩机的功率

压缩机是一种能耗巨大的设备，为提高日常运行的经济性，应优选比功率小、效率高的压缩机。

8.3.2.1　容积式压缩机的功率

A　轴功率

驱动机传给压缩机的实际功率，有下列三部分组成：

（1）压缩机在单位时间内消耗于实际循环中的指示功率。

（2）克服压缩机各运动部件之间摩擦的摩擦功率。

（3）压缩机曲轴直接驱动的各附属设备（如润滑油泵）所需功率。

压缩机的轴功率通常可按下式计算

$$N_s = \frac{N}{\eta_g} \tag{8-5}$$

式中　N_s——压缩机的轴功率，kW；

N——压缩机的指示功率，kW；

η_g——压缩机机械效率，对大中型压缩机 η_g 为 0.9 ~ 0.95，对小型压缩机 η_g 为 0.85 ~ 0.9。

B 比功率

比功率是指在一定排气压力下，压缩机单位体积（$1m^3$）输气量所需功率。比功率是评价工作条件相同的压缩机运行经济性的指标，是压缩机选型的重要依据之一。

$$N_r = \frac{N_s}{V} \tag{8-6}$$

式中 N_r——比功率，kW/(m^3/min)；

V——输气量，m^3/min。

C 驱动设备的输出功率

驱动设备的输出功率为

$$N_e = \frac{N_s}{\eta_c} \tag{8-7}$$

式中 N_e——驱动设备的输出功率，kW；

η_c——压缩机的传动效率，对于皮带传动 η_c 为 0.96 ~ 0.99，齿轮传动 η_c 为 0.97 ~ 0.99，直联 η_c 为 1.0。

8.3.2.2 离心式压缩机的功率

离心式压缩机的功率通常可按式（8-8）计算

$$N_l = \frac{N}{\eta_g \eta_c} \tag{8-8}$$

式中 N_l——压缩机的轴功率，kW；

N——压缩机的指示功率，kW；

η_g——压缩机机械效率，对大中型压缩机 η_g 为 0.9 ~ 0.95，对小型压缩机 η_g 为 0.85 ~ 0.9；

η_c——压缩机传动效率，对于皮带传动 η_c 为 0.96 ~ 0.99，齿轮传动 η_c 为 0.97 ~ 0.99，直联 η_c 为 1.0。

8.3.3 压缩比的确定

气体在一座中间压气站上所得到的能量基本等于它消耗在与压缩机站相连的下一段管路上的能量，或者说气体在某一个中间段的压力损失，将在下一个中间站上得到恢复。压缩机站的压比是一项重要的工艺参数，在管道流量、壁厚和直径已经确定的情况下，对管道的建设费用（站数和设备台数）与运行费用（能量消耗与管理）具有决定意义。如果只给定了输送量，压比将直接关系到管道直径和工作压力的选择，从而对管道的总投资发生更大的影响。

在长输管线中，压气站压比的影响表现在以下几方面：

（1）建设管道的金属耗量。一般情况下，压比越大金属耗量越少，但是相关资料中指出，压比只在一个较小的范围内才对金属耗量构成显著影响。过大的压比，不仅不会有效降低金属耗量，还会引起压缩机功率的急剧增加，带来相反的结果。

（2）压气站功率。与管线金属耗量相反，提高压比将引起压气站功率的增加，进而导致压缩机站投资和运行费用增加，这部分费用是管道总投资的另一重要构成部分。因此在决定压比时应当协调这两个相互矛盾的方面，以达到最为经济的效果。

（3）压缩机站的燃料消耗。以燃气发动机和燃气轮机驱动压缩机的输配系统，燃料消耗在管道生产费用中占很大的比例，燃气消耗可用自用气比率（驱动压缩机消耗的燃气量/压缩机输送的燃气总量）表示。因为压缩机站的耗功率由自用燃气提供，所以压比越大，自用气比率越高。

综上可以看出,压比的确定要考虑多方面的因素,目前压比的选择范围一般在1.2~1.5之间。

8.3.4 压缩机台数的确定

压缩机型号选定后，压缩机台数可按式（8-9）或式（8-10）计算，即

$$n = \frac{Q_p k_v}{Q_q k' K} + C_1 \tag{8-9}$$

或

$$n = \frac{Q_{max} k_v}{Q_q k' K} + C_2 \tag{8-10}$$

式中 n——实际选用的压缩机台数；

Q_p——压缩机室的平均容量，m^3/h；

Q_q——压缩机选定工作点的输气量，m^3/h；

K——压缩机并联系数。对于新建压缩机室的设计，通常 $K=1$，对于扩建的压缩机室，由于增加了压缩机，燃气输送管网压力降增加，压缩机的设计流量应按新工作点定；

C_1——按压缩机平均排气量确定的压缩机备用台数，工作台数为1~2台时，取1台；为3~5台时，取2台；

Q_{max}——压缩机室最大容量，m^3/h；

k'——压缩机允许误差系数，根据规定产品性能试验的允许误差（压力值或输气量值）为 $-5\%\sim+10\%$，因此，通常选 $k'=95\%$；

C_2——按压缩机最大排气量确定的压缩机备用台数，工作台数为1~5台时，取1台；

k_v——体积校正系数，

$$k_v = \left(1 + \frac{d_1}{0.833}\right)\left(\frac{273 + t_1}{273}\right)\left(\frac{101325}{p_1 + p}\right) \tag{8-11}$$

d_1——压缩机设计入口燃气含湿量，kg/m^3；

t_1——压缩机设计入口燃气温度,℃；

p_1——压缩机设计入口燃气压力，Pa；

p——建站地区平均大气压，Pa。

8.4 常用压缩机的运行调节

每台压缩机都有自身的额定工况，实际运转过程中某些参数或是气体组成的变化，都会对压缩机的性能产生影响。此外，燃气输配系统本身也要求压缩机的输气量在某个范围内经常变化。因此有必要掌握常用压缩机的运行调节方法。

8.4.1 活塞式压缩机的调节

对已有压缩机，若输气量不满足工艺要求，可在低于额定输气量范围内进行调节。常用的调节方法一般有下列几种：

（1）补充余隙调节法。气缸余隙附近装置补充余隙容积，使气缸容积系数变化，达到调节气量目的。

（2）顶开吸入阀调节法。吸入阀处安一顶开装置。排气过程中，强行顶开吸气阀，使部分

气体返回吸入管道，达到调节气量目的。

（3）旁路回流调节法。排气管与吸气管之间接一旁通阀。调节旁通阀，使排出气体部分或全部回到吸入管道，减少输气量。

（4）节流吸入调节法。吸入管道装节流阀，降低吸入压力。气体密度降低，气体质量流量减少。

（5）改变转速调节法。用于蒸汽机和内燃机驱动的压缩机。此法简单易行，但对电机驱动的压缩机要加变频装置。

（6）改变操作台数调节法。使用压缩机台数较多时，根据需用气量可适当增减压缩机运行台数，以增加或减少系统输气量。

8.4.2　离心式压缩机的调节

离心式压缩机的调节包括正常调节和防喘振调节两种情况。

8.4.2.1　正常工况下的流量调节

离心式压缩机调节方法有压缩机出口节流、压缩机进气节流、采用可转动进口导叶、采用可转动扩压器叶片及改变压缩机转速等。

（1）压缩机出口节流调节。压缩机出口节流调节是一种简单调节方法。通过关小压缩机出口阀门调节流量。由于管路阻力加大，使系统效率大大降低，现在很少采用。

（2）压缩机进气节流调节。转速不变的压缩机，进气节流是一种简便而又广泛的调节方法，通过改变装在压缩机进气管上调节阀开度，来改变压缩机性能曲线位置。

（3）采用可转动进口导叶调节。采用可转动进口导叶调节也称进气预旋调节，是一种改变叶轮前进口导叶角度，使气流产生预旋，从而改变压缩机流量的调节方法。

多级压缩机如每一级都采用可转动导叶，整个装置显得太复杂。若只对第一级采用可转动导叶，效果不太明显。

（4）采用可转动扩压器叶片调节。传动机构转动扩压器叶片，使压缩机在运行时，根据工况变化随时加以调节。这种方法可避免流量减小时出现喘振，使稳定工况区扩大。但若要求同时或单独改变压缩机出口压力就有一定局限性。

（5）改变压缩机转速调节。利用调节压缩机转速的方法，移动压缩机性能曲线，改变工况点，可以满足用户的要求。这种方法不要求机器中装备供调节用的可动部件，因此压缩机本身结构简单，制造方便。

以上几种调节方法可以同时采用，取长补短，最有效地扩大压缩机稳定工况范围。

8.4.2.2　离心式压缩机的喘振和防喘振控制

喘振又称飞动，是离心式压缩机在运行过程中可能出现的一种特殊现象。任何离心式压缩机按其结构尺寸，在某一固定转速下，都有一个最高的工作压力，在此压力下有一个相应的最低流量。当离心式压缩机的出口压力高于此数值时就会产生喘振。

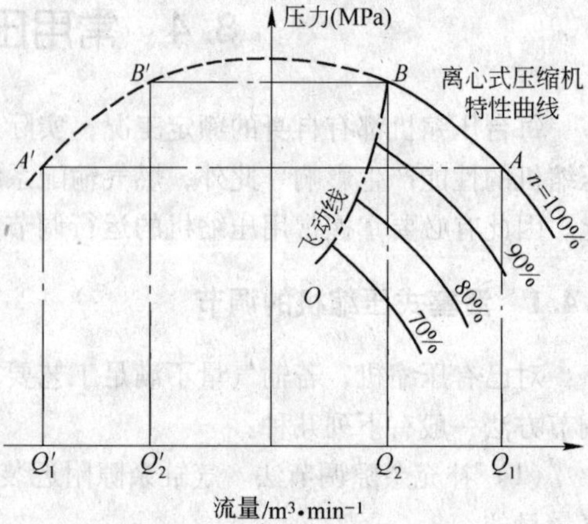

图 8-8　离心式压缩机的喘振原因分析

如图 8-8 所示，OB 为飞动线，A 为压缩机的额定工作点，此时通过压缩机的流量为 Q_1。

离心式压缩机使用中，由于某种因素，当压缩机进口流量逐渐降低，工作点从 A 向 B 移动，压缩机输出的能量也不断增加，达到 B 点后如果流量进一步降低，压缩机的出口压力超过了离心式压缩机的最高允许工作压力，短时间内高压气体将倒流回压缩机。气体倒流后，排气端压力迅速降低，压缩机又得以正常工作。然后流量继续降低，工作点又移动至 B 点左侧，又将发生倒流现象。这种气体来回撞击的现象就是离心式压缩机的喘振。

发生喘振时，机组开始强烈振动，伴随异常的噪声。喘振对压缩机密封损坏较大，严重的喘振很容易造成转子的轴向窜动，损坏止推轴瓦，叶轮有可能被打碎。因此离心式压缩机管路中必须采取防喘振措施。常用的防喘振措施有以下几种：

(1) 放空法。压缩机排气口接有流量传感器和防喘振放空阀，放空阀由伺服马达带动。当机器排气量降低接近喘振点时，检测气量变化的流量传感器发出讯号给伺服马达，使之动作而将防喘振放空阀打开，部分气流经放空阀放空。不论用户需气量多少，压缩机中流过气量由于防喘振放空阀作用，总是大于喘振气量，保证压缩机能正常工作。这种方法浪费部分压缩气体及部分压缩功。

(2) 打回流法。这种防喘振措施是将部分气流返回机器吸气管循环使用。当回流气量较大时，应在回流管路中安装冷却器，降低回流气体温度，以减小回流气温对机器排气温度和功耗的影响。

(3) 停止供气法。这种方法适用于供气系统中有几台压缩机并联工作，或供气系统容量很大，在一段压缩机停止供气时用户仍可得到所需气量。由于机器与供气系统脱开，同时机器进气还采取节流措施，因此压缩机功耗大为减小。例如压比为 7 的压缩机，采用这种措施后，功耗仅为机器在喘振点前功率的 15%。如采用放空或回流措施，则机器功耗与喘振点前工作是一样的。

(4) 双参数控制喘振措施。这种防喘振措施解决了由气量单参数控制的缺点，采用气量和压力两个参数开闭防喘振阀双参数控制，以减少功率的浪费。

8.5 压缩机站

8.5.1 压缩机站的工艺流程

压缩机站的工艺设计，可以遵循下述一般原则：

(1) 工艺流程既要适应压缩机站、全线生产和调节的需要，同时也要适应压缩机启动、停车和运转的需要。

(2) 有利于事故处理，即应当尽可能保证当一个压缩机站的内部设备或整站发生故障时，可以灵活调整站内流程或越站输送。

(3) 合理利用压缩机站的主要设备和辅助设备，节省建设和经营费用，防止不必要的流程复杂化。

压缩机室的工艺流程随选择的压缩机类型而异，目前常用的活塞式和离心式压缩机站的工艺流程有以下几种。

8.5.1.1 活塞式压缩机室的工艺流程

活塞式压缩机站的机组采用并联流程，如图 8-9 所示。天然气由干线首先进入除尘器脱除机械杂质，再经分配管进入压缩机。压缩后的气体又经压缩机汇管进入下流管线。压缩机原动机和站场其他装置的燃料气由燃料气调节点提供。机组用压缩空气启动。为了提高发动机的功

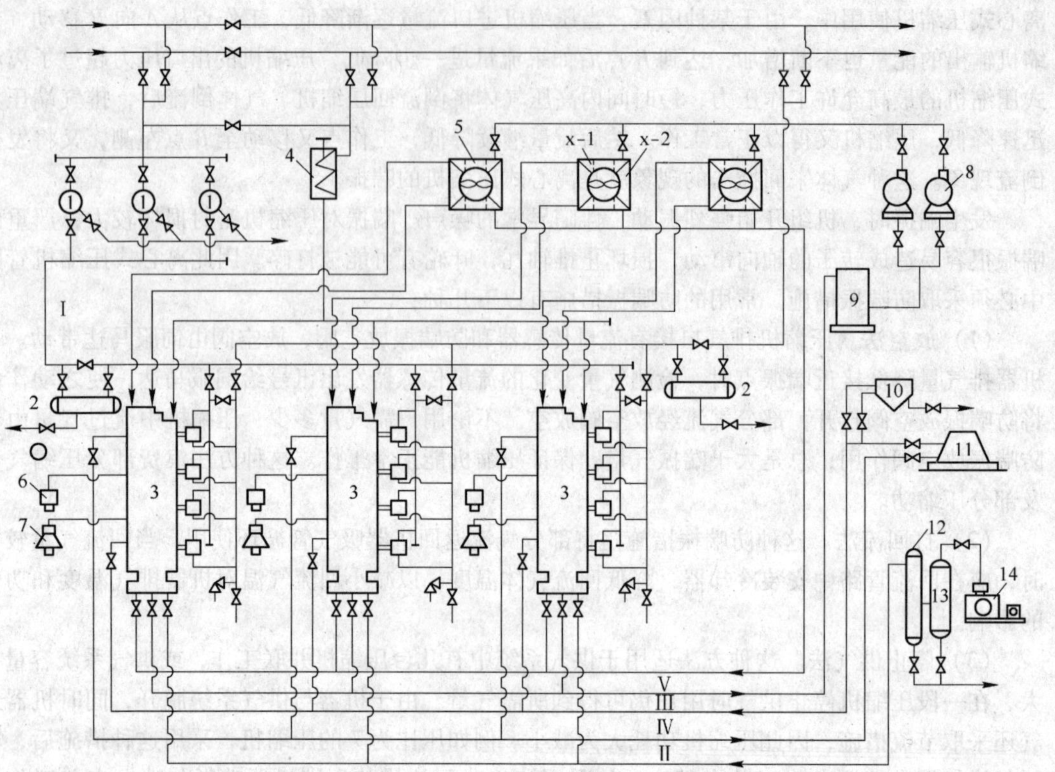

图 8-9　活塞式压缩机室工艺流程

1—除尘器；2—油捕集器；3—往复式压缩机；4—燃料气调节点；5—风机；6—排气管消声器；7—空气滤清器；8—离心泵；9—“热循环”水散热器；10—油罐；11—润滑油净化机；12—启动空气瓶；13—分水器；14—空气压缩机；x-1—润滑油空气冷却器；x-2—“热循环”水冷却器；Ⅰ—天然气；Ⅱ—启动空气；Ⅲ—净油；Ⅳ—脏油；Ⅴ—“热循环”水

率，设有空气增压装置，适当提高进入气缸的空气压力。空气增压装置的动力来自一个用发动机废气热能推动的气体涡轮。机组的启动空气由一个专门的空气压缩机系统提供。往复式压缩机站的冷却水系统由闭环（热循环）和开环（冷循环）构成。闭环用软水或蒸馏水。开环水冷却闭环水和润滑油冷却器，在安装着闭环水冷却器的冷却塔底和塔顶间循环，另一部分水由塔底用泵输往压缩机润滑油冷却器，然后从那里返回塔顶。图 8-9 中的开环冷却系统由空气冷却装置代替。

主要运转部件的润滑油分别由齿轮泵和润滑机输送。齿轮泵由曲轴带动，把曲轴箱的润滑油经过滤器和冷却器送到机组轴承上去。动力气缸、压缩机气缸、活塞杆的密封函等部分的润滑油由润滑机输送，污油用专用油泵定期输往再生装置处理。净油由消耗油箱经配油管线输送给压缩机。

低压燃气进入压缩机。在压缩机内经过一级压缩后进入中间冷却器，冷却到初温再进行二级压缩并进入最终冷却器冷却，经过油气分离器最后进入储气罐或干管。

此外，压缩机室的进、出口管道上，应安设阀门和旁通管。高压蒸汽主要用于清扫管道及设备。

8.5.1.2　离心式压缩机室的工艺流程

压缩机站的阀门和管道划分为机组和全站两个流程控制系统如图 8-10 所示。

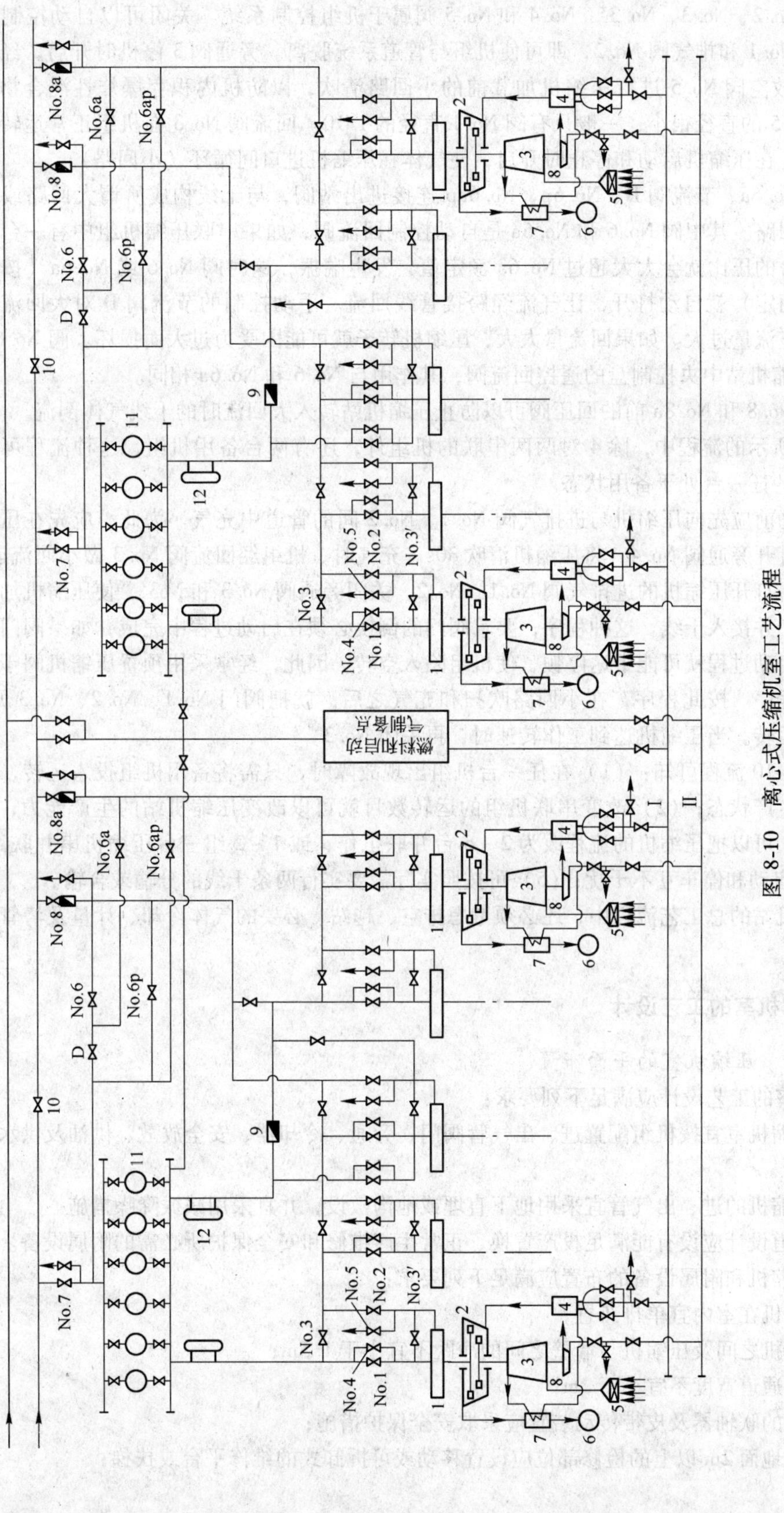

图 8-10 离心式压缩机室工艺流程

1—离心式压缩机;2—燃气涡轮;3—空气压缩机;4—燃烧室;5—空气滤清器;6—排气管;7—空气预热器;8—启动涡轮;9—上回阀;
10—干线切断阀;11—除尘器;12—脱油器; I—燃料气; II—启动气

No. 1、No. 2、No. 3、No. 3′、No. 4 和 No. 5 阀属于机组控制系统。关闭可以自动控制的压缩机进气阀 No. 1 和排气阀 No. 2，即可使机组与管道系统脱离。旁通阀 3 停机时开启。经过平衡阀 No. 4，放空阀 No. 5 进行压缩机加载前的小回路清吹，以防机内积存爆炸性混合物。阀 No. 4，阀 No. 5 的直径很小，一般只有阀 No. 1 直径的 1/10。回流阀 No. 3 在机组正常运转时处于关闭状态，在压缩机启动和停止时开启，使气体在压缩机进口间循环（小回路）。

No. 6、No. 6a、节流阀 D、No. 6p、No. 6ap 连接进出站阀，与干线构成所谓大回路或压缩机站的启动回路。其中阀 No. 6 和 No. 6a 是自动控制回流阀，如果串联压缩机组中有一台停止工作，另一台的压比就会大大超过 No. 6a 额定值，发生喘振，这时阀 No. 6 或 No. 6a（按出现喘振的机组而定）就自动打开，让气流经跨接管线回流。手动控制的节流阀 D 对大回流起节流作用，防止流量过大。如果回流量太大，压缩机转子就可能因受力过大而损坏。阀 No. 6p 和 No. 6ap 是压缩机站中央控制盘的遥控回流阀，其作用与 No. 6 和 No. 6a 相同。

出站阀 No. 8 和 No. 8a 前的回压阀可以防止压缩机站转入大回流时的干线气体倒流。

图 8-10 所示的流程中，除 4 对两两串联的机组外，还有两台备用机组，这种流程可以使 10 台机组中的任一台处于备用状态。

机组启动前应先向压缩机与进排气阀 No. 1、No. 2 间的管道中充气。为此，应先在压缩机空转条件下打开旁通阀 No. 4，将压缩机清吹 30s。充气时，机组经回流阀 No. 3 做小回流运转。充气完毕后，打开压缩机的进排气阀 No. 1、No. 2，关闭旁通阀 No. 3 和 No3′，使压缩机加入全站运转回路，并接入干线。这种程序，要求阀门的倒换必须在启动过程中完成，如果阀门的工作不可靠，启动过程就可能中途停顿，使机组陷入空转。因此，经常采用预置压缩机阀于工作状态的启动程序。按此程序，在小回路吹扫和充气之后，就把阀门 No. 1、No. 2、No. 3 开启，使机组投入运转。当压缩机达到工作转速时，再关闭 No. 3。

分析图 8-10 流程可知：(1) 在任一台机组出现故障时，只需将备用机组投入运转，即可保持原来的生产状态；(2) 改变串联机组的运转数目就可以改变压缩机站的生产能力；(3) 必要情况下，可以把压缩机的流程改为 2 ~ 6 台并联工作，或 1 ~ 2 组三台压缩机串并联工作；(4) 机组的启动和停车互不干扰；(5) 可按照实际需要实行两条干线的分输或合输。

在压缩机站的总工艺流程中，还必须考虑排空、越站、必要的气体冷却、计量及清管等功能。

8.5.2　压缩机室的工艺设计

8.5.2.1　压缩机室的平面布置

压缩机室的工艺设计应满足下列要求：

(1) 压缩机室宜按机组配置进、出气管阀门、旁通、冷却器、安全放散、供油及供水等安全辅助措施。

(2) 压缩机的进、出气管宜采用地下直埋或地沟敷设，并宜采用减振降噪措施。

(3) 管道设计应设有能满足投产置换、正常生产维修和安全保护所必需的附属设备。

(4) 压缩机和附属设备的布置应满足下列要求：

1) 压缩机在室内宜单排布置；

2) 压缩机之间及压缩机与墙壁之间的净距不宜小于 1.5m；

3) 重要通道宽度不宜小于 2m；

4) 机组的联轴器及皮带传动装置应采取安全保护措施；

5) 高出地面 2m 以上的检修部位应设置移动或可拆卸式的维修平台或扶梯；

6）维修平台及地坑周围应设栏杆。

（5）压缩机进口管道上应设置手动和电动（或气动）控制阀门。压缩机出口管道上应设置安全阀、止回阀和手动切断阀。出口安全阀的泄放能力不应小于压缩机的安全泄放量；安全阀放散管管口应高于建筑物2m以上，且距地面高度不应小于5m。

（6）压缩机室应根据设备情况设置检修用起吊设备。

（7）当压缩机以燃气为动力时，其设计应符合现行国家标准《输气管道工程设计规范》和《石油天然气工程设计防火规范》的有关规定。

（8）压缩机组前必须设紧急刹车按钮。

另外，压缩机室内应留有适当的检修场地，一般设在室内的发展端。当压缩机室较长时，检修场地也可以考虑放在中间，但应不影响设备的操作和运行。

布置压缩机时，应考虑观察和操作方便。同时也需考虑到管道的合理布置，如压缩机进气口和末级排气口的方位等。

对于带有卧式气缸的压缩机，应考虑抽出活塞和活塞杆需要的水平距离。

设置卧式列管式冷却器时，应考虑在水平方向抽出其中管束所需要的空间。立式列管式冷却器的管束可垂直吊出，也可卧倒放置抽出。辅助设备的位置应便于操作，不妨碍门、窗的开启和不影响自然采光和通风。

8.5.2.2 压缩机室的高度

当不设置吊车时，为临时起重和自然通风的需要，一般屋架下弦高度不低于4m，对于机身较小的压缩机可适当缩小。当设置吊车时，吊车轨顶高度可参照吊钩自身的长度、吊钩上限位置与轨顶间的最小允许距离及设备需要起吊的高度确定。

压缩机输气量和设备较大时，为了方便操作、节省占地面积和更合理地布置管道，压缩机室可双层布置。压缩机、电动机及变速器设在操作层（二层），中间冷却器及润滑油系统均放在底层。

8.5.3 压缩机室的辅助设备

8.5.3.1 压缩机的驱动设备

压缩机的驱动设备一般应由生产厂家在生产时配备，但由于燃气压缩机的特殊性要求，有时需要自行选择。

A 电动机

活塞式压缩机、回转式压缩机和一部分离心式压缩机都广泛采用交流电动机驱动。交流电动机一般有三种：鼠笼式异步电动机、绕线式异步电动机和同步电动机。

电动机必须具备防爆性能。在功率较小的场合下可选用标准型的封闭式防爆电动机；当采用非防爆电动机时，应将电动机放在用防火墙将压缩机间隔开的厂房内，电动机的轴穿过防火墙处应以填料密封。大型压缩机采用封闭式的防爆电机有困难时，电动机可做成正压通风结构。

B 汽轮机

汽轮机的投资比电动机高，结构和维修都比电动机复杂，但汽轮机有以下优点：

（1）转速高，可达10000r/min以上，可直接与离心压缩机连接。

（2）适应输送易燃易爆的气体，即使有泄漏也不会引起爆炸事故。

一般离心式压缩机用汽轮机驱动较为合适。活塞式压缩机的转速低，如果用汽轮机带动，还需要复杂的减速装置，因此都用电动机驱动。

C　燃气轮机

燃气轮机作为一种驱动设备，由于燃气价格昂贵，在城镇燃气输配系统中很少采用。但是在长输管线上的压气站及天然气的液化厂，由于燃料来源方便，故广泛采用。

D　柴油机

柴油机主要作为备用机。当突然停电，而压缩机又不允许停车的情况下，可临时开动柴油机。在不易获得电源的场合，有时也用它来驱动压缩机。

8.5.3.2　冷却器

压缩机室的冷却系统包括压缩机组的冷却、燃气的冷却和循环水的冷却。

燃气经一级压缩后温度升高，需进入中间冷却器冷却。循环水的冷却应根据当地水文地质、气象等条件而定。

8.5.3.3　润滑系统

压缩机的润滑系统作用主要是减少摩擦表面的磨损和降低摩擦的能量消耗，辅助作用是冷却运动机构的摩擦表面，密封气缸的工作容积，提高活塞与填料的密封性。

压缩机室的润滑油系统由每台机组各自的润滑系统和全室的润滑油储存、分配系统组成。

8.5.3.4　起重设备

起重设施的起重能力一般按压缩机组的最重部件确定。一般利用率不高，但要求吊装速度缓慢和防爆，常用的有：SH 型 0.5 ~ 10t 环链手拉葫芦、SDQ 型 1 ~ 10t 手动单梁起重机、防爆单梁 BQ 起重机、BX 防爆单梁悬挂起重机等。

参考文献

[1] 段长贵主编．燃气输配[M]. 3 版．北京：中国建筑工业出版社，2001.
[2] 马良涛主编．燃气输配[M]．北京：中国电力出版社，2004.
[3] 四川石油管理局．天然气工程手册[M]．北京：石油工业出版社，1984.
[4] 王松汉主编．石油化工设计手册[M]．北京：化学工业出版社，2002.
[5] 姜正侯主编．燃气工程技术手册[M]．上海：同济大学出版社，1993.
[6] 中国市政工程华北设计研究院．GB 50028—2006，城镇燃气设计规范[S]．北京：中国建筑工业出版社，2006.
[7] 梁平主编．天然气操作技术与安全管理[M]．北京：化学工业出版社，2006.

9 燃气的储存

城镇燃气在供应过程中，由于供气量和用气量在时间上存在着极大的不平衡，因此在低峰用气时将多余的燃气储存起来，高峰用气时将其压送出去，以补偿消耗的燃气量，有效降低城镇燃气管网负荷，从而保证各类用户安全稳定用气。

燃气储存的方式主要有储气罐储存、管道储存、管束储存、地下储存及低温液化储存等，其中燃气储气罐按照储存压力又可分为低压储气罐和高压储气罐两种。

9.1 低压储气

低压储气的储气设备为低压储气罐。低压储气罐是一种压力基本稳定、储气容积在一定限度内可以变化的储气设备，是我国城镇燃气、石油化工、冶金等行业广泛使用的储气设施。低压储气罐有湿式罐和干式罐两大类。

9.1.1 低压湿式罐

低压湿式罐是在水槽内放置钟罩和塔节，钟罩和塔节随着燃气的进出而升降，并利用水封隔断内外气体来储存燃气的容器。罐的容积随燃气量的变化而变化。

3000m^3 以下小容量储气一般选用单节储气罐，钟罩高度等于水槽高度，通常水槽高度为直径的30%～50%。大容量储气时，为避免水槽高度过大，采用多节储气罐，每节的高度等于水槽的高度，而钟罩和塔节的全高约为直径的60%～100%。

根据罐的结构不同，低压湿式罐分为直立升降式（简称直立罐）和螺旋升降式（简称螺旋罐）两种。

9.1.1.1 直立罐

直立罐的结构如图9-1所示，它是由水槽、钟罩、塔节、水封、导轨立柱、导轮、增加压力的加重装置及防止造成真空的装置等组成。

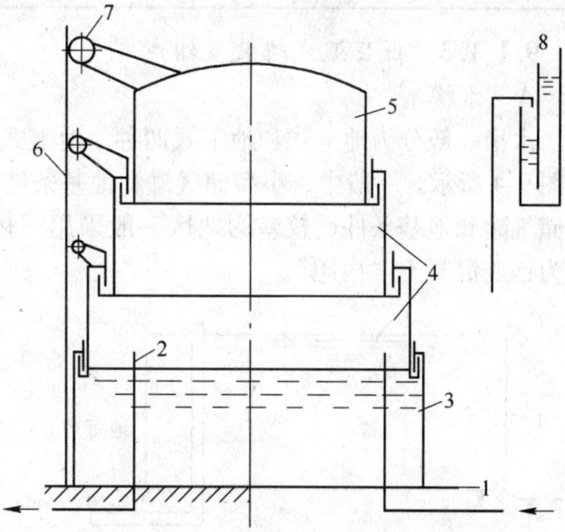

图9-1 直立罐结构示意图

1—燃气进口；2—燃气出口；3—水槽；4—塔节；5—钟罩；6—导向装置；7—导轮；8—水封

9.1.1.2 螺旋罐

螺旋罐在我国人工燃气储存中应用较为广泛，其构造尺寸、操作压力及金属消耗指标见表9-1。螺旋罐没有外导轨框架，罐体靠安装在侧板上的导轨与安装在平台上的轮相对滑动产生缓慢旋转而上升或下降，其他结构与直立罐基本相同。如图9-2所示。

螺旋罐的主要优点是同等条件下比直立罐节省金属15%～30%，且外形较为美观。

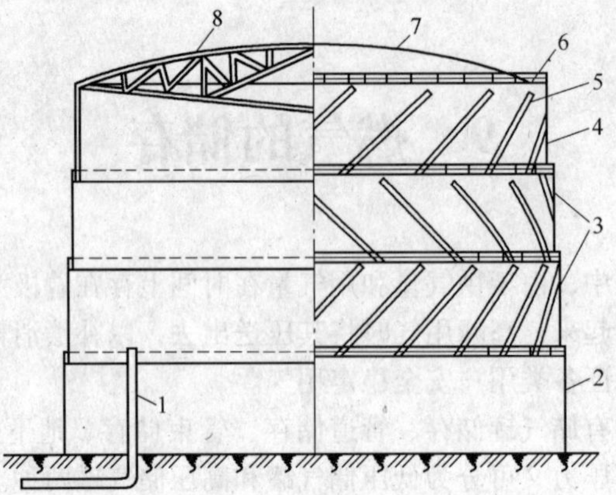

图 9-2　螺旋罐结构示意图

1—进、出气管；2—水槽；3—塔节；4—钟罩；5—导轨；6—平台；7—顶板；8—顶架

其施工允许误差较小，基础的允许倾斜或沉陷值也较小，导轮与轮轴往往产生剧烈磨损。

表 9-1　螺旋罐主要技术规格

公称容积 /kg·m⁻³	有效容积 /m³	水槽直径 /m	塔节数（包括钟罩）	高度/m		耗钢量 /t	单位耗钢 /kg·m⁻³	压力/Pa	
				钟罩塔节	水槽			有配重	无配重
5000	4927	22.0	2	15.930	8.00	123.368	24.50		2100 1200
20000	22000	39.0	3	23.150	8.00	371.104	18.50	3000 2600 2100	2000 1530 1000
50000	54200	46.0	4	39.680	9.98	662.580	13.20		2280~1180
100000	105800	63.0	4	39.928	10.00	926.760	9.50		2250~1030
150000	166000	67.0	5	56.750	10.28	1372.000	8.30		2800~1600

9.1.1.3　低压湿式罐装置组成

A　水槽

水槽一般分为地上式和地下式两种。地上式水槽又分为“满堂水”和环形两种，如图 9-3 和图 9-4 所示。一般中、小型储气罐和地基条件比较好的地区都采用“满堂水”式的水槽。大型储气罐和地基条件比较差的地区一般采用“内胆”式环形水槽。外壁为钢制圆筒壳体，内壁为钢筋混凝土“内胆”。

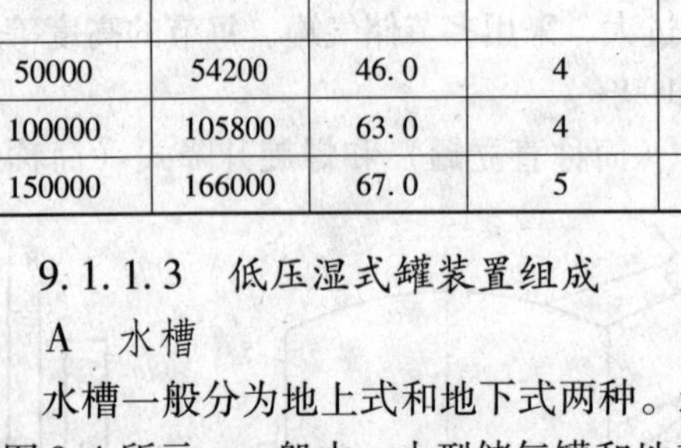

图 9-3　地上满堂水式水槽

1—水槽壁；2—进、出气管

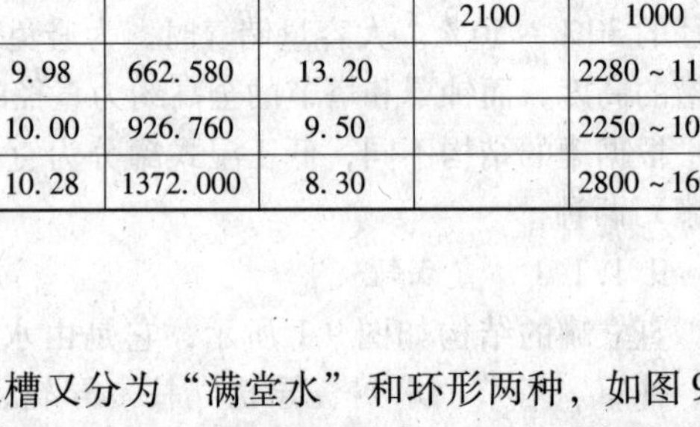

图 9-4　地上内胆式环形水槽

1—环形水槽；2—水槽外壁；3—内胆顶；4—水槽内壁；5—进、出气管

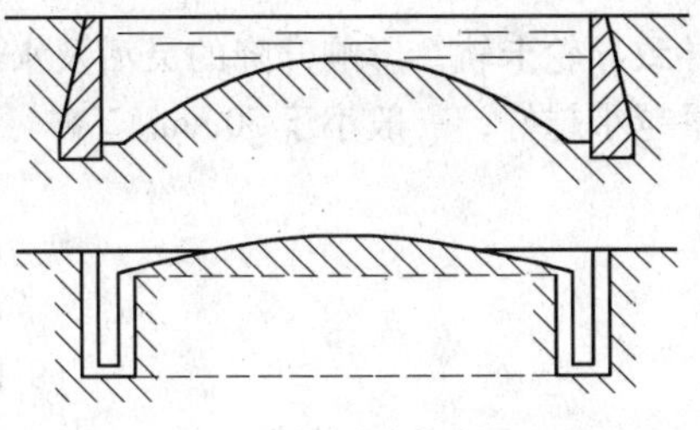

图 9-5 地下环形水槽

地下式水槽为防止腐蚀一般都采用钢筋混凝土结构。为减轻水对基础及土壤压力，大型储气罐的地下水槽常采用环形水槽，如图 9-5 所示。

水槽通常是由钢板或钢筋混凝土制成，钢制水槽与钢筋混凝土水槽相比，施工比较容易，施工费用低，产生漏水及腐蚀时容易修补，不会产生龟裂现象。其缺点是使用年限短，水槽设于地面上增加了罐体总高度，抗风能力较差。

水槽的附属设备有人孔、溢流管、进、出气管、给水管、垫块、平台、梯子及在寒冷地区防冻用的蒸汽管道等。水槽侧板的下部一般设有一到两个人孔，以供储气罐停气检修时进入罐内清扫之用。人孔的直径通常为 500mm 左右。

进、出气管可以分为单管及双管两种。当供应组分经常变化的燃气时，必须设置双管，以利于燃气的均匀混合。

B 导轮和导轨

导轮和导轨是湿式储气罐的升降机构。为了使钟罩和塔节升降灵活平稳，在每个塔节上都装有导轮。直立罐依靠导轮沿导轨立柱上导轨滑行，如图 9-1 所示。螺旋罐依靠安装在侧板上的导轨与安装在平台上的轮相对滑动旋转上升或下降，如图 9-6 所示。当燃气中含油分及焦油特别多时，近水面处需设排油装置，如图 9-7 所示，而靠近底部则需要有排焦油设施。

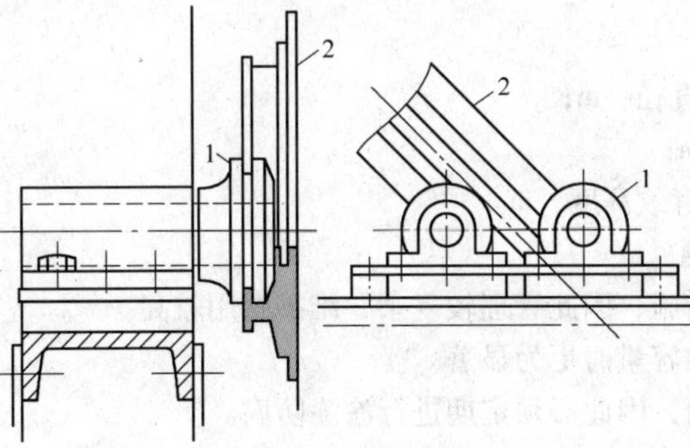

图 9-6 螺旋罐的导轨和导轮

1—导轨；2—导轮

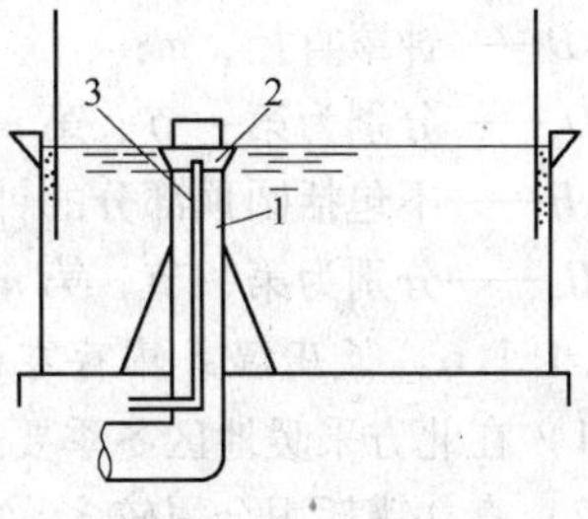

图 9-7 排油装置

1—进、出气管；2—排油装置；3—排油管

C 钟罩和塔节

钟罩和塔节是储存燃气的主要结构，由钢板制成，每节的高度与水槽高度相当，约为直径的30%～50%。钟罩顶板上的附属装置有人孔和放散管。人孔应设在正对着进气管和出气管的上部位置，放散管应设在钟罩中央最高位置，如图 9-8 所示。

D 水封

水封设于各塔节之间，是湿式储气罐的密封机构，由上挂圈和下挂圈组成。上挂圈和下挂圈之间形成 U 形水封，达到气密效果，如图 9-1 所示。为防止水封在挂钩和脱钩时“跑气”应根据各节压力及水封间隔，在下挂圈的外圈板上开一定数量的不同高度的溢水孔。

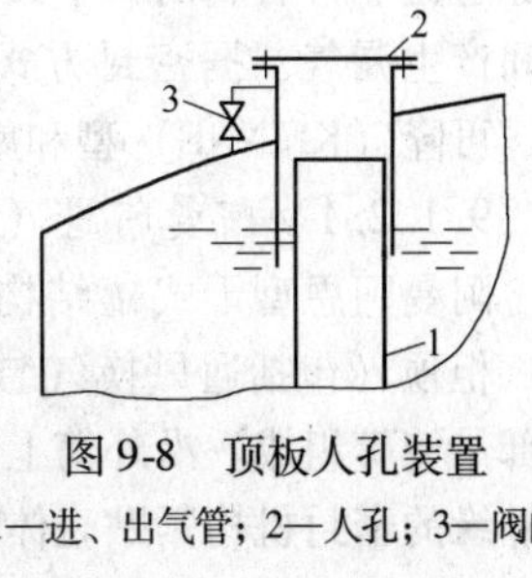

图 9-8 顶板人孔装置

1—进、出气管；2—人孔；3—阀门

E 基础

湿式罐对基础不均匀沉降敏感性强，过大的沉降会导致导轮卡轨，影响升降的灵活及水封的密封效果。因此，基础设计应控制不均匀沉降。沉降量越小越好，一般小于50mm。

9.1.1.4 储气压力

储气罐的燃气压力为

$$p = \frac{mg}{A} \tag{9-1}$$

式中 p——燃气压力，Pa；

m——上升钟罩及塔节的总质量，包括水封内水的质量，kg；

g——重力加速度，m/s^2；

A——上升钟罩或塔节的水平截面积，m^2。

由于上升的塔节数目不同，质量 m 也就不同，因此燃气压力 p 也在变化，一般为1000～4000Pa。

9.1.1.5 低压湿式罐的有效容积

低压湿式罐的有效容积可用下式确定

$$V = \frac{\pi}{4}(D^2H + D_1^2H_1 + \cdots + D_n^2H_n) \tag{9-2}$$

式中 V——低压湿式罐的有效容积，m^3；

D——钟罩直径，m；

D_1，D_n——分别为第一节、第 n 节塔节的直径，m；

H——不包括圆顶部分的钟罩高度，m；

H_1，H_n——分别为第一节、第 n 节塔节的有效高度，m。

9.1.1.6 低压湿式罐存在的主要问题

(1) 在北方采暖地区冬季要采取防冻措施，因此管理较复杂，维护费用较高。

(2) 直立罐耗用金属较多，尤其是在大容量时更为显著。

(3) 由于塔节经常浸入、升出水槽水面，因此必须定期进行涂漆防腐。

(4) 不能承受较强的风压，故在风速太大的地区不宜采用。

9.1.2 低压干式罐

低压干式罐是指不用水封，而采用其他密封方式的储气罐。干式储气罐主要由外筒、沿外筒上下运动的活塞、底板及顶板组成。

由于不像低压湿式罐那样设有水槽，故可以大大减少罐的基础荷载，这对于大容积储气罐的建造是非常有利的。干式储气罐的最大问题是密封问题，也就是如何防止在固定外筒与活塞之间产生漏气。据密封方式和结构形式的不同，干式罐可分为三种类型：阿曼阿恩（MAN）型、可隆（KLINNE）型和威金斯（WIGGINS）型。

9.1.2.1 阿曼阿恩（MAN）型干式罐

阿曼阿恩型干式罐结构如图9-9所示，它是由钢制正多边形外壳、活塞、密封机构、底板、柜顶（包括通风换气装置）、密封油循环系统、进出口气管道、安全放散管、外部电梯、内部吊笼等组成。沿外筒上下运动的活塞随燃气的进入与排出在壳体内上升或下降。支承于活塞外缘的密封机构紧贴壳体板内壁同时上升或下降，其中的密封油借助于自动控制系统始终保持一定油位，形成“油封”使燃气不会逸出。燃气压力由活塞自重或在活塞上面增加的配重所决定。目前，此种储气罐的最高压力可达6400Pa。

活塞密封的构造如图9-10所示。图中具有弹性的钢制滑板是由悬挂支托悬吊在侧板上。滑板的主要作用是防止活塞油杯外缘和侧板之间产生间隙。安装在保护板上的主帆布起挠性连接作用，并由压板连接在活塞油杯上，用帆布和上部覆盖帆布把滑板和活塞油杯连接起来，形成袋状以覆盖弹簧及其他安装部件，并可防止密封液中凝结水分及尘土沉淀于活塞油杯内部。

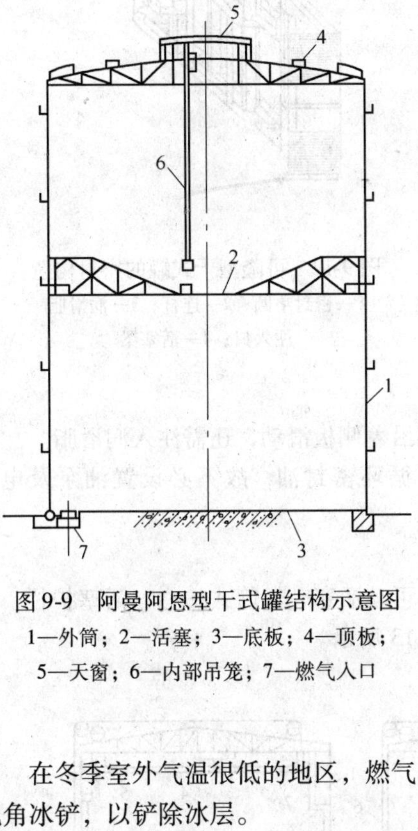

图9-9 阿曼阿恩型干式罐结构示意图
1—外筒；2—活塞；3—底板；4—顶板；
5—天窗；6—内部吊笼；7—燃气入口

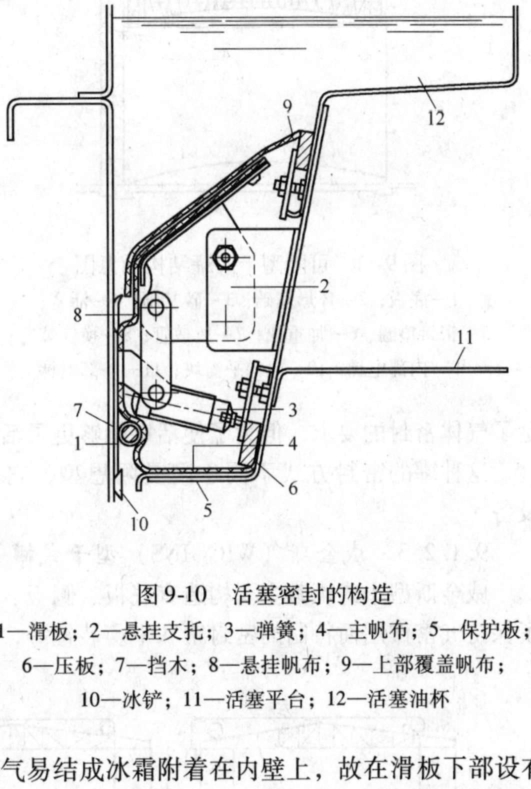

图9-10 活塞密封的构造
1—滑板；2—悬挂支托；3—弹簧；4—主帆布；5—保护板；
6—压板；7—挡木；8—悬挂帆布；9—上部覆盖帆布；
10—冰铲；11—活塞平台；12—活塞油杯

在冬季室外气温很低的地区，燃气中水蒸气易结成冰霜附着在内壁上，故在滑板下部设有锐角冰铲，以铲除冰层。

在储罐正常工作时，为达到密封的目的，密封油是循环流动的。活塞油杯中的密封油经过侧板内侧流向罐底的油杯，之后在集油箱中脱去密封油的水分，再经过自动开启的油泵打入上部油槽，密封油则依靠重力沿着侧板内壁返回活塞油杯内。油槽的高度应保证活塞密封处的油压为罐内燃气压力的1.3~2.0倍。

9.1.2.2 可隆（KLINNE）型干式罐

可隆型干式罐结构如图9-11所示。它的侧板为圆筒形，侧板的外部设有加强用的基柱，以承受风压和内压，罐顶做成球缺形状。为了使活塞板具有更大强度，往往将其设计成碟形。活塞的外周由环状桁架所组成，在活塞外周的上下配置两个为一组的木制导轮，以防止活塞同侧板摩擦而引起火花。活塞为圆形，它能够沿着侧板自由旋转，故其上下滑动的阻力很小而且可避免严重倾斜。活塞上放置了为增高燃气压力用的配重块，其最大工作压力可达8500Pa。

可隆型干式罐采用干式密封的方法，如图9-12所示。由橡胶和棉织品薄膜制成的密封垫圈安装在活塞的外周，借助于连杆和平衡重物的作用紧密地压在侧板内壁上。这种构造已经满

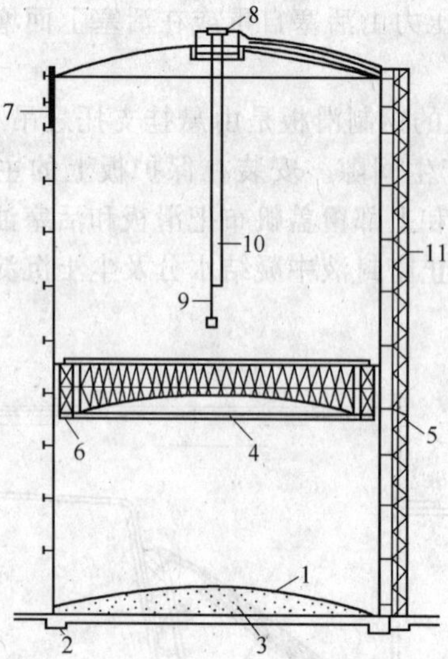

图 9-11　可隆型干式罐结构示意图

1—底板；2—环形基础；3—砂基础；4—活塞；
5—密封垫圈；6—加重块；7—放散管；8—换气装置；
9—内部电梯；10—电梯平衡块；11—外部电梯

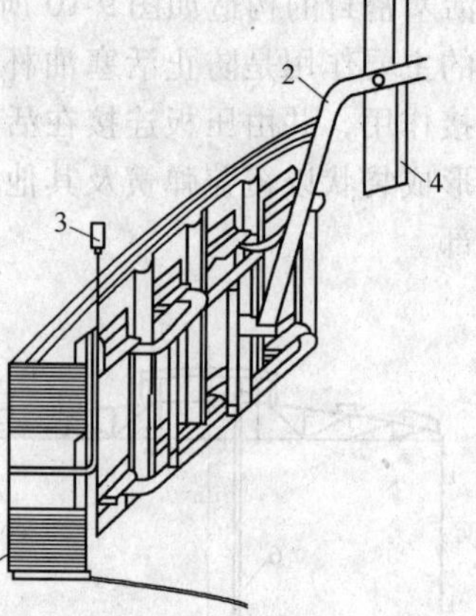

图 9-12　可隆型干式罐的密封构造

1—密封垫圈；2—连杆；3—润滑脂注入口；4—活塞梁

足了气体密封的要求，但为了使活塞能够更灵活平稳地沿着侧板滑动，还需注入润滑脂。

这种罐的密封方式不同于阿曼阿恩型，它不需要循环密封油，故不必设置油泵及电机设备。

9.1.2.3　威金斯（WIGGINS）型干式罐

威金斯型干式罐其主要构造有底板、侧板、顶板、可动活塞、套筒式护栏、活塞护栏，为了保持气密作用而特制的密封帘和平衡装置等，如图 9-13 所示。

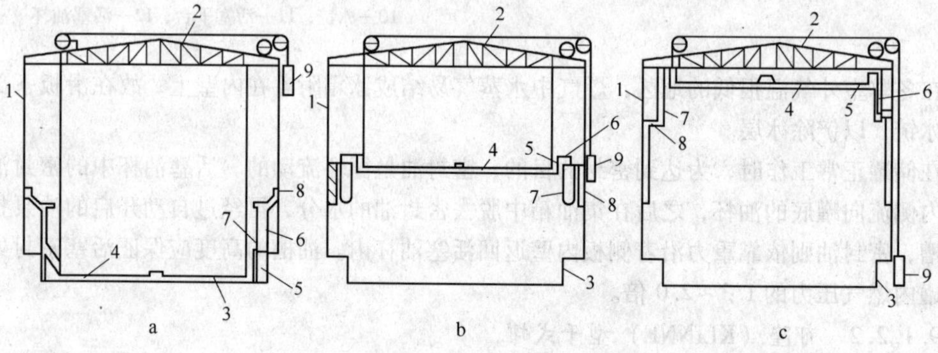

图 9-13　威金斯型干式罐结构示意图

a—储气量为零；b—储气量为最大容积的一半；c—储气量为最大容积

1—侧板；2—罐顶；3—底板；4—活塞；5—活塞护栏；6—套筒式护栏；
7—内层密封帘；8—外层密封帘；9—平衡装置

威金斯型干式罐的密封机构由橡胶夹布帘和套筒式护栏组成。其工作原理是：无气时活塞全部落在底板上，当充气达到一定压力值后，活塞上升，带动套筒式护栏同时上升。活塞与护栏之间的橡胶夹布帘随活塞及护栏的升降做卷上卷下的运动，起密封气体的作用。这种密封方式要求钢制圆筒形外壳侧板自下部起三分之一高度必须气密，而其余高度不要求气密，因此可根据需要灵活设置洞口。在不需要密封的罐壁上设置了一定数量的通风窗，并且沿竖向每隔1.8m处设有检查门，以便于进入活塞上部检查、保养和管理。其储气压力最高可达6000Pa。

9.2 高压储气

高压储气罐是靠改变其中燃气的压力来储存燃气的，其几何容积固定不变，因而也称定容储罐。由于定容储罐没有活动部分，因此高压储气罐结构比较简单。

高压罐可以储存气态燃气也可储存液态燃气，根据储存介质的不同，储罐设有不同的附件，但所有燃气储罐均设有进、出口管、安全阀、压力表、人孔、梯子和平台等。

当燃气以较高压力送入城镇时，使用低压储气罐显然是不合适的，这时一般采用高压罐；当气源以低压燃气供应城镇时，是否要采用高压罐则必须进行技术经济比较后确定。

高压罐按其型式可分为圆筒形和球形两种。

9.2.1 高压储气罐

9.2.1.1 圆筒形储气罐

圆筒形罐是由钢板制成的圆筒体和两端封头构成的容器。封头可为半球形、椭圆形和碟形。圆筒形罐根据安装的方法可以分为立式和卧式两种。前者占地面积小，但对支柱及基础要求较高。后者占地面积大，但支柱和基础做法较为简单。卧式储罐罐体一般设钢制鞍形支座，安装在混凝土基础上，支座与基础之间要能滑动，以防止罐体热胀冷缩时产生局部应力。图9-14为卧式圆筒形储气罐的示意图。燃气储配站常用的是卧式储罐，主要参数见表9-2。

表9-2 常用圆筒形储气罐主要参数

序号	公称容积/m^3	内径/mm	壁厚/mm		总长/mm	设计压力/MPa	材料	设备重量/kg
			筒体	封头				
1	2	1000	8	8	2736	1.8	16MnR	948
2	5	1200	10	10	4700			1860
3	10	1600	12	12	5264			3184
4	20	2000	14	14	6908			5690
5	30	2200	14	16	8306			7135
6	50	2600	16	18	9816			12228
7	100	3000	18	20	13044			22865
8	120	3200	20	22	14840			24165
9	150	3400	20	22	17144			36725
10	200	3600	20	22	20444			45430
11	250	3600	20	22	25244			55050
12	300	4000	22	24	24596			66300

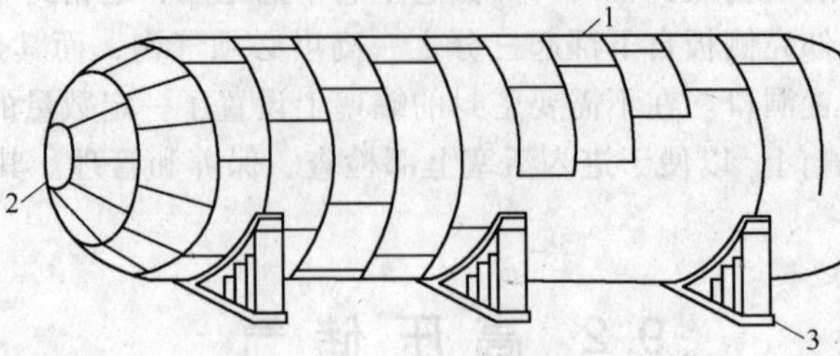

图 9-14　卧式圆筒形储气罐

1—筒体；2—封头；3—鞍形支座

9.2.1.2　球形储气罐

球形罐通常由分瓣压制的钢板拼焊组装而成。罐的瓣片分布颇似地球仪，如图 9-15 所示，一般分为极板、南北极带、南北温带、赤道带等。罐的瓣片也有类似足球外形的。

罐的支座一般采用赤道正切式支柱、拉杆支撑体系，以便把水平方向的外力传到基础上。设计支座时应考虑到罐体自重、风压、地震力及试压的充水重量。

燃气的进、出气管一般安装在罐体的下部，但为了使燃气在罐体内混合良好，有时也将进气管延长至罐顶附近。为了防止罐内冷凝水及尘土进入进、出气管内，进、出气管应高于罐底。为了排除积存于罐内的冷凝水，在罐的最下部，应安装排水管。储罐除安装就地指示压力表外，还要安装远传指示控制仪表。此外根据需要可设置温度计。罐上的人孔应设在维修管理及制作均较方便的位置，一般在罐顶及罐底各设置一个。罐顶还必须设置安全阀及防雷静电接地装置。球形储气罐的主要参数见表 9-3。

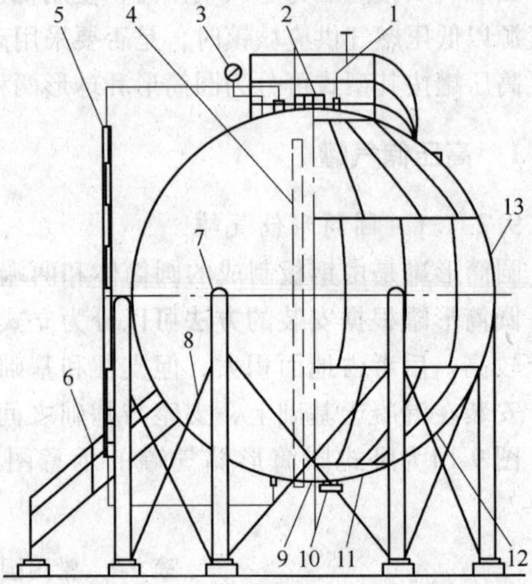

图 9-15　球形储气罐的接管及其阀件配置

1—安全阀；2—人孔；3—压力表；4—气相进出口接管；5—液面计；6—盘梯；7—赤道正切式支柱；8—拉杆；9—排污管；10—液相进出口接管；11—温度计接管；12—二次液面指示计接管；13—壳体

表 9-3　常用球形储气罐的主要参数

序　号	公称容积/m^3	几何容积/m^3	外径/mm	工作压力/MPa	材　料	单重/t
1	1000	974	12396	2.2	16MnR	195
2	1500	1499	14296	1.85	16MnR	255
3	2000	2026	15796	1.65	16MnR	310
				2	15MnVNR	330
4	3000	3054	18096	1.5	16MnR	405
			18100	1.7	15MnVNR	435

续表 9-3

序号	公称容积/m^3	几何容积/m^3	外径/mm	工作压力/MPa	材料	单重/t
5	4000	4003	19776	1.35	15MnVNR	390
6	5000	4989	21276	1.29	15MnVNR	475
7	6000	6044	22676	1.2	15MnVNR	540
8	8000	7989	24876	1.08	15MnVNR	635
9	10000	10079	26876	1.01	15MnVNR	765

9.2.2 液化石油气储罐

在储存容量较小时，液化石油气的储存多采用圆筒形常温压力储罐；储存容量较大时，多采用球形常温压力储罐，也可采用低温压力式和低温常压式储罐。这类储罐绝大多数都建在地面上，也有的建在地下或半地下。这两种储罐的主要技术规格见表9-4和表9-5。

表 9-4 常用圆筒形液化石油气储罐主要技术规格

公称容积 V_g /m^3	几何容积 V_c /m^3	最大充装质量 G/t	公称直径 DN /mm	壁厚 δ/mm		总长 L /mm	设备总重 /kg
				筒体	封头		
2	2.01	0.85	1000	8	8	2740	931.1
5	5.07	2.14	1200	10	10	4704	1848.5
10	10.01	4.22	1600	12	12	5258	3156.8
20	20.11	8.49	2000	14	14	6762	5547
30	30.03	12.67	2200	14	16	8306	7135
50	50.04	21.12	2600	16	18	9900	12659
100	100.01	42.20	3000	18	20	14764	22729
100	100.02	42.21	3200	20	22	13008	23965
120	120.07	50.67	3200	20	22	15498	27957

注：本系列设计压力为1.6MPa，使用温度范围为 −40 ~ +48℃，主体材质为16MnR，最大充装质量按 $G=\rho V$ 计算，其中 ρ 取 0.422t/m^3。

表 9-5 球形液化石油气储罐基本参数

序号	1	2	3	4	5	6	7	8	9	10
公称容积/m^3	50	120	200	400	650	1000	2000	3000	4000	5000
内径 ϕ/mm	4600	6100	7100	9200	10700	12300	15700	18000	20000	212000
几何容积/m^3	52	119	188	408	640	975	2025	3054	4189	4989

注：设计压力为1.6MPa。

9.2.2.1　储罐的构造、接管

圆筒形储罐的构造、接管及其阀件的配置如图9-16所示。圆筒形储罐上设有液化石油气气相进出管和液相进出管，液相管由储罐底部插入，距罐底30～250mm；液相回流管与泵出口管上的安全回流阀相接，排污管设在储罐的最低点，以排除储罐内的水分和污物。

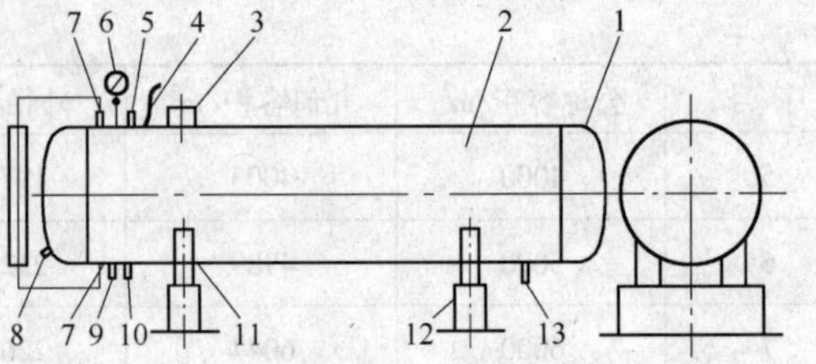

图9-16　圆筒形储罐的构造、接管及其阀件配置

1—封头；2—筒体；3—人孔；4—安全阀接管；5—液相回流接管；6—压力表接管；7—液面指示计接管；8—温度计接管；9—气相进出口接管；10—液相进出口接管；11—鞍式支座；12—非燃烧体刚性基础；13—排污管接管

球形储罐的构造、接管及其阀件的配置如装置和消防用的喷水设备，如图9-15所示。储罐还必须有降温用的喷淋水设备。

9.2.2.2　储罐的附件

为了保证储罐的正常、安全运行，在储罐上要设置必要的附件。包括压力表、温度计、液面指示计、安全阀、安全回流阀、过流阀、紧急切断阀及防冻排污阀、人孔、内外梯等。阀门及附件的配置应按液化石油气系统设计压力提高一级。

A　液面指示计

液面指示计是用直接或间接的方法测定储罐内液相液化石油气液面高低的设备。常用的液面指示计有以下几种：直观式（包括玻璃板式、固定管式、转动或滑动管式等），浮子式及压力式等。对于储配站的固定储罐，宜选用能直接观察全液位的玻璃板式液位计。对于容积为$100m^3$和$100m^3$以上的储罐，还应设置远传显示的液位计，压力表和液位上、下限报警装置。

B　安全阀

为防止由于储罐附近发生火灾或因其他操作错误而使储罐内的压力突然升高，在储罐上必须设置安全阀，安全阀应装设放散管。安全阀的开启压力应为储罐最高工作压力的1.10～1.15倍，容积为$100m^3$或$100m^3$以上的储罐应设置两个或两个以上的安全阀。

C　安全回流阀

在用泵灌装液化石油气钢瓶的系统中，由于灌瓶数量经常波动，特别是当突然短时间停止灌瓶时，会由于压力升高引起泵体和管道系统的振动或其他事故。为此，在泵的出口管段上应设置安全回流阀，当压力过高时，阀门自动顶开，使一部分液化石油气回流到储罐。

D　紧急切断阀及过流阀

紧急切断阀及过流阀通常串联在一起，设置在储罐的液相及气相出口。当管道或附件发生断裂有大量液化石油气泄出，其出口的速度超过正常速度的150%～200%时，能自动关断的阀门称为过流阀（又称快速阀），它是一种防护装置，当事故排除后，该阀门可以自动打开。紧急切断阀是当发生事故时防止大量液化石油气泄出而设置的一种快速关闭的阀门。它和过流阀一起可以更加可靠的防止大量液化石油气泄出。

此外，在北方，储罐的排污管处还应有防止排污阀冻结的设备。

9.2.3　各种储罐的特点比较

9.2.3.1　圆筒形罐与球形罐的特点比较及应用

A　金属耗量

容量较大的圆筒形罐与球形罐相比较，圆筒形罐的单位金属耗量大。球形储气罐在相同的内压下所承受的一次薄膜应力仅为圆筒形储罐环向应力的1/2，并且在板面积相同的情况下，容积大于圆筒形罐。

B 制造、安装

球形罐制造较为复杂，制造安装费较高。圆筒形罐一般由压力容器制造厂整体制作，加工制造和安装方便。

C 应用

一般小容量的储罐多选用圆筒形罐，而大容量的储罐则多选用球形罐。目前球形储气罐向大型化发展，燃气球形罐直径可达47.3m，容积为$5.55\times10^4m^3$。由于采用高强度钢材，壁厚减少至40mm以下，且无需热处理，施工方便。当燃气以较高的压力送入城镇时，一般采用高压罐储气。当气源以低压燃气供应城镇时，是否要用高压罐则必须进行技术经济比较后确定。

9.2.3.2 高压储气罐与低压储气罐的主要区别及特点比较

高压储气罐与低压储气罐的主要区别见表9-6。

表9-6 高压储气罐与低压储气罐的主要区别

序号	区别	低压罐	高压罐
1	构造	直立式、螺旋式	球形、圆筒形
2	储气原理	压力基本稳定，容积变化（定压变容）	容积固定，压力变化（定容变压）
3	储气压力	低（≤8500Pa）	高（≥0.8MPa）
4	密封	水、油密封	罐体

高压储气罐与低压储气罐的优缺点比较见表9-7。

表9-7 高压储气罐与低压储气罐优缺点比较

名称	低压湿式储气罐	低压干式储气罐	高压储气罐
优点	（1）结构简单，安装、操作及保养方便； （2）造价低，非采暖地区运行费用极少； （3）制作安装精度要求相对于干式罐和高压罐低，施工难度较小； （4）小容量的储气罐采用湿式罐比较经济合理	（1）荷重小于湿式罐，基础易处理，土建投资较少； （2）使用年限较长，其寿命约为湿式罐的2倍； （3）因为没有水槽，燃气可以保持干燥状态，因而适合储存已脱湿的低压燃气； （4）密封油凝固点低，寒冷地区也不需采取防冻采暖措施； （5）适合大容量的储气，且单位耗钢量随容量的增大而减少	（1）单位耗钢量少，其中球形罐最少； （2）占地面积小，节约土地； （3）质量轻，基础费用较湿式和干式罐少； （4）可以利用罐内压力直接输送燃气，特别是在高压制气、高压净化、高压输配的工艺条件下，用高压储气更为经济合理
缺点	（1）荷重大，基础费用高； （2）使用年限较短，其寿命约为干式罐的一半； （3）占地面积大，不利于节约土地； （4）对于寒冷地区必须采取防冻采暖措施，增加了运行管理费用	（1）一次投资大，容量越小越不经济。特别是$5\times10^4m^3$下小容量的干式罐的投资约为同容量湿式罐的2倍； （2）需经常监视活塞运行情况及活塞上部空间是否有爆炸性混合气体产生，运行管理复杂； （3）制作安装精度要求较高，施工需高空作业，难度较大	（1）中、低压供气系统需用压缩机加压方能存入，耗能较多，运行管理费用高； （2）这类储罐属于高压容器，制作安装精度要求较高，施工难度大

9.2.4 罐体的壁厚计算

9.2.4.1 圆筒形储气罐筒体壁厚计算公式

在工程实际中，由于考虑焊缝系数对罐体强度的削弱，以及介质和大气对管壁的腐蚀等因

素，壁厚实用计算公式为

$$\delta = \frac{pD_i}{2[\sigma]^t\varphi - p} + c \tag{9-3}$$

式中 D_i——筒体/球体储气罐的平均直径，mm；

p——储罐设计压力，MPa；

δ——筒体的理论壁厚，mm；

$[\sigma]^t$——设计温度下的许用应力，MPa；

φ——焊缝系数；

c——壁厚附加量，mm。

9.2.4.2 球形储气罐壁厚计算公式

$$\delta = \frac{pD_i}{4[\sigma]^t\varphi - p} + c \tag{9-4}$$

壁厚附加量 c 也称腐蚀余量或腐蚀增量。c 是靠经验决定的，它由 c_1、c_2、c_3 三部分组成。

$$c = c_1 + c_2 + c_3 \tag{9-5}$$

式中 c_1——材料的负公差附加量，材料生产时厚薄不均匀或出厂后由于机械等原因引起的材料减薄，它的大小和钢板厚度有关，一般 $c_1 \leqslant 1$mm；

c_2——根据介质对材质的腐蚀性能及使用寿命确定的腐蚀余量，一般地上储罐 $c_2 = 1$mm，地下储罐 $c_2 = 3$mm；

c_3——封头冲压加工件薄量，通常取计算厚度的10%，但一般 $c_3 \leqslant 4$mm。

焊缝系数是考虑焊接时罐体强度削弱的因素，如焊缝缺陷、焊接应力、焊条材料的影响等等。焊缝系数应根据焊接接头的形式和焊缝的无损探伤检验要求按表 9-8 选取。

表 9-8 焊缝系数

焊缝接头形式	100%无损探伤	局部无损探伤	不做无损探伤
双面焊对接焊缝	1.00	0.90	0.70
单面焊对接焊缝（有全长垫板）	0.90	0.80	0.65
单面焊对接焊缝（无垫板）		0.70	0.60

9.3 燃气储配站

9.3.1 储配站的功能和组成

储配站按燃气的储存压力可分为高压储配站和低压储配站两大类。储配站的主要功能为：

（1）接受气源厂或长输管线来气；

（2）储存燃气，以调节燃气生产与使用的不平衡；

（3）控制输配系统供气压力；

（4）进行气量分配；

（5）测定燃气流量；

（6）检测燃气气质；

（7）对燃气加臭。

根据储配站在输配系统中的作用，可以将储配站的工艺归纳为三部分：

（1）燃气接受部分。包括气源来气进站后的除尘、干燥、计量、气质检验等部分。当来气杂质及有害成分含量超过规范限量时，站内应设净化设施（如脱萘、脱硫等）。自长输管线供气时，尚需考虑清管设施（如收发清管器等）。

（2）燃气储存部分。主要设施是储气罐。在低压储气时，一般由气源厂直接将低压燃气送入储罐储存，有时也可根据进站燃气压力及储气压力设置压力调节装置。当气源为高压天然气时，一般采用高压储气。为保证稳定的进罐压力，在储配站中应设调压装置。

（3）调压与供气部分。为了保证输配系统的供气压力与气量分配，应根据输配管网供气压力与储气压力的大小，在储配站中设置燃气压缩机或调压装置，以满足城镇燃气输配系统对压力的需要。

9.3.2 高压储配站

高压储配站可根据调压级数分为一级调压与二级调压两种。调压器一般用自力式调压器和带安全放散或安全切断的自控式调压器。

9.3.2.1 一级调压输送工艺流程

如图9-17所示，燃气自气源经过滤器过滤后进入压缩机加压，然后经冷却器冷却后进入油气分离器，最后进入燃气调压器，使出口燃气压力符合城镇输气管网输气起点压力的要求，计量后输入管网。当城镇供气量处于低峰负荷时，气源厂来的燃气经油气分离器进入储气罐储存。城镇用气量处于高峰负荷时，储气罐中的燃气由储气罐进入燃气调压器调压，然后经过流量计计量进入城镇输配管网。

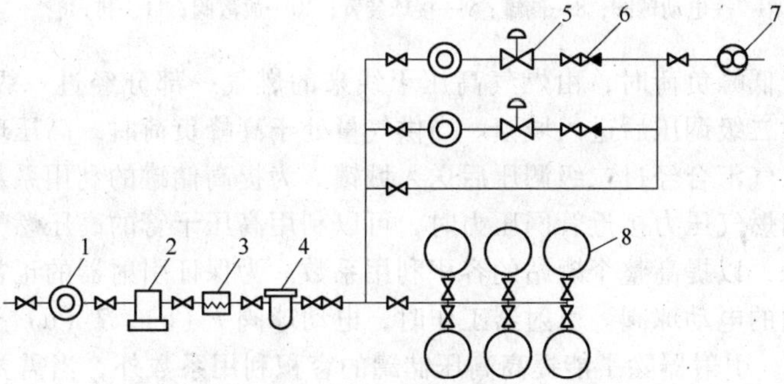

图9-17 一级调压输送工艺流程
1—进口过滤器；2—压缩机；3—冷却器；4—油气分离器；
5—调压器；6—止回阀；7—计量器；8—高压储罐

当储配站由高压天然气供气时，高压储配站只需调压工艺，而不需要经压缩机加压。在燃气进入储配站的入口处需装设阀门和止回阀，止回阀的作用是为了在燃气干管停止供气时，防止燃气从储气罐中倒流回去。储配站调压室应有足够数量的旁通管，以便检修时使用。在入口的直管段上安装流量孔板以测定流量。

高压储配站还设有安全自控装置（如超高/低压自动切断装置及安全放散装置，远程遥测、遥控装置）和测量仪表（温度计、压力计等）。

9.3.2.2 二级调压输送工艺流程

图9-18所示为以天然气为气源的门站，门站与一般的燃气高压储配站相比多一个接球装

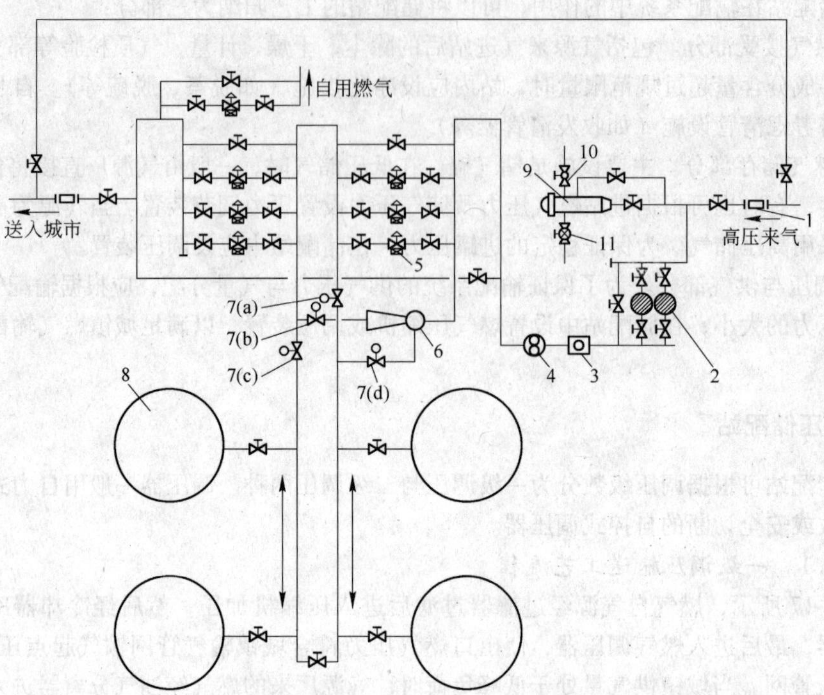

图9-18　天然气高压储配站工艺流程

1—绝缘法兰；2—除尘装置；3—加臭装置；4—流量计；5—调压器；6—引射器；7—电动球阀；8—储罐；9—接球装置；10—放散阀；11—排污管

置。当供气量处于低峰负荷时，由燃气高压干线来的燃气一部分经过一级调压进入高压球罐，另一部分经过二级调压后进入城镇。当供气量处于高峰负荷时，高压球罐和经过一级调压后的高压干管来气汇合经过二级调压后送入城镇。为提高储罐的利用系数，可在站内安装引射器，当储罐内燃气压力接近管网压力时，可以利用高压干管的高压燃气把燃气从压力较低的罐中引射出来，以提高整个罐站的容积利用系数。为保证引射器的正常工作，必须设置可迅速开启和关闭的电动球阀。引射器工作时，电动球阀7（b）、7（d）开启，电动球阀7（a）、7（c）关闭。引射器除了能提高高压储罐的容积利用系数外，当需要开罐检查时，还可以将待检罐内压力降到最低，减少开罐时所必须放散到大气中的燃气量，以提高经济效益，减少大气污染。为保证储气站正常运行，高压干管来气进入调压器前还需除尘、加臭和计量。

9.3.3　低压储配站

当城镇采用低压气源，而且供气规模又不是特别大时，燃气供应系统通常采用低压燃气与其相适应，需建设低压储配站。低压储配站的作用是：在低峰时，将多余的燃气储存起来；在高峰时，通过储配站的压缩机将燃气从低压储罐中抽出压送到中压管网中，保证正常供气。

低压储配站工艺流程分为中压输送工艺流程，低压和中压分路输送工艺流程等。

9.3.3.1　中压输送工艺流程

在用气低峰时，来自气源厂的燃气部分进入低压储气罐储存，其余经压缩机加压至中压，经流量计计量最后进入城镇中压管网；在用气高峰时，来自气源场的燃气与储罐中燃气经压缩机加压到中压，计量后进入城镇中压管网，如图9-19所示。

9.3.3.2 低压、中压分路输送工艺流程

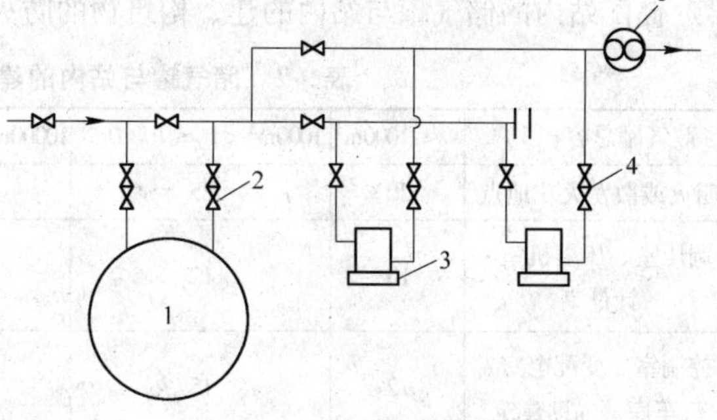

图9-19 中压输送工艺流程
1—低压储气罐；2—水封阀；3—压缩机；4—止回阀；5—出口流量计

来自气源厂的低压燃气首先进入储气罐，然后经加压机加压至中压进入中压管网。当需要低压供气时，则可不经加压直接由储气罐引至低压管网供气。当城镇需要中低压同时供气时，可采用该流程，见图9-20。低峰时，操作阀门11开启，阀门8、9、10关闭；高峰时，压缩机启动，阀门10、11关闭，阀门8、9开启，阀门7是常开阀门。中低压分路输送的优点是一部分气体不经过加压，直接由储罐稳压后送到用户，因此节省了电能。

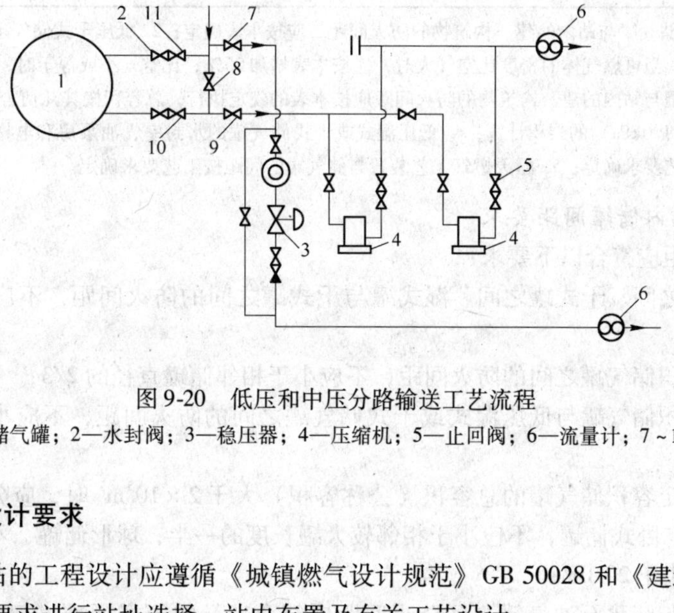

图9-20 低压和中压分路输送工艺流程
1—低压储气罐；2—水封阀；3—稳压器；4—压缩机；5—止回阀；6—流量计；7~11—阀门

9.3.4 储配站设计要求

门站和储配站的工程设计应遵循《城镇燃气设计规范》GB 50028和《建筑设计防火规范》GB 50016的有关要求进行站址选择、站内布置及有关工艺设计。

9.3.4.1 门站和储配站的选址

门站和储配站站址的选择应征得规划部门的批准，根据供气规模、城镇的特点，通过技术经济比较确定门站和储配站的位置和数量。站址应具有适宜的地形、工程地质、供电、给排水和通信等条件，门站选址应结合长输管线位置确定。

当城镇燃气供应系统中只设一个储配站时，该储配站应设在气源厂附近，称为集中设置。当设置两个储配站时，一个设在气源厂附近，另一个宜设置在输配管网系统的末端，称为对置设置。根据需要，城镇燃气供应系统可能有几个储配站，除了一个储配站设置在气源厂附近外，其余均分散设置在城镇中的合适位置，称为分散设置。

储配站的集中设置可以减少占地面积，节省储配站投资和运行费用，便于管理。分散布置

可以节省管网投资，增加系统的可靠性。

储配站内的储气罐与站内的建、构筑物的防火间距应符合表9-9中规定。

表9-9　储气罐与站内的建、构筑物的防火间距　　(m)

储气罐总容积 V_Z	$V_Z \leqslant 1000m^3$	$1000m^3 < V_Z \leqslant 10000m^3$	$10000m^3 < V_Z \leqslant 50000m^3$	$50000m^3 < V_Z \leqslant 200000m^3$	$V_Z > 200000m^3$
明火或散发火花地点	20	25	30	35	40
调压室、压缩机室、计量室	10	12	15	20	25
控制室、变配电室、汽车库等辅助建筑	12	15	20	25	30
机修间、燃气锅炉房	15	20	25	30	35
办公、生活建筑	18	20	25	30	35
消防泵房、消防池取水口	20				
站内道路（路边）	10	10	10	10	10
围　墙	15	15	15	15	18

注：1. 低压湿式储气罐与站内的建、构筑物的防火间距，应按本表确定；2. 低压干式储气罐与站内的建、构筑物的防火间距，当可燃气体的密度比空气大时，应按本表增加25%；比空气小或等于时，可按本表确定；3. 固定容积储气罐与站内的建、构筑物的防火间距应按本表的规定执行；总容积按其几何容积（m^3）和设计压力（绝对压力，100kPa）的乘积计算；4. 低压湿式或干式储气罐的水封室、油泵房和电梯间等附属设施与该储罐的间距工艺要求确定；5. 露天燃气工艺装置与储气罐的间距按工艺要求确定。

9.3.4.2　站内储罐间距要求

站内储罐间距应符合以下要求：

(1) 湿式罐之间、干式罐之间、湿式罐与干式罐之间的防火间距，不应小于相邻大罐的半径；

(2) 固定容积储气罐之间的防火间距，不应小于相邻储罐直径的2/3；

(3) 固定容积储气罐与低压湿式或干式储气罐之间的防火间距，不应小于相邻较大罐的半径；

(4) 数个固定容积储气罐的总容积（公称容积）大于 $2\times10^5m^3$ 时，应分组布置。组与组之间的防火间距：卧式储罐，不应小于相邻较大罐长度的一半；球形储罐，不应小于相邻大罐的直径，且不应小于20.0m；

(5) 储气罐与液化石油气罐之间防火间距应符合现行的国家标准《建筑设计防火规范》GB 50016的有关规定，见表9-10。

表9-10　液化石油气储罐与其他储气罐防火间距

液化石油气单罐容积 V_L/m^3	$V_L \leqslant 20$	$20 < V_L \leqslant 50$	$50 < V_L \leqslant 100$	$100 < V_L \leqslant 200$	$200 < V_L \leqslant 400$	$400 < V_L \leqslant 1000$	$V_L > 1000$
防火间距/m	32	35	40	45	55	65	80

9.3.4.3　门站和储配站总平面布置

门站和储配站总平面应分区布置，即按照功能分为生产区（包括储罐区、调压计量区、加压区等）和辅助区。站区布置要紧凑，站内的各建构筑物之间以及站外建筑物的耐火等级不应低于现行的国家标准《建筑设计防火规范》GB 50016 的有关规定。站内建筑物的耐火等级不应低于该标准“二级”的规定。

站内露天工艺装置区边缘距明火散发火花地点不应小于20m，距办公、生活建筑不应小于18m，距围墙不应小于10m。与站内生产建筑的间距按工艺要求确定。储罐应设在站区年主导风向的下风向，储配站生产区应设置环形消防车通道，消防车通道宽度不应小于3.5m，并要求有两个通向站外的通道。锅炉房、食堂和办公室等有火源的建筑物宜布置在站区的上风向或侧风向。

9.4 天然气的液化及液态储存

液化天然气（LNG）的生产及储存装置主要设置在天然气液化站和接受液化天然气的场站。

9.4.1 液化天然气的目的

液化天然气的目的为：

（1）调节供需。由于液化天然气的储存量可以很大，多用于季节调峰。目前世界上普遍认为，液化天然气是调节冬季高峰负荷最经济的方法，我国也在大力发展天然气液化项目。

（2）经济有效生产氦气。据调查显示，天然气含氦气量较大，高的可达10%，大多数接近2%，比空气中氦气含量高千万倍。用深度冷冻和分馏工艺从天然气中生产氦气，是目前世界上氦的主要来源。

9.4.2 天然气的液化

天然气液化属于深度制冷，液化前必须净化，脱除深冷过程中可能固化的物质，如水分、硫化氢、二氧化碳、重烃和汞等杂质，避免这些杂质腐蚀设备及在低温下冻结而堵塞设备和管道。具体参数要求见表9-11。

表9-11 天然气液化前参数要求

杂质	预处理指标	杂质	预处理指标
水/$m^3 \cdot m^{-3}$	$<0.1\times10^{-6}$	硫化物总量/$mg \cdot m^{-3}$*	10~50
CO_2/$m^3 \cdot m^{-3}$	$(50\sim100)\times10^{-6}$	汞/$\mu g \cdot m^{-3}$*	<0.01
H_2S/$m^3 \cdot m^{-3}$	$<4\times10^{-6}$	芳香族化合物/$m^3 \cdot m^{-3}$	$(1\sim10)\times10^{-6}$
COS/$m^3 \cdot m^{-3}$	$<0.5\times10^{-6}$		

注：表中*处的m^3是指标准状态下的体积。

下面介绍三种常用的液化天然气的方法。

9.4.2.1 阶式循环（或称串级循环）制冷

图9-21所示为阶式循环制冷流程。该工艺中为使天然气液化并达到-163℃，需经过三段冷却，制冷剂为丙烷（也可用氨）、乙烯（也可用乙烷）和甲烷。在丙烷通过蒸发器7冷却乙烯的同时，天然气被冷却到-40℃左右；乙烯通过蒸发器8冷却甲烷的同时，天然气被冷却到-100℃左右；甲烷通过蒸发器9把天然气冷却到-163℃使之液化，经气液分离器10分离后，液态天然气进罐储存。三个独立的循环过程都包括蒸发、压缩、冷凝和节流四个步骤。

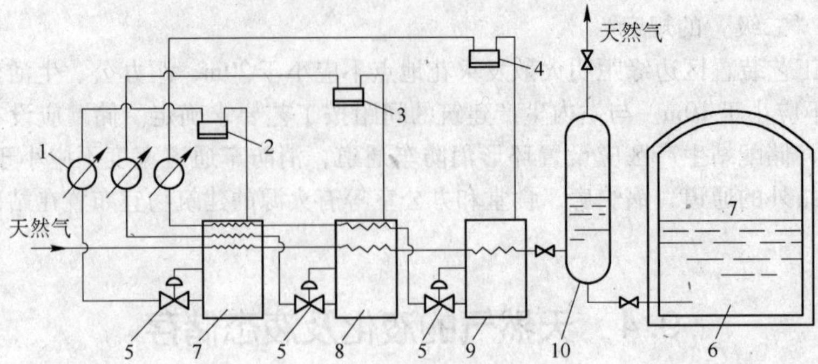

图 9-21 阶式循环制冷工艺流程

1—冷凝器；2—丙烷制冷机；3—乙烯制冷机；4—甲烷制冷机；5—节流阀；6—低温储罐；7—丙烷蒸发器；8—乙烯蒸发器；9—甲烷蒸发器；10—气液分离器

9.4.2.2 混合式（或称多组分）制冷

图 9-22 所示是混合式制冷流程。这种方法的制冷剂是烃的混合物，并有一定数量的氮气。丙烷、乙烯及氮的混合蒸气经制冷机 6 压缩和冷却器 5 冷却后进入丙烷储罐。丙烷呈液态，压力为 3MPa，乙烯和氮呈气态。丙烷在换热器 4 中蒸发，使天然气冷却到 -70℃，同时也冷却了乙烯和氮气，乙烯呈液态进入乙烯储槽，氮气仍呈气态。液态乙烯在换热器中蒸发，冷却了天然气及氮气。氮气进入氮气储槽并进行气液分离，液氮在换热器中蒸发，进一步冷却天然气，同时冷却了气态氮气。气态氮气进一步液化并在换热器中蒸发，将天然气冷却到 -163℃，送入储罐。

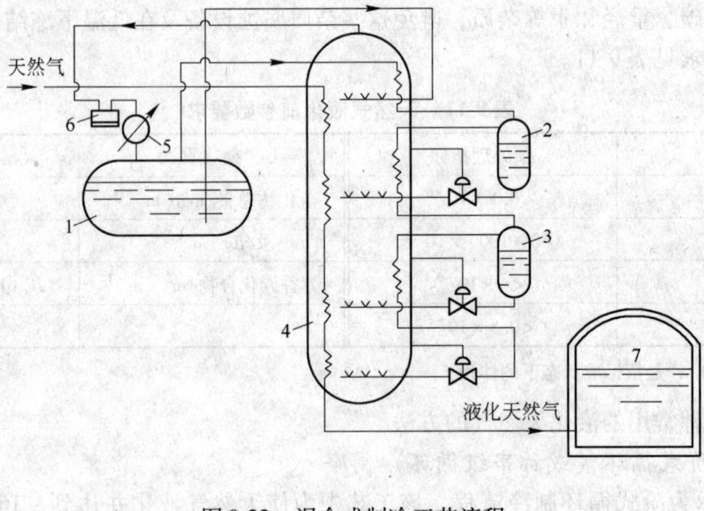

图 9-22 混合式制冷工艺流程

1—丙烷储罐；2—乙烯储罐；3—氮储罐；4—换热器；5—冷却器；6—制冷机；7—储罐

9.4.2.3 膨胀法制冷

如图 9-23 所示，膨胀法制冷流程是充分利用长输干管与用户之间较大的压差作为液化的

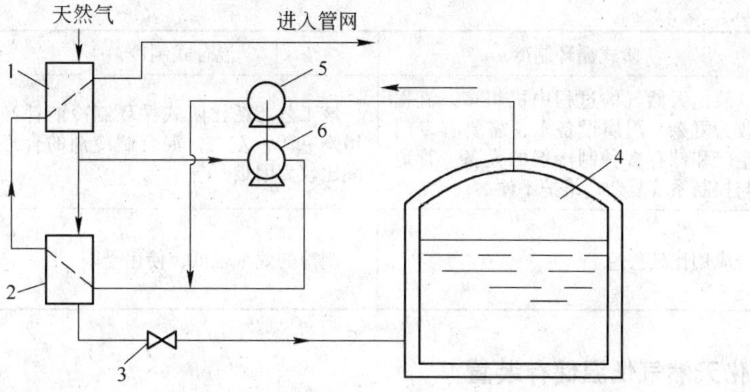

图9-23　膨胀法制冷工艺流程

1，2—换热器；3—节流阀；4—储罐；5—压缩机；6—膨胀涡轮机

能源。它不需要从外部供给能源，只是利用了干管剩余的能量。这种方法适用于远程干管压力较高，且液化容量较小的地方。

来自长输干管的天然气，先流经换热器1，然后大部分天然气在膨胀涡轮机中减压到输气管网的压力。没有减压的天然气在换热器2中被冷却，并经节流阀3节流膨胀，降压液化后进入储罐4。储罐上部蒸发的天然气，由膨胀涡轮机带动的压缩机吸出并压缩到输气管网的压力，并与膨胀涡轮机出来的天然气混合作为冷媒，经换热器2及1送入管网。

按此原理所能液化的天然气数量，取决于管网的压力所能提供的能量。表9-12为各种压力比下甲烷的液化量。

表9-12　各种压力下甲烷的液化量

入口压力 p_1 /MPa	出口压力 p_2 /MPa	甲烷液化量 /%	$p_1:p_2$	入口压力 p_1 /MPa	出口压力 p_2 /MPa	甲烷液化量 /%	$p_1:p_2$
7.00	3.50	3.7	2∶1	5.25	0.35	1.48	15∶1
5.25	3.50	2.4	1.5∶1	2.10	0.21	0.83	10∶1
5.25	1.05	1.03	5∶1				

在城镇对天然气需用量大于长输干管的输气量时，必须使储存的液化天然气气化以供应城镇。为使液化天然气气化，目前大部分都采用浸没式加热的蒸发器。为了保持水温，需要烧掉一部分天然气。一般从液化天然气中得到1m³气态天然气需消耗7.45MJ左右的热量。

9.4.3　天然气液化方法的比较

天然气三种液化方法特点比较见表9-13。

表9-13　天然气三种液化方法比较

液化方法	阶式循环制冷	混合式制冷	膨胀法制冷
制冷剂	C_3H_8（或 NH_3）、C_2H_4（或 C_2H_6）和 CH_4	C_3H_8、C_2H_4 及 N_2 混合物	天然气
优　点	流程能耗低，制冷剂为纯物质，无配比问题且技术成熟，操作稳定	机组设备较少、流程简单、投资省，投资费用约能降低15%～20%。整个天然气液化过程管理较为方便，混合剂可以部分或者全部从天然气本身提取与补充	不需要从外部供给能量，设备简单，运行费用低

续表 9-13

液化方法	阶式循环制冷	混合式制冷	膨胀法制冷
缺　点	液化天然气的过程中机组多，流程较为复杂。附属设备多，需要有专门生产和储存多种制冷剂的设备。管道与控制系统复杂，维护不便	该工艺能耗比阶式循环制冷能耗高10%～20%左右，混合制冷剂的合理配比较为困难	容量小，液化量随管网压力变化
应　用	应用比较普遍	制冷的效率较低，使用受限	适用于远程干管压力较高，且液化容量较小的地方

9.4.4　液化天然气低温储存装置

液态天然气必须储存在低温储罐中，低温储罐是由内罐和外罐构成，中间填充隔热材料。按照储罐材质可分为金属罐和预应力混凝土储罐。

9.4.4.1　金属罐

天然气金属罐为圆柱形，由内、外两层金属罐、隔热层等构成。

A　隔热层

隔热层用于两层金属罐之间，罐顶和罐壁之间用粉末状的多孔物质绝热，罐底用泡沫玻璃绝热。隔热层起着减少气化量，缩小罐体内外壁温差，减轻由此产生的温差应力的作用。另外，它还有固定内桶壁的作用。因此要求隔热层热导率小，且具有足够的强度。能满足这些条件的材料有硬质泡沫氨基甲酸乙酯、泡沫玻璃、珍珠岩及硬质泡沫酚醛树脂等。为提高隔热材料的隔热性能和经济性，可采用由粉末状、纤维状、板状等隔热材料混合使用的隔热方法。

液化天然气注入罐内后，内壁就会冷缩；反之，液化天然气完全被排出后，罐内温度将逐渐上升，内罐壁随之伸胀。为防止罐壁受挤压，在内罐外侧安装弹性衬垫，在两层罐之间充装氮气或天然气，压力保持稍高于大气压，在内罐胀缩时起缓冲作用，保证储罐安全运行。

B　内罐

内罐用镍合金、不锈钢或铝合金制作，具有液密性、可挠性。用作内罐的材料必须具有低温条件下不脆化的特性，并具有足够的韧性与良好的加工性能。

C　外罐

外罐就是能承受各种负荷的外壳，它必须具有足够的强度，用优质碳钢制作。

D　常用金属罐介绍

a　立式 LNG 储罐

立式 LNG 储罐其容量最高可达 600m^3。由于 LNG 的主要成分为液态甲烷，因此储槽内层金属罐及管道材料一般选用奥氏体不锈钢，外层金属罐为优质碳素钢钢板。内外层支承选用玻璃钢与奥氏体钢板组合结构。两层之间为粉末状珠光砂真空绝热，以满足工作状态和运输状态及稳定性要求。

我国部分正在使用的 LNG 站，受建站之初的各种因素制约，采用多只 100m^3 集群式立式并联罐组成大容量 LNG 储存站。每只储槽单独配置一套阀门仪表，形成独立工作能力，另设有并联工作的系统操作阀门仪表。其管网十分复杂，投资偏大。

大型立式 LNG 储罐的阀门仪表数量与其他金属罐相比大为减少，可以节省大量投资同时使操作更加简便可靠，且组装难度低，长期储存 LNG 蒸发量较低，适合作为调峰气站使用。

b　立式 LNG 子母罐

子母罐是指拥有多个（3 个以上）几何容积为 100～150m^3 的子罐并联组成的内罐，主要用于满足 LNG 储存站大容量储液的要求。多只子罐并列装在一个大型外罐（母罐）中。子罐通常为立式圆筒形，外罐为立式平底拱盖圆筒形。由于外罐形状尺寸较大，不耐外压而无法抽真空，因此外罐为常压罐。采用珠光砂粉末堆积正压隔热。子罐通常在压力容器制造厂制造完工后运抵现场吊装就位，外罐则加工成零部件运抵现场后，在现场组装。如图 9-24 所示，一般子罐为 3 ~ 7 只，最大工作压力为 1.8MPa，因此可以组建 300 ~ 1050m^3 几何容积储罐。

子母罐可靠容器内本身的压力对外排液，而不需要输液泵排液，操作简便，可靠性高。容器具备承压条件后，可采用带压储存方式，减少储存期间的排放损失。安装和制作较为方便，费用较低。但是子母罐的外形尺寸较大夹层无法抽成真空，因此绝热效果较差，绝热材料使用量较其他金属罐多。

c 球形 LNG 储罐

低温液体球罐的内外罐均为球状。工作状态下，内罐为内压力容器，外罐为真空外压容器。夹层通常为真空粉末隔热。球罐的几何容积为 200 ~ 1500m^3，工作压力 0.2 ~ 1.0MPa。

球罐在相同容积下，具有最小的表面积，设备净重最小，因此传热面积最小，有较好隔热保温效果。另外球罐的球形特性保证了球罐具有最佳的耐内外压力性能。但是球罐的制作、现场组装的难度大，质量难以保证。

9.4.4.2 预应力混凝土储罐

图 9-25 所示为预应力混凝土地下储罐。预应力混凝土是地下储罐外壳的主要材料，具有如下优点：

(1) 抗变形能力强，热膨胀系数小；

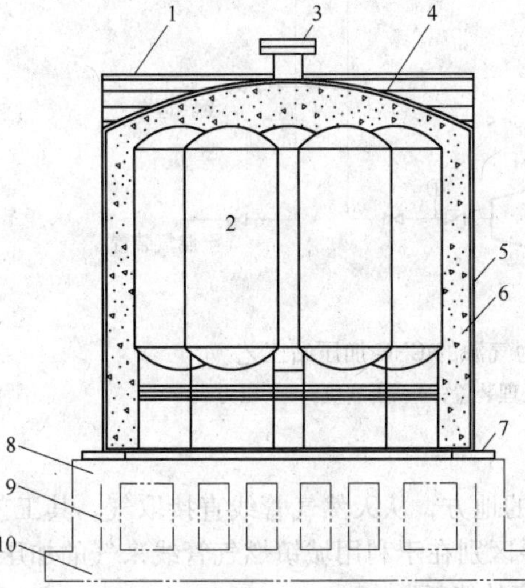

图 9-24 立式子母型储罐示意图

1—安全围栏；2—子罐；3—装料口；4—外罐顶盖；5—外罐；6—珠光砂；7—外罐底板；8—钢筋混凝土平台；9—钢筋混凝土立柱；10—钢筋混凝土基础

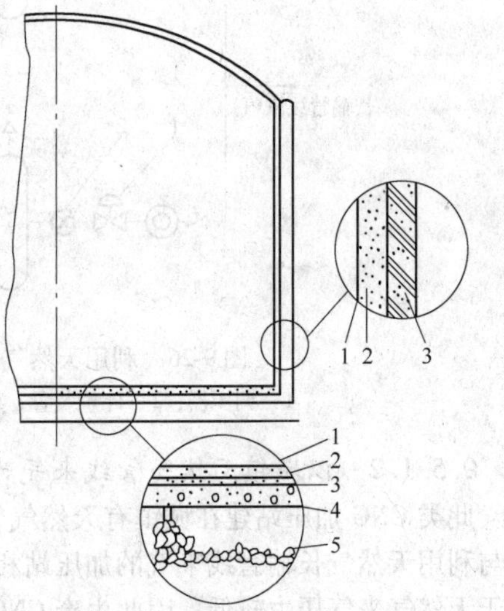

图 9-25 预应力混凝土地下储罐

1—金属薄膜；2—隔热材料；3—沥青防水层；4—混凝土找平；5—底部垫层

(2) 耐低温性能好，即使薄膜受损，低温储液与预应力混凝土壁接触也不会损坏外壁；

(3) 耐久性好，不受地下水腐蚀，不变脆；

(4) 它有很好的液密性，并且具有较好的抗震性能。

大型液化天然气储存一般采用预应力混凝土储罐。

9.5　压缩天然气

压缩天然气（CNG）指压缩到20~25MPa，储存在高压容器中的天然气。CNG作为管输天然气的有效补充，可满足远离天然气长输管线的中小城镇对管道燃气的用气需求。另外，CNG作为汽车燃料的替代能源越来越多的应用于公交系统和出租车，有效降低汽车尾气污染，弥补石油资源的缺口。

CNG的供气系统由生产、运输、供应三个部分构成。

9.5.1　CNG的生产

按照气源的不同，CNG的生产可以分为三种技术手段。

9.5.1.1　*以天然气长输管线来气为气源*

此类CNG加压站一般建在临近天然气管线门站处，从天然气管线直接取气，以利用天然气长输管线来气的高压。天然气经过脱硫、脱水等工艺，进入压缩机压缩，然后进入储气装置或通过CNG气瓶车（转运车）送至加气站。具体工艺如图9-26所示。

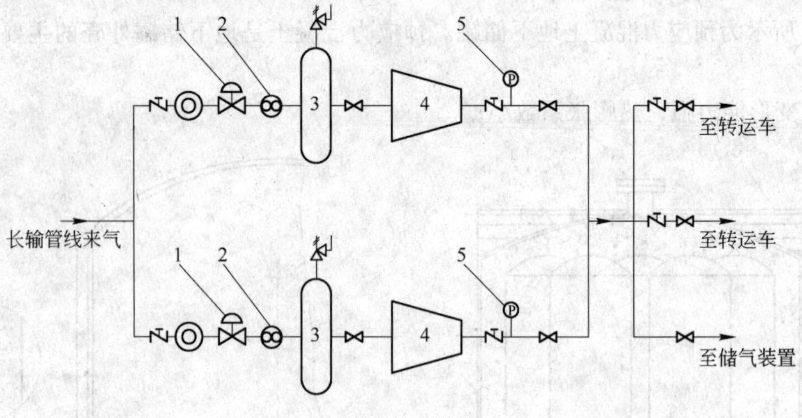

图9-26　利用天然气管线来气为气源的CNG加压站工艺

1—调压器；2—计量装置；3—天然气处理装置；4—压缩机；5—压力表

9.5.1.2　*以城镇天然气管线来气为气源*

此类CNG加压站建在城镇有天然气管线经过的地方，从天然气管线直接取气。其工艺流程与利用天然气长输管线来气的加压站相似，主要区别在于利用城镇燃气管线来气的加压站，由于天然气来气压力较低，因此生产CNG需要较高的能耗。

9.5.1.3　*以LNG气化后天然气为气源*

此类压气站一般与LNG站合建。其工艺流程如图9-27所示，当LNG槽车开始卸车时，从LNG储罐顶部抽取罐内天然气，经空温式气化器气化后由软管进入槽车上部，此时槽车内压力升高，将槽车内LNG经软管送入储罐内。当LNG储罐向用户供气时，罐内LNG经空温式气化器和水浴式气化器气化，经二级调压进入天然气处理装置，再经压缩机加压送入压力顺序控制板，进入现场储气库待用或通过售气机将天然气充装入CNG钢瓶车送至加气站或CNG储配站。

采用何种技术手段生产CNG必须根据实际情况，经过技术经济比较后确定。

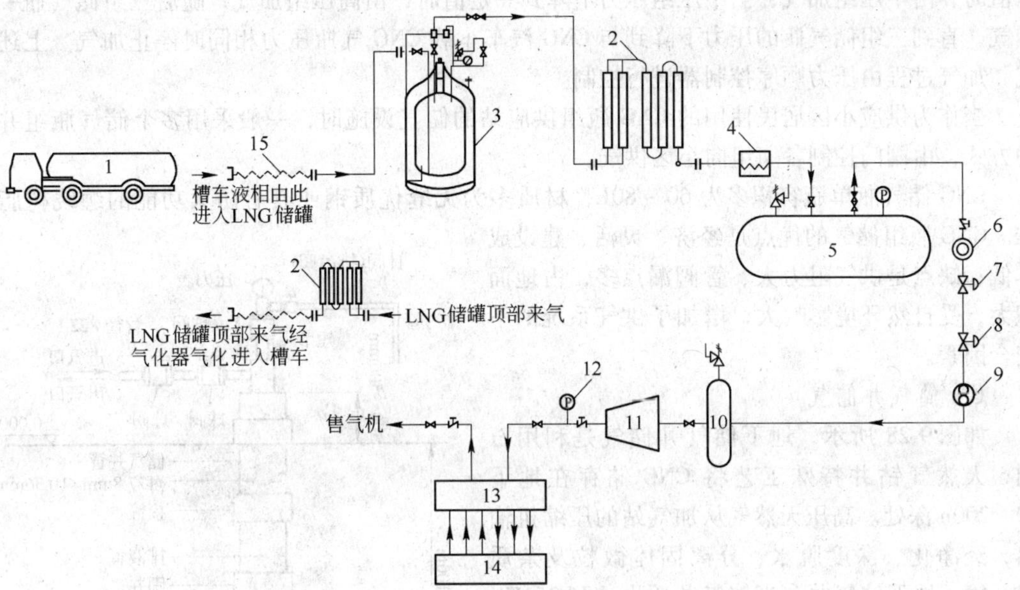

图 9-27 LNG-CNG 加气站工艺流程

1—LNG 槽车；2—空温式气化器；3—LNG 储罐；4—水浴式气化器；5—CNG 储罐；6—过滤器；
7——级调压器；8—二级调压器；9—计量装置；10—天然气处理装置；11—压缩机；
12—压力表；13—压力顺序控制板；14—现场储气库；15—接 LNG 槽车软管

9.5.2 CNG 的运输和储存

9.5.2.1 压缩天然气的运输

CNG 的供气半径一般控制在 200km 以内，运输主要依靠汽车载运气瓶组或气瓶车完成，也可采用船载运输。车载气瓶组主要有集束式和集装箱型两种，气瓶组或气瓶内压力 20 ~ 25MPa，单车运输能力为 300 ~ 4000m³。

9.5.2.2 CNG 的储存

按照 CNG 储气设施的形式分类，可分为 CNG 车载气瓶储气、储气瓶组储气和储气井储气。

A CNG 车载气瓶储气

由于 CNG 车载气瓶多为集束式和集装箱形式，因此具有占地面积小，储气量大的特点。一般 CNG 加气站使用停靠在固定车位的 CNG 气瓶车作为站内储气设施，单个气瓶车固定车位储气几何容积不应大于 18m³，最大储气容积不大于 4500m³，站内气瓶车固定车位储气总容积不大于 3×10^4m³。

B 储气瓶组储气

储气瓶组可以作为 CNG 汽车加气站或供应小区居民使用的 CNG 瓶组供应站的储气设施。

当作为 CNG 汽车加气站的供气设施时，一般将若干储气瓶按不同压力分为高、中、低三组布置。当向加气站充气时，先向高压组充气，当高压组的压力上升到一定值时，向中压组充气；当中压组压力上升到一定值时，低压组开始充气；随后三组储气瓶一起充气，达到最大储气压力后停止充气。当加气站向 CNG 汽车加气时，先由低压组加气，当低压组压力下降到一定值时，由中压组加气；当中压组压力下降到一定值时，由高压组加气；随后三组储气瓶一起加气，直到三组储气瓶的压力下降到与 CNG 汽车车载 CNG 气瓶压力相同时停止加气。上述充气、加气过程由压力顺序控制器进行控制。

当作为供应小区居民使用的 CNG 瓶组供应站的储气设施时，一般采用多个储气瓶组并联的方式，由阀门控制各瓶组向小区供气。

CNG 储气瓶单瓶容积多为 60 ~ 80L，材质多为无缝优质钢或具有防火功能的缠绕树脂纤维。CNG 瓶组储气的优点是经济、灵活、建设成本低；缺点是供气阻力大、管阀漏点多，占地面积大，受自然环境影响大，增加了供气系统的不安全因素。

C　储气井储气

如图 9-28 所示，地下储气井储气是利用石油、天然气钻井特殊工艺将 CNG 储存在地下 80 ~ 200m深处。高压天然气从加气站的压缩机输出，经净化、深度脱水、分离固体微粒及杂质后，输入地下储气井。当储气井压力达到 25MPa 时，储气系统自动关闭输入端的截止阀，需要供气时，则可开启输出端的截止阀，向充气台供气。若要排出井中积液，只需开启井口装置上的排污阀，井底积液便通过排污管向上排出。

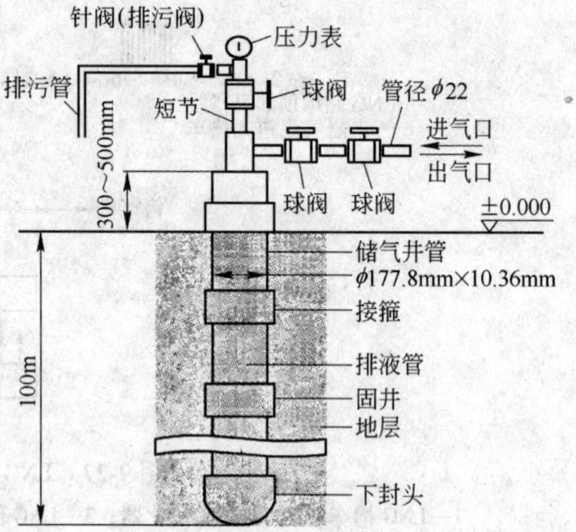

图 9-28　地下储气井结构示意图

现已建成的储气井单井井筒直径 ϕ177. 8 ~ 298. 4mm，井深 80 ~ 200m，几何容积 2 ~ 4m^3，储气量为 500 ~ 1000m^3，最大工作压力 25MPa。

地下储气井储气具有高安全性、占地面积小、防火间距小、使用寿命长、检测周期长、排污方便及无需辅助设施等优点。目前其他 CNG 储气方式与地下储气井投资相差不大，随着近几年储气井的技术逐渐完善，如果在地质条件允许的前提下，采用储气井储气是种比较理想的形式。

9. 5. 3　CNG 供气站

CNG 供气站按其功能可分为 CNG 加气站、CNG 储配站和 CNG 瓶组供气站。对于距离气源（气田或长输管线）距离不太远，且用气量较少的城镇，经过与其他城镇燃气供应方式进行技术经济比较确定后，可采用 CNG 供气方式。

CNG 供气站的选址应符合城镇总体规划的要求，应具有适宜的地形、工程地质、交通、供电、给水排水及通信条件，同时应少占农田、节约用地并注意与城市景观协调。进站 CNG 质量应符合现行国家标准《车用压缩天然气》GB 18047 的规定，否则应对进站 CNG 进行脱硫和脱水。

9. 5. 3. 1　CNG 加气站

CNG 加气站主要为 CNG 汽车加气，可与 CNG 储配站合建。压缩天然气加气站的设计规模应根据用户的需求量与天然气气源的稳定供气能力确定。

（1）压缩天然气加气站总平面应分区布置，即分为生产区和辅助区。压缩天然气加气站宜设两个对外出入口。

（2）站内应设置气瓶车固定车位，每台气瓶车的固定车位宽度不应小于 4. 5m，长度宜为气瓶车长度，在固定车位场地上应标有各车位明显的边界线，每台车位宜对应一个加气嘴，在固定车位前应留有足够的回车场地。气瓶车应停靠在固定车位处，并应采取固定措施，在充气作业中严禁移动。

（3）加气柱宜设在固定车位附近，距固定车位 2～3m。加气柱距站内天然气储罐不应小于 12m，距围墙不应小于 6m，距压缩机室、调压室、计量室不应小于 6m，距燃气热水室不应小于 12m。

（4）气瓶车固定车位与站外建、构筑物的防火间距，不应小于表 9-14 的规定。

表 9-14　气瓶车固定车位与站外建、构筑物的防火间距　（m）

气瓶车固定车位最大储气容积 V_N			$4500m^3 < V_N \leq 10000m^3$	$10000m^3 < V_N \leq 30000m^3$
明火、散发火花的地点，室外变、配电站			25.0	30.0
重要公共建筑			50.0	60.0
民用建筑			25.0	30.0
甲、乙、丙类液体储罐，易燃材料堆放，甲类物品库房			25.0	30.0
其他建筑	耐火等级	一、二级	15.0	20.0
		三　级	20.0	25.0
		四　级	25.0	30.0
铁路（中心线）			40.0	
公路、道路（路边）		高速，Ⅰ、Ⅱ级，城市快速	20.0	
		其　他	15.0	
架空电力线路（中心线）			1.5 倍杆高	
架空通信线路（中心线）		Ⅰ、Ⅱ级	20.0	
		其　他	1.5 倍杆高	

注：V_N 指压力在 1.01325MPa，温度在 0℃状态下的体积。

（5）气瓶车固定车位与站内建、构筑物的防火间距不应小于表 9-15 的规定。

表 9-15　气瓶车固定车位与站内建、构筑物的防火间距　（m）

气瓶车固定车位最大储气容积 V_N		$4500m^3 < V_N \leq 10000m^3$	$10000m^3 < V_N \leq 30000m^3$
明火或散发火花的地点		25.0	30.0
压缩机室、调压室、计量室		10.0	12.0
变、配电室、仪表室、燃气热水炉室、值班室、门卫		15.0	20.0
办公、生活建筑		20.0	25.0
消防水泵房、消防水池取水口		20.0	
站内道路（路边）	主　要	10.0	
	次　要	5.0	
围　墙		6.0	10.0

注：1. 变、配电室、仪表室、燃气热水炉室、值班室、门卫等用房的建筑耐火等级不应低于现行国家标准《建筑设计防火规范》GB 50016 中“二级”规定；2. 露天的燃气工艺装置与气瓶车固定车位的间距可按工艺要求确定；3. 气瓶车在固定车位储气总几何容积不大于 $18m^3$，且最大储气容积不大于 $4500m^3$ 时，应符合现行国家标准《汽车加油气站设计与施工规范》GB 50156 的规定。

9.5.3.2　CNG 储配站

CNG 储配站的工艺流程如图 9-29 所示，该站为 CNG 储配站和加气站合建。CNG 气瓶车在卸气柱 1 将 CNG 送入站内。一部分经压缩机组 2 和压力顺序控制器 3 供应 CNG 汽车；另外一部分进入调压、计量、加臭撬装设备 12。

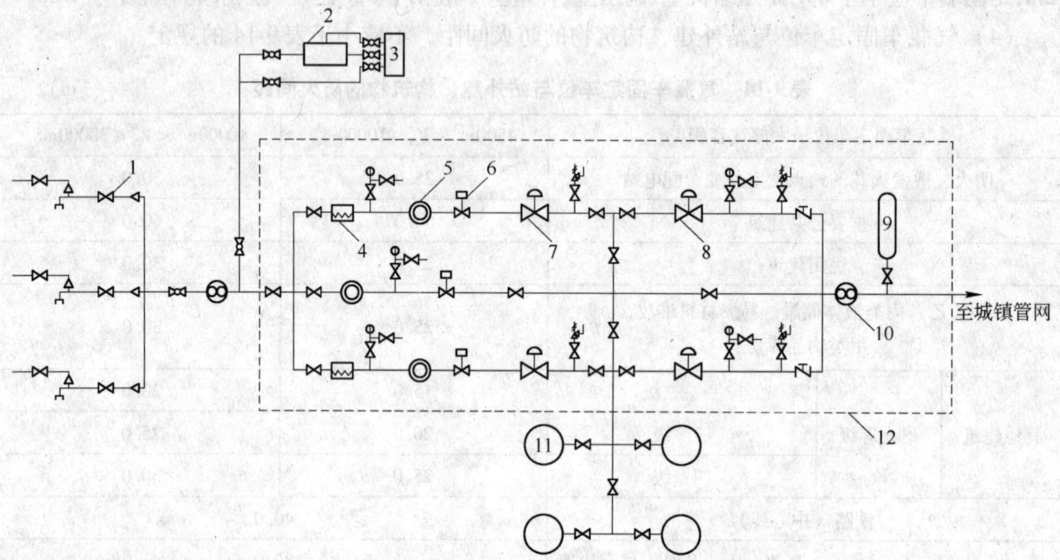

图 9-29　CNG 储配站工艺流程

1—卸气柱；2—压缩机组；3—压力顺序控制器；4—水浴式换热器；5—过滤器；
6—高压切断阀；7—一级调压器；8—二级调压器；9—加臭装置；
10—计量装置；11—高压储罐；12—调压、计量、加臭撬装设备

进入撬装设备的 CNG，首先通过水浴式换热器 4 提高温度，经过滤器 5 过滤后进入一级调压器 7，压力由 20MPa 降至 1.6MPa，一部分作为调峰气源进入高压储罐 11，另一部分经过二级调压器 8，压力降至 0.4MPa 以下，经计量装置 10、加臭装置 9 后进入城镇管网。

（1）压缩天然气储配站的设计规模应根据城镇各类天然气用户的总用气量和供应本站的压缩天然气加气站供气能力及气瓶车运输条件等确定。储配站的天然气总储气量应根据气源、运输和气候等条件确定，但不应小于本站计算平均日供气量的 1.5 倍，以保证在特殊的气候和交通条件下造成气瓶车运输中断时，可连续稳定供气。

（2）压缩天然气加气站与天然气储配站合建时，站内的天然气储罐与气瓶车固定车位的防火间距不应小于表 9-16 的规定。

表 9-16　天然气储罐与气瓶车固定车位的防火间距　（m）

储罐总容积 V_Z		$V_Z \leqslant 5000\text{m}^3$	$V_Z > 50000\text{m}^3$
气瓶车固定车位最大储气容积 V_N	$V_N \leqslant 10000\text{m}^3$	12.0	15.0
	$10000\text{m}^3 < V_N \leqslant 30000\text{m}^3$	15.0	20.0

（3）压缩天然气应根据工艺要求分级调压，在一级调压器进口管道上应设置快速切断阀；调压系统应根据工艺要求设置自动切断和安全放散装置；在压缩天然气调压过程中，应根据工艺条件确定对调压器前压缩天然气进行加热，加热量应能保证设备、管道及附件正常运行；在

一级调压器进口管道上宜设置过滤器，各级调压器系统安全阀的安全放散管宜汇总至集中放散管。

9.5.3.3 CNG 瓶组供应站

CNG 瓶组供气站主要为小区用户供气，因此一般设置在用户附近。为保证安全管理和安全运行，应限制其储气量和供应规模。为降低占地面积，便于管理 CNG 瓶组供应站常采用撬装设备。

(1) 气瓶组储气总容积应按 1.5 倍计算月平均日供气量确定，气瓶组最大储气总容积不应大于 1000m^3，气瓶组总几何容积不应大于 4m^3。

(2) 压缩天然气瓶组供气站宜设置在供气小区边缘，供气规模不宜大于 1000 户。气瓶组应在站内固定地点设置。气瓶组及天然气放散管管口、调压装置至明火散发火花的地点和建、构筑物的防火间距不应小于表 9-17 的规定。

表 9-17 气瓶组及天然气放散管管口、调压装置的防火间距 (m)

项 目		气瓶组	天然气放散管管口	调压装置
明火、散发火花的地点		25	25	25
民用建筑、燃气热水炉间		18	18	12
重要公共建筑、一类高层民用建筑		30	30	24
道路（路边）	主 要	10	10	10
	次 要	5	5	5

注：与本表以外的其他建、构筑物的防火间距应按国家现行标准《汽车用燃气加气技术规范》CJJ 84 中天然气加气站三级站规定。

9.6 燃气的其他储存方法

9.6.1 燃气地下储存

由于冬季和夏季燃气供应量的差异逐渐增大，用储气罐储存的方式解决量相当大的季节负荷差异，显然是不实际的。因此，采用地下储气方法来解决季节性供用气不平衡的矛盾很有必要。

燃气的地下储存主要有下列几种形式：利用枯竭的油气田储气，利用地下含水多孔地层储气，利用岩盐矿层储气，利用岩穴储气。其中利用枯竭的油气田储气最为经济，利用岩穴储气造价较高，其他两种在有适宜构造的地方可以采用。

利用地下储气的方式可以大量储存天然气、液化石油气和人工燃气。

9.6.1.1 利用枯竭的油气田储气

要利用地层储气，必须准确地掌握地层的下列参数：孔隙度、渗透率、有无水浸现象、构造形状和大小、油气岩层厚度、有关井身和井结构的准确数据及地层和邻近地层隔绝的可靠性等。而枯竭的油气田一般都经过了长期的开采，其多数参数都是已知的，因此一般不需要采取特殊措施即可使用。油气田的地质构造必然是气密的，一般不需要采取特殊措施，基本不会发生泄漏现象。所以，已枯竭的油田和气田是最简易可靠和最经济的地下储气库，目前此种方法应用的也最多。

9.6.1.2　利用地下含水多孔地层储气

这种地质构造的特点是具有多孔质浸透性地层。其上面是不浸透的冠岩层，下面是地下水层，形成完全密封结构。燃气的压入与排出是通过从地面至浸透层的井孔，由于浸透性砂层内水的流动比较容易，因此燃气压入时水被排挤，燃气充满空隙，达到储气目的。如图9-30所示，天然气储库由含水砂层及一个不透气的背斜覆盖层组成。其性能和储气能力依据不同地质条件有很大的差异。储气岩层的渗透性对于用天然气置换水的速度是起决定作用的。同时，它对于储库的最大供气能力也具有一定意义。如果储库渗透性很高，天然气扩散时水位呈平面形；如果渗透性很低，则天然气扩散时水位形成一个弧形，如图9-31对于渗透性很高的储气库，在排气时水能够很快压回，还可回收一部分用于注气的能量。储气岩层的渗透性对于工作气和垫层气的比例也有很大影响：工作气是指在储存周期内储进和重新排出的气体，而垫层气是指在储库内持续保留或作为工作气和水之间的缓冲垫层的气体。如岩层的渗透性较小，工作气与垫层气的比例就越小，因而越不利。

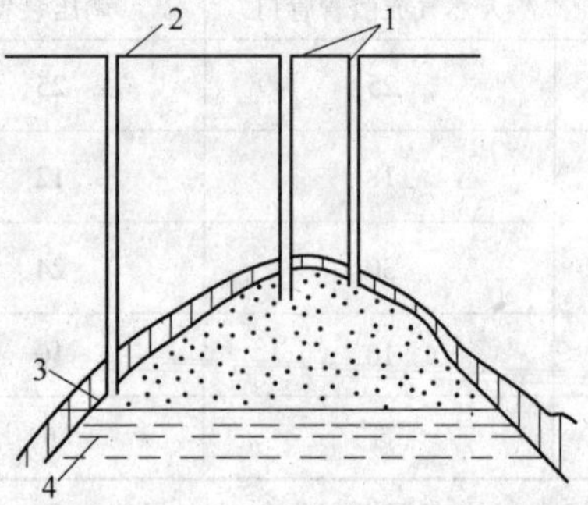

图9-30　多孔地层中地下储气库原理

1—生产井；2—检查（控制）井；
3—不透气覆盖层；4—水

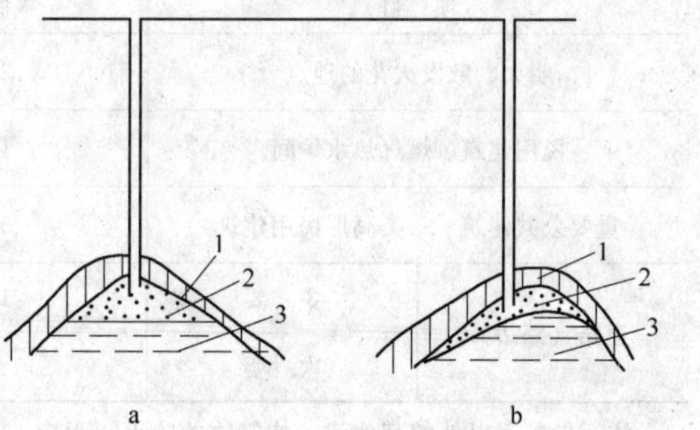

图9-31　天然气的分布与岩层渗透性的关系

a—渗透性高；b—渗透性低
1—不透气覆盖层；2—天然气；3—水

含水砂层的地质结构只有在合适的深度，才能作为储气库。一般为400～700m。深度超过700m，由于管道太长而不经济，太浅则在连续排气时，储库不能保证必要的压力。

9.6.1.3　利用岩盐矿层储气

利用岩盐矿床里除去岩盐后的孔穴，或者打井注入淡水使盐层的一部分被溶解而成为孔洞，然后压入燃气，进行储存。图9-32为利用盐矿层建造地下储气库的示意图。首先，将井钻到盐层后，把各种管道安装至井下，然后用工作泵将淡水通过内管，压到盐层，饱和盐水从管1和管2之间的管腔排出。当通过几个测点测出的盐水饱和度达到一定值时，排除盐水的工作即可停止。为了防止储库顶部被盐水冲溶，要加入一种遮盖液。它不溶于盐水，而浮于盐水表面，不断地扩大遮盖液量和改变溶解套管长度，使储库的高度和直径不断扩大，直至达到要求为止。储库建成后，在第一次注气时，要把内管再次插到储库底部，从顶部压入燃气，将残留的盐水置换出库。

地下储存的储气量较大，一般适用于大、中城市或用气负荷变化较大的情况。但是，采用地下储存方式必须有适宜于燃气压入和输出的地质构造方可使用。特别要注意的是如果长距离输气管线的压力大于储库的压力，则必须先使天然气通过预热器再进入储库，这样就能防止在压力突然降低时冻结。如果储气的压力和管线的压力相等，则必须使天然气经压缩机加压，使它达到需要的压力而储库则靠自身的压力将天然气输出。输出的天然气在进调压器之前也需经

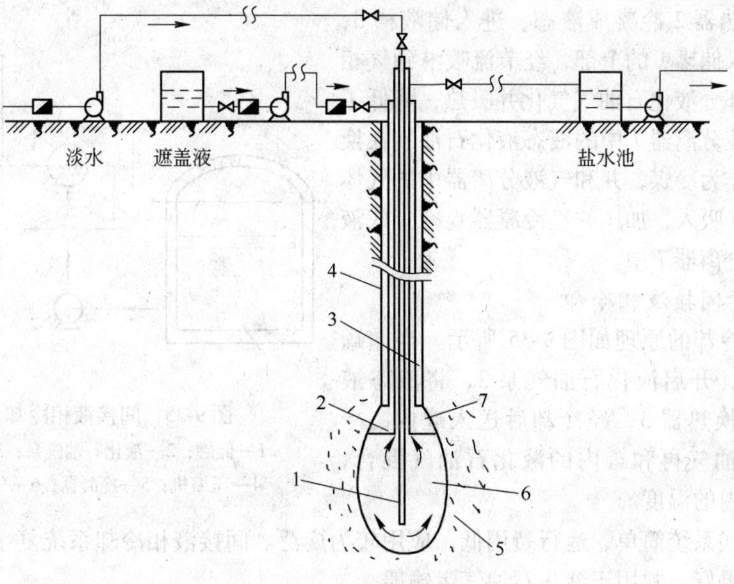

图 9-32　排盐设备流程示意图

1—内管；2—溶液套管；3—遮盖液输送管；4—套管；5—盐层；6—储穴；7—遮盖液垫

过预热器。此外，至少在储气库工作的第一年中，还需要将含有盐水的天然气进行干燥处理。

9.6.2　液化石油气的低温储存

液化石油气实现低温的方式有三种：直接冷却、间接气相冷却和间接液相冷却。

9.6.2.1　直接冷却

直接冷却的原理如图 9-33 所示。当储罐内温度及压力升高到一定值时，开启压缩机 2，从罐内抽出气态液化石油气，使罐内压力降低，已被抽出的液化石油气经压缩机加压再经冷凝器 3 冷凝成液体，进入储液槽 4 内，并经泵 5 打入储罐上部，经节流喷淋到气相空间，其中一部分再次吸热气化，依次循环，储罐内的液化石油气不断被冷却，使罐内的温度和压力保持为设计值。直接冷却系统简单，运行费用低，得到了广泛应用。

9.6.2.2　间接气相冷却

间接气相冷却的原理如图 9-34 所示。当储罐内温度、压力升高时，由罐顶排出的气态液

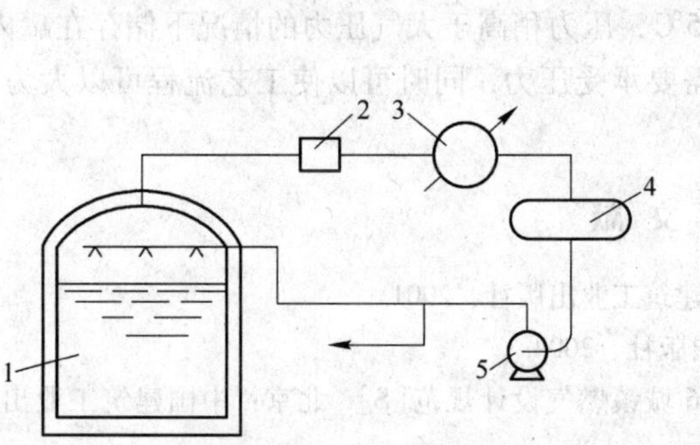

图 9-33　直接冷却示意图

1—储罐；2—压缩机；3—冷凝器；4—储液槽；5—泵

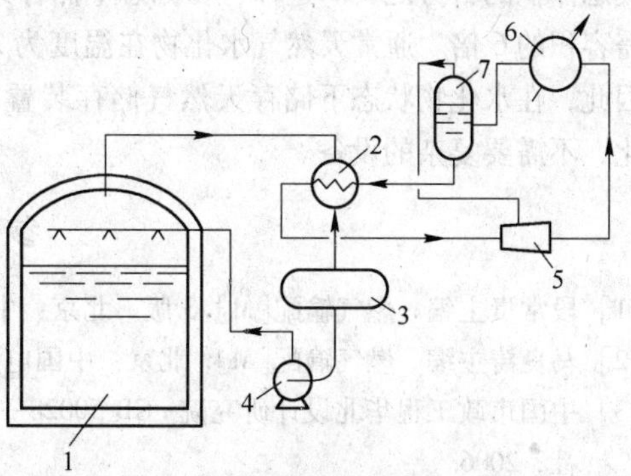

图 9-34　间接气相冷却示意图

1—储罐；2—换热器；3—储液槽；4—液化石油气泵；5—压缩机；6—冷凝器；7—气液分离器

化石油气经换热器2冷凝成液态，进入储液槽3，然后用泵4打入储罐1的上部，经节流喷淋到气相空间，其中一部分液化石油气气化并吸热，降低了罐内温度。气液分离器7中的液态液化石油气在换热器2中气化作为冷媒，并和气液分离器中的气体一起被压缩机5吸入，加压并经冷凝器6冷凝成液体，回到气液分离器7中。

9.6.2.3　间接液相冷却

间接液相冷却的原理如图9-35所示。当储罐内温度升高时，开启液化石油气泵2，将液态液化石油气打入换热器3，经冷却后送入罐内，冷却后的液化石油气再和罐内的液化石油气混合，从而降低了罐内的温度。

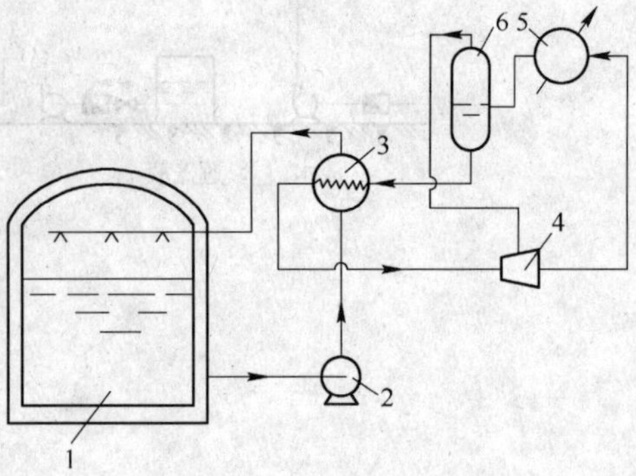

图9-35　间接液相冷却示意图

1—储罐；2—液化石油气泵；3—换热器；4—压缩机；5—冷凝器；6—气液分离器

直接冷却式系统简单、运行费用低，应用较为广泛。间接液相冷却系统复杂，运行费用较高，但冷却效果好，常用于液化石油气运输船。

9.6.3　燃气管束储存

管束储存是高压储气的一种，是用直径较小（目前一般为1.0～1.5m），长度为几十米或几百米的若干根乃至几十根钢管按一定的间距排列起来，压入燃气进行储存。在陆地上和海运天然气船上都可用这种方法储存燃气。由于管径较小，管束储存的储存压力高于圆筒形和球形高压储气罐的储存压力，但是相应的技术要求也更高。

9.6.4　天然气固态储存

天然气的凝固点为-182.5℃，因此直接将天然气固化是很困难的。但是，天然气在一定的压力和温度下，可以与水结合形成固态的结晶水化物。利用此原理可将天然气固化，然后储存于特制的储罐中。天然气能否形成水化物主要同它的温度及压力有关，压力越高，温度越低，越易形成水化物。标准状态下，天然气在水分充足的条件下，1m^3 的水合物可携带多达150～170m^3 的天然气。但如考虑到结晶水化物不应充满储罐的全部体积，可认为天然气水化物所占体积为天然气气态体积的百分之一。这样，在固态下储存天然气所需的储存容积，约为液态下储存同量气体所需容积的6倍。通常天然气水化物在温度为2～5℃，压力稍高于大气压力的情况下储存在罐内。因此，在水化物状态下储存天然气储存装置不需要承受压力，同时可以使工艺流程可以大为简化，不需要复杂的设备。

参考文献

[1] 段常贵主编．燃气输配[M].3版．北京：中国建筑工业出版社，2001.

[2] 马良涛主编．燃气输配[M].北京：中国电力出版社，2004.

[3] 中国市政工程华北设计研究院．GB 50028—2006 城镇燃气设计规范[S].北京：中国建筑工业出版社，2006.

[4] 公安部消防局．GB 50016—2006 建筑设计防火规范[S].北京：中国计划出版社，2006.

[5] 姜正侯主编．燃气工程技术手册[M].上海：同济大学出版社，1993.

[6] 戴路主编．燃气输配工程施工技术手册[M].北京：中国建筑工业出版社，2006.

[7] 顾安忠主编．液化天然气技术[M]．北京：机械工业出版社，2004.
[8] 郭怀东．大型 LNG 卫星站贮罐设计选型论证[J]．深冷技术，2004（1）．
[9] 郑海燕，付吉国，杨俊杰．压缩天然气技术在城镇供气的应用[J]．煤气与热力，2003，23(2)：92～94.
[10] 郭宗华，周俭明，吴祚平．压缩天然气汽车的特点[J]．煤气与热力，2004,24(2)：108～110.
[11] 薛鹏涛，杨卫东，许长冰．压缩天然气加气站设备选型与运行管理[J]．煤气与热力，2004(24)6：348～349.
[12] 陈二峰，郁永章，张早校，等．CNG 加气站常规站与子站的经济比较[J]．压缩机技术，2005.1：1～3.
[13] 陈叔平，谢高峰，李秋英，等．LNG、L-CNG、CNG 加气站的比较[J]．煤气与热力，2007(27)7：27～30.
[14] 优少春，韦涛，周步荣．CNG 加气站储气系统[J]．吐哈油气，2005(10)4：391～394.
[15] 全志利，闫家伟，张洁，等．CNG 供气有效半径的研究[J]．煤气与热力，2005(25)6：1～3.
[16] 刘锡麟．CNG 母子加气站的设备配置和系统优化[J]．油气世界，2007.4.
[17] 柳华．成都市 CNG 常规站与子母站的比较[J]．燃气技术，2006，6：10～13.
[18] 中国石油化工集团等主编．汽车加油加气站设计与施工规范[S]．北京：中国计划出版社，2006.
[19] 李长俊主编．天然气管道输送[M]．北京：石油工业出版社，2000.
[20] 相秀芳．天然气固态储存技术．天然气工业[J]．2005(8)．

10 液化石油气供应

10.1 概 述

液化石油气（LPG）是开采和炼制石油过程中，作为副产品而获得的一部分碳氢化合物。它的主要成分是丙烷（C_3H_8）、丙烯（C_3H_6）、丁烷（C_4H_{10}）和丁烯（C_4H_8），习惯上又称C_3、C_4，即只用烃的碳原子（C）数表示。作为城镇燃气使用的液化石油气的主要成分是丙烷（C_3H_8）和丁烷（C_4H_{10}）。

因液化石油气供应系统具有投资省、建设速度快、供应灵活等特点，在我国城镇燃气事业中得到了迅速发展。

10.1.1 液化石油气的来源

液化石油气主要来源于石油炼厂气，经过适当的分离处理，将常温下甲烷、乙烷、乙烯等不易液化的气体分离出去，然后在常温加压条件下，得到含有丙烷、丁烷、丙烯、丁烯等组分的混合液化石油气，再经过进一步的分离，得到以丙烷、丁烷为主要成分的混合液化石油气。

10.1.2 液化石油气的特点

液化石油气有如下特点：

（1）液化石油气的主要成分丙烷（C_3H_8）、丙烯（C_3H_6）、丁烷（C_4H_{10}）和丁烯（C_4H_8），在常温常压下呈气态，但适当升高压力或降低温度就可以转为液态。它们临界压力较低，为3.53～4.45MPa（绝）。它们的临界温度为92～162℃。

（2）液化石油气从气态转为液态，体积约缩小250～300倍，液态的液化石油气便于运输、储存和分配。通常采用常温加压条件以保持液化石油气的液体状态，所以用于运输、储存和分配液化石油气的容器均为压力容器。

（3）液化石油气热值较高，低热值约为45.1～45.9MJ/kg（液态）或87.7～108.7MJ/m^3（气态）。液化石油气在燃烧时，需要大量的空气与之充分混合。为了取得完全燃烧的效果，在使用时一般采用降压法将液态转为气态。当液态直接用于燃烧时，应采用雾化的方法使其与空气充分接触，以提高燃烧效率。

（4）气态的液化石油气比空气重，约为空气的1.5倍，一旦泄漏就迅速降压，由液态转为气态，并易在低洼、沟槽处聚积。又因液化石油气爆炸下限很低（2%左右），极易与周围空气混合形成爆炸气体，遇到明火将引起火灾和爆炸事故。

（5）液化石油气从储罐等容器或管道中泄漏后将迅速气化，需吸收充足的热量，这将导致漏孔附近及周围大气温度急剧降低，与人体皮肤接触甚至会造成冻伤，也对容器的选材及制造提出了严格的要求。

（6）液态液化石油气比水轻（一般为水重的0.5～0.6倍）在容器或管道中通常呈气液饱和状态，其饱和蒸气压力随温度的升高（降低）而升高（降低），其液态密度随温度的升高

（降低）而减少（增加）。液化石油气（液态）的密度随温度的变化较大。为了防止液态液化石油气在容器中充满，而造成一旦温度继续上升导致容器内压力急剧增加，甚至超过容器的许用压力，则必须在容器内保持一定的气相空间。所以在向槽车、储罐、钢瓶等容器内充装液化石油气时，应严格控制充装量不得超过容器的最大允许充装量。过量充装是造成容器损坏、导致重大事故的隐患。

由于液态液化石油气密度随温度的变化而有较大的变化、易受环境温度的影响，所以不应采用简单控制容器的充装容积上限的方法，而应在充装时采用重量计量（或由容积换算出重量）和控制容器最大允许充装量的方法。

10.1.3　液化石油气的供应系统

液化石油气可采用瓶装供应，也可经气化、混气后采用管道供应，液化石油气的供应系统如图10-1所示。

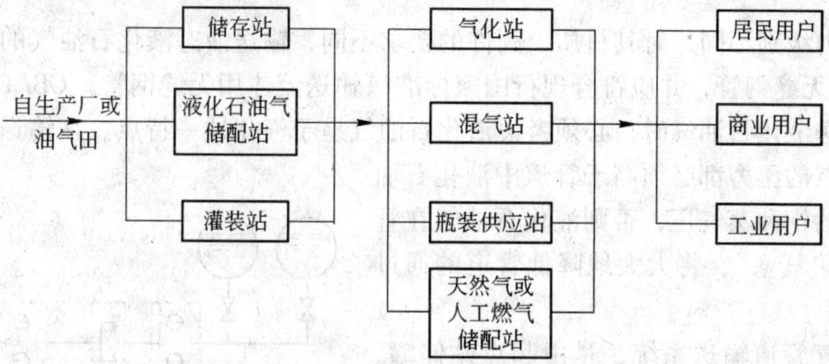

图10-1　液化石油气供应系统示意图

液化石油气供应系统的主要组成有：供应基地（储存站、储配站、灌装站）、气化站、混气站和瓶装供应站。

（1）储存站。接收气源厂或外采的液化石油气加以储存，并将储存的液化石油气输送到城镇灌装站、气化站和混气站。

（2）储配站。兼有储存站和灌装站的全部功能，是储存站和灌装站的统称。

（3）灌装站。即液化石油气灌装基地，其主要功能是进行灌装作业，并将其送至瓶装供应站和用户。同时，也可灌装汽车槽车，并将其送至气化站和混气站。

（4）气化站。配置储存和气化装置，将液态液化石油气转换为气态液化石油气，并向用户供气的生产设施。

（5）混气站。配置储存、气化和混气装置，将液态液化石油气转换为气态液化石油气后，与空气或其他可燃气体按一定比例混合配制成混合气，并向用户供气的生产设施。

（6）瓶装供应站。接收由灌装站或储配站运来的实瓶，向用户供应实瓶并回收空瓶，将空瓶送给灌装站和储配站。

10.2　液化石油气的运输

将液态液化石油气由生产厂或供应基地输送至接收站（指储存站、储配站、灌装站、气化站和混气站）采用管道运输、铁路运输、公路运输和槽船运输。运输方式的选择是经过技术经济比较后确定。当条件接近时，宜优先采用管道输送。

10.2.1　管道输送

管道输送在总投资、运行费用、管理安全、可靠性等方面往往优于其他方案。它的不足之处是无法分期建设，一次投资较大，金属消耗量也较大。它适用于运输量大的液化石油气接收站，或适用于虽运输量不大，但靠近气源的接收站。

10.2.1.1　液体石油气的管道输送系统

液态液化石油气输送管道按设计压力（p）分为三级，见表10-1。

表10-1　液态液化石油气输送管道设计压力（表压）分级

管道级别	设计压力/MPa	管道级别	设计压力/MPa
Ⅰ级	$p>4.0$	Ⅲ级	$p\leq 1.6$
Ⅱ级	$1.6<p\leq 4.0$		

管道的压力级别不同，对其材质、阀件的要求不同，输送液态液化石油气的管道应采用钢号为10、20的无缝钢管，并应符合现行国家标准《输送流体用无缝钢管》GB/T 8163的规定。

用管道输送液化石油气时，必须考虑液化石油气易于气化这一特点。在输送过程中，要求管道中任何一点的压力都必须高于管道中液化石油气所处温度下的饱和蒸气压，否则液化石油气在管道中气化形成“气塞”，将大大地降低管道的通过能力。

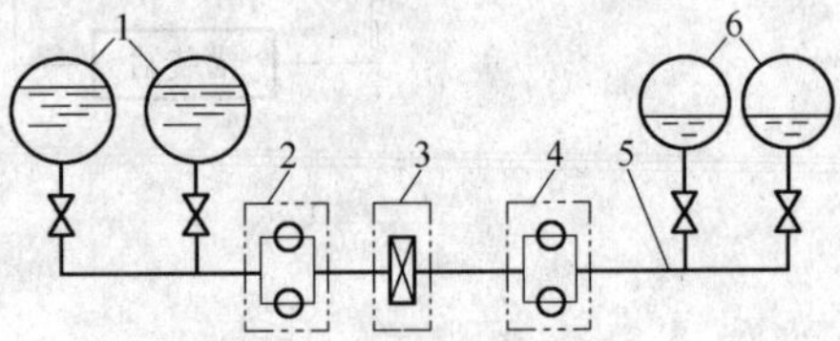

图10-2　液化石油气管道输送系统

1—起点站储罐；2—起点泵站；3—计量站；4—中间泵站；5—管道；6—终点站储罐

液化石油气管道输送系统，是由起点站储罐、起点泵站、计量站、中间泵站、管道及终点站储罐所组成，如图10-2所示。用泵由起点站储罐抽出液化石油气（为保证连续工作，泵站内应不少于两台泵），经计量后，送到管道中，再经中间泵站将液化石油气压送到终点站储罐。如输送距离较短，可不设中间泵站。

10.2.1.2　管道的工艺计算

工艺计算是指管径的确定、压力降的计算及泵的选型等。

A　管径的确定

$$D = 1000\sqrt{\frac{4G_d}{h\pi\rho u\times 3600}} \tag{10-1}$$

式中　D——管道内径，m；

G_d——管道的输送量，t/d；

h——管道口工作小时数，h/d；

ρ——液化石油气液相密度，kg/m³；

u——管道内液化石油气液体平均流速，m/s。

B　输送管道的阻力损失

计算管道沿程阻力损失可用水力计算基本公式，即

$$\Delta P = 10^{-6}\lambda\frac{Lu^2\rho}{2D} \tag{10-2}$$

式中 ΔP——管道摩擦阻力损失，MPa；

λ——水力摩阻系数；

L——管道长度，m。

由于液化石油气的黏度很小，一般情况下在输送管道内雷诺数很大，液态液化石油气的流动状态处于阻力平方区，对水力摩阻系数的计算适于采用阿里特苏里公式（5-7）。

对液化石油气输送管道进行水力计算时，对局部阻力一般取沿程摩擦阻力的5%～10%，则管道总的阻力损失 ΔP_z 为

$$\Delta P_z = (1.05 \sim 1.1)\Delta P \tag{10-3}$$

C 泵的计算扬程

泵的计算扬程可按式（10-4）计算，即

$$H = \Delta P_z + \Delta P_y + \Delta H \tag{10-4}$$

式中 H——泵的计算扬程，MPa；

ΔP_z——管道总阻力损失，MPa；

ΔP_y——管道终点进罐余压，可取0.2～0.3，MPa；

ΔH——管道终、起点高程差引起的附加压力，MPa。

D 泵的电机功率

$$P_b = K_d \frac{Q_b H \rho g}{102\eta} \tag{10-5}$$

式中 P_b——电机功率，kW；

Q_b——泵的排量，m^3/s；

K_d——系数，取1.2；

η——效率，包括水泵效率和传动效率；

g——重力加速度，m/s^2。

E 输送液化石油气管道的设计压力

应按管道系统起点的最高工作压力确定，可按式（10-6）计算，即

$$p_q = H_s + p_s \tag{10-6}$$

式中 p_q——管道系统起点最高工作压力，MPa；

H_s——泵的实际扬程，MPa；

p_s——始端储罐最高工作温度下的液化石油气的饱和蒸气压力，MPa。

10.2.1.3 液化石油气泵的选择

液化石油气输送管道所用泵型，一般采用多级离心泵。根据泵的扬程和管道的通过能力，即可由泵样本选择烃泵。同时选型时应考虑离心泵在管路中工作的设计工况及其可能的变化范围，使泵工况处于较高效率的范围内。泵每组1～3台应设1台备用。选用泵的台数应适中，台数过少则备用系数大，台数过多则相应增加管道、阀件及配电设备的数量以及增大泵房的建筑面积。

在泵的选型设计计算中，还应校核使泵不发生气蚀的条件。泵在工作时，从入口管道进入泵的液体由于阻力损失和流速的增加，静压会有所降低。特别在离心泵内部液体进入叶轮中央时，静压还会由于液体径向加速流动而进一步下降，低于相应于液化石油气输送温度的饱和蒸气压，液化石油气液体因而处于过热状态，有部分液体由液相转变为气相的趋势，从而发生气蚀现象。与水等高沸点介质相比，液化石油气由于在常温条件下饱和蒸气压较高，液相密度、

液相比热及气化潜热都小，所以发生气蚀的可能性更大。为防止发生气蚀，泵内液化石油气的压力应高于其饱和蒸气压，其高出值被称为气蚀余量。每种泵的气蚀余量通常由泵生产厂根据实验资料得出数据，作为泵的一项技术特性提供。常用于输送液化石油气的 Y 型离心泵的允许气蚀余量可按图 10-3 对泵样本给出的允许气蚀余量进行校正。

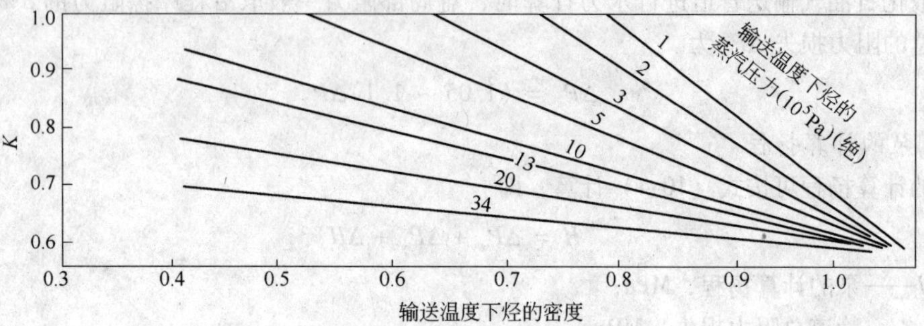

图 10-3　烃泵气蚀余量修正图

为防止气蚀，泵入口所需气蚀余量应为

$$\Delta h = K_j \Delta h_0^* + 0.3 \tag{10-7}$$

式中　Δh——气蚀余量，m；

K_j——校正系数；

Δh_0^*——泵样本列出的气蚀余量，m。

在工程上为防止泵内产生气蚀，通常的技术措施是用泵前的附加水静压液柱高度提供保证。例如使液化石油气储罐与泵中心保持 Δh_p 的高差，即

$$\Delta h_p \geqslant \Delta h + \Delta h_i \tag{10-8}$$

式中　Δh_p——泵入口附加水静压液柱高度，m；

Δh——气蚀余量，m；

Δh_i——泵入口前管道的阻力损失，m。

此外，如果管线坡度很大，在管线沿途出现最高点时，由于静压减少，有可能产生气蚀，必须进行校核计算，如果出现气蚀，需加大泵的扬程。

10.2.1.4　LPG 管道的选线要求

（1）选择线路的原则是长度最短、安全、方便施工、便于运行管理。

（2）选择线路尽量少穿越农田，避开重要工程设施、厂矿或稠密建筑物区，避开复杂地形或地物障碍。

（3）液态液化石油气输送管道不得穿越居住区、村镇和公共建筑群等人员集聚的地区。

（4）选择线路可参考始点、终点间的交通和供电条件，已有交通条件对线路施工和运行管理具有重要意义。线路靠近公路及其他道路有利于施工的进行及以后对线路的维护保养。线路附近已有的供电条件是设立泵站和减少投资、经济运行所必需。

（5）液化石油气管道一般采用地下敷设，埋设深度应低于冰冻线。

（6）液化石油气管道与建、构筑物和其他相邻管道的水平净距与垂直净距，应遵照《城镇燃气设计规范》GB 50028 的规定执行，见表 10-2、表 10-3。

表 10-2 地下液态液化石油气管道与建、构筑物和相邻管道之间的水平净距 (m)

项目		管道级别 Ⅰ级	Ⅱ级	Ⅲ级
特殊建、构筑物(军事设施、易燃易爆物品仓库、国家重点文物保护单位、飞机场、火车站和码头等)		100		
居民区、村镇、重要公共建筑		50	40	25
一般建、构筑物		25	15	10
给水管		1.5	1.5	1.5
污水、雨水排水管		2	2	2
热力管	直埋	2	2	2
	在管沟内(至外壁)	4	4	4
其他燃料管道		2	2	2
埋地电缆	电力线(中心线)	2	2	2
	通信线(中心线)	2	2	2
电杆(塔)的基础	≤35	2	2	2
	>35	5	5	5
通信照明电杆(至电杆中心)		2	2	2
公路、道路(路边)	高速、Ⅰ、Ⅱ级,城市快速	10	10	10
	其他	5	5	5
铁路(中心线)	国家线	25	25	25
	企业专用线	10	10	10
树木(至树中心)		2	2	2

注:1. 特殊建、构筑物的水平净距从其划定的边界线算起;2. 当地下液态液化石油气管道或相邻地下管道中的防腐有采用外加电流阴极保护时,两相邻地下管道(缆线)之间的水平净距尚应符合国家现行标准《钢质管道及储罐腐蚀控制工程设计规范》SY 0007 的有关规定。

表 10-3 地下液态液化石油气管道与构筑物或地下管道之间的垂直净距 (m)

名称		地下液态液化石油气管道(当有套管时,以套管计)	名称	地下液态液化石油气管道(当有套管时,以套管计)
给水管、污水、雨水排水管(沟)		0.20	铁路(轨底)	1.20
热力管、热力管的管沟底(或顶)		0.20	有轨电车(轨底)	1.00
其他燃料管道		0.20	公路、道路(路面)	0.90
通信线、电力线	直埋	0.50		
	在导管内	0.25		

注:地下液化石油气管道与排水管(沟)或其他有沟的管道交叉时,交叉处应加套管。

10.2.2 铁路运输

铁路运输主要是采用专门的铁路槽车运输。铁路槽车与汽车槽车比较,运输能力较大,运费较低；与管道运输相比，较为灵活，但铁路槽车运输的运行及调度管理都比管道运输和汽车运输复杂，并受铁路接轨和铁路专用线建设等条件的限制。

这种运输方式适用于运距较远，运输量较大且无法用管道输送的情况。

10.2.2.1　铁路槽车的构造

铁路槽车的构造如图 10-4 所示。

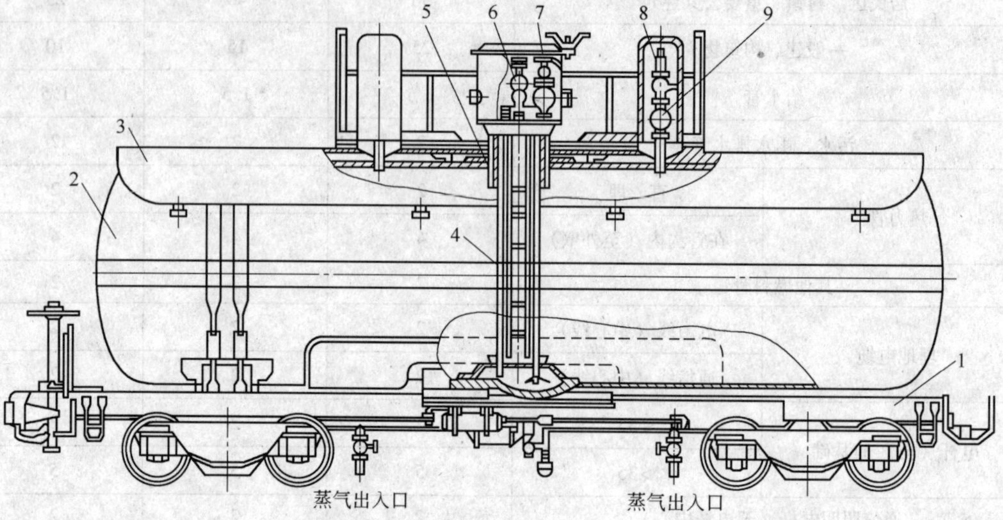

图 10-4　铁路槽车的构造

1—底架；2—罐体；3—遮阳罩；4—外梯；5—操作台；6—压力表；7—阀门；8—安全阀；9—阀门

通常是将圆筒形卧式储罐安放在火车底盘上，它由底架、罐体、装卸设备、安全阀、紧急切断装置，以及遮阳罩、操作台、支座等附件组成。

为防止槽车在装卸过程中因管道破坏而造成事故，在装卸管上装设了紧急切断装置。该装置由紧急切断阀和液压控制系统组成，如图 10-5 所示。

槽车装卸时，借助手摇泵使油路系统升压至 3MPa，打开紧急切断阀，随即将球阀关闭。皮囊蓄能器的作用是稳定系统压力。

系统中装有四个金属易熔塞，分别装在三个紧急切断阀及拉阀上。易熔塞工作温度为 70℃ ±5℃，当发生火灾时，易熔塞被火焰烤熔化，系统卸压，紧急切断阀关断。此外，系统中还装有手拉阀。该阀设在人孔罩外边，其控制手柄设在槽车梯子中下部。当发生意外时，拉动手柄使油路系统卸压，关断紧急切断阀。

为了便于槽车的装卸，使装卸车软管易于连接，槽车通常设置两个液相管和两个气相管。槽车一般不设排污管。

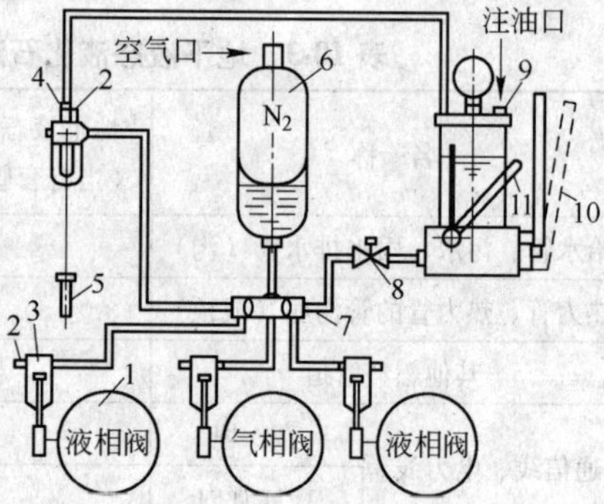

图 10-5　紧急切断装置

1—液相阀；2—易熔塞；3—工作油缸；4—拉阀；5—拉阀手柄；6—皮囊蓄能器；7—分配缸；8—阀门；9—手摇泵；10—加压手柄；11—缸压手柄

10.2.2.2　铁路槽车配置数量的确定

铁路槽车配置数量与供气规模、离气源厂的距离、槽车几何容积及检修情况等有关。通常按式（10-9）

计算，即

$$N_t = \frac{K_1 K_2 G_t t}{365 V_t \gamma \varphi} \tag{10-9}$$

式中 N_t——铁路槽车配置数量，辆；

G_t——年平均日运输量，t/d；

t——铁路槽车往返一次的天数（日），一般省内气源厂供应时，取7~10；省外气源厂供应时，取10~15；

K_1——运输不均匀系数，考虑供应和运输的不均匀性，单气源厂供应时，取1.2~1.3；多气源厂供应时，取1.1~1.2；

K_2——考虑槽车检修的系数，一般取1.05~1.10；

V_t——铁路槽车的实测容积，m^3/辆；

γ——液态液化石油气在40℃时的容重，t/m^3；

φ——槽车内介质温度为40℃时的允许充装率，取90%。

10.2.2.3 铁路槽车的选择原则

（1）铁路槽车应符合国家现行标准《液化气体铁路槽车技术条件》GB 10478的要求，以保证安全运行。

（2）应选择性能好、操作方便的槽车；在运输量较大时，应选择装载量大的槽车。

（3）尽量选择同一型号的槽车。

10.2.3 公路运输

公路运输包括汽车槽车运输、活动储罐的汽车运输和钢瓶的汽车运输。在此，仅介绍其主要方式——汽车槽车运输。汽车槽车虽然运输量小，常年费用较高，但灵活性较大，便于调度，通常广泛用于各类中、小型液化石油气站。

10.2.3.1 汽车槽车的种类

汽车槽车根据其用途可分为运输槽车和分配槽车两种。

运输槽车用于为运距不大的储配站运送液化石油气，或作为大型储配站的补充运输工具。

大型运输槽车的罐容通常大于或等于10t；小型运输槽车的罐容通常小于10t。这类槽车一般不设卸车泵。大型运输槽车比铁路槽车有较大的灵活性，可直接供应大型用户以减少倒运工序。

分配槽车适用于直接供应有单独储罐的用户。分配槽车的罐容通常为2~5t，车上装有卸车泵。

10.2.3.2 汽车槽车的构造

如图10-6所示，将卧式圆筒形储罐固定在汽车底盘上。罐体上有人孔、安全阀、液面指示计、梯子和平台；罐体内部装有防波隔板。汽车上安装供卸车用的液化石油气泵，泵的轴经传动机构与汽车发动机的主轴相连接，泵靠汽车发动机带动。

在阀门箱里设有压力表、温度计、液相管和气相管的阀门；在液相管和气相管的出口，应安装过流阀和紧急切断阀。

为防止碰撞，在汽车槽车后部的车架上，装有与储罐不相连的缓冲装置。槽车防静电用的接地链，其上端与储罐和管道连接，下端自由下垂与地面接触。

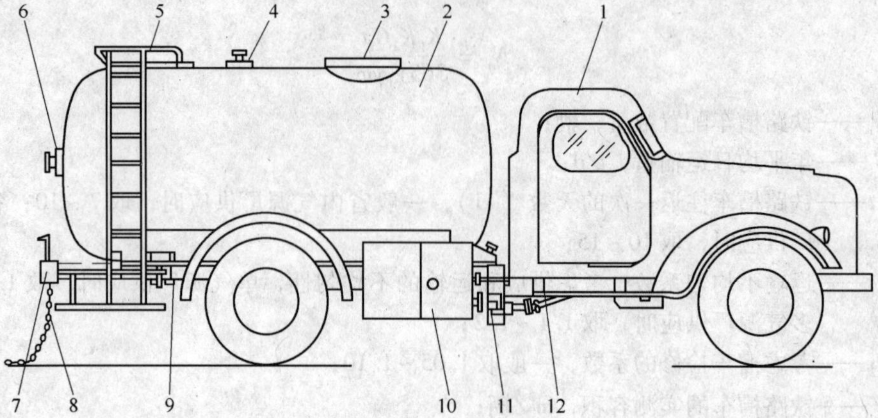

图 10-6　汽车槽车的构造

1—驾驶室；2—罐体；3—人孔；4—安全阀；5—梯子及平台；6—液面指示计；7—汽车底盘；8—接地链；9—支架；10—阀门箱；11—泵；12—泵的传动机构

汽车槽车上应该采用防爆式的电气装置，并应备有两个以上的干粉灭火器。

汽车上的储罐及其他附属设备，都应安置牢固，以保证在汽车行进时不致移动。

10.2.3.3　汽车槽车设置数量的确定

$$N_q = \frac{K_1 K_2 G_q}{365 y V_q \gamma \varphi} \tag{10-10}$$

式中　N_q——汽车槽车设置数量，辆；

G_q——年运输量，t；

K_1——运输不均匀系数，取值同铁路槽车；

K_2——考虑槽车检修的系数，一般取 1.05 ~ 1.10；

y——每辆槽车每日的运输次数，与运距有关，根据经验确定，次/d；

V_q——槽车罐体的实测容积，m^3/辆；

γ——液态液化石油气在 40℃时的容重，t/m^3；

φ——槽车内介质温度为 40℃时的允许充装率，取 90%。

10.2.3.4　汽车槽车的选择

（1）大型固定槽车装载能力大、投资省、运行费用低。一般可作中、小型液化石油气罐瓶站的运输工具。

（2）小型固定槽车的装载能力较小，可以作小型液化石油气灌装站或作为储配站向小型工业用户和公共建筑事业用户供气的运输工具。

（3）活动式槽车性能差，一般只限液化石油气每月在 8t 以下的单位使用。

（4）尽量选择同一型号的槽车。

（5）汽车槽车应符合国家现行标准《液化石油气汽车槽车技术条件》HG/T 3143 的要求，以保证安全运行。

10.2.4　水上槽船运输

采用设有储罐的船舶，从水路运输液化石油气，即水上槽船运输。它是一种运量大、成本低的液化石油气运输方式。水上运输分为海运与河运。海运被广泛用于国际液化石油气贸易中。用于海运的液化石油气槽船容量可达数万吨，槽船上的液化石油气可以是常温储存的，也可以是低温储存的，一般设备技术和安全设施都十分完善。用于河运的液化石油气槽船一般容量较小，为数百吨到数千吨级。在有适航河道条件时，应积极兴建码头建造槽船，发展内河液化石油气水运或近海液化石油气海运，可降低液化石油气运输成本。

10.3 液化石油气储配站

液化石油气储配站是从气源厂接收液化石油气，储存在站内的固定储罐中，并通过各种形式转售给各种用户。其主要任务是接收各种输送方式输来的液化石油气存入储罐；将液化石油气灌装到钢瓶、汽车槽车或其他移动式储罐中、并运送到各服务站或大型用户，回收残液以及对钢瓶进行检修等。

10.3.1 储配站的工艺流程

储配站的规模大小不同、液化石油气的运输方式、装卸车方法以及灌装方法不同，储配站的工艺流程也不同。一般可以采用泵、压缩机或泵-压缩机联合工作的形式。

10.3.1.1 中、小型储配站工艺流程

工艺流程如图10-7所示。液化石油气由生产厂通过管道、汽车槽车、火车槽车、槽船送到储配站储罐，再由液化石油气泵送至灌装间进行灌装，将灌好的实瓶用汽车运至各供应站供给用户。将用过的空瓶运回储配站，把瓶内的残液倒空再进行灌装。

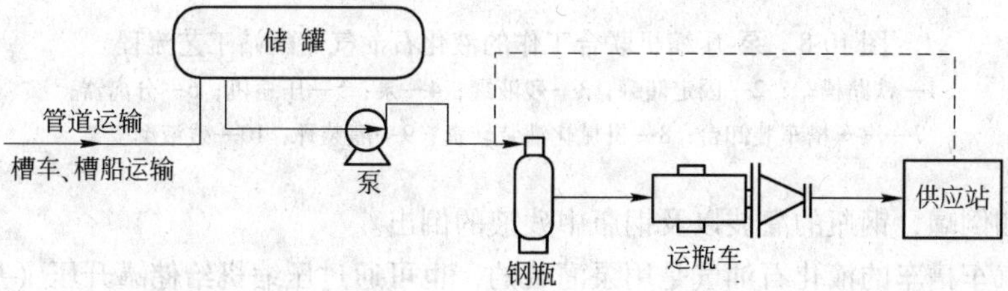

图10-7 管道、槽车（汽车、火车）、槽船输送工艺流程

10.3.1.2 大型储配站工艺流程

一般采用机械化、自动化的灌装和运输设备，通常采用泵-压缩机联合工作的工艺流程，即用压缩机卸车，而用泵来灌装，其工艺流程如图10-8所示。

液相管路：为了完成卸火车槽车、灌装和灌装汽车槽车等任务，火车槽车卸车栈桥的液相干管与储罐的液相进口管相连，泵的入口管与储罐的液相出口管相连，而泵的出口管与灌装车间的液相管、汽车槽车装卸台的液相管相连。储配站的所有液相管道互相连通，形成统一的液相管道系统。

气相管路：储配站内的气相干管，通过两条管道接向压缩机的吸、排气干管。压缩机的吸、排气干管又与火车槽车卸车栈桥、汽车槽车装卸台、储罐、残液罐以及残液倒空架的气相管相通。这样不仅形成统一的气相系统，而且能使所有气相管道既做吸气管又做排气管用。利用压缩机可以从任何储罐中抽出气相，送入其他储罐和火车槽车、汽车槽车中去。

利用上述液相与气相管路系统及阀门，可以完成以下作业：火车槽车和汽车槽车的装卸，

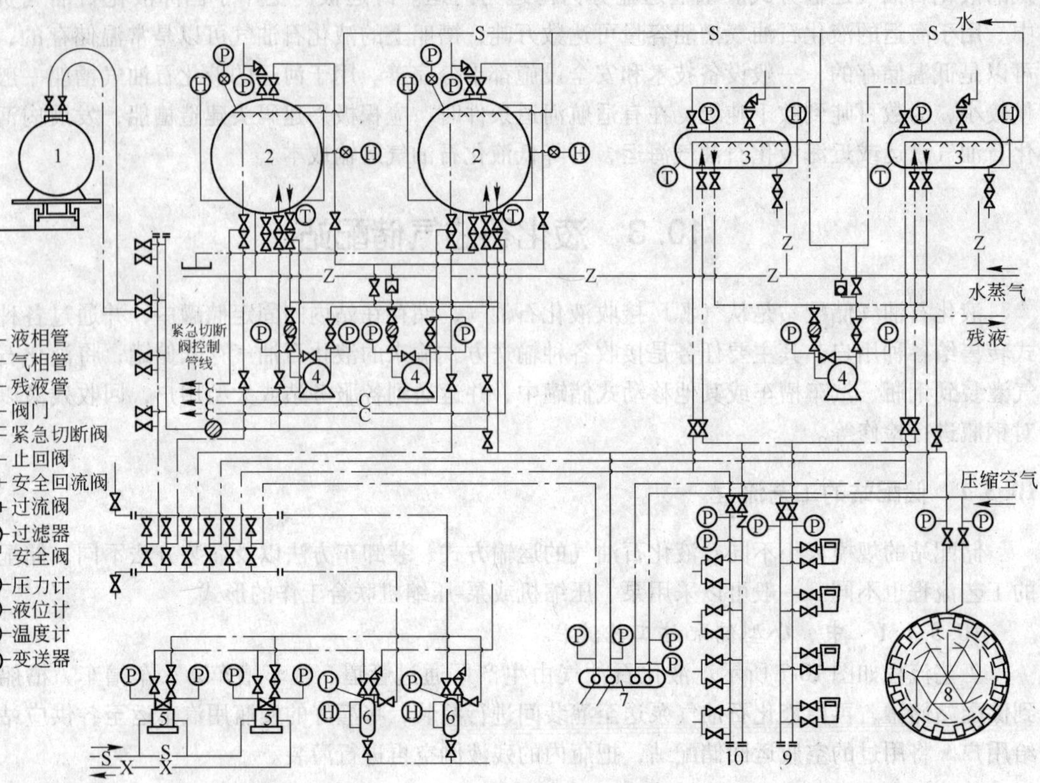

图 10-8　泵-压缩机联合工作的液化石油气储配站工艺流程

1—铁路槽车；2—固定储罐；3—残液罐；4—泵；5—压缩机；6—分离器；
7—汽车槽车装卸台；8—机械化灌装转盘；9—灌装秤；10—残液倒空架

储罐的充装和倒罐，钢瓶的灌装以及钢瓶中残液的倒出。

钢瓶和汽车槽车的液化石油气是用泵灌装的，也可通过压缩机给储罐升压（从其他储罐抽气）来灌装。将灌好的实瓶用汽车运至各供应站供给用户。将用过的空瓶运回储配站，把瓶内的残液倒空再进行灌装。

利用泵灌装时，不允许泵内液相多次循环，因为这样会导致液相过热，使泵内形成“气塞”，破坏泵的运转。因此在系统内设有安全旁通回流阀，可自动地将多余的液相排入回流管，流回储罐。

由于气相管道在变化的温度和压力下运行，管内可能产生冷凝液（即液相），为避免将液相以及液化石油气中的杂质、水分带进压缩机气缸，在压缩机入口管上应安设气液分离器，并在压缩机出口管上装设油气分离器，以避免将气缸中的润滑油随气相带出而污染其他设备。

10.3.2　储配站的平面布置

10.3.2.1　站址选择

选择站址一方面要从城镇的总体规划和合理布局出发，另一方面也应从有利生产、方便运输、保护环境着眼。站址选择一般应考虑以下几个方面：

（1）液化石油气储配站属于甲类火灾危险性企业，站址选在城镇边缘为宜。若必须在城镇建站时，应尽量远离人口稠密区，以满足卫生和安全的要求，同时要考虑储配站的供电、供水和电话通讯网络等各种条件。

（2）站址应选所在地区全年最小频率风向的上风侧，且地势平坦、开阔、不易积存液化石油气的地带。同时，应避开地震带、地基沉陷各废弃矿井等地段。

（3）当液化石油气用铁路运输时，选址应考虑经济合理的接轨条件；用管道输送时，站址应接近气源厂；用水路运输时，站址应选在靠近卸船码头的地方。

（4）储配站应避开油库、桥梁、铁路枢纽站、飞机场等重要战略目标。

（5）站址不应受洪水和山洪的淹灌和冲刷，站址标高应高出历年最高洪水位0.5m以上。同时应避开滑坡、塌方、断层、淤泥等不良地质的地区，站址的土壤耐压力一般不低于150kPa。

（6）液化石油气储配站的储罐与储配站内外建（构）筑物、明火、散发火花地点的防火间距应符合《城镇燃气设计规范》GB 50028 的规定。

（7）在罐区一侧应尽量留有扩建的余地。

10.3.2.2 平面布置原则

厂区的总平面布置，除考虑生产工艺流程顺利、合理，平面布置整齐、紧凑，合理利用地形、地貌等因素外，还应严格遵守《建筑设计防火规范》要求的防火间距，并考虑留有发展的余地。

为保证安全和便于生产管理，应将储配站分区布置。一般分为生产区（储罐区和灌装区）和生活辅助区。储罐区宜布置在储配站的下风侧，生活区布置在上风侧，灌装区布置在储罐区与生活区之间，以利用装卸车回车场地，保持储罐区与生活区之间有较大的安全防火距离。

储罐区内设置各种储罐、专用铁路支线、火车卸车栈桥及卸车附属设备等。液化石油气储罐的布置、储罐之间的距离、储罐与其他建（构）筑物之间的防火间距均应符合有关安全规程的要求。

灌装区内设置灌装车间、压缩机室、配电及仪表间、汽车槽车装卸台、汽车槽车车库及运瓶汽车回车场地等。

灌装车间是站内的主要生产车间，在灌装车间内除进行民用与工业的灌装、倒残液、检重、检漏等作业外，还须存放一定量的空、实瓶，属于储存火灾危险性甲类第五项物品的库房，因此车间建筑及总平面布置时应严格遵守安全防火有关规定。

生活辅助区内布置生产、生活管理及生产辅助建（构）筑物。

生产管理及生活用房，可合设在一幢综合楼中，布置在靠近辅助区的对外出入口处。

生产辅助建（构）筑物包括维修部分、动力部分及运输部分（汽车队）。

维修部分包括机修车间、电气焊、角阀及钢瓶修理、新瓶库、材料库等。这些建筑可以成组布置，便于管理和工作联系，又可以形成共同的室外操作场地。

动力部分的变电室、水泵房、空压机室、锅炉房等。可集中布置在辅助区距出入口较远、人员活动较少的一侧，形成动力小区，便于管理。

厂区的工艺管道布置应力求管线最短，采取分散和集中相结合的形式，用低支架地上敷设（通向汽车装卸台的管道在回车场地一段可用埋地敷设，与道路交叉时采用架空敷设），经常操作的管道阀门可集中布置，便于操作。厂区的其他管道如给水、采暖、热力等管道，均应明管敷设。

为便于消防工作和确保安全，罐区应有成环的消防通道，消防通道的宽度不应小于4m。

年供应量为1000t的储配站，供应户数5000～5500户，占地面积为6600～10000m^2，建筑面积为 853.26m²，建筑系数为 17.05%，利用系数为 59.89%，如图 10-9 所示；年供应量为 10000t 的储配站，供应户数 50000～55000 户，占地面积为 21320m²，建筑面积为 3290.88m²，建筑系数为 24.49%，利用系数为 61.98%，如图 10-10 所示。

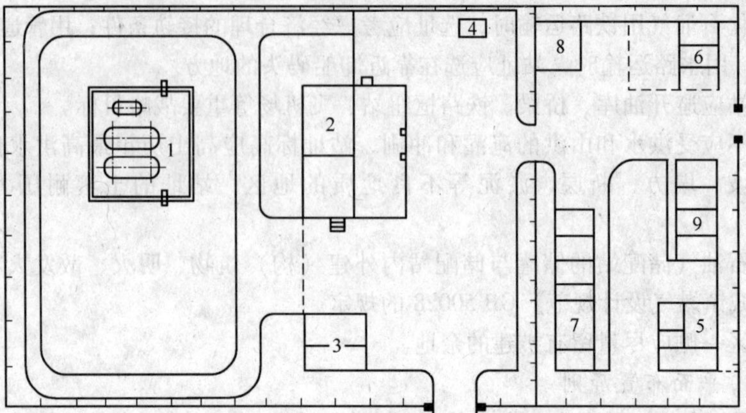

图 10-9　1000t/a 液化石油气储配站总平面图

1—罐区；2—压缩机室、灌装间；3—汽车槽车库；4—汽车装卸台；5—锅炉房；6—营业、修理及瓶库；7—配电、休息室；8—车库；9—办公、门卫

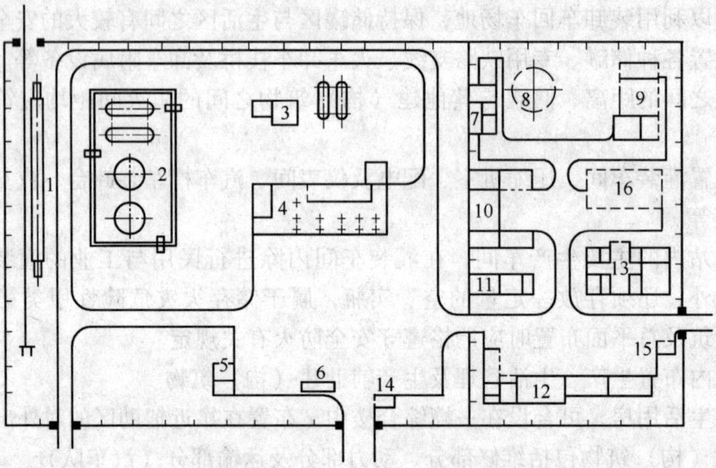

图 10-10　10000t/a 液化石油气储配站总平面图

1—火车栈桥；2—罐区；3—压缩机室、仪表间；4—灌装间；5—汽车槽车库；6—汽车装卸台；7—变配电、水泵房；8—地下消防水池；9—锅炉房；10—空压机室、机修间；11—休息室；12—车库；13—综合楼；14—门卫；15—传达室；16—钢瓶大修间

10.3.3　液化石油气储配站基本参数的确定

为了保证不间断供气，特别是在用气高峰季节也能保证正常供应，储配站中应储存一定数量的液化石油气。下面将叙述利用储罐储存液化石油气时，确定储存天数和储存总容积的方法。

10.3.3.1 储存天数的确定

当供气规模已定时，液化石油气储罐的总容积取决于储存天数，而储存天数主要取决于气源情况（气源厂个数、检修周期和时间、气源厂的远近等）和运输方式。

目前我国液化石油气主要来自炼油厂。炼油厂一般1~2年检修一次，检修时间一般为15~20天，最多不超过25天。

从储存天数来看，各地的实际储存天数相当于年平均日供气量的15~25天。月高峰系数按1.2~1.4计算，则相当于年计算平均日供气量的13~22天。

10.3.3.2 储存总容积的确定

储存总容积按式（10-11）计算，即

$$V_z = \frac{nK_rG_r}{\rho_y\varphi_b} \tag{10-11}$$

式中 V_z——总储存容积，m^3；

n——储存天数，d；

K_r——月高峰系数，推荐选用 $K=1.2\sim1.4$；

G_r——年平均日用气量，kg/d；

ρ_y——最高工作温度下的液化石油气密度，kg/m^3；

φ_b——最高工作温度下储罐允许充装率，取90%。

月高峰系数 K_r 应根据城镇使用液化石油气的统计资料确定，新发展燃气的城镇则可根据当地气象条件、生活习惯等因素，参照已有液化石油气城镇的月高峰系数确定。推荐选用 $K_r=1.2\sim1.4$，北方地区取较大值，南方地区取较小值。

当液化石油气储配站规模较大或一个城镇有几个灌装站时，应单独建设储存站，将液化石油气分别储存在储存站和灌装站内。二者储存量的分配比例可取2:1。

10.4 液化石油气的装卸、灌装

10.4.1 液化石油气的装卸

当采用管道输送时，可利用管道末端的压力将液化石油气直接送入储罐。采用槽车运输时，通常采用压缩机、烃泵、升压器进行装卸，个别场合也可以用静压差或不溶于液化石油气的压缩气体进行装卸。

10.4.1.1 利用压缩机装卸的方式

用压缩机装卸的工艺流程如图10-11所示。

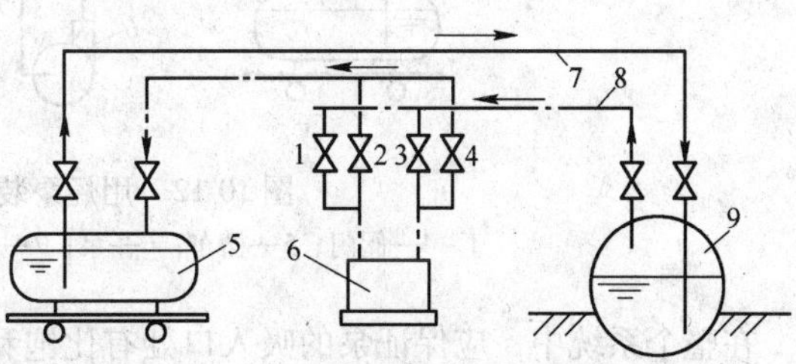

图10-11 用压缩机装卸的工艺流程

1~4—阀门；5—槽车；6—压缩机；7—液相管；8—气相管；9—储罐

卸车时，打开阀门2与3，开启压缩机，将储罐中的气态液化石油气压送到槽车中。槽车中的液态液化石油气在压力作用下（压差通常为0.2~0.3MPa）经管道送入储罐。当槽车内的液化石油气卸完后，还应将气态液化石油气由槽车中抽出，压入储罐中。因此，需关闭储罐和槽车的液相阀门，同时关闭阀门2和3，打开阀门1和4启动压缩机，但不应使槽车储罐中的压力过低，一般应保持在 0.1 ~ 0.2MPa 之间。

液化石油气卸车的过程是不稳定的流体力学和热力学过程，通过测定压缩机卸车过程和理论分析得出公式为

$$L_m = a(5-4y)Q_l^b\left(\frac{100}{T}\right)^c \tag{10-12}$$

式中 L_m——液化石油气压缩机活塞排气量，m^3/h；

y——在计算温度下液化石油气气相中 C_2 和 C_3 体积百分组成；

Q_l——液态液化石油气卸车强度，m^3/h；

T——计算温度，采用冬季通风室外计算温度，K；

a，b，c——条件系数，按表 10-4 取值。

表 10-4　液态液化石油气压缩机卸车条件系数

条件系数 / 槽车几何容积/m^3	a	b	c	卸车强度 Q_l 范围	
				$T<0℃$	$T\geq0℃$
61.9	11.88×10^3	1.19	10.17	$\leq50+t$	$>20+t$
51.7	11.03×10^3	1.19	10.20	$\leq50+t$	$\geq20+t$
22.4	18.18×10^3	1.22	10.14	$\leq25+0.5t$	$\geq15+0.5t$
11.9	13.37×10^3	1.17	10.17	$\leq12+0.2t$	$\geq6+0.2t$
5.7	6.04×10^3	1.20	9.87	$\leq12+0.2t$	$\geq6+0.2t$

10.4.1.2　利用烃泵装卸的方式

采用泵装卸液化石油气方法和工艺系统比较简单，只需液相管道。当为了加快装卸速度而增设气相连通管时，管径也较小，用泵装卸的工艺流程如图 10-12所示。在卸车时，打开阀门 2 和 3，开启泵，槽车中的液化石油气在泵的作用下，经液相管进入储罐中，气相管只起压力平衡作用。装车时，关闭阀门 2 和 3，打开阀门 1 和 4，在泵的作用下，液化石油气由储罐进入槽车。

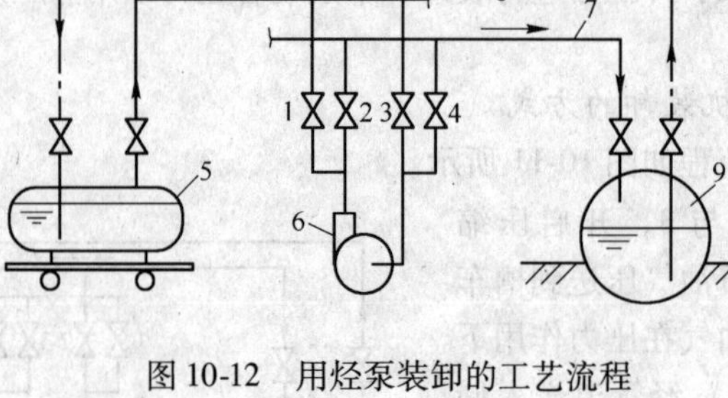

图 10-12　用烃泵装卸的工艺流程

1 ~ 4—阀门；5—槽车；6—泵；7—气相管；8—液相管；9—储罐

在整个系统中，应保证泵的吸入口处有比饱和蒸气压大的静压力，否则，在吸入管中的液化石油气将气化造成“气塞”，使泵空转，因此采用这种装卸方式要注意泵的选择。采用提高槽车位置或将泵安装在槽车的下面，可以提高泵的吸入口的静压力。

用泵装卸槽车时，其装卸量可按式（10-13）计算，即

$$G_c = NV_cK_c\rho f \tag{10-13}$$

式中 G_c——液态液化石油气的装载量，t；

N——装载槽车的数量，辆；

V_c——槽车的几何容积，m^3/辆；

K_c——容积充满度；

ρ——灌装温度下，液态液化石油气的密度，t/m^3；

f——考虑留有一定余量的系数，一般取 $f=1.2$。

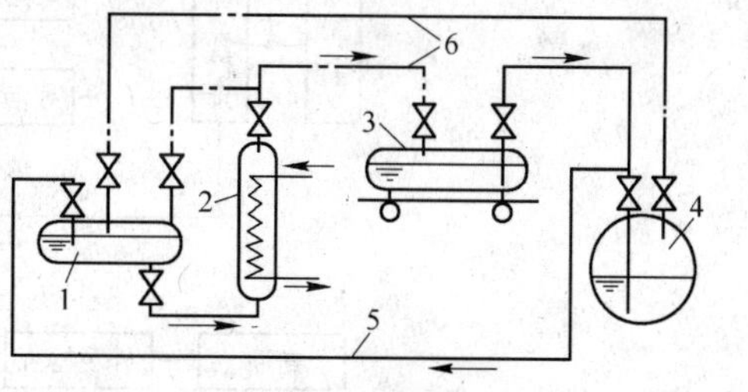

图 10-13 用升压器装卸的工艺流程

1—中间储罐；2—气化器；3—槽车；4—储罐；5—液相管；6—气相管

安装在槽车的烃泵可以用叶片泵（滑片泵）或离心泵，主要取决于槽车的大小。一般对装车量大的情况采用离心泵。

10.4.1.3 用升压器装卸的方式

用升压器装卸的工艺流程如图 10-13 所示。

中间储罐 1 和气化器 2 联合工作，通过热媒对升压器中的液相液化石油气加热，部分液相液化石油气气化进入槽车中，一部分液化石油气蒸气凝结于槽车中液相表面，使表面温度升高，槽车中气相空间的压力也随之增高，下部液相液化石油气在压力作用下进入储罐，其工作原理和压缩机卸车基本上是相同的。这种方式比压缩机工作更平稳可靠，因此得到了广泛的应用。

10.4.1.4 利用压缩气体装卸的方式

将具有一定压力的天然气或高压惰性气体送入槽车的气体空间，提高其压力，使之与储罐形成一定的压差，从而将槽车内的液化石油气卸入储罐。

当重新灌装已倒空的槽车时，必须将混合气体放空（或注入城镇煤气管网中）。因此，这种方法要损失相当数量的液化石油气，且须供应在液化石油气中溶解度很小的高压气体，难以推广。

10.4.2 液化石油气的灌装

10.4.2.1 气瓶灌装

我国液化石油气的分配与供应方式主要是气瓶供应。供给民用户采用 15kg 气瓶，供给商业、服务业及小型工业用户则用 50kg 气瓶。

A 手工灌装

日灌装量不超过 1000 瓶的小型储配站采用手工灌装，采用手工灌装工艺流程可节省投资和运行费用。灌装时用泵（或泵和压缩机串联）经液相管道将液化石油气送至灌装间的液相干管，再经支管分送到手工灌装嘴进行灌装作业。手工灌装系统和工艺流程如图 10-14、图 10-15 所示。

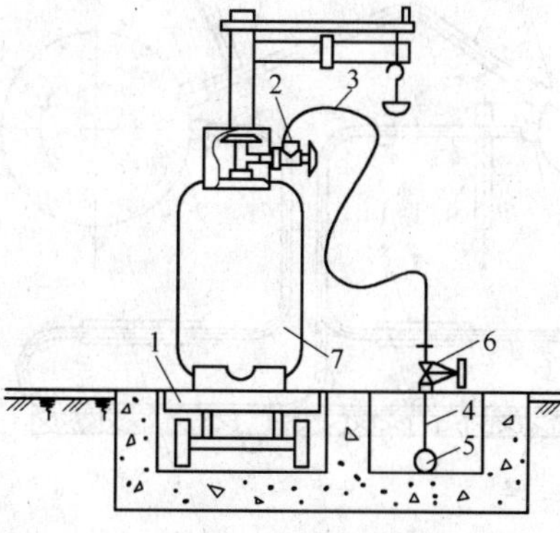

图 10-14 手工灌装系统

1—普通台板秤；2—手工灌装嘴；3—软管；4—液相支管；5—液相干管；6—截止阀；7—钢瓶

手工灌装操作繁琐，效率低，液化石油气漏

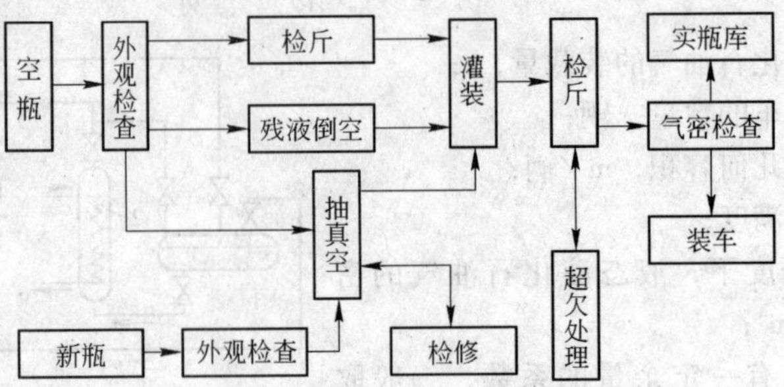

图 10-15　手工灌装工艺流程

失量大，灌装量误差大。

为解决上述问题，可以将手工灌装嘴改为气动灌装嘴，普通台秤改为气动台秤。原理如图 10-16所示。

空瓶上秤台，将秤调到灌装质量位置，此时秤杆处于低位，气动阀门处于开启状态，液化石油气接通灌装嘴灌装，当达到规定质量时，秤杆抬起，气动阀门关闭，切断液化石油气，停止灌装。

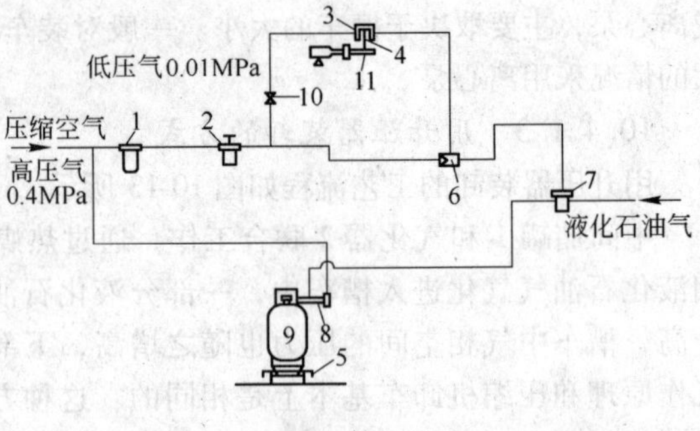

图 10-16　普通台板秤改装成气动台秤的工作原理

1—分水滤气器；2—减压阀；3—贯穿发信器；4—挡片；5—秤；6—单向放大器；7—调节阀；8—气动灌装嘴；9—钢瓶；10—气阻；11—秤杆

B　机械化、自动化灌装工艺

这种方法是指运到灌装站的空瓶，从卸车开始，直到对灌装后的实瓶装车运出的全过程，均采用机械化和自动化。

自动化灌装的工艺流程如图 10-17 所示。

回站钢瓶用叉车放在托盘运输机上的托盘中，推瓶器将空瓶推上传送带运进灌装间。经清

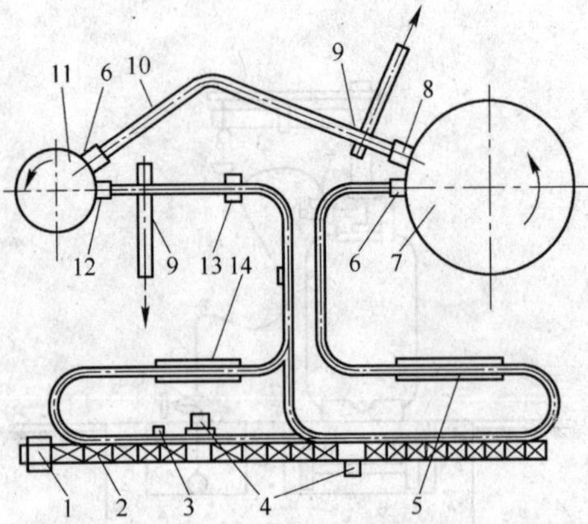

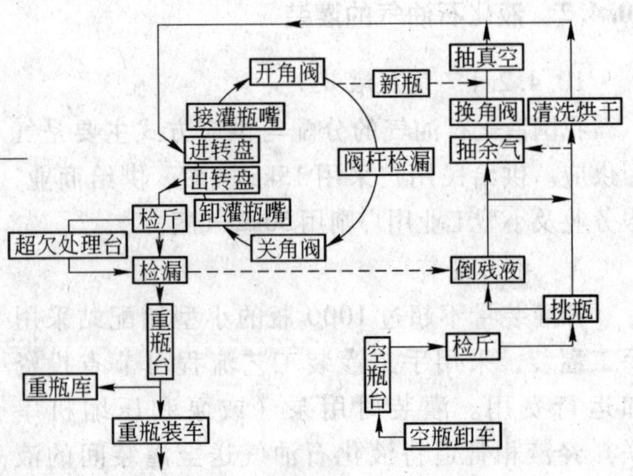

图 10-17　液化石油气机械化灌装的工艺流程

1—托盘运输机；2—托盘；3—停止器；4—推瓶器；5—清洗烘干设备；6—上瓶器；7—倒空转盘；8—卸瓶器；9—分瓶器；10—机动辊道；11—灌装转盘；12—检斤装置；13—水检机组；14—烘干设备

洗、烘干后，由上瓶器将钢瓶推上倒空转盘。倒出钢瓶中的残液后，空瓶沿机动辊道去灌装转盘。灌装完的实瓶经检斤装置对钢瓶的灌装量进行复检，并在水检机组上进行瓶阀的气密性检验。经检查合格的实瓶，在烘干设备中烘干后沿传送带送去装车外运。

机械化灌装转盘机组包括下列部件：装有自动灌装秤的转盘、转盘主轴、上瓶器、卸瓶器、检斤秤和传送带。

C 钢瓶灌装量的复检

钢瓶的超量灌装严重威胁钢瓶的安全使用，因此对灌装后的实瓶进行质量复检（也称检斤）是灌装过程不可缺少的环节。一般采用指针式台秤作检斤秤。检斤秤可直接装在链条式运输机上，在运输钢瓶的过程中，对钢瓶的灌装量进行检查。如果灌装超重或分量不足，操作人员将不合格的钢瓶从运输机上取下，或者送去倒出余量，或者拿到单独的灌装秤上补灌。

D 实瓶阀门气密性检验

检斤后的实瓶，在入库或直接装车外运以前，都要对钢瓶阀门进行气密性检验。在机械化灌装工艺流程中，检验装置是设在灌装转盘之后的一个水槽，里面装有一个四翼板转子。每块翼板上均有辊道和护栏（护栏是用来挡住钢瓶，在辊道绕轴旋转时钢瓶不至翻倒），辊道视钢瓶容积不同，每次可直接从运输机上接过6~8个钢瓶。当翼板转子转动90°时，钢瓶进入水中，若水中有气泡出现，即可确定瓶阀漏气，操作人员将漏气瓶挑出送去倒空和维修。在手工和半自动化灌装中，一般是将钢瓶阀门上涂抹肥皂液，当有皂泡出现，即可确定钢瓶阀门漏气。

10.4.2.2 残液回收系统

运回的钢瓶，在灌装液化石油气之前，应将钢瓶内的少量残液（C_5以上组分和少量C_4组分）回收。为此，在灌装站应设置残液回收系统经常采用的回收残液的方法主要如下。

A 正压法（图10-18）

气瓶中残液的压力，一般都比残液罐中的压力小，用压缩机向钢瓶内压入气态液化石油气来提高瓶中的压力，使残液流入残液罐。

倒残液时，打开阀门1，气态液化石油气通过压缩机增压后压入钢瓶。当钢瓶内压力比残液罐压力大0.1~0.2MPa时，关闭阀门，翻转钢瓶，打开阀门2，使残液流入残液罐。与此同时，将残液罐上部空间的气体由压缩机抽回储罐。

B 负压法（图10-19）

这种方法是利用压缩机抽出残液罐上部空间的气体，以降低残液罐中的压力，使钢瓶中的

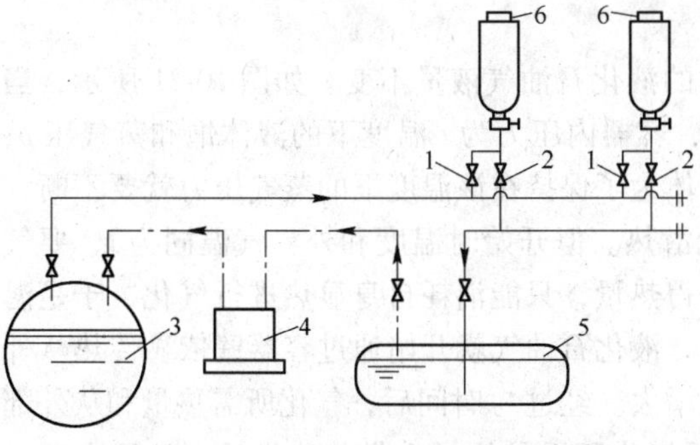

图10-18 正压法回收残液工艺流程

1，2—阀门；3—储罐；4—压缩机；5—残液罐；6—钢瓶

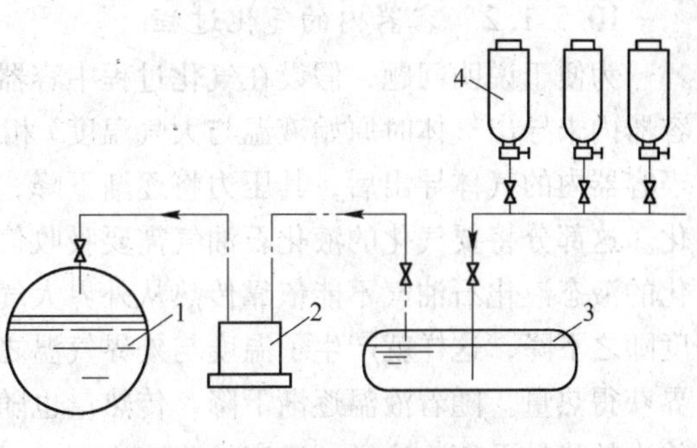

图10-19 负压法回收残液工艺流程

1—储罐；2—压缩机；3—残液罐；4—钢瓶

残液流入残液罐。

残液罐通常采用圆筒形卧式罐，其容量应能储存 7 ~ 10 天的残液回收量。残液罐的设计压力与残液的成分和地区的温度有关，一般选用 1.0MPa。

10.5　液化石油气的气化和混合气

10.5.1　自然气化

容器中的液态液化石油气依靠自身显热和吸收外界环境热量而气化的过程，称为自然气化，如图 10-20 所示。

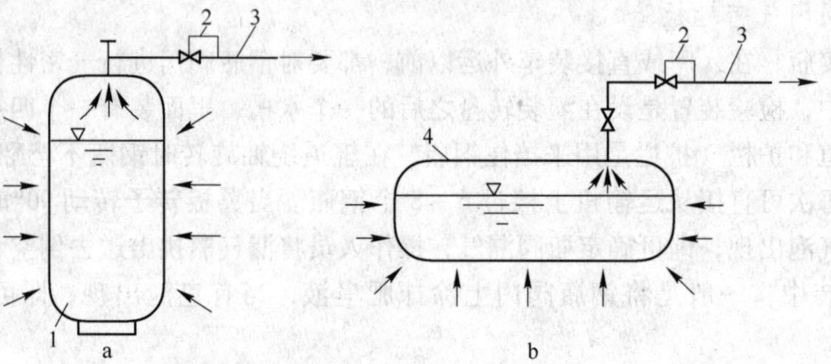

图 10-20　自然气化示意图

a—钢瓶；b—储罐

1—钢瓶；2—调压器；3—气相管道；4—储罐

自然气化方式多用于居民用户和用气量不大的商业用户及小型工业用户的供应系统中。

10.5.1.1　自然气化原理

当开始从容器内导出气体时，容器内液体温度 t 与外界温度相同，压力为 t 温度下的饱和蒸气压力 p。当容器内气体被导出时，由于液体温度与环境温度相同，液体不能通过容器壁从外界环境吸收热量，只有依靠自身的显热气化而引起液温下降。液体与外界环境间产生温差，气化所需要的热量开始通过容器壁从外界环境获得，经过一段时间，液温降至气化所需要的热量全部由外界环境供给时，液温不再下降，形成单一的传热气化。

10.5.1.2　容器内的气化过程

为便于说明问题，假设在气化过程中容器内的液化石油气液量不变。如图 10-21 所示，当容器内未导出气体时原始液温与大气温度 t 相同，容器内压力为 t 温度下的液体饱和蒸气压 p；当容器内的气体导出后，其压力将逐渐下降，液体为了保持在该温度下的蒸气压力就要不断气化。这部分将要气化的液化石油气需要吸收气化潜热。但开始时温度和外界气温同为 t，要气化的液态液化石油气不能依靠传热从外界大气获得热量，只能消耗自身显热进行气化，于是温度随之下降，这样就产生了温度与外界气温之差，液化石油气就开始通过容器壁依靠传热从外界获得热量。随着液温逐渐下降，传热量也随之增大。经过 τ_0 时间后，气化所需热量和从外部传进的热量平衡，这样，温度就稳定在 t'_0，此后气化所需的热量全靠传热供给，容器内压力为液温 t'_0时的饱和蒸气压 p'_0（约为 0kPa 表压）。

从开始导出气体到 τ_0 这段时间里，利用显热气化的速度和原有气体因压力降至 p'_0时，向外

导出的速度 w_2 之和从 w'_0 逐渐减小到零；相反，依靠传热的气化速度 w_3 则从零变为 w'_0。τ_0 以后全靠传热气化，这时气化速度仍为 w'_0。

实际上从容器内导出气体的压力不可能等于0（kPa 表压），导出的气体压力应不低于调压器入口所需的最低压力 p_0。液化石油气液温必须不低于蒸气压力为 p_0 时的温度 t_0，为了要连续导出气体并使气化压力保持在 p_0 以上，那就必须以比 w'_0 小的 w_0 导出气体。当然 p_0 越高，液温 t_0 也越高，气温与液温相差值越小，则气化速度就越小，如图10-21 虚线所示。

在确定最低液温时，还应考虑到空气中水蒸气的露点。当液温低于空气中水蒸气的露点或冰点时，在容器表面即会结露或结霜，传热系数变小，影响气化能力。

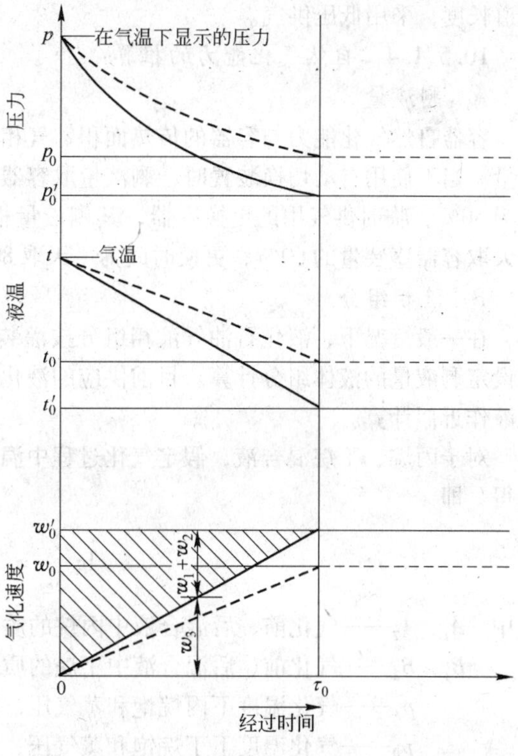

图 10-21 气化过程中的压力、液温变化

10.5.1.3 自然气化的特点

A 气化能力的适应性

容器或储罐内的液相液化石油气利用显热的气化量和原有容器内气体因降低压力向外导出气体量与依靠传热的气化量性质不同，前两部分气化量取决于容器内的液体量、容器内容积、液温变化及压力变化等条件，而与时间无关。所以在比 τ_0 短的时间内，可以比 w_0 大的速度导出气体，时间越短，导出气体的速度可以越大。如果减少或停止气化量，液温可以回升，那么可以再利用由此积蓄起来的显热在短时间内以较大的速度气化。也就是说，这种气化方式的气化能力，根据实际条件具有一定的缓冲性质，这种性质称为气化能力的适应性，这是自然气化的一个重要特性。液温和气体压力越高，气化能力的适应性越大。

对于居民用户，一天有几个用气高峰，要求短时间内用气量较大，而大部分时间用气量较小；对于工业用户的加热炉，在开始升温时用气量较大，而当炉温达到要求时，用气量较小，对这类短时间内需要消耗大量液化石油气的设备，即可以利用气化能力的适应性来确定需要的容器数。

B 气化过程是不稳定过程

容器中气相不断被引出，液相会不断气化为气相，液相不断减少，因此气化能力也会随之下降；当液化石油气是非单一成分时，气化过程引出的气相或仍存留在容器内的气相和液相的组分都要发生变化。轻组分会减少，重组分会增加，因此容器中的饱和蒸气压会逐渐降低。

C 防止再液化的措施

自然气化时，液温低于环境温度，在该温度下导出的饱和蒸气，当送入环境温度下的容器或管道内时，呈现过热状态，不会发生再液化问题。只有在停气后环境温度低于该压力下的蒸气露点时（如夜间不用气的情况下），管道内才可能出现再液化问题。但当采用瓶装供气时，因为管道较短，液量较少，下次使用时会立即气化，对使用无任何影响。只有当高压长距离输送，管道比容器的环境温度低时，才有再液化现象。因此，应尽量缩短容器出口至调压器间的管道长度，采用低压供气。

10.5.1.4 自然气化能力的推算

A 剩液量

容器自然气化能力与容器的传热面积、气相空间体积有关。因此应先设定能确保使用的剩液量。当不使用自动切换装置时，剩液量取容器盛装量的30%；有气体自动切换装置时，剩液量为50%，临时供气用的更换容器，其剩液量根据更换容器所需要的时间而异，更换时间为两天取容器盛装量的60%；更换时间为一天取80%；更换时间为1h和30min取100%。

B 液相组分

在一般情况下，液化石油气液相组分按灌装的组分计算，而在推算容器自然气化能力时，按设定剩液量的液体组分计算。目前供应的液化石油气可以按某一温度条件下的丙烷、丁烷混合液作近似计算。

对于丙烷、丁烷混合液，假定气化过程中温度不变，气化后的组分概略值可按式（10-14）求得，即

$$\lg \frac{A_1}{A_2} = \frac{p_A}{p_B} \lg \frac{B_1}{B_2} \tag{10-14}$$

式中 A_1，A_2——气化前、后混合液中丙烷的质量分数,%；

B_1，B_2——气化前、后混合液中丁烷的质量分数,%；

p_A——气化温度下丙烷饱和蒸气压，kPa；

p_B——气化温度下丁烷饱和蒸气压，kPa。

在设定液化石油气混合物的组分为丙烷、丁烷时，其使用过程中容器内剩液量组分变化曲线和蒸气组分变化曲线如图10-22和图10-23所示。

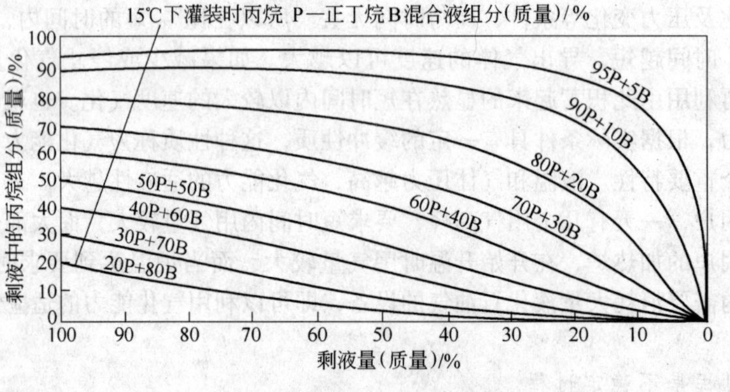

图10-22 剩液组分变化曲线

C 最低压力

液体气化的最低压力为调压器进口允许最低压力，当系统采用一级调压的低压调压器时，最低压力可取0.07MPa（表压），使用二级调压的低压调压器或中压调压器时，最低压力可取0.1MPa（表压）。

此外，设定最低气体压力时，应考虑防止因容器壁表面温度低于空气露点而出现结露或结冰现象。因为此时传热系数将急剧下降，使气化能力大大降低。这一点对于设置在露天的容器尤为重要。

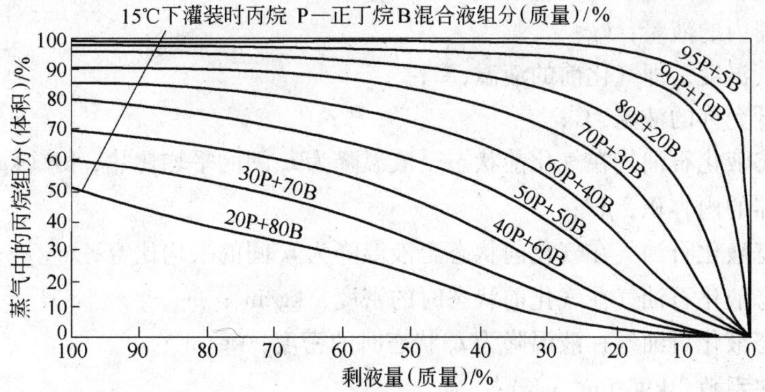

图 10-23 蒸气组分变化曲线

D 设定环境温度

设定环境温度指使用条件下容器周围的最低温度。一般气化能力资料中给出的为 -5℃、0℃、+5℃三个温度下的气化能力。

E 传热系数

传热系数 K 与许多因素有关，主要与周围介质的状况（如空气流速、土壤导热性）、容器与储罐的形状和空气与罐壁的接触条件等有关，而这些条件又是变化的，故通常靠实验方法取得。最常用的传热系数 K，对地上 50kg 钢瓶，在无风状态下，可取 7～8.2W/(m^2·K)；在空气少许流动时，可取 11～17.5W/(m^2·K)。当气化过程中由于液温下降使容器外表面结露或结冰时，K 值为正常情况的三分之一。对地下容器，当容器埋在土壤冰冻线以下时，一般取 K 值为 3～6W/(m^2·K)。

F 气化能力的推算

若以 t_0 为最低允许液温，则在 τ_0 时间内容器的气化量及气化速度可用式（10-15）和式（10-16）表示，即

$$G = G_1 + G_2 + G_3 = w_0 \tau_0 \tag{10-15}$$

$$w_0 = \frac{1}{\tau_0}(G_1 + G_2 + G_3) \tag{10-16}$$

式中 G—— τ_0 时间内的总气化量，kg；

G_1—— τ_0 时间内依靠本身显热的气化量，kg；

G_2——τ_0 时间内原来气体因降低压力而向外导出的气体量，kg；

G_3—— τ_0 时间内依靠传热的气化量，kg；

w_0——气化速度，kg/h；

τ_0 ——气化时间，h。

上述三部分气化量分别为

$$G_1 = \frac{1}{r} G' C_{pm}(t - t_0) \tag{10-17}$$

$$G_2 = (V - G'v)(\rho - \rho_0) \tag{10-18}$$

$$G_3 = \frac{1}{r} KF\left(t - \frac{t + t_0}{2}\right) \tau_0 \tag{10-19}$$

式中　r——液化石油气的平均气化潜热，kJ/kg；

G'——容器内的液量，kg；

t——空气温度，即气化前的液温，℃；

t_0——最低允许的液温，℃；

C_{pm}——液态液化石油气在气化前状态至液温降为 t_0 间的平均比热，kJ/(kg · K)；

V——容器的内容积，m^3；

v——液态液化石油气在气化前状态至液温降为 t_0 间的平均比容，m^3/kg；

ρ——气态液化石油气在气化前状态时的密度，kg/m^3；

ρ_0——气态液化石油气在液温降为 t_0 状态时的密度，kg/m^3；

K——传热系数，kW/(m^2 · K)；

F——液量为 G'时的湿表面积，m^2。

如果容器已经以小于 w_0 的某个速度正在连续气化（此时液温低于环境温度），某时刻又可以开始以 w_0 速度连续导出气体，直到液温降到 t_0，则此期间气化量的计算与上述计算原理相同。

液温达到 t_0 后的连续气化能力为

$$G_0 = \frac{1}{r}KF(t - t_0) \tag{10-20}$$

式中　G_0——液温为 t_0 时的连续气化能力，kg/s。

湿表面积 F 是一个变量，随着气化时间的增加而减少。根据连续气化量、传热系数、气化潜热、环境温度及最低允许液温可以计算出总湿表面积，而每一个钢瓶的最低湿表面积可以通过设定钢瓶允许剩余量求得（通常不设自动切换装置时，为 30%；有气体切换装置时，为 50%），这样就可以计算出满足用户连续供气的钢瓶数量。

10.5.2　强制气化

强制气化就是人为地加热液态液化石油气使其气化的方法。气化是在专门的气化装置（气化器）中进行的。

在实际工程中，当液化石油气用量较大，采用自然气化很不经济或生产工艺要求液化石油气热值稳定时，多采用强制气化。

10.5.2.1　强制气化的特点

（1）对多组分的液化石油气，如采用液相导出强制气化，则气化后的气体组分始终与原料液化石油气的组分相同，因而可向用气单位供应组分、热值和容重稳定的液化石油气。

（2）通常在不大的液化装置中可气化大量液体，以满足大量用气的需要，而不像自然气化那样，气化量受容器个数、湿表面积大小和外部气候条件等限制。

（3）液化石油气气化后，如仍保持气化时的压力进行输送，则可能出现再液化问题。为防止再液化，必须使已气化了的气体尽快降到适当压力，或者继续加热提高温度，使气体处于过热状态后再输送。

以图 10-24 所示的强制气化系统为例说明液化石油气再液化的条件。

储罐环境温度为 25℃，组分为 50% 丙烷与 50% 丁烷的液态液化石油气，在其饱和蒸气压 0.6MPa 下送入气化器，气化后的气体组分与液体组分相同。

通过查图表或计算得知，组分为 50% 丙烷与 50% 丁烷的液态液化石油气，如果要在

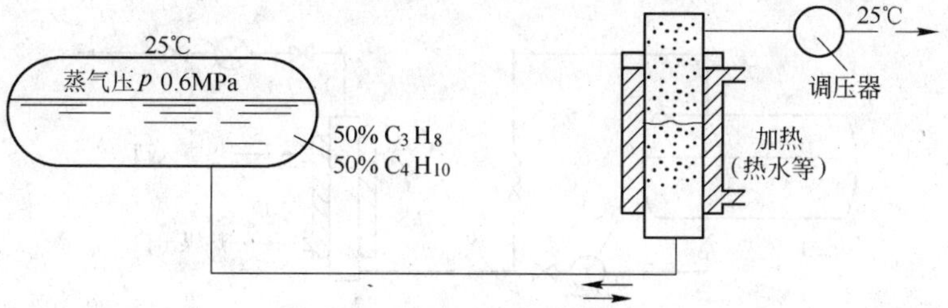

图 10-24 强制气化再液化条件

0.6MPa 下不再液化，其最低温度约为 40℃。因此，气化器的加热温度不宜低于 40℃，否则，将导致剩液中留下越来越多的丁烷组分。另一方面，上述组分气态液化石油气，如果要在环境温度 25℃ 时不再液化，其最高压力约为 0.3MPa。所以，气化器之后应紧接调压器，使液化石油气压力降到 0.3MPa 以下，以防止出现再液化。

10.5.2.2 强制气化的工艺流程

在强制气化系统中，液化石油气从容器中进入气化器的方式有下列几种：依靠容器自身的压力（等压强制气化）；利用烃泵使液态液化石油气加压到高于容器内的蒸气压后送入气化器，使其在加压后的压力下气化（加压强制气化）；液态液化石油气依靠自身压力从容器进入气化器前先进行减压（减压强制气化）。

A 等压强制气化

如图 10-25 所示。容器 1 内的液态液化石油气，依靠自压 p 送入气化器 2，进入气化器的液体从热媒获得气化潜热，气化压力为 p 的气体经调压器 3 调节到管道要求的压力输送给用户。

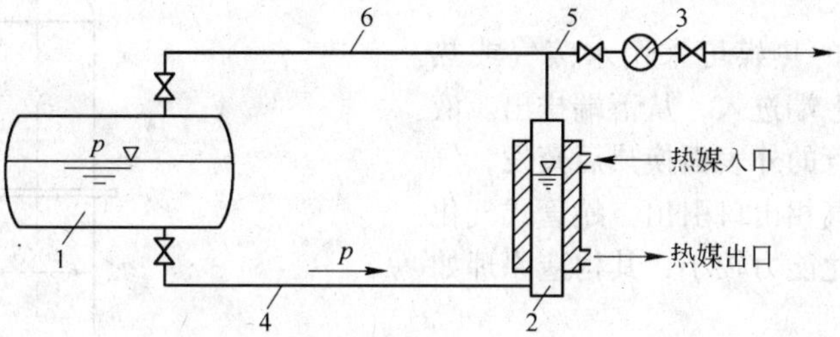

图 10-25 等压气化原理示意图
1—容器；2—气化器；3—调压器；4—液相管；5—气相管；6—气相旁通管

B 加压强制气化

如图 10-26 所示。容器 1 内的液化石油气由泵 4 加压到 p' 送入气化器 2，在气化器内，在 p' 的压力下气化，然后由调压器 3 调节到管道要求的压力输送给用户。

当用户用气量减少或停止使用时，气化器导出的气体减少或停止，气化器内的压力会升高，将进入气化器的液态液化石油气通过图 10-26 中的回流管 8 压回容器，气化器内液位下降，传热面积减小，气化速度减小。当气化器导出气体增加时，气化器的液位会自动上升，传热面积增大，气化速度增加。

气化器具有负荷自适应特性：当用气量减少时，气化器内液化石油气气相压力升高。在达到以致超过液相进入压力时，将阻止液相继续进入并将液相推回进液管，从而使气化器中

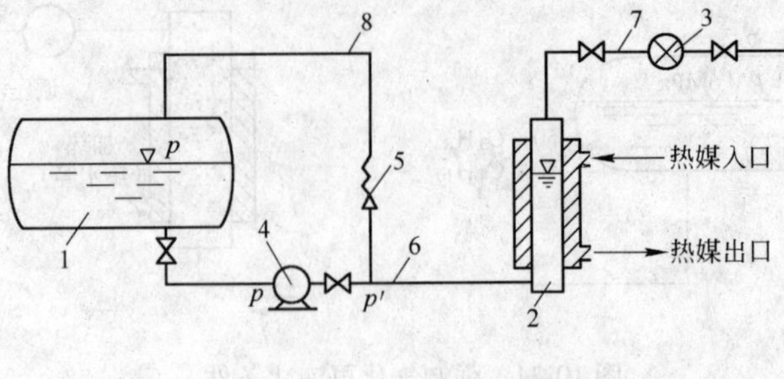

图 10-26　加压气化原理示意图

1—容器；2—气化器；3—调压器；4—泵；5—过流阀；
6—液相管；7—气相管；8—旁通回流管

液相传热面积减少，气化量减少。当用气量增大时，则发生相反的过程。这是气化器对于负荷变动相应自动调整产气量的一种适应特性。

C　减压强制气化

如图 10-27 所示，液体在进入气化器前先通过减压阀 4 减压，再在气化器内气化。这种流程中，当导出气体减少或停止时，气化器内压力升高，则通过回流阀 5 将液体导回容器，通过减少传热面积而降低气化速度。

10.5.2.3　气化器

气化器的总气化能力应为要求供气能力的 1.2 ~ 1.4 倍。气化器的台数一般不应少于两台，其中一台备用。气化器按载热体不同可分为水蒸气、热水、电热和火焰式等。按换热形式不同可以分为蛇管式、列管式、U 形管式和套管式。

A　蛇管式气化器

蛇管式气化器的热媒可采用水蒸气或热水，一般从蛇管的上端进入，从下端排出。液态液化石油气与蛇管的外表面换热后蒸发，气态液化石油气便从气相出口引出。蛇管式气化器的构造简单，气化能力较小，其构造原理如图 10-28 所示。

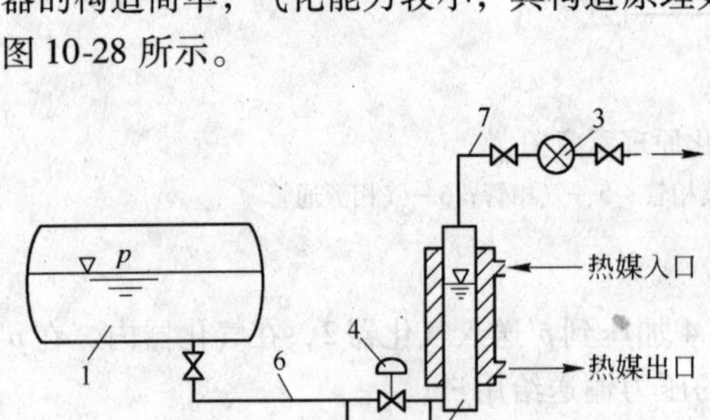

图 10-27　减压加热气化原理示意图

1—容器（储罐）；2—气化器；3—调压器；
4—减压阀；5—回流阀；6—液相管；7—气相管

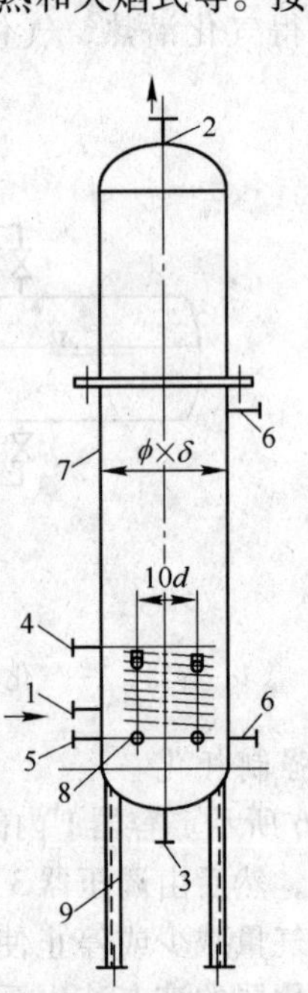

图 10-28　蛇管式气化器

1—液相进口；2—气相出口；3—排污管；4—热媒进口；
5—热媒出口；6—液位计接口；7—壳体；
8—蛇形管；9—支架

B 列管式气化器

这种气化器虽然结构比较复杂，但气化能力较大，维修和清扫管束比较方便，其构造如图10-29所示。

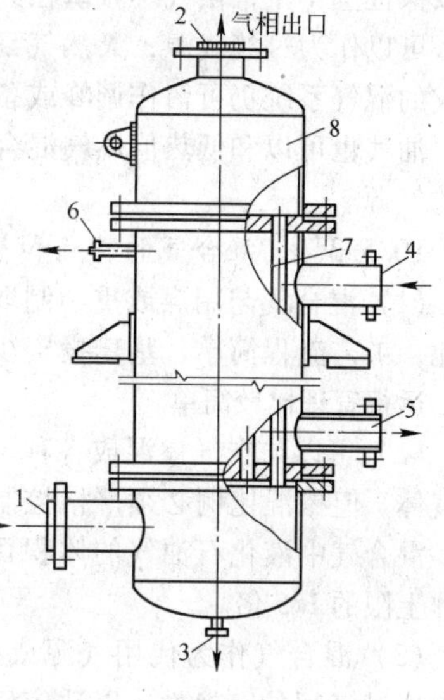

图10-29 列管式气化器

1—液相进口；2—气相出口；3—排污管；4—热媒进口；5—热媒出口；6—不凝汽出口；7—列管；8—外壳体

C 火焰式气化器

这类气化器可以分为两类，一类是烟气通过壁面与液化石油气换热，它只适用于生产量非常大的气化装置中。第二类是烟气通过中间介质把热量传给液化石油气。在没有其他热源的情况下，采用自备液化石油气作燃料是很方便的。火焰式气化器如图10-30所示。烟气通过中间介质把热量传给液化石油气的火焰式气化器，加热系统的传热系数 K 为 0.041 ~ 0.047kW/(m^2·K)，气化系统的传热系数 K 为 0.233 ~ 0.466kW/(m^2·K)。

D 电热式气化器

一般生产量不大时，采用电热式气化器。这种装置一般气化1kg液化石油气需要消耗432 ~ 504kJ的电能。中间介质可以采用油或水。电热式气化器如图10-31所示。

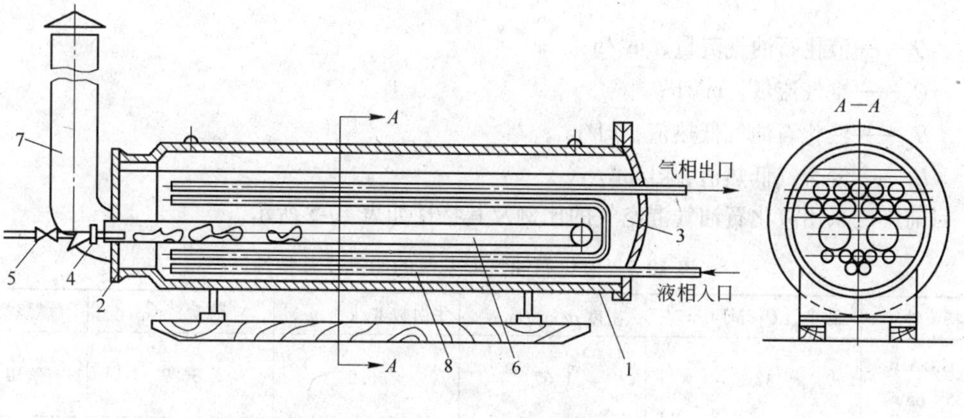

图10-30 火焰式气化器

1—外壳；2，3—端盖；4—燃烧器；5—调压器；6—双火筒；7—烟筒；8—管组气化系统

气化器上一般都装有温度计、压力表、安全阀、液面指示计等仪表。

在气化温度较高、沸腾剧烈的气化过程中，往往气体中带有雾状液滴。故在构造上应考虑设置挡液板或其他类型的液滴分离装置，也可以根据情况，在气化器外设置单独的气液分离器。

10.5.3 液化石油气-空气混合气

与人工燃气相比，液化石油气和空气混合作为中、小城镇气源具有投资少、运行成本低、建设周期短、规模弹性大的优点。与气态液化石油气相比，由于露点降低，在寒冷地区可以保证全年正常供气。城镇在天然气到来之前，可以作为过渡气源；天然气到来之后，已建成的混气系统仍可留作调峰或备用气源。液化石油气也可以和低热值燃气混合作为小型城镇的气源。

10.5.3.1　混合气的特点和基本参数

(1) 混合气与用煤或重油制取的人工煤气相比，工艺流程简单、基建投资少、建设周期短、运行管理比较简单。

(2) 可以与空气掺混成各种不同比例的混合气体。但掺混比例必须严格控制在安全范围内，混合气中液化石油气的体积百分数高于其爆炸上限的1.5倍。

(3) 混合气作为代用气源或补充气源时，应考虑燃气间的互换性，以适应已有燃具的使用条件。

(4) 混合气中的空气量可由式(10-21)计算，即

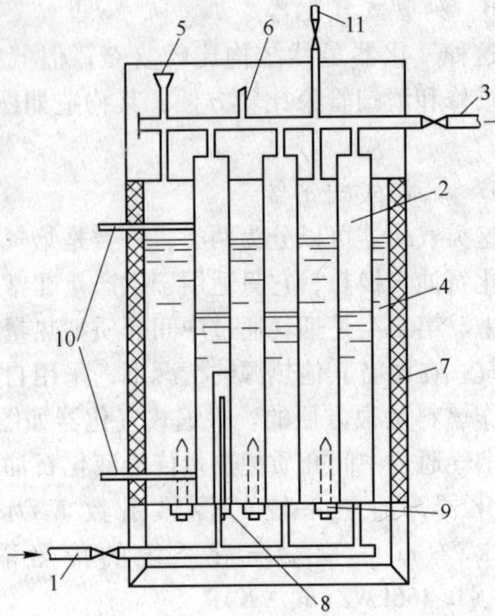

图 10-31　电热式气化器

1—液化石油气入口；2—气化筒；3—液化石油气出口；4—油箱；5—注油口；6—安全阀接口；7—保温层；8—压力式指示温度连接处；9—油用电热器；10—液位计接口；11—排空气管

$$Q_1 H_{l_1} = (Q_1 + Q_2) H_{l_2} \tag{10-21}$$

式中　Q_1——液化石油气流量，m^3/h；

Q_2——空气流量，m^3/h；

H_{l_1}——液化石油气低热值，kJ/m^3；

H_{l_2}——混合气低热值，kJ/m^3。

目前广泛采用液化石油气混空气的比例及其特性如表10-5所示。

表 10-5　液化石油气混空气的比例及其特性

特　性	低热值 Q_l/MJ·m^{-3}	密度 ρ/kg·m^{-3}	华白数 W/kg·m^{-3}	燃烧势 C_p	燃烧类别
LPG：AIR 35：65	37.5	1.67	36.5	36.9	气田气
LPG：AIR 44：56	47.1	1.77	47.3	39.4	10T
LPG：AIR 50：50	54.2	1.82	53.1	40.4	12T

10.5.3.2　混合方式

根据供气规模的不同，液化石油气混空气的方式和设备也不同，主要有引射混合、自动比例混合及流量主导控制混合。

A　引射混合方式

该混合系统由引射器、空气过滤器和控制、检测装置组成。液化石油气以一定的压力从引射器喷嘴射出，将空气带入引射器混合，得到具有一定混合比例和一定压力的混合气。

液化石油气—空气混合气的制备过程如图10-32所示。该系统包括液态液化石油气的气化及气态液化石油气与一定数量空气的混合。用泵2将液态液化石油气从储罐1通过液态液化石油气管道3送入气化器7。气化器是管式换热器，管间是液化石油气，管内是载热体（水蒸气或热水）。

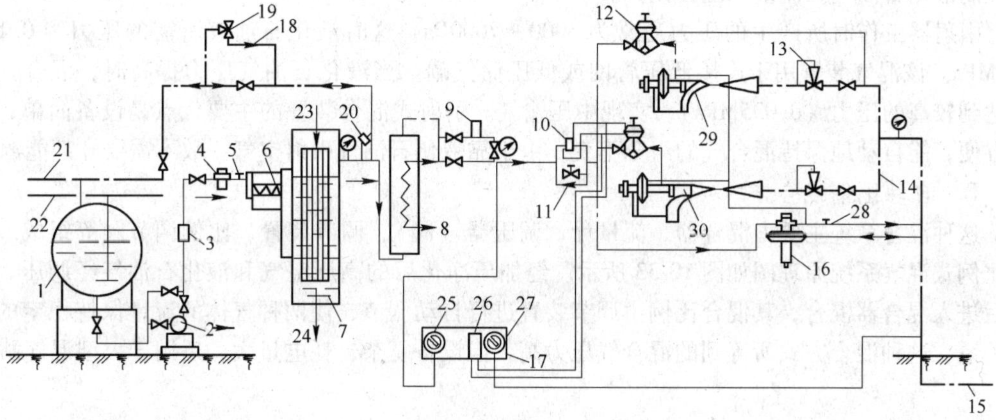

图10-32　引射式混合装置

1—储罐；2—泵；3—液态液化石油气管道；4—过滤器；5—调节阀；6—浮球式极限液位调节器；7—气化器；8—过热器；9—调压器；10—孔板流量计；11—辅助调压器；12—关闭阀；13—低压调压器；14—集气管；15—燃气分配管网；16—指挥器；17—仪表盘；18—气态液化石油气管道；19—泄流阀；20—安全阀；21—气态液化石油气管道；22—液态液化石油气管道；23—载热体入口；24—载热体出口；25—自记式温度计；26—自记式流量计；27—自记式压力计；28—调节阀；29—小生产率引射器；30—大生产率引射器

为了防止气化器内液态液化石油气液面过高，其上装有浮球式极限液位调节器6，它保持气化器最大充满度为75%。在气化器中产生的液化石油气饱和蒸气进入过热器8继续加热，使其过热温度达25~30℃。然后，气态液化石油气经过调压器9进入引射式混合器的喷嘴，从喷嘴喷出的高速气态液化石油气从周围大气中吸入空气，并在引射器的混合管和扩散管中进行混合。制备好的混合气经过集气管14送入燃气分配管网15。

当燃气用气量小时，气化器中的压力升高，如果该压力超过储罐1的压力，泄流阀19开启，过量气态液化石油气经管道18流回储罐1。为了防止气化器内压力过高，其上设有可将过量气态液化石油气排入大气的安全阀20。

引射器的自动启动和生产率的调节过程如下：当燃气用量为零时，混合装置不工作，这时阀门12关闭。当有燃气用量时，集气管14中的压力降低，该脉冲传至阀门12的薄膜上，使阀门12开启，气态液化石油气便进入小生产率引射器的喷嘴。当燃气用量继续增大时，指挥器16开始工作，该脉冲传至小生产率引射器的针型阀，其薄膜传动机构使针型阀移动，从而增加引射器的喷嘴流通面积，提高其生产率。当小生产率引射器的生产率达到最大时，孔板流量计10产生的压力降就足以开启大生产引射器的关闭阀门，使它开始运行。当流量继续增大时，大生产引射器的针型阀开大，使其生产率继续增大。

当燃气用量降低时，集气管14中的压力升高，引射器就逐个停止运转。

调压器9和13能使引射器前后的压力保持不变，从而使液化石油气—空气混合气的组分保持不变。当针型阀改变喷嘴截面时引射系数靠空气在吸入室中的节流作用维持不变。

混气装置上装有测量气态液化石油气温度、气态液化石油气流量、孔板流量计压力降、管网燃气压力的仪表。为了使引射式混合系统具有供气量的调节能力，可以采用多个固定式引射器，用引射器开停组合实现供气量的变化，也可以采用可调式引射器。

可调式引射器是将引射器喷嘴设计成可调节喷嘴。利用调节喷嘴的大小，保证混合比例和用气量的变化。这种喷嘴用气量调节范围在20%～100%。喷嘴的调节一般通过喷嘴针的调节来控制液化石油气的流量和混合比例。

引射器工作时所产生的压力通常为5000～7000Pa，这时液化石油气所需的压力为0.1～0.3MPa。该混气装置用于连接低压管网或低压储气罐。当液化石油气压力提高时，混合气可以达到较高的压力（0.035MPa），实现中压输气。引射式混合装置的主要优点是设备简单，操作方便，能自动地保持混合气的组分不变，由于靠液化石油气引射空气，故不需要外部能源。

B　自动比例混合方式

这种混合系统主要由混合器、流量计、调压器（阀）、调节装置、比例调节阀等组成。自动比例式混气系统原理图如图10-33所示。经加压净化后的高压空气和液化石油气经调压、计量后进入混合器混合，其混合比例由调节装置进行自动调节，使两种气体的流量保持稳定的比例关系。这种混合方式所等到的混合气压力高，但设备复杂，耗电量大，适用于大型混气站。

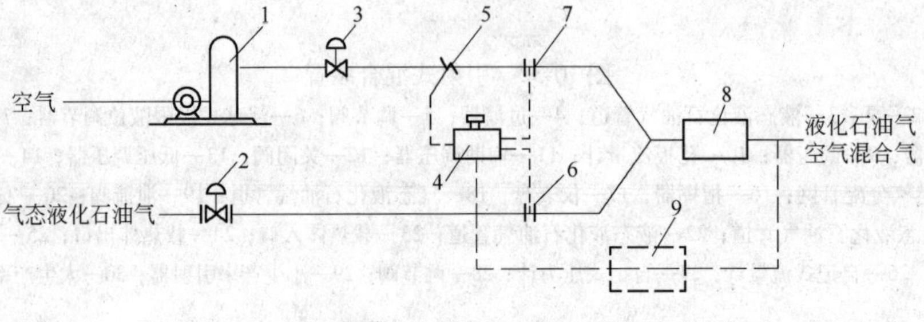

图10-33　自动比例式混气器系统原理图

1—空压机；2—液化石油气调压器；3—空气调压器；4—调压装置；
5—调节阀；6，7—流量孔板；8—混合器；9—辅助调压装置

C　流量主导控制混合方式（AFC）

流量主导控制混合装置如图10-34所示。该系统有两个流量计和一个流量控制阀。液化石油气和空气经正常调压后进入混合器，液化石油气通过流量计直接进入混合室，其流量、温度和压力数据输送到控制系统的可编程序控制器（PLC），转换成标准流量，然后按设定的混合比计算出空气的流量，由PLC发出指令设定流量控制阀的开启位置，让空气以适当的流量通过。当液化石油气的流量增加或减少时，其变化也是通过同样程序调节空气的流量以维持原来的混合比不变。由于信号的传送、计算和控制阀的反应都在两种气体混合前进行，故称为前馈

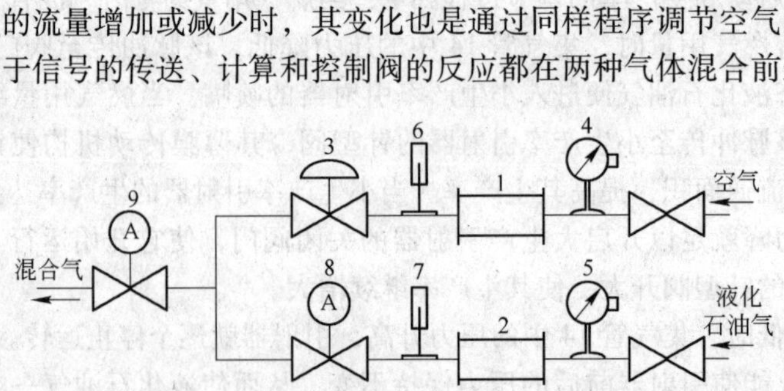

图10-34　流量主导控制混合装置

1，2—流量计；3—流量控制阀；4，5—压力传感器；6，7—温度传感器；8，9—气动阀

式控制，而电子信号的传送，PLC的运算速度极快，所以对任何变化的反应都是实时的。唯一机械活动部分只有流量控制阀，实际测试的结果显示，流量控制阀由全关至全开只需数秒钟，所以即使是在系统启动时也可快速地反映到正确的位置。

除了上述的前馈式控制外，该混合器也同时采用了后馈式控制，使其在反应快捷的同时，精确度也很高。在该混合器出口，同样设置了热值仪，提供反馈信号。混合比的设定一般是按液化石油气的已知热值计算出来的，但这样计算出来的混合比不一定准确，因为液化石油气的热值会随着每一批进货成分不一样而改变。该混合器的反馈控制不只补偿了因液化石油气组分变化对混气热值的影响，并同时补偿了所有仪表，包括流量计、流量控制阀、温度和压力传感器等可能存在的误差，因为反馈信号所反映的是全部影响热值因素的净值，其中有些可能使热值偏高，另一些则可能使热值偏低，PLC会用所有这些因素的净值来调整热值的偏差，一次性把它们消除。经过这一修正，热值的控制就更为准确，通常误差都不超过1%。

这种混合器有如下优点：

（1）采用前馈式控制，反应快速，由启动至稳定只需约10s。

（2）在启动后能自动快速稳定下来，可按混气的流量及出口压力自动控制混气出口气动阀的开关，不会出现低流量时混气不准确和热值波动的现象。

（3）采用反馈式控制，补偿了所有计量仪表的误差和液化石油气本身热值的变化，混合气热值的精度可维持在±1%以内。

（4）液化石油气通过流量计以后直接进入混合室，不需经过细小的孔口，避免了杂质集聚而阻碍活塞的活动及影响热值和流量的控制，也避免了经常拆开清洗的要求。只有洁净的空气通过流量控制阀，不会受杂质的影响。

（5）由于液化石油气在AFC混合器内不需经过减压和通过细小的孔口，同样的混气压力所要求的液化石油气进口压力可大大降低。

10.6 液化石油气气化供应和混气供应

以液化石油气为原料，用管道输送给用户作燃料用，按其热值范围可分为高热值纯气供应和较低热值混合气供应。由于多组分（或沸点高的单一组分）液化石油气，在气化器用热媒强制气化后，向用户输送过程中，高沸点组分容易在管道处或降温时结露冷凝，所以在气化站生产高热值纯组分液化石油气，其输送及应用范围均受限制。在考虑燃气互换性和爆炸极限的基础上，将由气化器气化的液化石油气掺混空气，虽然其热值降低了，但保证送出混气站后的混合气在输送压力和温度下不会发生冷凝现象，即保证了混合气的露点低于温度。这种混合气可全天候供应，并且热值的调整可适应燃烧设备的性能，显得比较灵活和实用。

10.6.1 液化石油气瓶组气化站自然气化供应

根据供气规模的大小、输送距离的远近、环境温度的高低确定液化石油气瓶组的气化站是自然气化还是强制气化，是低压输送还是中压输送。

10.6.1.1 液化石油气瓶组气化站自然气化供应

对于供气量不大的系统，多采用自然气化，可以减少投资，降低运行费用。这种系统通常采用50kg钢瓶，布置成两组：一组是使用部分，称为使用侧，另一组是待用部分，称为待用侧。钢瓶具有储气、自然气化换热两种功能。根据高峰负荷的需要和自然气化的过程及能力可以确定出钢瓶的数量。

当输送距离很短，管道阻力损失较小时，气化站通常采用高、低压调压器，管道采用低压供气，如图 10-35 所示。当输送距离较长（超过 200m 以上），采用低压供气不经济时，气化站设置高、中压调压器或自动切换调压器，中压供气，在用户处再进行二次调压。

设置自动切换调压器的系统如图 10-36 所示。

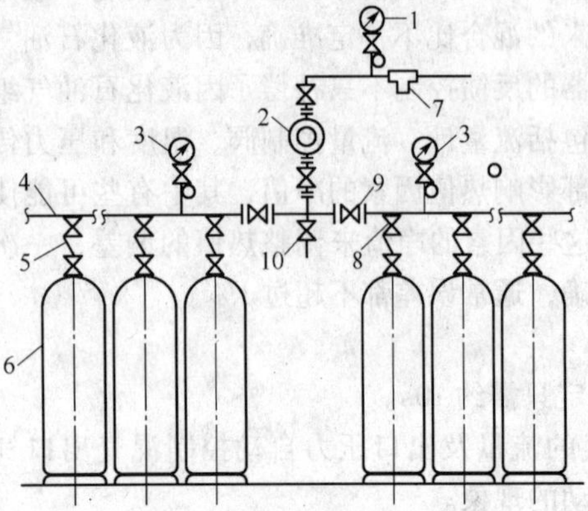

图 10-35　设置高、低压调压器的系统

1—低压压力表；2—高、低压调压器；3—高压压力表；4—集气管；5—高压软管；6—钢瓶；7—备用供给口；8—阀门；9—切换阀；10—泄液阀

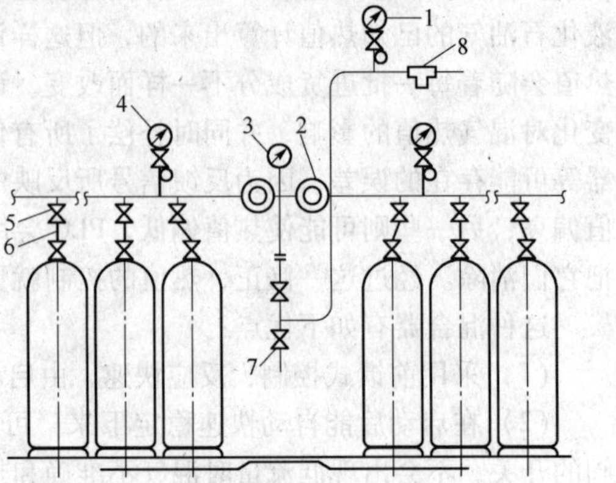

图 10-36　设置自动切换调压器的系统

1—中压压力表；2—自动切换调压器；3—压力指示器；4—高压压力表；5—阀门；6—高压软管；7—泄液阀；8—备用供给口

自动切换调压器主要由转动把手、凸轮装置、压力指示器和两个高、中压调压器构成。

开始工作时，首先搬动转换把手，通过凸轮的作用使一个调压器的膜上弹簧压紧，这个调压器即为使用侧调压器，另一个调压器则为待用侧调压器。由于弹簧压紧程度不同，两个调压器的关闭压力也就不同。当使用侧调压器工作时，其出口压力大于待用侧调压器关闭压力，所以待用侧钢瓶不供给气体，只有使用侧钢瓶供给气体。随着液量的减少，液温降低及成分的变化，调压器入口压力降低，出口压力也相应下降，当降到低于待用侧调压器的关闭压力时，则待用侧调压器也开始工作（此时是两侧同时工作）。当使用侧钢瓶组内的液体用完时，搬动转换把手，原来待用侧调压器膜上弹簧被压紧变成使用侧，原来使用侧瓶组关闭，更换钢瓶后成为新的待用侧。

使用侧、待用侧或两侧处于工作状态时，指示器上均有标志。

10.6.1.2　液化石油气瓶组气化站钢瓶数量的确定

A　用气规律和用气量

a　用气规律

居民用户、公共建筑用户使用液化石油气是不均匀的，在进行瓶装供应设计时，应先掌握其用气规律。根据调查统计求得用户的平均日用气量，列出 1 日内小时用气量的变化图表，确定用气高峰时间和高峰平均小时用气量。通常高峰时间不得超过 5h。

例如某食堂小时用气量变化情况如表 10-6 所示。

在一日内出现早、午、晚三次用气高峰，其中午高峰时间最长为 4h（9～13 时），高峰平均小时用气量占日用气量的百分比为 m。

$$m=(10+16+18+12)\%\div 4=14\%$$

表10-6 某食堂小时用气量变化情况

小 时	5~6	6~7	7~8	8~9	9~10	10~11	11~12
高峰平均小时用气量占日用气量的百分比/%	5	7	6	1	10	16	18
小 时	12~13	13~14	14~15	15~16	16~17	17~18	18~19
高峰平均小时用气量占日用气量的百分比/%	12	1	1	1	6	10	6

午高峰前后小时用气量为日用气量的1%。

b 用气量

(1) 平均日用气量。当用户的燃烧设备选定后，可通过调查确定每个燃烧设备在额定流量下的平均日用气时数，再按式(10-22)计算平均日用气量，即

$$Q_r = \sum \tau Q_n \rho g \tag{10-22}$$

式中 Q_r——平均日用气量，kg/d；

Q_n——单个燃烧设备的额定流量，m^3/h；

τ——燃烧设备在额定流量下平均日用气时数，h；

ρ——液化石油气密度，kg/m^3；

g——重力加速度，m/s^2。

居民用户和公共建筑平均日用气量，也可以近似地根据当地居民用气量标准和公共建筑用气量标准求得，或由其他燃料的消费量折算。

(2) 高峰平均小时用气量。高峰平均小时用气量按式(10-23)计算，即

$$Q_f = mQ_r \tag{10-23}$$

式中 Q_f——高峰用气时间内平均小时用气量，kg/h；

m——高峰平均小时用气量占日用气量的百分数，%；

Q_r——平均日用气量，kg/d。

B 钢瓶数量的确定

a 不设自动切换装置

不设自动切换装置时，钢瓶总数量为使用瓶、备用瓶及更换瓶数之和，即

$$N = N_f + N_b + N_l = 2N_f + N_l \tag{10-24}$$

式中 N——钢瓶总数，瓶；

N_f——使用瓶数，瓶；

N_b——备用瓶数，瓶；

N_l——更换瓶数，瓶。

(1) 使用瓶数。用气高峰用气时所需要的使用瓶数可按式(10-25)计算，即

$$N_f = Q_f/\omega + N_r \tag{10-25}$$

式中 ω——高峰用气持续时间内单瓶小时自然气化能力，可查有关手册确定，kg/h；

N_r——相当于2天左右计算月平均日用气量所需气瓶数量，瓶。

(2) 备用瓶数。备用瓶数量与使用瓶数量相同，即$N_b = N_f$。

(3) 更换瓶数。更换瓶为临时供气用，可按式(10-26)计算，即

$$N_l = Q_f/\omega_1 \tag{10-26}$$

式中　ω_1——更换气瓶时，临时供气瓶组的单瓶自然气化能力，查有关手册，kg/h。

b　设自动切换装置

设置自动切换装置时，钢瓶总数量为使用钢瓶及备用钢瓶之和，即

$$N = N_f + N_b = 2N_f \tag{10-27}$$

C　钢瓶换气周期

钢瓶换气周期可按式（10-28）计算，即

$$I = (G_r N_f)/Q_r \tag{10-28}$$

式中　I——换气周期，d；

G_r——每个钢瓶的储液量，kg。

【例 10-1】　已知：食堂平均日用气量 $Q_r = 26$kg/d，小时用气量变化如表 10-6 所示，高峰时间最长 4h，高峰平均小时用气量占日用气量的 14%，高峰平均小时用气量 $Q_f = 26 \times 14\% = 3.64$kg/h，高峰时间外的用气量占日用气量的 1%，$Q = 26 \times 1\% = 0.26$kg，液化石油气组成为：丙烷占 60%，丁烷占 40%。环境温度为 0℃，求不设自动切换装置和设自动切换装置时各需要的 50kg 钢瓶数。

【解】　计算过程和计算结果见表 10-7。

表 10-7　钢瓶数量计算

序 号	计算内容	根　据	计算结果	取　值
一	不设自动切换阀			
1	钢瓶气化能力	查设计手册		0.32kg/h
2	2 天用气量所需瓶数	$N_{2r} = 2Q_r/50$	1.04	取 1 瓶
3	使用瓶数		12.4	取 12 瓶
4	更换钢瓶气化能力	查设计手册	更换时间 1h	6.8kg/h
5	更换钢瓶数		0.535	取 1 瓶
6	钢瓶总数		25	25 瓶
7	钢瓶换气周期		23	23 日
二	设自动切换阀			
1	钢瓶的气化能力	查设计手册		0.79kg/h
2	使用瓶数		5.6	6 瓶
3	钢瓶总数		12	12 瓶
4	钢瓶换气周期		11.5	11 日

根据计算结果，在同样的条件下设自动切换装置需要的钢瓶总数少，但换气周期短；不设自动切换装置的钢瓶换气周期长，但需要钢瓶的总数较多。

目前各城镇一般不设自动切换装置。为减少钢瓶数量，在计算钢瓶总数时，只包括使用瓶和更换瓶，不设备用瓶组。钢瓶总数按式（10-29）计算，即

$$N = N_f + N_l \tag{10-29}$$

计算条件同上例，使用钢瓶更换时间按一天计算，一天的更换瓶气化能力为

$$\omega_1 = 1.7\text{kg/h}$$

则更换瓶数为

$$N_l = Q_f/\omega_1 = 3.64 \div 1.7 = 2.14 \text{ 瓶，取 3 瓶}$$

钢瓶总数为

$$N = N_f + N_l = 12 + 3 = 15 \text{ 瓶}$$

钢瓶换气周期仍为 23 日。

10.6.2 液化石油气瓶组气化站强制气化供应

当用户较多、用气量较大，采用自然气化势必造成需要钢瓶太多，使气化站占地面积太大而不经济，同时给运行管理也带来诸多不方便时，就应采用强制气化的供应系统。采用 50kg 钢瓶时，用气、液两相引出的钢瓶。高峰时，依靠强制气化供气，低峰或停电时可以依靠自然气化供气，既可以节省电能，又提高了供气的可靠性。强制气化的瓶组供应站系统如图 10-37 所示。

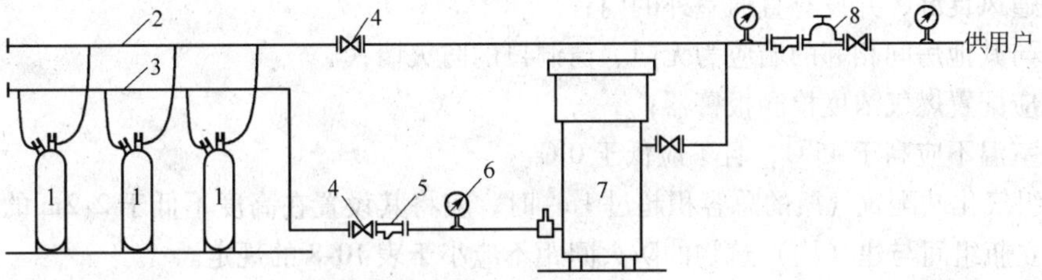

图 10-37 强制气化的瓶组供应站系统

1—气、液两相出口钢瓶组；2—气相管；3—液相管；4—阀门；
5—过滤器；6—压力表；7—气化器；8—调压器

10.6.3 液化石油气储罐强制气化供应

采用储罐供气时，可以采用地面罐，当安全距离不能满足要求时，也可以采用地下罐。不过采用地下罐时必须配置昂贵的潜液泵，这样就提高了造价，也增加了维护的困难度。在强制气化系统中，气化站中的储罐只起储气作用，和换热没有关系。因此，储罐容积是由储气所需要的天数计算确定。

强制气化的储罐供气装置系统如图 10-38 所示。

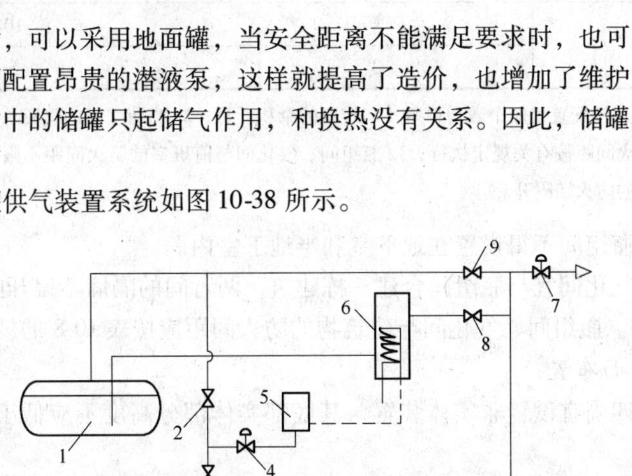

图 10-38 强制气化的储罐供气系统

1—储罐；2，3，8，9—阀门；4，7—调压器；5—热水器；6—气化器

液化石油气由储罐1在储存压力下送往气化器6。气化器由气态液化石油气为燃料的快速热水器5供出的热水作为热媒。在气化器启动时，打开阀门2由储罐气相供气。在气化器工作后，打开阀门3，关闭阀门2，由气化器生产的气态液化石油气向热水器供气。在用气低谷时，气化器不工作，可以开阀门9，关阀门8，由储罐气相直接向管网供气。

强制气化的供气系统根据输送距离的远近可以采用中压供气，也可采用低压供气。

液化石油气管道供应时，在气化站中把液态的液化石油气气化，通过管道把气态的液化石油气送到用户。

10.6.4 瓶组气化站站址选择与平面布置

10.6.4.1 站址选择

当采用自然气化方式供气，且瓶组气化站配置气瓶的总容积小于1m³时，瓶组间可设置在与建筑物（住宅、重要公共建筑和高层民用建筑除外）外墙毗连的单层专用房间内，并符合下列要求：

（1）建筑物耐火等级不应低于二级；

（2）通风良好，并设有直通室外的门；

（3）与其他房间相邻的墙应为无门、窗洞口的防火墙；

（4）应配置燃气浓度检测报警器；

（5）室温不应高于45℃，且不应低于0℃。

当瓶组气化站配置气瓶的总容积超过1m³时，应将其设置在高度不低于2.2m的独立瓶组间内，独立瓶组间与建（构）筑物的防火间距不应小于表10-8的规定。

表10-8 瓶组间与建(构)筑物的防火间距 (m)

气瓶总容积		≤2m³	>2m³ ~ ≤4m³
明火、散发火花地点		25	30
民用建筑		8	10
重要公共建筑		15	20
道路（路边）	主 要	10	
	次 要	5	

注：1. 气瓶总容积应按配置气瓶个数与单瓶几何容积的乘积计算；2. 当瓶组间的气瓶总容积大于4.0m³时，宜采用储罐，其防火间距按有关规定执行；3. 瓶组间、气化间与值班室的防火间距不限。当两者毗连时，应采用无门、窗洞口的防火墙隔开。

瓶装气化站的瓶组间不得设置在地下室和半地下室内。

瓶组气化站的气化间宜与瓶组间合建一栋建筑，两者间的隔墙不得开门窗洞口，且隔墙耐火极限不应低于3h。瓶组间、气化间与建筑物的防火间距应按表10-8的规定执行。

10.6.4.2 平面布置

瓶组气化站的四周宜设置非实体装置，其底部实体部分高度不应低于0.6m。围墙应采用不燃烧材料。

钢瓶可以单排存放，也可以双排存放。站内通道以及两排钢瓶的间距不应小于0.8~1m。

调压设备一般设置在气化站内。调压器台数按调压器通过能力和最大小时用气量来计算，一组使用，一组备用。

10.6.5 气化站和混气站站址选择与平面布置

液化石油气气化站和混气站中的主要设备有液化石油气储罐、气化装置、混气装置、测量和调节仪表，有时还需要混合气储罐。当制取高压混合气时，还要设置压缩机。

气化站和混气站的供气能力、储罐容量、设计压力、设计温度可参照本书第二章及液化石油气储配站的有关设计进行。

10.6.5.1 气化站和混气站站址选择

（1）液化石油气气化站和混气站的生产区宜布置在站区全年最小频率风向的上风侧或上侧风侧，且应是地势平坦、开阔、不易积存液化石油气的地段。同时，应避开地震带、地基沉陷和废弃矿井等地段。

（2）液化石油气运输方便，供水、供电便利。

（3）作为补充或调峰用的混气站可与气源厂、储配站建在一起。

（4）气化站和混气站与其他建（构）筑物的安全距离符合国家规范要求。

10.6.5.2 气化站和混气站的总平面布置

站区总平面布置应遵循下列原则：

（1）液化石油气气化站和混气站应按功能分区进行布置，即分为生产区（储罐区、气化区、混气区）和辅助区。

（2）混气站的生产区应设置不低于2m的不燃烧体实体围墙。

（3）辅助区可设置不燃烧体非实体围墙。

储罐总容积等于或小于50m^{3}的气化站和混气站，其生产区与辅助区之间可不设置分区隔墙。

（4）地上储罐之间的净距不应小于相邻较大罐的半径。

（5）数个储罐的总容积超过3000m^3，应分组布置。组与组之间相邻储罐的净距不应小于20m。

（6）组内储罐宜采用单排布置。

（7）储罐与防护墙应设置高度为1m的不燃烧实体防护墙。

（8）储罐与防护墙的净距：球形储罐不宜小于其半径，卧式储罐不宜小于其直径，操作侧不宜小于3.0m。

（9）防护墙内储罐超过4台时，至少应设置2个过梯，且应分开布置。

（10）地下储罐宜设置在钢筋混凝土槽内，槽内应填充干砂。储罐顶与槽盖内壁净距不宜小于0.4m；各储罐之间宜设置隔墙，储罐与隔墙和槽壁之间的净距不宜小于0.9m。

（11）液化石油气气化站和混气站内消防车道应设置环形车道。消防车道宽度不应小于4.0m，当储罐总容积小于500m^{3}时，可设置尽头式消防车道和面积不应小于12m×12m的回车场。

（12）液化石油气气化站和混气站的生产区和辅助区至少应各设置1个对外出入口。当液化石油气储罐总容积超过1000m^{3}时，生产区应设置两个对外出入口，其间距不应小于50m，对外出入口宽度不应小于4m。

（13）气化间和混气间与站外建（构）筑物之间的防火间距符合现行国家标准《建筑设计防火规范》GB 50016中甲类厂房的规定。

（14）气化站和混气站的供电系统设计应符合现行国家标准《供配电系统设计规范》GB 50052“二级负荷”的规定；防雷设计应符合现行国家标准《建筑物防雷设计规范》GB 50057中“第二类防雷建筑物”的有关规定；静电接地设计应符合国家现行标准《化工企业静电接

地设计规程》HG/T 20675 的规定。

混气站总平面布置如图 10-39 所示。

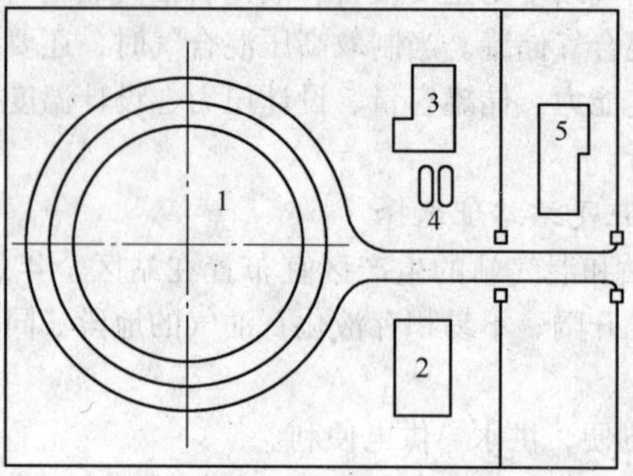

图 10-39　混气站总平面布置示意图

1—混合气储罐；2—压缩机室；3—气化混气间；4—液化石油气储罐；5—辅助用房

10.6.5.3　气化间的布置

(1) 气化间布置宜符合下列要求：

1) 气化间之间的净距不宜小于 0.8m；

2) 气化器操作侧与内墙之间的净距不宜小于 1.2m；

3) 气化器其余各侧与内墙的净距不宜小于 0.8m。

(2) 混气间的布置宜符合下列要求：

1) 混合器之间的净距不宜小于 0.8m；

2) 混合器操作侧与墙的净距不宜小于 1.2m；

3) 混合器其余各侧与墙的净距不宜小于 0.8m。

(3) 计量装置可设置在气化间或混气间内。

气化混气间的平面布置如图 10-40 所示。

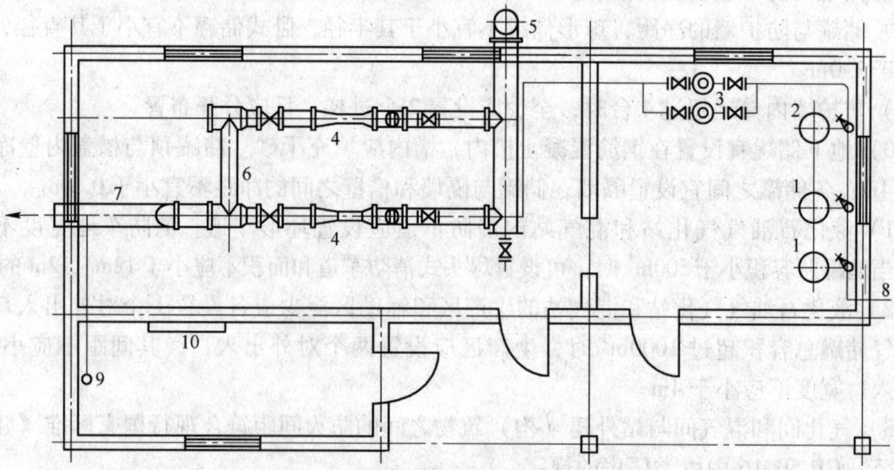

图 10-40　气化混气间平面布置示意图

1—气化器；2—过热器；3—调压器；4—引射器；5—空气引入管；6—集气管；
7—混合气出口；8—液相进口；9—热值仪；10—仪表盘

参 考 文 献

[1] 哈尔滨建筑工程学院等．燃气输配[M].2版．北京：中国建筑工业出版社，1988.

[2] 段长贵主编．燃气输配[M].3版．北京：中国建筑工业出版社，2001.

[3] 马良涛主编．燃气输配[M]．北京：中国电力出版社，2004.

[4] 张浩然主编．城市燃气输配工程设计、施工技术工艺与验收规范实用手册[M]．北京：北京科技大学出版社，2005.

[5] 姜正侯主编．燃气工程技术手册[M]．上海：同济大学出版社，1993.

[6] 中国市政工程华北设计研究院．GB 50028—2006，城镇燃气设计规范[S]．北京：中国建筑工业出版社，2006.